NOUVEAU

DUHAMEL,

OU

TRAITÉ

DES ARBRES ET ARBUSTES

QUE L'ON CULTIVE EN FRANCE.

TOME SEPTIÈME.

NOUVEAU
DUHAMEL,

OU

TRAITÉ DES ARBRES ET ARBUSTES

QUE L'ON CULTIVE EN FRANCE,

Rédigé par J. L. A. Loiseleur Deslongchamps, Doct.-Méd. de la Faculté de Paris, et Membre de plusieurs Sociétés savantes, nationales et étrangères; et Étienne MICHEL, Éditeur, Associé libre et correspondant de l'Académie Royale de Marseille; de la Société Académique d'Aix (Bouches-du-Rhône), et de la Société d'Émulation de Rouen.

Avec des figures d'après les dessins de MM. P. J. Redouté et P. Bessa.

.... Nobis placeant ante omnia sylvæ Virg.

TOME SEPTIÈME.

A PARIS,

Chez { Étienne MICHEL, Éditeur, rue Saint-Louis, n°. 42, au Marais,
{ Et ARTHUS BERTRAND, Libraire, rue Hautefeuille, n°. 23.

1819.

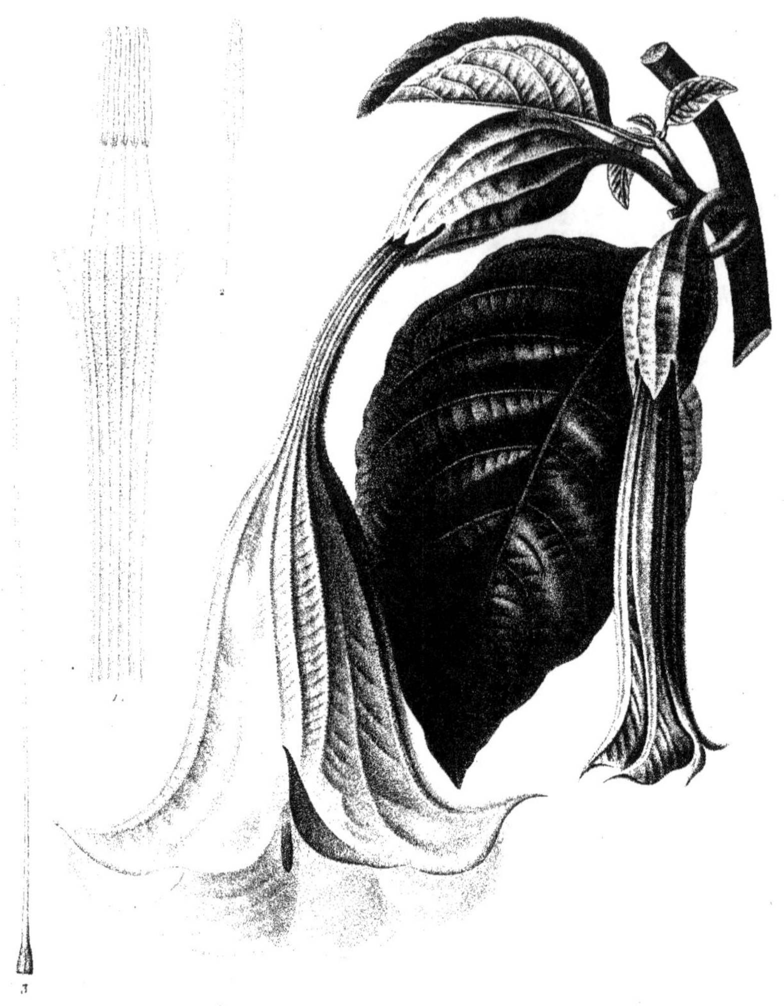

DATURA arborea.   **STRAMOINE** en arbre.

P. Bessa pinx.   Gabriel sculp.

DATURA.   STRAMOINE.

DATURA. Lin. Classe V. *Pentandrie.* Ordre I. *Monogynie.*

DATURA. Juss. Classe VIII. *Dicotylédones monopétales. Corolle hypogyne.* Ordre VIII. Les Solanées. §. I. Une capsule pour fruit.

GENRE.

CALICE.   Monophylle, tubuleux, ventru, anguleux.

COROLLE.   Monopétale, infondibuliforme, à tube cylindrique. Le limbe est un peu campanulé, marqué de cinq plis et à cinq lobes.

ÉTAMINES.   Au nombre de cinq, ayant leurs filamens subulés, plus courts que la corolle, adhérens à son tube et terminés par des anthères oblongues.

PISTIL.   Un ovaire ovale, supérieur, surmonté d'un style droit, filiforme, plus long que les étamines, terminé par un stigmate obtus, un peu renflé.

PÉRICARPE.   Une capsule ovale, à quatre loges formées par des cloisons, dont deux seulement complettes et les deux autres n'allant pas jusqu'au haut des parois des valves.

SEMENCES.   Réniformes, nombreuses.

Caractère essentiel. Calice monophylle, tubuleux. Corolle monopétale, infondibuliforme, plissée. Cinq étamines. Un style terminé par un stigmate obtus. Capsule à quatre loges incomplettes, contenant plusieurs graines réniformes.

Rapports naturels. Avec les genres *Atropa, Physalis* et *Nicotiana.*

Étymologie. Le mot *Datura* est turc; il a d'abord étél e nom de l'espèce la plus commune, et on l'a donné ensuite au genre entier.

1. DATURA arborea. *Tab.* 1.

D. *caule fruticoso; foliis ovato-lanceolatis, oblongisque; floribus nutantibus; corollarum lobis acuminatis; capsulis ovato-oblongis, glabris, inermibus.*

STRAMOINE en arbre. *Pl.* 1.

S. à tige frutescente; à feuilles ovales-lancéolées et oblongues; à fleurs pendantes, ayant les lobes de leur corolle acuminés; à capsules ovales-oblongues, glabres et dépourvues de piquans.

DATURA arborea. Lin. Sp. 256. Willd. Sp. 1. p. 1009. Ruiz et Pav. Fl. Peruv. p. 16. t. 128. Poir. Dict. Enc. 7. p. 463.

BRUGMANSIA candida. Pers. Synop. 1. p. 216.

Stramonioïdes arboreum, oblongo et integro folio, fructu levi. Feuillée Peruv. 2. p. 761. t. 46.

La Stramoine en arbre, nommée vulgairement *Trompette du jugement,* est un arbrisseau qui peut s'élever dans nos jardins à la hauteur de huit à dix pieds, et dont les tiges sont droites, cylindriques, divisées en rameaux étalés. Ses feuilles sont pétiolées, géminées, ovales-lancéolées ou oblongues, glabres en dessus, couvertes en dessous de poils très-courts, très-nombreux, et seulement visibles à la loupe : selon Feuillée, ces feuilles sont cendrées et pulvérulentes dans leur pays natal. Les fleurs sont axillaires, pédonculées, pendantes; elles répandent, surtout le soir, une odeur agréable. Leur calice est à cinq dents; leur corolle est blanche, l'une des plus grandes que l'on connaisse, ayant neuf à dix pouces de longueur sur cinq à six pouces de largeur; ses lobes sont peu prononcés, si ce n'est par la pointe assez longue qui les termine; les capsules sont ovales-oblongues, pendantes, très-glabres et très-lisses en leur surface. Cette belle plante croît naturellement au Pérou et au Chili.

2. **DATURA** sarmentosa.

STRAMOINE sarmenteuse.

D. *caule fruticoso, sarmentoso, scandente; foliis ovatis; calycibus bidentatis; corollarum lobis rotundatis; capsulis subglobosis, inermibus.*

S. à tige frutescente, sarmenteuse, grimpante; à feuilles ovales; à calices bidentés; à corolles ayant leurs lobes arrondis; à capsules presque globuleuses, dépourvues de piquans.

DATURA *sarmentosa*. Lam. Illust. Gen. 2. p. 9. n. 2295. Poir. Dict. Enc. 7. p. 463. *Solandra grandiflora*. Swartz, Act. Ham. Ann. 1787. p. 300. t. 11. Fl. Ind. Occid. 1. p. 387. t. 9. Willd. Sp. 1. p. 936. Pers. Synop. 1. p. 218.

Cette espèce, dans son état naturel, a des tiges cylindriques, ligneuses, très-longues, rameuses, sarmenteuses, grimpantes, se soutenant sur les grands arbres qui sont dans son voisinage. Ses feuilles sont ovales, pétiolées, glabres, luisantes et d'un vert foncé en dessus, pubescentes en dessous, quelquefois entièrement glabres en dessus et en dessous. Les fleurs sont placées à l'extrémité des rameaux, courtement pédonculées, blanches ou un peu jaunâtres, légèrement teintes de pourpre dans l'intérieur. Leur calice est cylindrique, aussi long que le tube de la corolle, fendu d'un côté jusqu'au tiers de sa hauteur, et de l'autre jusqu'aux deux tiers, ce qui partage son bord en deux grandes dents. La corolle est d'un tiers moins grande que dans l'espèce précédente, à cinq lobes arrondis, entiers ou un peu frangés. Le stigmate est en tête arrondie. Les capsules sont globuleuses, un peu coniques, glabres, dépourvues de piquans. Cette Stramoine est indigène de la Jamaïque et du Pérou, où elle croît dans les fentes des rochers.

La Stramoine en arbre, dont les fleurs se renouvellent deux fois chaque année, l'une au mois de juin et l'autre au mois de septembre ou au commencement de l'automne, est une des plus belles plantes que l'on puisse voir. Elle a été rapportée du Pérou par Dombey, et depuis quelques années elle s'est beaucoup répandue. On la plante en caisse ou en pot, parce qu'il faut la préserver du froid pendant l'hiver; mais elle n'est d'ailleurs pas délicate. On la tenait d'abord dans la serre chaude; après l'avoir fait passer successivement par la serre tempérée, on a vu qu'il lui suffisait de l'orangerie, parce que, tout en craignant beaucoup la gelée, il lui suffit de passer l'hiver dans un lieu où le thermomètre ne descende jamais au dessous d'un degré avant le terme de la congélation. Il faut, en été, la mettre au grand soleil, et lui donner de fréquens arrosemens pendant les chaleurs. Une terre légère et substantielle est celle qui lui convient. Elle se multiplie, avec la plus grande facilité, de boutures qu'on peut faire pendant presque tout le printems et l'été, et qui ne demandent que peu de soin. Je ne sache pas qu'en France on l'ait encore multipliée de graines.

Les Stramoines sont des plantes vénéneuses. On doit éviter de respirer l'odeur des fleurs de cette espèce, quoiqu'elles en exhalent une fort agréable. Plusieurs personnes ont éprouvé des maux de tête, des vertiges, de la somnolence pour s'être trouvées exposées, surtout le soir, à l'odeur de plusieurs de ces arbrisseaux. Il serait donc très-imprudent d'en mettre dans un appartement, comme l'on fait de beaucoup d'autres plantes.

La Stramoine sarmenteuse fleurit au printems, ses fleurs font aussi un très-bel effet quoique moins magnifiques que celles de la précédente. On la multiplie de même, mais elle exige plus de soin, et, jusqu'à présent, elle est beaucoup moins répandue, ce qui paraît tenir à ce qu'elle est plus délicate et à ce qu'elle exige la serre chaude.

EXPLICATION DE LA PLANCHE 1.

Portion de rameau de la Stramoine en arbre, avec des fleurs. — Fig. 1. Les étamines avec le tube de la corolle développé. — Fig. 2. Le sommet d'une étamine un peu grossie. — Fig. 3. Le pistil.

ZANTHOXYLUM fraxineum.   **CLAVALIER** à feuilles de Frêne.

P. Bessa pinx.

Gabriel sculp.

ZANTHOXYLUM.   CLAVALIER.

ZANTHOXYLUM. Lin. Classe XXII. *Diœcie.* Ordre V. *Pentandrie.*

ZANTHOXYLUM. Juss. Classe XIV. *Dicotylédones polypétales.* *Étamines périgynes.* Ordre XII. Les Térébintacées. §. IV. Genres ayant de l'affinité avec les Térébintacées et en étant distincts par un périsperme charnu.

GENRE.

Fleurs mâles et fleurs femelles séparées sur des pieds différens.

Fleurs mâles.

CALICE.   De cinq folioles ovales-oblongues, droites.

COROLLE.   Nulle.

ÉTAMINES.   Le plus souvent au nombre de cinq, à filamens subulés, droits, plus longs que le calice, portant à leur sommet des anthères arrondies.

Fleurs femelles.

CALICE.   Comme dans la fleur mâle.

COROLLE.   Nulle.

PISTIL.   Deux à cinq ovaires arrondis, distincts, portant chacun un style subulé, plus long que le calice, et terminé par un stigmate obtus.

PÉRICARPE.   Deux à cinq capsules ovales, uniloculaires, bivalves, monospermes.

SEMENCES.   Solitaires, arrondies, luisantes.

Caractère essentiel. Fleurs dioïques : dans les mâles, calice de cinq folioles, point de corolle, cinq étamines ; dans les femelles, calice et corolle des mâles, deux à cinq ovaires, deux à cinq capsules monospermes.

Rapports naturels. Avec le genre *Fagara.*

Étymologie. Zanthoxylum est dérivé de deux mots grecs, Ξανθὸς jaune, et Ξύλον bois.

ESPÈCES.

1. ZANTHOXYLUM fraxineum. *Tab.* 2. CLAVALIER à feuilles de Frêne. *Pl.* 2.

Z. caule aculeato; foliis pinnatis; foliolis ovatis, obsoleté dentatis, pubescentibus; floribus umbellatis, axillaribus; capsulis pedicellatis.

C. à tige chargée d'aiguillons ; à feuilles ailées, composées de folioles ovales, à peine dentées, pubescentes ; à fleurs en ombelles axillaires ; à capsules pédiculées.

ZANTHOXYLUM *fraxineum.* Willd. Sp. 4. p. 757.

ZANTHOXYLUM *Clava Herculis.* Lin. Sp. 1455. (*excluso synon. Catesb.*) Lam. Dict. Enc. 2. pag. 38. var. a.

ZANTHOXYLUM *ramiflorum.* Mich. Fl. Boreal. Amer. 2. p. 235.

Fagara Fraxini folio. Duham. Arb. 1. p. 229. t. 97.

Le Clavalier à feuilles de Frêne, vulgairement nommé *Frêne épineux,* est un arbrisseau qui s'élève à douze ou quinze pieds. Ses rameaux sont recouverts d'une écorce grisâtre, chargée çà et là d'aiguillons courts, droits, très-aigus, élargis à leur base. Ses feuilles sont alternes, ailées avec impaire, composées de neuf à onze folioles opposées, presque sessiles, ovales ou ovales-lancéolées, légèrement pubescentes en dessus et en dessous, surtout dans leur jeunesse, entières ou à peine dentées, munies çà et là, dans leur épaisseur et particulièrement sur les bords, de points glanduleux, à demi-transparens. Ses fleurs sont petites, verdâtres, pédonculées, disposées par paquets ou par ombelles sessiles le long des rameaux de l'année précédente et à la place de l'aisselle des anciennes feuilles. Chaque fleur des individus femelles produit trois à cinq petites capsules pédiculées, d'un rouge éclatant dans le tems de la maturité, contenant chacune une petite graine noire et luisante. Après la maturité des fruits et lorsque les capsules sont ouvertes, les graines restent pendant quelque tems attachées à un placenta membraneux et latéral.

Cet arbrisseau croît dans l'Amérique septentrionale, depuis la Caroline jusqu'en Canada; il fleurit en France dans les mois d'avril et de mai.

Sur douze espèces de ce genre connues des botanistes, on ne cultive ordinairement dans les jardins que celle dont nous avons donné la description. Celle-ci est un arbrisseau très-rustique, qui ne demande aucun soin particulier et qui s'accommode de toute exposition, pourvu qu'elle ne soit pas trop au soleil. On la multiplie de graines ou par les rejetons qui poussent de ses racines. Ses fleurs n'ont aucun éclat et ne sont pas du tout remarquables quand elles paraissent; mais l'arbre fait un très-joli effet lors de la maturité de ses fruits, par le contraste du beau noir de ses graines et du rouge de ses capsules. Ces graines et leurs capsules répandent une odeur assez agréable. DUHAMEL dit que cet arbrisseau est sujet à être dépouillé de ses feuilles par les Cantharides.

EXPLICATION DE LA PLANCHE 2.

Un rameau du Clavalier à feuilles de Frêne.

Fig. 1. Un petit rameau de l'individu femelle, avec des fleurs.

Fig. 2. Le pistil vu séparément.

PÆONIA MOUTAN.   PIVOINE MOUTAN.

Bessa pinx.   Gabriel sculp.

PÆONIA.   PIVOINE.

PÆONIA. Lin. Classe XIII. *Polyandrie.* Ordre II. *Digynie.*
PÆONIA. Juss. Classe XIII. *Dicotylédones polypétales. Étamines hypogynes.* Ordre I. Les Renonculacées.

GENRE.

CALICE. A cinq folioles persistantes.

COROLLE. De cinq pétales ou davantage, grands, concaves, arrondis, ouverts.

ÉTAMINES. Au nombre de cent à trois cents, à filamens courts, capillaires, surmontés d'anthères oblongues.

PISTIL. Deux à cinq ovaires, quelquefois même un plus grand nombre, terminés par des stigmates sessiles, épais, colorés.

PÉRICARPE. Deux à cinq capsules ou plus, ovales-oblongues, ventrues, uniloculaires, univalves, s'ouvrant longitudinalement par leur côté intérieur, contenant plusieurs graines.

SEMENCES. Presque globuleuses, lisses, luisantes.

Caractère essentiel. Calice à cinq parties. Corolle de cinq pétales ou plus. Étamines nombreuses. Deux à cinq ovaires ou plus, style nul, stigmate sessile. Capsules uniloculaires, s'ouvrant par leur côté intérieur et contenant plusieurs graines.

Rapports naturels. Les Pivoines ont de l'affinité avec les Populages et les Trolles; elles diffèrent des premiers par la présence de leur calice, et des seconds par la forme de leurs grands pétales.

Étymologie. Péan, médecin des Dieux, employa, dit-on, la Pivoine pour guérir Pluton blessé par Hercule, et de là son nom fut donné à cette plante.

ESPÈCES.

1. PÆONIA Moutan. *Tab. 3.*

P. *caule suffruticoso; foliis biternatis, subtùs glaucis, subvillosis; foliolis integris, vel apice lobatis; floribus solitariis, terminalibus; capsulis quinque et ultrà.*

PIVOINE Moutan. *Pl. 3.*

P. à tige souligneuse; à feuilles deux fois ternées, glauques en dessous, un peu velues; à folioles entières ou lobées à leur sommet; à fleurs solitaires, terminales; à capsules au nombre de cinq et plus.

PÆONIA *Moutan.* Botan. Magaz. p. 1154. Bonpland. Pl. rar. p. 1. t. 1. et p. 61. t. 23.
PÆONIA *arborea.* Hort. Cantabrig. p. 134.
PÆONIA *suffruticosa et Pæonia papaveracea.* Andrews. Botan. Reposit. t. 373, 448 et 463.

La Pivoine Moutan, vulgairement connue sous le nom de *Pivoine en arbre,* est un arbuste dont la tige brunâtre, rameuse, peut s'élever à quatre pieds et plus. Ses feuilles sont alternes, pétiolées, deux fois ternées, longues de douze à quinze pouces, d'un vert foncé en dessus, glauques en dessous, parsemées de quelques poils très-courts, composées de folioles ovales, les unes entières, les autres plus ou moins profondément partagées à leur sommet en deux ou trois lobes. Ses fleurs sont d'un rouge très-clair ou même d'un rose pâle, d'une odeur très-agréable et qui approche un peu de celle de la rose; solitaires, terminales, larges de cinq à sept pouces, d'un aspect magnifique. Leur calice est composé de huit ou neuf folioles dont les extérieures, plus longues et inégales, sont éfléchies, et les intérieures, ovales, aiguës et droites, sont quelquefois un peu colorées de rouge à leur sommet. La corolle est composée d'un très-grand nombre de pétales oblongs, rétrécis inférieurement, évasés dans leur moitié supérieure, et le plus souvent découpés en leur limbe. Les étamines sont nombreuses, longues de dix à quatorze lignes, et les ovaires, au nombre de six ou neuf, ovales, couverts d'un duvet cotonneux et blanchâtre, surmontés chacun d'un stigmate membraneux, plissé en dehors et d'un rouge très-vif. Il leur succède autant de capsules longues d'un pouce, couvertes de poils roussâtres, s'ouvrant longitudinalement en dedans et renfermant cinq à sept graines.

Cette plante est originaire de la Chine où elle a été trouvée dans les montagnes de la province de Ho-Nan. Elle fleurit dans notre climat en avril et mai.

La Pivoine en arbre est cultivée depuis plus de quatorze cents ans en Chine, sous le nom de *Moutan*. C'est d'après les demandes réitérées de Sir Joseph BANKS qu'elle a été apportée à Londres en 1794. Neuf ans après, en 1803, elle a été introduite en France dans le jardin de la Malmaison, et depuis trois ans cette superbe plante se trouve chez quelques-uns des principaux fleuristes de la capitale, entre autres chez MM. BOURSEAU, NOISETTE et VILMORIN-ANDRIEUX. Nous en avons vu ce printems (en 1815) plusieurs pieds en fleur. La beauté et l'odeur délicieuse des fleurs de cette plante l'ont rendue, chez les Chinois, l'objet d'une culture particulière. Ils en connaissent, dit-on, plus de deux cent quarante variétés. Il y a des Moutans rouges, pourpres, amaranthes, jaunes, blancs, bleus, violets et même noirs, ce qui, quant à cette dernière couleur, n'est probablement pas plus véritable que la Rose noire de certains amateurs français. Les Chinois donnent aussi au Moutan le nom de Hoa-Ouang, roi des fleurs, à cause de sa beauté, et celui de Pé-Leang-Kin, cent onces d'or, à cause du prix excessif où les curieux portèrent autrefois certaines variétés. Au reste, il y a probablement beaucoup d'exagération sur ce qui en a été écrit (1).

Cette Pivoine se cultive en terreau de bruyère, on la laisse en pleine terre; mais comme elle est encore rare et chère, on la garantit du froid par des cages vitrées qu'on a soin de couvrir de paillassons pendant les tems de gelée. Elle craint la grande humidité et un soleil trop ardent. On la multiplie par les jeunes pousses qui partent des racines et par les marcottes. L'un et l'autre moyen sont longs et demandent beaucoup de soins. Elle n'a point encore donné, en France, de fruits qui soient parvenus à leur maturité parfaite. Elle ne pourra devenir commune que lorsqu'on la multipliera de graines. Il est probable que si elle était transportée dans le midi de la France, elle pourrait y rester en tout tems en pleine terre, qu'elle y prendrait un plus grand accroissement et qu'elle ne tarderait pas à porter des fruits qui donneraient de bonnes graines.

EXPLICATION DE LA PLANCHE 3.

Fig. 1. Sommité d'un rameau de Pivoine Moutan portant une fleur.
Fig. 2. Une partie de la tige.
Fig. 3. Un fruit composé de six capsules.

---

(1) Voyez les mémoires concernant les sciences, les arts et mœurs des Chinois, par les missionnaires de Pékin, vol. 3. p. 461 à 478.

STYRAX officinale.   **ALIBOUFIER** officinal.

STYRAX.   ALIBOUFIER.

STYRAX. Lin. Classe X. *Décandrie*. Ordre I. *Monogynie*.

STYRAX. Juss. Classe IX. *Dicotylédones monopétales*. *Étamines périgynes*. Ordre I. Les Plaqueminiers. §. I. Étamines en nombre défini.

GENRE.

CALICE.   Monophylle, en godet, entier ou muni de dents peu apparentes.

COROLLE.   Monopétale, infondibuliforme, à tube très-court et à limbe profondément découpé en cinq divisions ovales-lancéolées, presque droites.

ÉTAMINES.   Au nombre de huit ou de dix, à filamens plus courts que la corolle, portant des anthères linéaires.

PISTIL.   Un ovaire arrondi, supérieur, chargé d'un style plus long que les étamines, et terminé par un stigmate simple.

PÉRICARPE.   Un drupe arrondi, coriace, contenant un noyau arrondi ou deux noyaux applatis chacun d'un côté et adossés l'un contre l'autre.

Caractère essentiel. Calice monophylle, en godet, entier ou à cinq dents. Corolle monopétale, à tube court et à limbe partagé en cinq divisions profondes. Huit à dix étamines. Un seul pistil. Un drupe coriace, contenant un ou deux noyaux.

Rapports naturels. L'*Aliboufier* a de l'affinité avec l'*Halésie*; il en diffère principalement par la forme de son fruit non anguleux et par ses noyaux monospermes.

Étymologie. Styrax, en grec Στύραξ était, selon Dioscoride, la résine d'un arbre qui ressemblait au Coignassier. Les modernes ont donné ce nom à l'arbre lui-même.

ESPÈCES.

1. STYRAX officinale. *Tab.* 4.   ALIBOUFIER officinal. *Pl.* 4.

S. *foliis ovatis, subtùs tomentosis; floribus decandris, subracemosis, terminalibus.*   A. à feuilles ovales, cotonneuses en dessous; à fleurs décandres, formant de petites grappes terminales.

STYRAX *officinale*. Lin. Sp. 635. Willd. Sp. 2. p. 623. Lam. Dict. Enc. 1. p. 81. Cavan. Diss. 6. p. 338. t. 188. f. 2.

STYRAX. Matth. Valgr. 89. *fig. sat bona.* Lob. Ic. 2. p. 151. *fig. bona.* Regn. Bot. fig.

STYRAX *folio Mali cotonei.* C. Bauh. Pin. 452. Tournef. Inst. 598. Garid. Aix. 450. t. 95. Duham. Arb. 2. p. 287. t. 79. *fig. Matthioli.*

STYRAX *arbor.* J. Bauh. Hist. 1. Lib. 9. p. 341. *fig.*

L'Aliboufier officinal, nommé vulgairement *Aligoufier* par les Provençaux, est un grand arbrisseau qui, dans les pays chauds, s'élève à la hauteur de vingt pieds et plus. Sa tige se divise en plusieurs rameaux revêtus d'une écorce rougeâtre sous un épiderme cendré. Ses feuilles sont alternes, pétiolées, ovales, très-entières, vertes et glabres en dessus, toutes couvertes en dessous d'un duvet blanchâtre, dont les pédoncules et les calices sont également revêtus. Ses fleurs sont blanches, disposées au nombre de trois à six ensemble, rarement plus, en petites grappes droites et situées à l'extrémité des rameaux. Leur calice est ordinairement entier en son bord, et les étamines sont au nombre de dix. Les fruits sont cotonneux, blanchâtres et environnés à leur base par le calice persistant. Cet arbre est originaire du Levant, et il est aujourd'hui naturalisé en Italie et en Provence, où il croît dans les bois; il fleurit au mois de mai.

2. STYRAX lævigatum.	ALIBOUFIER glabre.
S. *foliis ovato-lanceolatis, denticulatis, utrinque glabris; floribus suboctandris, axillaribus terminalibusque.*	A. à feuilles ovales-lancéolées, denticulées, glabres des deux côtés; à fleurs axillaires et terminales, ayant environ huit étamines.

STYRAX *lævigatum.* Ait. Hort. Kew. 2. p. 75. Willd. Sp. 2. p. 624.

STYRAX *Americana.* Lam. Dict. Enc. 1. p. 82.

STYRAX *glabrum.* Cavan. Diss. 6. p. 340. t. 188. f. 1. Mich. Fl. Boreal. Amer. 2. p. 41.

STYRAX *læve.* Walt. Carol. 140.

Cette espèce est un arbrisseau à rameaux nombreux, menus, épars et un peu redressés, qui s'élève à la hauteur de huit à dix pieds. Ses feuilles sont alternes, courtement pétiolées, ovales-lancéolées, très-finement dentées en leurs bords, glabres en dessus et en dessous. Les fleurs sont blanches, pédonculées, disposées dans les aisselles des feuilles et à l'extrémité des rameaux ; les premières sont solitaires ou deux à deux, et les secondes, au nombre de quatre à six ensemble, forment de petites grappes ; elles ont de six à dix étamines, le plus souvent huit. L'Aliboufier glabre croît dans les lieux humides de la Caroline et de la Géorgie; il fleurit en été.

Il découle naturellement des fentes de l'écorce de l'Aliboufier officinal, et surtout lorsqu'on y pratique des incisions, une résine liquide d'une odeur agréable, qui devient solide par l'action de l'air et de la chaleur. On récolte cette résine dans l'Orient, et on la trouve dans le commerce dans deux états différens. La plus belle, qui est en larmes, est connue sous le nom de Storax Calamite, nom qui lui vient de ce qu'autrefois, selon le témoignage de Galien, on la mettait dans des roseaux. La seconde, qui est en masse, est le Storax commun. En Provence, l'Aliboufier ne fournit pas autant de résine que dans le Levant; cependant les Chartreux de Montrieux en recueillaient autrefois dans de petits pots de verre, et ils en donnaient à leurs amis. Le Storax brûle en faisant une flamme très-claire et en répandant une odeur très-pénétrante. Pris intérieurement, il est diurétique, selon Garidel; on l'emploie intérieurement dans les affections catarrhales chroniques; extérieurement, réduit en vapeurs, ou employé sous forme de teinture dans l'esprit de vin, il est propre à exciter la transpiration cutanée; il entre dans plusieurs préparations pharmaceutiques.

L'Aliboufier oficinal est un bel arbrisseau, surtout lorsqu'au printems il est chargé de fleurs qui ressemblent beaucoup à celles de l'Oranger. On n'a connu pendant long-tems que cette espèce que l'empereur Adrien apporta, dit-on, le premier de Syrie en Italie où elle s'est naturalisée, et d'où elle s'est répandue dans plusieurs contrées de l'Europe méridionale. L'Aliboufier demande non seulement à être mis à l'abri du froid pendant l'hiver de nos départemens septentrionaux, mais encore il a besoin d'étendre ses racines en liberté. En caisse, il fleurit peu ; il faut le mettre en pleine terre contre un mur à l'exposition du midi, et l'envelopper pendant les gelées avec de la grande paille sèche. On le multiplie de graines qu'on tire de la Provence, car elles ne mûrissent pas dans le climat de Paris. On peut aussi le multiplier de marcottes et de drageons, mais on n'obtient pas par ce moyen d'aussi beaux arbres. L'Aliboufier glabre se cultive de la même manière.

EXPLICATION DE LA PLANCHE 4.

Un rameau en fleur de l'Aliboufier officinal. — Fig. 1. La corolle ouverte et étendue pour faire voir les étamines et leur insertion. — Fig. 2. Le calice et le style. — Fig. 3. L'ovaire et le style vus séparément.

LAVATERA Olbia.   LAVATÈRE d'Hyères.

P. Bessa pinx.t   Gabriel sculp.t

LAVATERA. LAVATÈRE.

LAVATERA. Lin. Classe XVI. *Monadelphie.* Ordre VI. *Polyandrie.*

LAVATERA. Juss. Classe XIII. *Dicotylédones polypétales. Étamines hypogines.* Ordre XIV. Les Malvacées. §. II. Étamines connées, en nombre indéfini, et réunies en un tube dont la base porte la corolle. Fruit composé de la réunion de plusieurs capsules.

GENRE.

CALICE. Double, persistant; l'extérieur monophylle, trifide, plus court; l'intérieur aussi monophylle, mais semi-quinquéfide.

COROLLE. Composée de cinq pétales en cœur, planes, ouverts, réunis par leur base et attachés inférieurement au tube formé par les filamens des étamines.

ÉTAMINES. Nombreuses, ayant leurs filamens réunis les uns aux autres, par leur partie inférieure, en un tube cylindrique et en forme de colonne, libres et distincts dans leur partie supérieure, et portant des anthères arrondies.

PISTIL. Un ovaire supérieur, arrondi, surmonté d'un style cylindrique, partagé, dans sa partie supérieure, en dix à vingt stigmates, sétacés, de la longueur du style ou à peu près.

PÉRICARPE. Formé de plusieurs capsules verticillées autour de la base du style, en même nombre que les stigmates, et aglomérées sur un réceptacle commun et applati : chaque capsule s'ouvre en deux valves par son côté intérieur, et contient une seule graine réniforme.

Caractère essentiel. Calice double : l'extérieur monophylle, trifide. Cinq pétales en cœur, réunis par leur base. Étamines nombreuses, monadelphes. Un ovaire arrondi, à style simple, terminé par plusieurs stigmates. Capsules nombreuses, monospermes, disposées, sur un réceptacle commun, et réunies orbiculairement.

Rapports naturels. Le genre Lavatère est très-voisin des Mauves ; il en diffère par son calice extérieur, monophylle et non à trois folioles.

Étymologie. Ce genre est consacré à la mémoire de Lavatère, médecin et botaniste suisse.

ESPÈCES.

1. LAVATERA Olbia. *Tab.* 5.

L. *caule fruticoso; foliis tomentosis, quinque lobis acutis ; floribus axillaribus, subsessilibus.*

1. LAVATÈRE d'Hières. *Pl.* 5.

L. à tige frutescente ; à feuilles cotonneuses, à cinq lobes aigus ; à fleurs axillaires, presque sessiles.

LAVATERA *Olbia.* Lin. Sp. 972. Willd. Sp. 3. p. 794. Jacq. Hort. Vind. t. 73. Cavan. Diss. 2. p. 86. t. 32. f. 2. Lam. Dict. Enc. 3. p. 430.

Althœa arborea Olbiæ in Gallo-provinciâ. Lob. Ic. 653.

Althœa frutescens, folio acuto, parvo flore. Bauh. Pin. 316. Tournef. Inst. 97.

La tige de cette espèce s'élève à la hauteur de quatre à six pieds, et se divise en plusieurs rameaux cylindriques, effilés, feuillés, velus. Ses feuilles sont alternes, pétiolées, cotonneuses et blanchâtres en dessus et en dessous, molles au toucher ;

les inférieures un peu échancrées en cœur à leur base, à cinq lobes aigus et inégalement dentées; les supérieures seulement à trois lobes, dont celui du milieu beaucoup plus grand que les deux autres. Les fleurs sont larges de deux pouces, d'une couleur purpurine, solitaires dans les aisselles des feuilles supérieures, presque sessiles; elles forment, par leur disposition au sommet de chaque rameau, un long et bel épi terminal.

Cet arbrisseau croît aux environs d'Hières, en Provence; il fleurit en mai et juin.

2. LAVATERA triloba.

L. *caule fruticoso; foliis subcordatis, subtrilobis, rotundatis, crenatis; pedunculis aggregatis, unifloris.*

2. LAVATÈRE à trois lobes.

L. à tige frutescente; à feuilles en cœur, presque trilobées, arrondies, crénelées; à pédoncules uniflores, plusieurs ensemble.

LAVATERA *triloba.* Lin. Sp. 972. Willd. Sp. 3. p. 794. Jacq. Hort. Vind. t. 74. Cavan, Diss. 2. p. 87. t. 31. f. 1. Lam. Dict. Enc. 3. p. 430.

Althæa frutescens Hispanica, folio rotundiori. Tournef. Inst. 97.

Althæa fruticans Hispanica, Aceris Monspessulani incanis foliis, grandiflora saponem spirans. Pluk. Alm. 24. t. 8. fig. 3.

Cette espèce est facile à distinguer de la précédente par ses feuilles presque arrondies, à peine trilobées, et par ses fleurs portées sur des pédoncules disposés deux à cinq ensemble dans les aisselles des feuilles supérieures. Ses jeunes rameaux, ses feuilles, ses calices et ses pédoncules sont d'ailleurs revêtus d'un duvet blanchâtre. Ses fleurs ont deux pouces de large ou environ; la couleur des pétales est purpurine claire avec des lignes longitudinales plus foncées.

Cet arbrisseau croît en Espagne et aux environs de Montpellier; il fleurit en juillet et août.

3. LAVATERA maritima.

L. *caule fruticoso; foliis cordato-subrotundis, lobatis, crenatis, tomentosis; pedunculis subsolitariis, unifloris, axillaribus.*

3. LAVATÈRE maritime.

L. à tige frutescente; à feuilles en cœur, un peu arrondies, lobées, crénelées, cotonneuses; à pédoncules le plus souvent solitaires, uniflores, axillaires.

LAVATERA *maritima.* Gouan. Illust. 46. t. 21. f. 2. Cavan. Diss. 2. p. 88. t. 32. f. 3. Willd. Sp. 3. p. 795. Lam. Dict. Enc. 3. p. 431.

Althæa frutex prima. Clus. Hist. XXIV.

Althæa frutescens, folio rotundiori, incano. Bauh. Pin. 316. Tournef. Inst. 97.

Cette espèce se distingue de la première par ses feuilles arrondies et par ses fleurs portées sur des pédoncules plus longs que les pétioles des feuilles. Elle diffère de la seconde par ses fleurs solitaires, rarement deux à deux dans les aisselles des feuilles. La Lavatère maritime croît en Languedoc, en Provence et en Espagne dans le voisinage de la mer. Elle fleurit en juin et juillet.

Les Lavatères croissent naturellement dans le midi de la France. Dans le nord, leur culture se réduit à peu de chose; il ne faut que les planter en pot ou en caisse, dans une bonne terre, afin de pouvoir les mettre à l'abri du froid pendant l'hiver. On les multiplie de graines qu'il faut semer sur couche au printems. On les propage aussi de boutures.

EXPLICATION DE LA PLANCHE 5.

Un rameau en fleur de la Lavatère d'Hières — Fig. 1. Le faisceau des étamines au sommet desquelles on aperçoit les stigmates. Sur le côté un pétale resté seul, les autres ont été enlevés pour faire mieux voir les parties sexuelles. — Fig. 2. L'ovaire, le style et les stigmates. — Fig. 3. Le calice déchiré et ouvert pour faire voir le calice extérieur. — Fig. 4. Un jeune fruit. — Fig. 5. Le même coupé horizontalement pour rendre les graines apparentes.

1   2   3   4   5

MALVA virgata.   **MAUVE** effilée.

MALVA.   MAUVE.

MALVA. Lin. Classe XVI. *Monadelphie.* Ordre VI. *Polyandrie.*
MALVA. Juss. Classe XIII. *Dicotylédones polypétales. Étamines hypogynes.* Ordre XIV. Les Malvacées. §. II. Étamines connées, etc.

GENRE.

CALICE.
Double, persistant. L'extérieur plus court, composé de deux ou trois folioles distinctes. L'intérieur monophylle, semi-quinquéfide.

COROLLE.
Composée de cinq pétales en cœur, planes, ouverts, réunis par leur base et attachés inférieurement au tube formé par les filamens des étamines.

ÉTAMINES.
Nombreuses, ayant leurs filamens réunis les uns aux autres, par leur partie inférieure, en un tube cylindrique et en forme de colonne, libres, distincts, inégaux dans leur partie supérieure, et portant des anthères réniformes ou arrondies.

PISTIL.
Un ovaire supérieur, arrondi, surmonté d'un style cylindrique, court, partagé, en sa partie supérieure, en huit stigmates ou plus, sétacés, de la longueur du style.

PÉRICARPE.
Formé de huit capsules ou plus, rangées circulairement autour de la base du style et réunies sur un réceptacle commun. Chaque capsule s'ouvre en deux valves par son côté intérieur, et contient une ou deux graines réniformes.

Caractère essentiel. Calice double; l'extérieur de deux ou trois folioles. Cinq pétales en cœur, réunis par leur base. Étamines nombreuses, monadelphes. Un ovaire arrondi, à style simple, terminé par plusieurs stigmates. Huit capsules ou plus, le plus souvent monospermes, disposées sur un réceptacle commun, et réunies orbiculairement.

Rapports naturels. Les Mauves ont une grande affinité avec les Lavatères; elles s'en distinguent par leur calice extérieur composé de deux ou trois folioles.

Étymologie. *Malva* est dérivé du mot grec Μαλάσσω, amollir. Ce nom a été donné aux plantes de ce genre à cause de leur propriété émolliente.

ESPÈCES.

1. MALVA virgata. *Tab.* 6.
M. *foliis profundè trilobis, dentatis, basi cuneatis; pedunculis geminatis, petiolo longioribus.*

1. MAUVE effilée. *Pl.* 6.
M. à feuilles profondément trilobées, en coin à leur base; à pédoncules géminés, plus longs que le pétiole.

MALVA *virgata.* Murr. in Comm. Goett. 1779. p. 20. t. 6. Cavan. Diss. 2. p. 70. t. 18. f. 2. Willd. Sp. 3. p. 783. Lam. Dict. Enc. 3. p. 746.
MALVA *Capensis frutescens, Grossulariæ folio minori, glabro.* Dill. Hort. Elth. 2. p. 208. t. 169. f. 206.

La Mauve effilée est un arbrisseau qui, dans nos jardins, s'élève à quatre ou six pieds de hauteur, en se divisant en plusieurs rameaux greles, légèrement velus.

Ses feuilles sont alternes, pétiolées, glabres, partagées, plus ou moins profondément, en trois lobes, dentées ou crénelées. Les fleurs sont d'une couleur purpurine, axillaires, solitaires ou géminées dans les aisselles des feuilles, portées sur des pédoncules plus longs que les pétioles. Cette plante est originaire du Cap de Bonne-Espérance; elle fleurit en France depuis le mois de juin jusqu'en septembre.

2. MALVA Grossularifolia.

M. *foliis oblongis, subtrilobis, inæqualiter dentatis; pedunculis solitariis, petioli longitudine.*

2. MAUVE à feuilles de Groseiller.

M. à feuilles oblongues, subtrilobées, inégalement dentées; à pédoncules solitaires, de la longueur du pétiole.

MALVA *Grossularifolia*. Cavan. Diss. 2. p. 71. t. 24. f. 2. Willd. Sp. 3. p. 783.
MALVA *Capensis frutescens, Grossulariæ folio, majore, hirsuto*. Dill. Hort. Elth. 209. t. 169. f. 207.

Cette plante ne diffère de la précédente que par ses feuilles velues, et parce que les pédoncules de ses fleurs sont solitaires et seulement de la longueur du pétiole. Ces deux caractères n'étant pas constans, on peut croire que ce n'est qu'une variété de la Mauve effilée. Elle est originaire du même pays, et fleurit en même tems.

3. MALVA divaricata.

M. *foliis lobatis, plicatis, dentatis, scabriusculis; ramis ramulisque divaricatis, flexuosis; floribus axillaribus, solitariis.*

3. MAUVE étalée.

M. à feuilles lobées, pliées, dentées, un peu rudes au toucher; à rameaux et ramuscules flexueux, étalés; à fleurs axillaires, solitaires.

MALVA *divaricata*. Andrew. Bot. Rep. t. 182.

Cette Mauve a de nombreux rapports avec les deux précédentes; elle n'en diffère guère que par ses rameaux flexueux et étalés, par ses feuilles à lobes plus prononcés, élargis, et seulement dentés à leur sommet. Ses fleurs sont blanches, et les pétales marqués, depuis leur base jusqu'à moitié, de lignes longitudinales, d'un beau rouge-pourpre. Elle croît au Cap de Bonne-Espérance, et fleurit dans nos jardins pendant tout l'été.

4. MALVA miniata.

M. *foliis lobatis, tomentosis, dentatis; pedunculis racemosis, axillaribus.*

4. MAUVE vermillon.

M. à feuilles lobées, cotonneuses, dentées; à pédoncules axillaires, formant de petites grappes.

MALVA *miniata*. Cavan. Ic. 3. p. 40. t. 278. Willd. Sp. 3. p. 783.

Cette espèce est bien différente des trois précédentes par ses tiges et ses feuilles cotonneuses, un peu blanchâtres, et par ses pédoncules alongés, portant plusieurs fleurs disposées en une sorte d'épi ou de grappe. Ses fleurs sont d'un rouge de vermillon; elles paraissent en juin, juillet et août.

Les quatre Mauves dont il vient d'être question ne demandent point de soins extraordinaires; il ne faut que leur donner une bonne terre, les planter en pot ou en caisse pour les rentrer l'hiver dans l'orangerie ou la serre tempérée. On les multiplie de boutures et de graines qu'il faut semer au printems sur couche et sous chassis.

EXPLICATION DE LA PLANCHE 6.

Un rameau en fleur de la Mauve effilée. Fig. 1. Le faisceau des étamines avec un pétale. — Fig. 2. L'ovaire, le style et les étamines. — Fig. 3. Le calice extérieur et intérieur. — Fig. 4. Un fruit. — Fig. 5. Une capsule vue séparément et grossie.

Fig. 1. **ROSA** rubiginosa.
Fig. 2. **ROSA** lucida.

Fig. 1. **ROSIER** rouillé.
Fig. 2. **ROSIER** luisant.

ROSA Gallica.　　　**ROSIER** de France.

ROSA semper florens.   ROSIER de tous les mois.

P. Bessa pinx.   Gabriel sculp.

Fig. 1 .

Fig. 2 .

Fig. 1. **ROSA** rubrifolia .   **ROSIER** à feuilles rougeâtres.

Fig. 2 . **ROSA** Kamtchatica .   **ROSIER** du Kamtchatka.

P. Bessa pinx.   Jarry sculp.

Fig. 1. **ROSA** canina.   **ROSIER** des chiens.

Fig. 2. **ROSA** sepium.   **ROSIER** des haies

P. Bessa pinx.   Gabriel sculp.

ROSA centifolia.   **ROSE** à cent feuilles.

Fig. 1. **ROSA** semper virens. ROSIER toujours vert.
Fig. 2. **ROSA** bracteata. ROSIER à bractées.

P. Bessa pinx. Jarry sculp

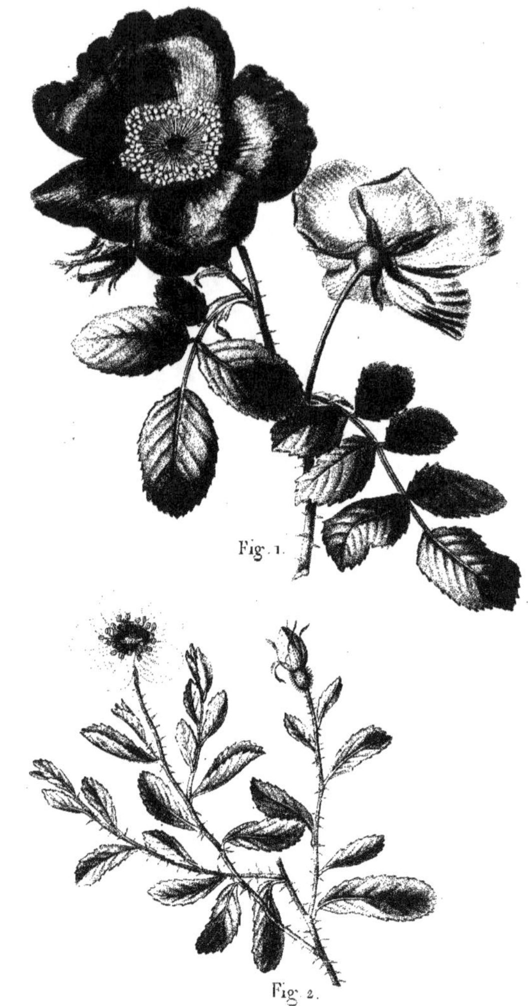

Fig. 1. **ROSA** Eglanteria . **ROSIER** Eglantier .
Fig. 2. **ROSA** Berberifolia . **ROSIER** à feuilles d'Epine-vinette .

P. Bessa pinx . Gabriel sculp .

Fig. 1. **ROSA** villosa.   **ROSIER** velu.

Fig. 2. **ROSA** centifolia Pomponia. **ROSIER** à cent feuilles, Pompon.

P. Recva pinx.   Gabriel sculp.

Fig. 1. ROSA alba. ROSIER blanc.

Fig. 2 ROSA Pimpinellifolia. ROSIER à feuilles de Pimprenelle.

P. Bessa pinx. Gabriel sculp.

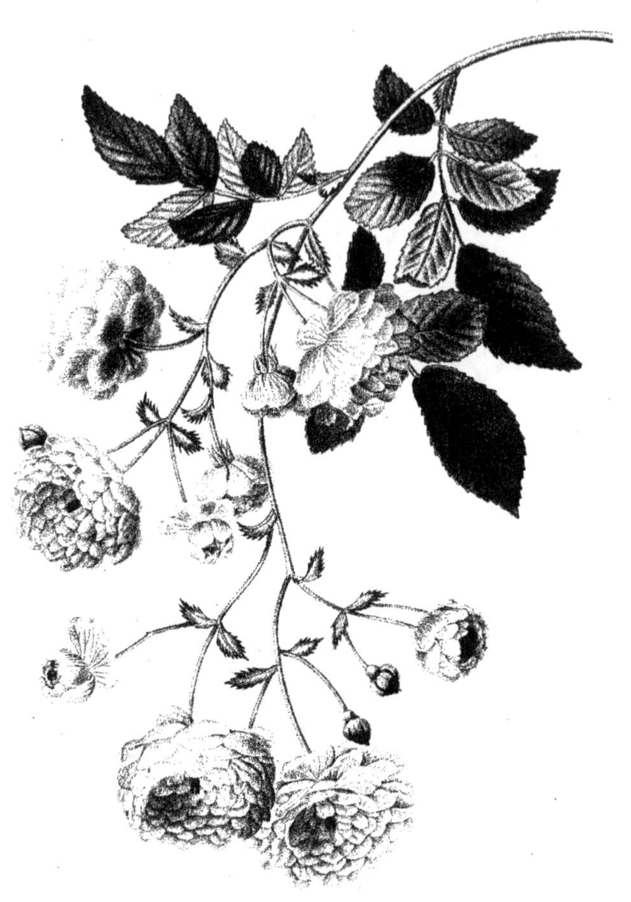

ROSA multiflora. **ROSIER** multiflore.

P. Bessa pinx. Gabriel sculp.

ROSA sempertlorens.

ROSIER toujours fleuri.

ROSA.　　ROSIER.

ROSA. Linn. Classe XII. *Icosandrie.* Ordre V. *Polygynie.*

ROSA. Juss. Classe XIV. *Dicotylédones polypétales , étamines insérées autour de l'ovaire.* Ordre X. Les Rosacées. §. II. Plusieurs ovaires en nombre indéfini, cachés dans le tube d'un calice ventru, resserré à son orifice : chaque ovaire portant un style et devenant une graine.

GENRE.

CALICE. Monophylle, à tube ventru, resserré à son orifice, se divisant en son limbe en cinq découpures lancéolées, toutes entières dans certaines espèces; deux d'entre elles chargées dans leur partie inférieure, et de chaque côté, de deux ou trois appendices foliacées qui les rendent plus ou moins pinnatifides ; deux autres alternes, très-entières; la cinquième appendiculée d'un seul côté.

COROLLE. Composée de cinq pétales en cœur renversé, insérés à l'orifice du calice et alternant avec ses découpures.

ÉTAMINES. Très-nombreuses, à filamens filiformes, beaucoup plus courts que les pétales, insérés au col du calice, et terminés par des anthères à trois faces.

PISTIL. Ovaires nombreux, placés au fond du calice, chargés chacun d'un style terminé par un stigmate simple et obtus : la longueur des styles est très-variable dans les différentes espèces; tantôt ceux-ci ne dépassent pas le tube du calice, tantôt ils forment un faisceau ou une colonne plus ou moins saillante au centre de la fleur.

PÉRICARPE. Le tube du calice devient une baie charnue, succulente, globuleuse ou ovoïde, colorée, molle dans sa maturité, à une seule loge percée à son sommet et couronnée par les découpures du calice plus ou moins persistantes.

SEMENCES. Vingt à soixante graines osseuses, irrégulièrement ovales, recouvertes d'un duvet soyeux, attachées aux parois intérieures du calice, qui sont aussi hérissées de poils soyeux très-abondans. Dans quelques espèces à graines très-nombreuses, il y a au centre du calice une sorte de réceptacle un peu conique, sur lequel une partie des graines sont portées.

Caractère essentiel. Un calice monophylle, persistant, tubulé et ventru inférieurement, resserré à son orifice, divisé en son limbe en cinq découpures lancéolées, variables. Corolle de cinq pétales en cœur renversé, insérés sur le calice. Étamines nombreuses, beaucoup plus courtes que la corolle. Graines nombreuses, hispides, renfermées dans le tube du calice devenu une baie globuleuse ou ovoïde.

Rapports naturels. Le genre *Rosier* a des rapports avec celui du *Sorbier;* il est d'ailleurs facile de l'en distinguer et par le port et par le caractère de ce dernier, dont le fruit est à trois loges monospermes.

Étymologie. *Rosa* est dérivé du mot Po'δov, qui est le nom de la Rose en grec.

ESPÈCES.

1. ROSA Berberifolia. *Tab.* 14. *Fig.* 2.
R. *ramis aculeatis ; foliis simplicibus , subsessilibus ; pedunculis aculeatis , solitariis ; calycibus globosis ; laciniis calycinis lanceolatis , integris.*

ROSIER à feuilles d'Épine-Vinette. *P.* 14. *F.* 2.
R. à rameaux garnis d'aiguillons; à feuilles simples , presque sessiles; à pédoncules solitaires , garnis d'aiguillons; à calices globuleux, ayant leurs divisions lancéolées, entières.

ROSA *Berberifolia.* Pall. nov. Act. Petrop. 10. p. 379. t. 10. f. 5. Willd. Sp. 2. p. 1063.
ROSA *simplicifolia.* Salisb. Prodr. Stirp. Hort. ad Chapel Allerton. p. 359. Poir. Dict. Enc. 6. p. 276.

Ce Rosier ne forme qu'un très-petit arbrisseau dont la tige, divisée en rameaux nombreux, étalés, pubescens, chargés de beaucoup de petits aiguillons un peu courbés, ne s'élève guère à plus de deux pieds. Ses feuilles sont simples, ovales-oblongues, rétrécies en coin à leur base, presque sessiles, dentées en scie en leurs bords, d'un vert glauque. Les fleurs sont solitaires à l'extrémité des jeunes rameaux. Leur calice est globuleux , armé d'aiguillons plus ou moins nombreux, à divisions simples, lancéolées, à peine aussi longues que la corolle. Celle-ci est composée de cinq pétales d'un jaune clair, avec une tache rouge en leur onglet. Les étamines sont rouges, et les stigmates sessiles forment au centre de la fleur une petite tête convexe. Cet arbrisseau croît dans les parties septentrionales de la Perse, où il a été découvert par Michaux père, qui l'a apporté en France. Il est si abondant en Perse, qu'au rapport de Michaux on s'en sert pour chauffer les fours. Il fleurit en mai et juin. Nous ne l'avons vu que chez M. Dupont, qui vient de donner au Jardin du Roi le seul pied qu'il possédait.

2. ROSA Cinnamomea.
R. *ramis lævibus , inermibus; foliis è septem foliolis ovato-oblongis, utrinquè glaberrimis, simpliciter dentatis , acutis; floribus corymbosis; calycibus subglobosis pedunculisque glaberrimis; laciniis calycinis integris, corollâ longioribus; stigmatibus in capitulum subsessile.*

ROSIER Canelle.
R. à rameaux lisses, inermes; à feuilles composées de sept folioles ovales-oblongues, glabres des deux côtés, simplement dentées, aiguës, à fleurs en corymbe; à calices et pédoncules très-glabres, les premiers ayant leurs divisions entières , plus longues que la corolle; à stigmates en tête presque sessile.

ROSA *Cinnamomea.* Lin. Sp. 703. Willd. Sp. 2. p. 1065. Poir. Dict. Enc. 6. p. 280.
ROSA, *odore Cinnamomi, simplex.* C. Bauh. Pin. 483. Tournef. Inst. 638.
ROSA *Cinnamomea, floribus subrubentibus, spinosa.* J. Bauh. Hist. 2. Lib. 14. p. 39. *fig. mediocris.*
ROSE *de Canelle.* Lob. Ic. 2. 209. *fig. sat bona.*
β. ROSA *odore Cinnamomi, flore pleno.* C. Bauh. Pin. 483. Tournef. Inst. 638.
ROSA *Cinnamomea pleno flore.* Clus. Hist. 115. *fig. sat bona.*

Cet arbrisseau s'élève à la hauteur de quatre à six pieds. Sa tige est divisée en rameaux dont ceux qui portent les fleurs sont très-lisses, entièrement dépourvus d'aiguillons. Les feuilles sont composées de sept folioles ovales-oblongues, également et simplement dentelées, aiguës, très-glabres en dessus et en dessous de même que le pétiole. Les fleurs sont portées à l'extrémité des rameaux sur des pédoncules rameux et disposés au nombre de six à dix ou davantage, de

manière à former une sorte de corymbe ; elles ont une odeur de gérofle ou d'œillet
fort agréable. Le calice est globuleux ou un peu ovoïde, très-glabre, ainsi que
son pédoncule ; ses divisions sont entières , d'un tiers plus longues que les pétales ,
et chargées de poils glanduleux, rougeâtres en leur partie inférieure. La corolle
est d'un rose foncé, large de deux pouces ou un peu plus. Les styles sont presque
nuls, réunis en une colonne qui n'a pas plus d'une demi-ligne de hauteur, et
qui porte les stigmates rassemblés en une tête semi-globuleuse.

Ce Rosier croît dans les contrées méridionales de l'Europe. Il fleurit chez nous
en mai et juin. La variété à fleurs doubles est rare.

3. ROSA Carolina.

R. *ramorum aculeis-stipularibus ; foliis è
septem foliolis ovato-oblongis, glabris,
simpliciter dentatis, acutis ; floribus co·
rymbosis ; calycibus subglobosis pedunculisque hispidis ; laciniis calycinis integris, corollâ longioribus ; stigmatibus
in capitulum sessile.*

ROSIER de Caroline.

R. à rameaux ayant des aiguillons placés à la
base des stipules ; à feuilles composées de
sept folioles ovales - oblongues, glabres ,
simplement dentées, aiguës ; à fleurs en corymbe, ayant leurs pédoncules et leurs calices hispides, et les divisions de ces derniers entières , plus longues que la corolle ; à stigmates en tête sessile.

ROSA *Carolina.* Lin. Sp. 703. (*excl. synon. Dillenii.*) Willd. Sp. 2. p. 1069. Wangenh.
Amer. 112. t. 31. f. 71.

Ce Rosier a tant de rapports avec le Rosier Canelle que nous avons hésité long-
tems si nous le présenterions comme espèce distincte ou seulement comme variété
de ce dernier ; en effet, il n'en diffère que parce que ses rameaux sont munis
de deux aiguillons à la base de chaque feuille, que les pétioles en sont garnis
en dessous , que ses pédoncules et ses calices sont hérissés de poils glanduleux ,
et enfin parce que ses fleurs ne s'épanouissent que deux mois plus tard. Au reste ,
la forme des feuilles, la couleur, la grandeur et la disposition des fleurs sont à
peu près les mêmes. Celles-ci ont une odeur fort douce , qui diffère peu de la Rose
de tous les mois , excepté parce qu'elle est plus faible. Les stigmates sont tout à fait
sessiles, rougeâtres ; ils forment, par leur réunion, une petite tête semi-globuleuse. Cette espèce est indigène de l'Amérique septentrionale ; elle fleurit dans
nos jardins en juillet et août. Nous l'avons décrite sur l'individu actuellement vivant
au Jardin du Roi ; mais les échantillons sauvages recueillis par Michaux dans la
Caroline et la Georgie, et que nous avons vus dans les herbiers du même jardin,
présentaient les différences suivantes : leurs feuilles étaient quatre fois plus petites ,
comme celles du *Rosa Remensis* ou du *Rosa parvifolia*, ciliées sur les bords,
et les rameaux étaient uniflores.

4. ROSA rubrifolia. *Tab.* 10. *Fig.* 1.

R. *ramis aculeatis ; foliis è 5 - 7 foliolis,
ovatis, glaberrimis, glaucis, simpliciter
dentatis, acutis ; floribus corymbosis ;
calycibus subglobosis pedunculisque glaberrimis ; laciniis calycinis integris, corollâ longioribus ; stigmatibus in capitulum subsessile.*

ROSIER à feuilles rougeâtres. *Pl.* 10. *Fig.* 1.

R. à rameaux chargés d'aiguillons ; à feuilles
composées de cinq à sept folioles ovales ,
très-glabres , glauques, simplement dentées ,
aiguës ; à fleurs en corymbe ; à calices et
pédoncules très-glabres ; les premiers ayant
leurs divisions entières, plus longues que
la corolle ; à stigmates en tête presque
sessile.

ROSA *rubrifolia.* Vill. Dauph. 3. p. 549. Willd. Sp. 2. p. 1075.
ROSA *multiflora.* Regnier. Act. Soc. Laus. 1. p. 70. t. 6.
ROSA *glauca.* Hort. Paris.

La tige de ce Rosier s'élève, selon Villars, à dix, douze et jusqu'à quinze pieds, et elle se divise le plus souvent dès sa base en plusieurs branches. Ses jeunes rameaux sont rougeâtres, lisses, très-glabres, chargés çà et là d'aiguillons droits, assez forts, très-écartés. Ses feuilles sont composées de cinq à sept folioles ovales, simplement dentées, aïgues, très-glabres, glauques avec une teinte un peu rougeâtre, surtout en dessous : leur pétiole est muni à sa base, et souvent jusqu'à la naissance des premières folioles, de deux stipules ordinairement très-entières, très-rarement un peu dentées. Les fleurs sont pédonculées, disposées en bouquet, au nombre de six à quinze ensemble, au sommet des rameaux ; elles sont munies, à la base de leur pédoncule, d'une bractée lancéolée. Les divisions du calice sont étroites, entières, élargies en leur partie supérieure, plus longues que les pétales et chargées d'un petit nombre de poils glanduleux. La corolle est composée de cinq pétales en cœur, d'un rouge clair, large en tout de quinze à vingt lignes. Les étamines sont nombreuses, plus courtes que les pétales, à filamens égaux, portant des anthères ovales. Les stigmates sont velus, presque sessiles, agglomérés en un plateau convexe. Les fruits sont presque globuleux, lisses, glabres, ainsi que les pédoncules propres, plus rarement chargés les uns et les autres de quelques poils glanduleux.

Ce Rosier croit dans les bois des montagnes, en Dauphiné, en Provence, en Savoie, dans les Cevennes, les Vosges, etc. Il fleurit en mai et juin. Villars dit que ses fruits sont ovales ; nous les avons presque toujours trouvés globuleux dans un grand nombre d'échantillons : il dit aussi que ses feuilles sont composées de sept à neuf folioles ; nous ne les avons jamais vues que de sept et quelquefois de cinq seulement.

5. ROSA maialis.   **ROSIER** de mai.

R. *ramis lævibus, parùm aculeatis ; foliis è 5 - 7 foliolis ovato - oblongis, acutis, subtùs pubescentibus ; floribus subgeminis, rariùs subcorymbosis ; laciniis calycinis integris, corollá paulò brevioribus ; stigmatibus sessilibus ; fructibus globosis.*

R. à rameaux lisses, peu chargés d'aiguillons ; à feuilles composées de cinq à sept folioles ovales-oblongues, aiguës, pubescentes en dessous ; à fleurs souvent deux à deux, plus rarement en corymbe ; à découpures du calice entières, un peu plus courtes que la corolle ; à stigmates sessiles ; à fruits globuleux.

ROSA *maialis.* Hermann. Diss. de Rosa. p. 8. n. 3. Retz. Obs. 3. p. 33. Desf. Fl. Atl. 1. p. 400. Regnier, Act. Soc. Lausan. 1. p. 68. t. 4.

ROSA *collincola.* Ehrh. Beitr. 2. p. 70.

ROSA *minor rubello flore, quæ vulgò à mense maio maialis dicitur.* C. Bauh. Pin. 483. Tournef. Inst. 638.

ROSA *rubello flore, parvo, simplici, non spinosa.* J. Bauh. Hist. 2. lib. 14. p. 39.

β. ROSA *maialis flore pleno.*

γ. ROSA *Pensylvanica* (*germinibus pedunculisque hispido-glandulosis.*) Mich. Fl. Boreal. Amer. 1. p. 296. (*ex speciminibus herbarii auctoris.*)

La tige de cette espèce s'élève à huit ou douze pieds ; elle se divise en rameaux lisses, rougeâtres, armés, à la base de chaque feuille, de deux forts aiguillons à pointe un peu recourbée. Ses feuilles sont composées de cinq à sept folioles ovales-oblonges, aiguës, également et simplement dentées en leurs bords, d'un vert gai en dessus, plus pâles et pubescentes en dessous, ainsi que sur leur pétiole. Les fleurs sont ordinairement solitaires ou géminées à l'extrémité de chaque ramuscule ; mais quelquefois des bourgeons plus vigoureux donnent jusqu'à douze fleurs et même plus, disposées en corymbe. Le tube du calice est globuleux, très-glabre, ainsi que le pédoncule, dans les deux premières variétés, plus ou moins hérissé de poils glanduleux dans la variété d'Amérique. Les divisions du calice sont toutes entières, pubescentes, surtout sur les bords, plus courtes que la corolle, qui est d'un rose foncé, et large de deux pouces ou un peu plus. Les styles, cachés dans le tube du calice, paraissent nuls, et les stigmates sont agglomérés en un plateau sessile, légèrement convexe.

Ce Rosier croît spontanément dans les départemens du midi de la France; sa variété à fleurs doubles est cultivée dans tous les jardins. Il fleurit en mai et en juin. Le Rosier de Pensylvanie, que nous avons vu dans l'herbier du Muséum d'histoire naturelle de Paris, nous a paru avoir de trop grands rapports avec cette espèce pour en être séparé; il ne doit en être regardé que comme une variété.

6. ROSA lucida. *Tab.* 7. *Fig.* 2.

R. *ramis lævibus, parcè vel minimè aculeatis; foliis è 7-9 foliolis ovato-oblongis, glaberrimis, supernè lucidis, inæqualiter dentatis; floribus geminis ternisve; laciniis calycinis subintegris, corollam æquantibus; stigmatibus sessilibus; fructibus globosis.*

ROSIER luisant. *Pl.* 7. *Fig.* 2.

R. à rameaux lisses, peu chargés ou tout à fait dépourvus d'aiguillons; à feuilles composées de sept à neuf folioles ovales-oblongues, très-glabres, luisantes en dessus, inégalement dentées; à fleurs deux ou trois ensemble, ayant les découpures de leur calice le plus souvent entières, égales à la corolle; à stigmates sessiles; à fruits globuleux.

α. ROSA *lucida.* Willd. Sp. 2. p. 1068. Ehrh. Beitr. 4. p. 11. Poir. Dict. Enc. 6. p. 294.
ROSA *Carolina fragrans, foliis mediotenùs serratis.* Dill. Hort. Elth. 2. p. 325. t. 245. f. 316.
β. *Flore semipleno; calycinis laciniis pinnatifidis.*
ROSA *turgida.* Pers. Synop. 2. p. 49.
ROSA *Turneps. Anglorum et hortulanorum.*

Le Rosier luisant s'élève à quatre ou cinq pieds et peut-être davantage. Ses rameaux sont lisses, souvent entièrement dépourvus d'aiguillons, quelquefois munis de deux aiguillons droits à la base de chacune de leurs feuilles. Celles-ci sont composées de sept à neuf folioles ovales-oblongues, glabres sur leurs deux faces, luisantes en dessus, bordées de dents souvent inégales, portées par des pétioles glabres, chargés de quelques aiguillons très-petits, et munis à leur base de stipules alongées et denticulées. Les fleurs sont d'un pourpre clair, légèrement odorantes, deux ou trois ensemble au sommet des rameaux, portées sur des pédoncules inégaux, un peu hispides ainsi que le calice dont les divisions sont presque toujours parfaitement entières, un peu élargies et foliacées dans leur partie supérieure, au moins de la longueur de la corolle. Les stigmates sont nombreux, sessiles, réunis en une tête convexe et un peu velue. Les fruits sont globuleux.

La variété β, cultivée dans les jardins sous les noms de Rose Turneps, Rosier à feuilles de Frêne, est remarquable par ses fleurs semi-doubles, à sept ou huit rangs de pétales, larges de trois pouces, d'une belle couleur de rose avec des veines plus foncées. Les styles sont extraordinairement nombreux, au delà de cent cinquante à deux cents peut-être; les uns, agglomérés par leurs stigmates, forment une sorte de tête irrégulière au centre de la fleur; les autres, longs d'une à deux lignes, sont libres et divergens comme les étamines. Les divisions du calice sont ordinairement très-entières dans la plante à fleurs simples; dans cette variété à fleurs doubles, il y a trois divisions pinnatifides. Les fleurs de la Rose Turneps ont une odeur peu agréable, comme de punaise. C'est à tort que M. Persoon rapproche la Rose Turneps de la Rose turbinée; ces deux Roses, dans un ordre vraiment naturel, doivent être assez éloignées l'une de l'autre.

Le Rosier luisant est indigène de l'Amérique septentrionale; il fleurit en France en mai et juin.

7. ROSA parviflora.

R. *ramis aculeatis; foliis è 7-9 foliolis ovato-lanceolatis, glaberrimis, supernè lucidis, simpliciter dentatis; floribus geminatis quaternisve; calycinis laciniis integris, corollâ multò longioribus; calycibus pedunculisque hispidis; stigmatibus sessilibus; fructibus globosis.*

ROSIER parviflore.

R. à rameaux chargés d'aiguillons; à feuilles composées de sept à neuf folioles ovales-lancéolées, très-glabres, luisantes en dessus, simplement dentées; à fleurs géminées ou quaternées, ayant les découpures de leur calice entières et hispides, ainsi que les pédoncules; à stigmates sessiles; à fruits globuleux.

a. Caule lævi, aculeis tantùm stipularibus.
ROSA *parviflora.* Willd. Sp. 2. p. 1068. Ehrh. Beitr. 4. p. 21.
ROSA *Pensylvanica.* Wangenh. Amer. p. 113.
ROSA *humilis.* Marsh. Arb. 285.
β. Caule undiquè aculeis armato.
ROSA *parviflora.* In Hort. Dupont.

Ce Rosier, selon Willdenow, ressemble parfaitement au Rosier luisant et au Rosier de Caroline; mais ses tiges ne s'élèvent qu'à deux pieds de haut, ses pétioles sont velus en dessous et ses fleurs sont disposées deux ensemble. Ces caractères sont-ils suffisans pour établir une espèce distincte? nous ne le croyons pas, et la plante de Willdenow doit probablement être rapportée au Rosier de Caroline. La variété β, que nous avons vue dans le jardin de M. Dupont, n'aurait pas été réunie par nous à la plante a si nous avions pu observer cette dernière, car notre plante a des caractères qui paraissent l'en éloigner assez. Ses rameaux sont hérissés de nombreux aiguillons, ses folioles sont d'un vert luisant en dessus, et ses pétales, d'un rose vif et foncé, sont plus courts que les divisions du calice.

Ces deux Rosiers paraissent être indigènes de l'Amérique septentrionale. La variété β fleurit au mois de juillet dans nos jardins. La dénomination de *parviflore* lui convient beaucoup moins qu'à d'autres espèces, qui ont leurs fleurs d'un quart ou d'un tiers plus petites; les siennes ont dix-huit à vingt lignes et plus de largeur.

8. ROSA Alpina.

R. *ramis lævibus, rariùs aculeatis; foliis è foliolis 7-9 ovato-oblongis, glaberrimis, duplicatò serratis; floribus subgeminis; laciniis calycinis integris, corollâ paulò brevioribus; stigmatibus sessilibus; fructibus rubris.*

ROSIER des Alpes.

R. à rameaux lisses, rarement chargés d'aiguillons; à feuilles composées de sept à neuf folioles ovales-oblongues, très-glabres, deux fois dentées en scie; à fleurs souvent deux à deux, ayant les découpures de leur calice entières, un peu plus courtes que la corolle; à stigmates sessiles; à fruits rouges.

a. ROSA *Alpina.* Lin. Sp. 703. Willd. Sp. 2. p. 1075. Poir. Dict. Enc. 6. p. 281.
ROSA *campestris, spinis carens, biflora.* C. Bauh. Pin. 484. Tournef. Inst. 639.
ROSA *rubello flore, parvo, simplici, non spinosa.* J. Bauh. Hist. 2. Lib. 14. p. 39.
ROSA. n. 1107. Hall. Helv. 2. p. 41.
β. ROSA *Pyrenaica.* Gouan. Illust. 31. tab. 19. fig. 2. Willd. Sp. 2. p. 1076.

ROSA *hispida*. Krock. Fl. Siles. 2. p. 152.
ROSA *Pimpinellifolia*. Vill. Dauph. 3. p. 553.
ROSA *hybrida*. Vill. Dauph. 3. p. 554.
γ. ROSA *lagenaria*. Vill. Dauph. 3. p. 553. Willd. Sp. 2. p. 1075.
δ. ROSA *pendulina*. Lin. Sp. 705. Willd. Sp. 2. p. 1076. Poir. Dict. Enc. 6. p. 283.
ROSA *Alpina*. Jacq. Fl. Aust. 3. p. 43. t. 279.
ROSA *Sanguisorbæ majoris folio, fructu longo, pendulo*. Dill. Hort. Elth. 2. p. 325.
   t. 245. f. 317.
ε. ROSA *turbinata*. Vill. Dauph. 3. p. 550.
ζ. ROSA *Alpina, fructu globoso, glaberrimo*.
η. ROSA *Alpina, ramis spinosis*.
θ. ROSA *Alpina, foliis glaucis*.

Les tiges de ce Rosier s'élèvent à trois ou quatre pieds ; elles se divisent en
rameaux nombreux, étalés, lisses, glabres, d'un vert brunâtre ou rougeâtre,
presque toujours dépourvus d'aiguillons, beaucoup plus rarement chargés de petits
aiguillons épars et assez nombreux. Ses feuilles sont composées de sept à neuf
et jusqu'à onze folioles ovales ou ovales-oblongues, deux fois dentées, ordinairement très-glabres et d'un vert un peu foncé, quelquefois parfaitement
glauques. Les stipules qui se trouvent à la base de leur pétiole sont plus ou
moins élargies, finement denticulées et glanduleuses en leurs bords. Les fleurs
sont d'un rouge vif, solitaires ou deux à trois ensemble à l'extrémité des petits
rameaux disposés le long des rameaux principaux. Leur pédoncule propre est
glabre ou hispide de même que le tube du calice, et il est impossible d'établir
aucune différence spécifique sur ce caractère, parce qu'on rencontre les deux
accidens réunis ensemble sur le même pied. Les divisions du calice sont entières,
lancéolées, cotonneuses en leurs bords, un peu plus courtes que les pétales, prolongées en pointe aiguë, souvent élargie comme foliacée et dentée en scie. Les
stigmates forment une tête sessile, velue et légèrement convexe. Les fruits, d'un
beau rouge dans leur parfaite maturité, sont très-variables pour leur forme. Dans
la variété α, ils sont ovales, glabres, ainsi que leur pédoncule ; dans la variété
β, les mêmes parties sont hérissées de poils roides et glanduleux. Les plantes
γ et δ ont leurs fruits glabres, alongés, plus ou moins rétrécis à leur partie
supérieure, redressés dans l'une et pendans dans l'autre. Dans la plante ε, ces
mêmes fruits ont la forme d'une toupie, et dans la plante ζ, ils sont globuleux. Ces variétés, déjà très-nombreuses, pourraient encore être beaucoup
multipliées si l'on fait attention que ces formes, différentes dans les fruits, qui
ont fait établir plusieurs prétendues espèces, peuvent également se rencontrer dans
les deux dernieres variétés η et θ et se combiner les unes avec les autres de vingt
ou trente manières différentes. Ce Rosier croit dans les Alpes, les Pyrénées, les
Cévennes, les Vosges et les montagnes d'Auvergne ; il fleurit en mai, juin et
juillet, selon les hauteurs où on le rencontre.

9. ROSA Pimpinellifolia. *Tab.* 16. *Fig.* 2.
R. *ramis plerùmque aculeatis ; foliis è 7-9-*
11 *foliolis ovatis, obtusis, glaberrimis,*
simpliciter serratis ; floribus solitariis,
laciniis calycinis integris, corollâ paulò
brevioribus ; stigmatibus sessilibus ; fruc-
tibus nigris.

ROSIER à feuilles de Pimprenelle. *Pl.* 16. *Fig.* 2.
R. à rameaux ordinairement chargés d'aiguillons ; à feuilles composées de sept, neuf et
onze folioles ovales, obtuses, très-glabres,
simplement dentées, à fleurs solitaires,
ayant les découpures de leur calice entières,
un peu plus courtes que la corolle ; à stigmates sessiles ; à fruits noirs.

a. ROSA *Pimpinellifolia*. Lin. Sp. 703. Willd Sp. 2. p. 1067.

β. ROSA *spinosissima*. Lin. Sp. 705. Willd. Sp. 2. p. 1067.

ROSA *pumila spinosissima, foliis Pimpinellæ glabris, flore albo*. J. Bauh. Hist. 2. lib. 14. p. 40. *cum figura*.

ROSA *campestris spinosissima, flore albo, odorato*. C. Bauh. Pin. 438. Tournef. Inst. 638.

ROSA *campestris odora*. Clus. Hist. 116. *fig. bona*.

ROSA *dumensis, species nona*. Dod. Pempt. 187. *fig. Clusii*.

ROSA n. 1106. Hall. Helv. 2. p. 40.

ν. ROSA *Pimpinellifolia, ramis inermibus*.

δ. ROSA *Pimpinellifolia, fructu ovato*.

ε. ROSA *Pimpinellifolia pumila, floribus variegatis*.

ζ. ROSA *Pimpinellifolia, flore multiplici*.

Ce Rosier a de grands rapports avec le précédent, mais il présente une différence essentielle qui paraît le distinguer suffisamment comme espèce, c'est que ses feuilles sont simplement dentées ; tous les autres caractères ont trop peu de fixité pour qu'on puisse les regarder comme ayant quelque valeur. Ses tiges s'élèvent de deux à trois pieds et se divisent en rameaux nombreux, étalés, rougeâtres, armés d'aiguillons menus, droits, inégaux, épars et peu nombreux dans la première variété, si rapprochés les uns des autres dans la seconde que l'écorce en est presque toute couverte. Dans la plante *γ*, les rameaux, sont ou tout à fait dépourvus d'aiguillons, même dès leur jeunesse, ou au moins perdent, en vieillissant, le petit nombre de ceux dont ils avaient d'abord été revêtus. Les feuilles sont composées de sept, neuf ou onze folioles ovales ou ovales-arrondies, en général obtuses, simplement et également dentées en scie, très-glabres et d'un vert un peu foncé. Les fleurs sont solitaires à l'extrémité des ramuscules disposés le long des rameaux principaux ; leur pédoncule est souvent glabre, quelquefois hérissé de petits aiguillons très-menus ou de poils roides, glanduleux à leur sommet : ces deux dernières manières d'être ne sont pas d'ailleurs en rapport avec les aiguillons qui couvrent les rameaux. Nous avons observé des individus très-épineux qui avaient les pédoncules et les calices parfaitement glabres, tandis que nous avons vu ces mêmes parties très-hérissées sur des rameaux entièrement dépourvus d'aiguillons. Les divisions du calice sont très-entières, un peu plus courtes que les petales, dont la couleur varie du blanc au rose, au rouge clair et au rouge assez foncé : l'onglet est toujours plus ou moins jaune. Les étamines sont courtes, et les stigmates, velus et presque sessiles, forment une tête convexe au milieu de la fleur. Les fruits sont globuleux dans les trois premières variétés, rouges avant leur parfaite maturité, et enfin noirs : dans la variété *δ*, ils sont d'une forme ovale.

Cette espèce croît dans les lieux secs, pierreux et sablonneux ; sur les collines exposées au soleil : elle est commune dans la forêt de Fontainebleau. Elle fleurit en mai et juin.

Depuis quelques années, on a commencé à cultiver ce Rosier dans les jardins, et les semis qu'on en a faits ont déjà fourni plusieurs variétés nouvelles. M. Dupont a obtenu le premier la variété *ε*, qui ne s'élève guère à plus de six ou huit pouces, et dont les fleurs sont remarquables, quoique simples, par la manière dont elles sont panachées ; des taches rouges sur un fond blanc paraissent disposées comme les écailles des poissons. La variété *ζ* présente plusieurs sous-variétés pour les couleurs et pour la corolle plus ou moins double. M. Charpentier, jardinier en chef au Luxembourg, vient, cette année même, d'en obtenir une très-belle, dont la fleur, double aux trois quarts, est large de près de trois pouces, et d'une couleur de rose tendre.

10. ROSA myriacantha.

R. *ramis aculeatissimis ; foliis è septem foliolis ovato-subrotundis , biserratis , subtùs
glandulosis ; floribus solitariis ; laciniis
calycinis integris , corollà brevioribus ,
stigmatibus sessilibus ; fructibus subglobosis turbinatisve.*

ROSIER Mille-Épines.

R. à rameaux chargés de beaucoup d'aiguillons ,
à feuilles composées de sept folioles ovales-
arrondies , deux fois dentées en scie , glanduleuses en dessous ; à fleurs solitaires ayant
les découpures du calice entières , plus
courtes que la corolle ; à stigmates sessiles ;
à fruits presque globuleux ou turbinés.

ROSA *myriacantha*. Dec. Fl. Fr. 4. n. 3698.
ROSA *involuta*. Smith. Fl. Brit. Add. 3. p. 1398?

Ce n'est pas le nombre ni la longueur des aiguillons dont est chargé ce Rosier qui
peuvent le faire distinguer d'avec l'espèce précédente , car certains individus de
celle-ci sont tout aussi épineux. Ce ne sont pas non plus ses folioles moitié plus
petites , ni ses pédicelles hérissés d'aiguillons et de poils glanduleux , ni les poils
courts et glanduleux qui se trouvent sur les pétioles de ses feuilles , car tout cela
peut se rencontrer dans le Rosier à feuilles de Pimprenelle ; mais le seul caractère par lequel il nous a paru pouvoir en être distingué , c'est que ses folioles
sont deux fois dentées en scie , glanduleuses en dessous et sur les bords.

Le Rosier Mille-Épines croît dans les lieux stériles aux environs de Montpellier ;
il fleurit au mois de mai.

11. ROSA Kamtchatica. *Tab.* 10. *Fig.* 2.

R. *ramis tomentosis, aculeatissimis ; foliis è
7 - 9 foliolis ovatis , subtùs tomentosis ,
simpliciter dentatis ; floribus subgeminis ;
laciniis calycinis integris, corollam æquantibus ; stigmatibus sessilibus ; fructibus
globosis.*

ROSIER du Kamtchatka. *Tab.* 10. *Fig.* 2.

R. à rameaux cotonneux , chargés d'un très-
grand nombre d'aiguillons ; à feuilles composées de sept à neuf folioles ovales , simplement dentées , cotonneuses en dessous ;
à fleurs souvent deux à deux , ayant les découpures de leur calice entières , égales à la
corolle ; à stigmates sessiles ; à fruits
globuleux.

ROSA *Kamtchatica*. Vent. Hort. Cels. p. et t. 67. Poir. Dict. Enc. 6. p. 281.

Les tiges de ce Rosier s'élèvent à la hauteur de trois ou quatre pieds , et elles
se divisent en rameaux cotonneux , comme cendrés , chargés d'un grand nombre
d'aiguillons inégaux , droits , très-piquants et velus. Les feuilles sont composées
de sept à neuf folioles ovales , cotonneuses en dessous , simplement dentées , portées
sur un pétiole chargé d'un duvet très-court. Les fleurs , grandes , larges de deux
pouces et demi ou un peu plus , d'un pourpre clair , tirant un peu sur le violet ,
sont solitaires ou deux à deux à l'extrémité des rameaux , sur des pédoncules
presque glabres et toujours dépourvus d'aiguillons. Les divisions du calice sont
très-entières , de la même longueur ou à peu près que les pétales. Les stigmates
sessiles forment un corps arrondi et un peu convexe au centre de la fleur. Les fruits
sont globuleux , glabres.

Ce Rosier est indigène du Kamtchatka ; il est cultivé depuis une vingtaine
d'années en France , où il fleurit en mai et juin.

12. ROSA rugosa.

R. *ramis tomentosis , aculeatissimis ; foliis
è novem foliolis ovatis , dentatis , rugosis ,*

ROSIER à feuilles ridées.

R. à rameaux cotonneux , chargés d'un très-
grand nombre d'aiguillons ; à feuilles com-

obtusis, mucronatis, subtùs tomentosis; calycinis laciniis intùs tomentosis, extùs villosis; fructibus globosis, glabris, in pedunculis aculeatis.

posées de neuf folioles ovales, dentées, ridées, obtuses, mucronées, cotonneuses en dessous; à découpures du calice cotonneuses en dedans, velues en dehors; à fruits globuleux, glabres, portés sur des pédoncules garnis d'aiguillons.

ROSA *rugosa*. Thunb. Fl. Jap. 213. Willd. Sp. 2. p. 1070. Poir. Dict. Enc. 6. p. 295.

Les rameaux de ce Rosier sont cylindriques, un peu cotonneux, garnis d'aiguillons droits, les uns plus grands, les autres plus petits, très-rapprochés les uns des autres. Les feuilles sont composées le plus souvent de neuf folioles ovales, dentées, obtuses, avec une pointe particulière à leur sommet, vertes et ridées en dessus, cotonneuses en dessous, veinées, longues d'un pouce, portées sur un pétiole velu, chargé d'aiguillons épars, droits et blanchâtres. Les divisions du calice sont cotonneuses en dedans, velues en dehors. Les fruits sont globuleux, glabres, portés par des pédoncules chargés d'aiguillons.

Ce Rosier croît au Japon; nous ne le connaissons que par la description de Thunberg, qui n'est pas assez complette pour que nous puissions assurer qu'il ne diffère pas du Rosier du Kamtchatka, dont il nous paraît d'ailleurs se rapprocher beaucoup.

13. ROSA bracteata. *Tab.* 13. *Fig.* 2.

R. *ramis tomentosis, decumbentibus, parcè aculeatis; foliis è 7-9 foliolis ovatis, supernè lucidis; floribus subsolitariis; calycibus integris pedunculisque tomentosis; stylis divaricatis, apice ciliatis.*

ROSIER à bractées. *Pl.* 13. *Fig.* 2.

R. à rameaux cotonneux, tombans, chargés de peu d'aiguillons; à feuilles composées de sept à neuf folioles ovales, luisantes en dessus; à fleurs presque solitaires, ayant leur calice entier et cotonneux, ainsi que le pédoncule; à styles divergens, ciliés à leur extrémité.

ROSA *bracteata*. Wendl. Obs. p. 50. ex Willd. Sp. 2. p. 1079. Vent. Hort. Cels. pag. et tab. 28. Poir. Dict. Enc. 6. p. 296.

Cette espèce est un arbrisseau dont la tige se divise en rameaux grêles, faibles, pouvant atteindre à six ou douze pieds de longueur et peut-être davantage en s'étendant sur la terre ou en s'appuyant sur les arbres ou autres arbrisseaux qui sont dans leur voisinage : ces rameaux sont tous couverts d'un duvet court, serré, grisâtre, et chargés çà et là, ou le plus souvent à la base de chaque feuille, d'un ou deux aiguillons un peu recourbés. Les feuilles sont composées de sept à neuf folioles ovales, très-obtuses à leur sommet, dentées en leur bord, un peu rétrécies en coin à leur base, d'un vert luisant en dessus, plus pâles en dessous, glabres des deux côtés, excepté en leur nervure postérieure, qui est chargée de poils : elles sont munies à leur base de deux stipules pinnatifides. Les fleurs sont solitaires ou tout au plus deux ensemble à l'extrémité de chaque ramuscule, portées sur un pédoncule court, entièrement couvert, ainsi que le calice, dont les divisions sont entières, d'un duvet velouté et grisâtre. Ces fleurs ont une odeur fort agréable, qui a de l'analogie avec celle d'un Abricot bien mûr; elles sont enveloppées à leur base par six ou huit bractées lancéolées, frangées en leurs bords. La corolle est d'un beau blanc, composée de cinq pétales profondément échancrés en cœur, avec une pointe particulière au milieu de leur échancrure. Les étamines sont très-nombreuses, et les styles, glabres, très-courts, sont terminés par des stigmates qui, par leur réunion, forment une grosse tête convexe au milieu de la fleur. Les fruits sont ovoïdes ou un peu pyriformes.

Ce Rosier est originaire de la Chine, d'où il a été apporté en Europe depuis environ vingt ans par le lord MARCARTNEY. M. CELS a commencé à le cultiver à Paris en 1798 : il fleurit dans nos jardins en juillet, août et septembre.

14. ROSA blanda.

ROSIER élégant.

R. *ramis junioribus aculeatis, adultis iner-mibus; foliis è septem foliolis oblongis, basi cuneatis, glabris, argutè et subæqualiter serratis; calycum tubis glabris, globosis; laciniis integris, subulatis, corollâ multò longioribus.*

R. à rameaux chargés d'aiguillons dans leur jeunesse, inermes dans l'âge adulte; à feuilles composées de sept folioles oblongues, en coin à leur base, glabres, finement et presque également dentées en scie; à tubes des calices glabres et globuleux, ayant leurs découpures entières, subulées, beaucoup plus longues que la corolle.

ROSA *blanda.* AIT. Hort. Kew. 2. p. 202. WILLD. Sp. 2. p. 1065. POIR. Dict. Enc. 6. p. 290.

Les tiges de ce Rosier sont, dans leur jeunesse, armées d'aiguillons faibles, presque droits, un peu recourbés à leur sommet; mais elles s'en dépouillent dans l'âge adulte, et elles deviennent lisses, divisées en rameaux nus, luisans, rougeâtres. Ses feuilles sont composées le plus ordinairement de sept folioles oblongues, rétrécies en coin à leur base, glabres des deux côtés, vertes en dessus, plus pâles et un peu blanchâtres en dessous, finement et presque également dentées en scie en leurs bords, portées sur des pétioles glabres, munis d'une ou deux petites épines. Les fleurs sont blanches, et leur calice est glabre, globuleux, à divisions entières, subulées, blanches en dedans et sur les bords, d'un tiers plus longues que la corolle.

Ce Rosier est originaire de Terre-Neuve et de la baie d'Hudson. On le cultive en Angleterre; nous ne le connaissons que par un échantillon sec que nous avons vu dans l'herbier de M. DUPONT.

15. ROSA lævigata.

ROSIER lisse.

R. *ramis lævibus, aculeatis; foliis è 3, rariùs 5 foliolis ovato-lanceolatis, glaberrimis, lucidis, perennantibus, acutissimè simpliciterque serratis; floribus solitariis; laciniis calycinis integris; stigmatibus pilosis in capitulum subsessile coalitis.*

R. à rameaux lisses, chargés d'aiguillons; à feuilles composées de trois, plus rarement de cinq folioles ovales-lancéolées, très-glabres, luisantes, persistantes, simplement et très-finement dentées en scie; à fleurs solitaires, ayant les découpures de leur calice entières; à stigmates velus, réunis en tête presque sessile.

ROSA *lævigata.* MICH. Fl. Boreal. Amer. 1. p. 295. POIR. Dict. Enc. 6. p. 295.
ROSA *sinica.* LIN. Syst. veget. 394.
ROSA. *Chinensis.* JACQ. Obs. 3. p. 7. t. 55. WILLD. Sp. 2. p. 1078.
ROSA *ternata.* POIR. Dict. Enc. 6. p. 284.
ROSA *nivea.* DEC. Catal. Hort. Monsp. 137.

Ce Rosier ne paraît pas s'élever à plus de deux ou trois pieds. Ses rameaux sont grêles, lisses, armés çà et là d'aiguillons forts et recourbés. Ses feuilles ne sont composées, le plus souvent, que de trois folioles ovales-lancéolées, très-glabres en dessus et en dessous, luisantes, toujours vertes, bordées de dents simples, menues et très-aiguës. Dans les échantillons que nous avons sous les yeux, les fleurs sont solitaires, blanches, larges de deux pouces et demi, et nous n'avons point vu, dans ces mêmes échantillons, des feuilles supérieures rapprochées les unes des autres et réunies sous les fleurs, comme le dit M. Decandolle. Le tube du calice et la partie supérieure du pédoncule sont hérissés d'aiguillons sétacés. Les divisions du calice sont entières, un peu cotonneuses, près de moitié plus courtes que les pétales. Les styles sont à peu près nuls; les stigmates forment, au centre de la fleur, une tête convexe et velue. Les fruits sont ovoïdes.

Cette espèce est cultivée dans les jardins comme originaire de l'Inde ou de la Chine; mais il est plus probable qu'elle est indigène de l'Amérique, en ayant vu, dans l'herbier du Jardin des Plantes, un échantillon recueilli par Michaux dans la Nouvelle-Georgie, et dans l'herbier de M. Desvaux, un autre échantillon de la Jamaïque. Elle fleurit très-rarement, ce qui contribue probablement à la faire négliger.

16. ROSA semperflorens. *Tab.* 18.
R. *ramis lævibus, aculeatis; foliis è 3-5 foliolis ovato-lanceolatis, glaberrimis, simpliciter dentatis; floribus subcorymbosis; laciniis calycinis subintegris; stylis subelongatis, glabris, distinctis.*

ROSIER toujours fleuri. *Pl.* 18.
R. à rameaux lisses, chargés d'aiguillons; à feuilles composées de trois à cinq folioles ovales-lancéolées, très-glabres, simplement dentées; à fleurs presque disposées en corymbe, ayant les découpures de leur calice le plus souvent entières; à styles un peu allongés, glabres et distincts.

ROSA *semperflorens.* Curt. Bot. Mag. tab. 284. Willd. Sp. 2. p. 1078. (*excl. syn. syst. veg.*) Poir. Dict. Enc. 6. p. 283. (*excl. syn. syst. veget. et var.* β.)
ROSA *diversifolia.* Vent. Hort. Cels. pag. et tab. 35.
ROSA *Bengalensis.* Pers. Synop. 2. p. 50.

Ce Rosier s'élève à trois ou quatre pieds et même plus; il se divise dès sa base en plusieurs tiges vertes, lisses, très-glabres, armées çà et là d'aiguillons plus ou moins nombreux, robustes, crochus. Ses feuilles sont composées de trois à cinq folioles ovales-lancéolées, parfaitement glabres en dessus et en dessous, d'un vert un peu foncé, et presque luisantes en dessus, simplement dentées en scie en leurs bords. Les stipules de la base de leur pétiole sont étroites, inégalement dentées ou ciliées et un peu glanduleuses. Les fleurs sont d'un rouge tendre, disposées en nombre variable au sommet des tiges et des rameaux, formant, quand elles sont nombreuses, une sorte de corymbe; elles n'ont que peu ou point du tout d'odeur. Les pédoncules et les calices sont glabres ou légèrement hérissés, et les divisions de ces derniers lancéolées, le plus souvent entières, plus rarement chargées en leurs bords de quelques dents sétacées. Les styles sont libres, un peu saillans, glabres, terminés par des stigmates presque en tête.

Ce Rosier croît naturellement à la Chine; mais c'est sous le nom de Rosier de Bengale qu'il est connu dans les jardins, parce qu'on l'a cru d'abord originaire de cette contrée. Il a été introduit en Europe en 1771, et ce sont les Anglais qui le cultivèrent les premiers. Il fleurit toute l'année, excepté pendant les grands froids. Les jardiniers en distinguent déjà plusieurs variétés, parmi lesquelles les plus remarquables sont les suivantes :

Première variété. Le Rosier de Bengale à rameaux dépourvus d'aiguillons et à fleurs simples.

Deuxième variété. Le Rosier de Bengale à fleur semi-double, d'un rouge tendre. C'est le plus répandu.

Troisième variété. Le Rosier de Bengale cent feuilles. Il diffère du précédent par ses fleurs plus doubles.

Quatrième variété. Le Rosier de Bengale à fleurs blanches. Les fleurs sont semi-doubles, non véritablement blanches, mais les pétales, quand ils commencent à s'épanouir, sont mêlés de blanc et de rose, et même dans leur parfait développement, quoique devenus plus pâles, ils conservent toujours çà et là une légère teinte de rose.

Cinquième variété. Le Rosier de Bengale cramoisi. Les pétales sont du plus beau rouge cramoisi et comme veloutés. La fleur est moins double que dans les trois précédens.

Sixième variété. Le Rosier de Bengale Bichon. Les fleurs sont d'une couleur assez vive et panachées de nuances plus pâles, avec des pétales frisés et d'un très-joli effet. Elles répandent une odeur plus forte et plus agréable que celles des autres Rosiers de Bengale.

Septième variété. Le Rosier de Bengale à lanières. Celui-ci se fait remarquer par la longueur démesurée de toutes ses parties. Ses feuilles ont l'air de feuilles de Pêcher, et ses fleurs, qui du reste conservent la couleur ordinaire, ont des pétales si étroits et si longs qu'ils ont la forme des lanières ou demi-fleurons de la fleur du Soleil vivace. Nous indiquons cette variété, que nous n'avons point vue, d'après le Bon Jardinier de M. Delaunay.

17. ROSA arvensis.	ROSIER des champs.

R. *ramis lævibus, aculeatis; foliis è 5-7 fo-liolis ovatis, simpliciter dentatis; floribus è 1 6; calycinis laciniis subintegris; stylis paucis, glabris, in columnam coalitis.*

R. à rameaux lisses, chargés d'aiguillons; à feuilles composées de cinq à sept folioles ovales, simplement dentées; à fleurs au nombre d'une à six, ayant les divisions de leur calice souvent entières; à styles glabres en petit nombre, réunis en une colonne saillante.

ROSA *arvensis*. Lin. Mant. 245. Willd. Sp. 2. p. 1066. Poir. Dict. Enc. 6. p. 292.

ROSA *campestris repens alba*. C. Bauh. Pin. 484. Tournef. Inst. 638.

ROSA *arvensis candida*. C. Bauh. Pin. 484. Tournef. Inst. 638.

ROSA *sylvestris, folio glabro, flore plano albo*. J. Bauh. Hist. 2. lib. 14. p. 44. *fig.*

ROSA *spinosissima*. Fl. Dan. t. 398.

ROSA *setigera*. Mich. Flor. Boreal. Amer. 1. p. 295. *ex herbario auctoris.*

α. *Ramis erectis.*

β. *Ramis prostratis et decumbentibus.*

ROSA *prostrata*. Dec. Catal. Hort. Monsp. 138.

γ. *Fructibus globosis.*

δ. *Fructibus ovatis.*

ROSA *stylosa*. Mérat. Fl. Par. 192. (*excluso synonymo Desvauxii.*)

ε. *Foliis subtùs pubescentibus.*

Tantôt ce Rosier soutient ses tiges et ses rameaux de manière à former un gros buisson, qui peut s'élever à quatre ou six pieds et même davantage; tantôt ses tiges et ses rameaux, plus grêles et plus faibles, restent couchés sur la terre ou empruntent, pour se soutenir et s'élever au dessus de la surface du sol, le secours des autres arbrisseaux qui sont dans leur voisinage. Dans tous les cas, ses rameaux sont lisses, glabres, armés d'aiguillons un peu recourbés, épars et plus ou moins nombreux. Ses feuilles sont composées de cinq à sept folioles ovales, simplement dentées en scie, glabres en dessus et en dessous, quelquefois légèrement pubescentes en dessous. Ses fleurs sont blanches, larges d'un pouce et demi ou environ, portées sur des pédoncules glabres ou hérissés, et disposées en nombre variable au sommet des rameaux, depuis une ou deux jusqu'à six ensemble. Les divisions de leur calice sont quelquefois entières, et d'autres fois elles sont alternativement chargées de quelques dents longues et étroites, comme sétacées. Les pédoncules et les calices, ordinairement très-glabres, se trouvent parfois hispides, parfois garnis de poils glanduleux. Les styles sont toujours glabres, en petit nombre, réunis en une colonne saillante de deux lignes ou environ au milieu de la fleur. Les fruits sont globuleux dans une variété, ovoïdes dans l'autre.

Le Rosier des champs est très-commun dans les haies, les buissons et sur le bord des champs. Il fleurit en juin et juillet; ses fleurs ont une odeur agréable, mais peu forte.

18. ROSA sempervirens. *Tab.* 13. *Fig.* 1.

R. *ramis lævibus, aculeatis; foliis è 5-7 foliolis ovatis, simpliciter dentatis, perennantibus; floribus subcorymbosis, rariùs solitariis; calycinis laciniis subintegris, corollá brevioribus; stylis paucis, villosis, in columnam coalitis.*

ROSIER toujours vert. *Pl.* 13. *Fig.* 1.

R. à rameaux lisses, chargés d'aiguillons; à feuilles composées de cinq à sept folioles ovales, simplement dentées, toujours vertes; à fleurs un peu disposées en corymbe, plus rarement solitaires, ayant les divisions de leur calice presque entières, plus courtes que les pétales; à styles velus, peu nombreux, réunis en une colonne saillante.

ROSA *semper virens.* Lin. Sp. 704. Willd. Sp. 2. p. 1072. Poir. Dict. Enc. 6. p. 293.

ROSA *atrovirens.* Viv. Fragm. Fl. Ital. p. 4. t. 6.

ROSA *Balearica.* Desf. Catal. Hort. Par.

ROSA *sempervirens jungermanni.* Clus. Hist. Pl. App. Alter. Auctar.... Dillen. Hort. Elth. 2. p. 326. t. 246. f. 318.

ROSA *moschata sempervirens.* C. Bauh. Pin. 482. Tourner. Inst. 637.

ROSA. n. 1102. Hall. Helv. 2. p. 39? (*columnæ tubarum sub stigmatibus pilosæ.*)

α. *Fructibus globosis.*

β. *Fructibus ovatis.*

γ. *Floribus plenis.*

Le port et les principaux caractères de ce Rosier sont les mêmes que dans le précédent; mais il se distingue aisément par ses feuilles persistantes, d'un vert plus foncé et plus brillant, et par ses styles velus formant une sorte de colonne torse. Les pédoncules et les calices sont plus ou moins chargés de poils courts et glanduleux. Ce Rosier croît en Provence, en Languedoc et en général dans l'Europe méridionale; il commence à fleurir au mois de mai, et ses fleurs se succèdent les unes aux autres pendant tout l'été; elles ont une odeur musquée très-agréable. Ses fruits sont presque globuleux ou plus ou moins ovoïdes.

La variété γ, que nous avons vue dans les pépinières de M. Descemet, a les fleurs larges de deux pouces, doubles, blanches avec un peu de rose dans le centre. Il ne reste qu'un petit nombre d'étamines mal conformées.

19. ROSA amœna.

R. *ramis lævibus, aculeatis; foliis è quinque foliolis ovatis, acutis, simpliciter serratis, subtùs subalbidis; floribus solitariis geminatisve; calycinis laciniis subintegris, vel dente uno alterove munitis, corollá sublongioribus; stylis villosis, fasciculatis; fructibus ovatis.*

ROSIER agréable.

R. à rameaux lisses, chargés d'aiguillons; à feuilles composées de cinq folioles ovales, aiguës, simplement dentées en scie, un peu blanchâtres en dessous; à fleurs solitaires ou géminées, ayant les découpures de leur calice presque entières ou munies d'une ou deux dents, et au moins aussi longues que la corolle; à styles velus, fasciculés; à fruits ovales.

Ce Rosier paraît être intermédiaire entre le Rosier toujours vert et le Rosier

musqué. Ses tiges s'élèvent à quatre ou cinq pieds et même plus, en se divisant
en rameaux glabres, armés d'aiguillons épars, faibles et assez petits. Ses feuilles
sont composées le plus souvent de cinq folioles ovales-oblongues, aiguës, également
et simplement dentées en scie, glabres sur leurs deux faces, d'un vert gai en
dessus, d'un vert plus pâle et presque blanchâtre en dessous, portées sur des pétioles légèrement pubescens et garnis en dessous de quelques aiguillons très-
petits et munis à leur base de deux stipules très-étroites : les dernières feuilles
de chaque rameau ne sont ordinairement composées que de trois folioles. Les fleurs,
d'un blanc tirant sur le rose, larges de vingt lignes ou environ, d'une agréable
odeur de musc, sont solitaires ou disposées deux à deux à l'extrémité des rameaux
sur des pédoncules légèrement hispides. Les divisions du calice sont pubescentes,
aussi longues ou même plus longues que les pétales, souvent toutes entières ou deux à
trois d'entre elles ont sur leur bord une ou deux dents longues et étroites. Les
styles sont longs de deux à trois lignes, velus, réunis en un seul faisceau cylindrique, dont le sommet, formé par les stigmates, est un peu élargi en tête arrondie.
Les fruits sont ovales.

Ce Rosier fleurit en juin; nous l'avons vu dans les pépinières de M. Descemet, à
St.-Denis. Il diffère du Rosier des champs par ses styles velus et plus nombreux;
du Rosier toujours vert par ses feuilles annuelles blanchâtres en dessous, par la
longueur des divisions de son calice, par ses styles plus nombreux formant un faisceau
élargi à son sommet; enfin on le distingue facilement du Rosier musqué par ses
fleurs solitaires ou géminées et non paniculées.

20. ROSA moschata.	ROSIER musqué.
R. *ramis glabris, aculeatis; foliis è 5-7 fo-liolis ovato-lanceolatis, simpliciter serratis; floribus paniculatis; calycinis laciniis pu-bescentibus, pinnulá uná alteráve munitis, corollá brevioribus; stylis villosis, fascicu-latis; fructibus ovatis.*	R. à rameaux glabres, chargés d'aiguillons; à feuilles composées de cinq à sept folioles ovales-lancéolées, simplement dentées en scie; à fleurs en panicule, ayant les divisions de leur calice pubescentes, munies d'une ou deux pinnules, et plus courtes que la co-rolle; à styles velus, fasciculés; à fruits ovales.

ROSA *moschata*. Ait. Hort. Kew. 2. p. 207. Willd. Sp. 2. p. 1074. Desf. Fl. Atl. 1. p. 400.
    Poir. Dict. Enc. 6. p. 291.
ROSA *opsostemma*. Ehrh. Beitr. 2. p. 72.
ROSA *moschata minor flore simplici*. J. Bauh. Hist. 2. lib. 14. p. 45. *cum figurá*. p. 46.
ROSA *moschata, simplici flore*. C. Bauh. Pin. 482. Tournef. Inst. 637.
ROSA *arborea*. Pers. Synop. 2. p. 50, *ex* D. Noisette.
β. ROSA *moschata, flore pleno*. C. Bauh. Pin. 482. Tournef. Inst. 637.

Le Rosier musqué s'élève à six ou huit pieds et audelà. Ses tiges et ses rameaux
sont glabres, garnis d'aiguillons épars, courts, à peine recourbés et peu nombreux.
Ses feuilles sont composées de cinq à sept folioles ovales-lancéolées, dentées en
scie, glabres sur leurs deux faces, d'un vert gai en dessus, plus pâle en dessous,
portées sur des pétioles pubescens, munis de quelques aiguillons sur leur dos et
garnis à leur base de deux stipules étroites. Les fleurs sont blanches, disposées,
à l'extrémité des rameaux, sur des pédoncules assez grêles, rameux, pubescens,
qui, dans leur ensemble, forment une sorte de panicule composée ordinairement
de vingt à cinquante fleurs, et quelquefois de cent et plus : elles ont une odeur
de musc fort agréable. Le calice est pubescent, à divisions étroites, lancéolées,

plus courtes que la corolle, dont trois chargées, de chaque côté, d'une ou deux pinnules. Les styles sont velus, réunis en colonne saillante, et les fruits ovoïdes.

Le Rosier musqué croît en Barbarie; il fleurit en France, en juin, juillet et août. On cultive dans les jardins une variété à fleurs entièrement doubles et une autre à fleurs semi-doubles; cette dernière est la plus répandue.

21. ROSA multiflora. *Tab.* 17. | ROSIER multiflore. *Pl.* 17.

R. *ramis aculeatis, pubescentibus, foliis è 7 foliolis subtùs pubescentibus; floribus corymboso-paniculatis; germinibus subglobosis pedunculisque pubescentibus; foliolis calycinis alternè pinnatifidis, corollá brevioribus; stylis elongatis, fasciculatis et subtorsis.*

R. à rameaux pubescens, chargés d'aiguillons; à feuilles composées de sept folioles pubescentes en dessous; à fleurs en corimbes paniculés; à calices presque globuleux et pédoncules pubescens; à découpures du calice alternativement pinnatifides, plus courtes que la corolle; à styles alongés, fasciculés et un peu tordus.

ROSA *multiflora.* Thunb. Jap. 214. Willd. Sp. 2. p. 1077.

Ce Rosier forme un arbrisseau dont la tige garnie d'aiguillons se divise en rameaux nombreux, cylindriques, sarmenteux, s'étendant au loin et ayant besoin pour se soutenir de s'appuyer sur les arbres ou les autres corps qui sont dans leur voisinage. Des rameaux principaux sortent tous les ans, au printems, de petits rameaux feuillés, longs de six à douze pouces, très-glabres dans la moitié de leur longueur, chargés d'une ou deux petites épines au dessous de la base des feuilles, et devenant pubescens à mesure qu'ils approchent de la partie qui doit porter les fleurs. Les feuilles sont composées de sept folioles ovales ou ovales-oblongues, également dentées, pubescentes en dessous et sur leur pédoncule : les stipules, qui sont à la base de leur pétiole, sont profondément et inégalement dentées, comme laciniées. Les fleurs, d'une odeur suave, mais très-faible, sont portées, à l'extrémité des rameaux, sur des pédoncules très-rameux, étalés, formant un large corymbe ou une sorte de panicule; on en compte ordinairement dix-huit à trente sur chaque rameau et on en trouve quelquefois plus de cent. Le tube du calice est presque globuleux, pubescent, ainsi que le pédoncule propre, qui est comme articulé dans sa partie inférieure. Les folioles du calice sont ovales-lancéolées, pubescentes, plus courtes que la corolle, et trois d'entre elles pinnatifides. La corolle est très-double, rose (ou blanche, selon *Thunberg*), large de quinze à dix-huit lignes, composée de pétales nombreux disposés sur plusieurs rangs. Les étamines sont peu nombreuses, quelquefois tout à fait nulles. Les styles, longs de trois à quatre lignes, forment un faisceau un peu tordu; quelques-uns des extérieurs sont libres et ordinairement terminés par un stigmate, les autres, le plus souvent, n'en ont pas.

Ce Rosier est originaire du Japon; il fleurit dans notre climat en juin et juillet. Les Anglais le cultivent depuis 1804, et il y a quatre ou cinq ans qu'il a été transporté d'Angleterre en France.

22. ROSA longifolia. | ROSIER à longues feuilles.

R. *ramis glabris, inermibus; foliis è 5 foliolis glabris, ovatis, acuminatis; petiolo aculeato; floribus corymbosis, in pedunculis glanduloso-subaculeatis; calycum tubis ovatis, glabris.*

R. à rameaux glabres, sans aiguillons; à feuilles composées de cinq folioles glabres, ovales-acuminées, portées sur un pétiole chargé d'aiguillons; à fleurs disposées en corymbe; ayant leurs pédoncules chargés de poils glanduleux formant presque des aiguillons; à tubes des calices ovales et glabres.

ROSA *longifolia.* Willd. Sp. 2. p. 1079. Poir. Dict. Enc. 6. p. 296.

Les tiges de ce Rosier sont glabres, robustes, dépourvues d'aiguillons. Ses feuilles sont composées de cinq folioles ovales, accuminées, glabres des deux côtés, bordées de dents simples et écartées; la foliole terminale a deux pouces de longueur, ce qui est le double des latérales. Leur pétiole est tout couvert de poils glanduleux, et garni d'un ou deux aiguillons recourbés. Les fleurs sont de la grandeur de celles du Rosier des champs, disposées en corymbe et portées sur des pédoncules chargés de poils glanduleux. Le tube du calice est ovale-oblong et glabre; ses divisions sont foliacées à leur sommet, acuminées, dentées, glabres extérieurement, cotonneuses en dedans. Cette espèce croît dans les Indes orientales; nous ne la connaissons que d'après la description de WILLDENOW.

23. ROSA Indica. — ROSIER des Indes.

R. *ramis glabris, subinermibus; foliis è 5 foliolis, subtùs tomentosis, in petiolo aculeato; calycum tubis pedunculisque glabris.*

R. à rameaux glabres, presque dépourvus d'aiguillons; à feuilles composées de cinq folioles, cotonneuses en dessous, et portées par un pétiole chargé d'aiguillons; à tubes des calices glabres, ainsi que les pédoncules.

ROSA *Indica.* LIN. Sp. 705. WILLD. Sp. 2. p. 1079. POIR. Dict. Enc. 6. pag. 296.
ROSA *Cheusan glabra, Juniperi fructu.* PETIV. Gaz. 56. tab. 35. fig. 11.

Cette espèce se distingue de la précédente par ses folioles plus courtes, cotonneuses en dessous, et par ses pédoncules glabres. Le tube du calice est lisse, et ses découpures sont incisées. Ce Rosier croît à la Chine.

24. ROSA inermis. — ROSIER sans épines.

R. *ramis inermibus; foliis è 7-9 foliolis ovatis, utrinquè glabris, subtùs glaucescentibus; biserratis; calycum tubis subglobosis pedunculisque hispidis; foliolis calycinis alternè pinnatifidis, corollâ longioribus; stylis fasciculatis, apice subdivaricatis.*

R. à rameaux dépourvus d'aiguillons; à feuilles composées de sept à neuf folioles ovales, glabres des deux côtés, un peu glauques en dessous, deux fois dentées en scie; à pédoncules hispides, ainsi que les tubes des calices qui sont globuleux et ont leurs divisions alternativement pinnatifides, plus longues que la corolle; à styles réunis en faisceau et un peu divergens au sommet.

ROSA *inermis.* DUPONT.

Ce Rosier est remarquable par ses rameaux très-lisses et très-glabres, tout à fait dépourvus d'aiguillons. Ses feuilles sont composées de sept à neuf folioles ovales, dentées, glabres en dessus et en dessous, excepté en leur pétiole qui est hérissé de petits poils roides et glanduleux, d'une couleur un peu glauque en leur surface inférieure; leurs stipules sont très-finement dentelées et toutes chargées de petites glandes en leurs bords. Les fleurs, d'une couleur rose tendre, bien doubles, larges de deux pouces ou un peu plus, sont disposées, à l'extrémité des rameaux, sur des pédoncules hérissés de poils roides, glanduleux; de pareils poils couvrent le tube du calice, qui est presque globuleux, et les bords des folioles de ce même calice; trois de ces dernières sont pinnatifides et plus longues que la corolle. Les styles sont longs de deux lignes au moins, réunis par le bas en colonne, un peu libres et écartés dans le haut, de manière que les stigmates sont bien distincts les uns des autres.

Ce Rosier fleurit en mai et juin; nous l'avons vu dans le jardin de M. DUPONT, qui le croit originaire de la Chine. Nous ne connaissons jusqu'à présent que la variété à fleurs doubles; il a, quant au port, de l'affinité avec le Rosier blanc, mais il en est bien distinct par le nombre de ses folioles et par leur double dentelure.

25. ROSA alba. *Tab.* 16. *Fig.* 1.

R. *ramis aculeatis ; foliis è 5-7 foliolis ovatis, subtùs pubescentibus, simpliciter dentatis ; floribus subternis ; pedunculis hispidiusculis ; calycibus ovatis, glabris ; foliolis calycinis alternè pinnatifidis ; stylis fasciculatis.*

ROSIER blanc. *Pl.* 16. *Fig.* 1.

R. à rameaux garnis d'aiguillons ; à feuilles composées de cinq à sept folioles ovales, pubescentes en dessous, simplement dentées ; à fleurs souvent trois à trois, portées sur des pédoncules un peu hispides ; à calices ovales, glabres, ayant leurs divisions alternativement pinnatifides ; à styles formant un faisceau.

ROSA *alba.* Lin. Sp. 705. Willd. Sp. 2. p. 1080. Poir. Dict. Enc. 6. p. 291.
ROSA *alba vulgaris major.* C. Bauh. Pin. 482. Tournef. Inst. 637. Duham. Arb. 2. p. 223.
ROSA *alba flore simplici.* Besl. Hort. Eyst. Vern. ord. 6. t. 3.
β. ROSA *flore albo pleno.* Besl. Hort. Eyst. Vern. Ord. 6. t. 3. Rœss. Ros. t. 15.
ROSA *candida, plena et semiplena.* J. Bauh. Hist. 2. lib. XIV. p. 44. *fig. mala.*
ROSA *sativa prima.* Dod. Pempt. 186. *fig. sat. bona.*
ROSA *alba.* Blackw. Herb. t. 73.

Les tiges de cette espèce sont vigoureuses ; elles peuvent s'élever à dix ou douze pieds, se divisent en rameaux nombreux, lisses et d'un vert tendre dans leur jeunesse, armés d'aiguillons épars, assez forts et un peu recourbés. Ses feuilles sont composées de sept ou seulement de cinq folioles ovales, glabres et d'un vert assez foncé en dessus, pubescentes et plus pâles en dessous, garnies en leurs bords de dents simples, très-aiguës ; elles sont portées sur des pétioles pubescens et garnis d'aiguillons. Les fleurs naissent à l'extrémité des petits rameaux, sur des pédoncules un peu hispides, souvent trois ensemble. Leur calice est ovoïde, lisse et glabre, à divisions alternativement entières et pinnatifides. Leur corolle est blanche, large de deux pouces ou davantage, d'une odeur assez agréable. Les styles sont saillans, réunis par le bas en un seul faisceau et un peu divergens par leurs stigmates. Ce Rosier croît dans les haies et sur le bord des bois. Il fleurit en mai et juin. Ses variétés à fleurs, plus ou moins doubles, sont cultivées dans les jardins. Les principales sont les suivantes.

Var. 1. *Rosa alba multiplex.*
ROSIER blanc double.

Fleurs blanches, ayant une légère teinte couleur de chair quand elles commencent à s'épanouir. Le reste à peu près comme dans la variété suivante.

Var. 2. *Rosa alba cœlestis.*
ROSIER blanc céleste.

Fleurs d'un blanc pur, bien doubles, larges de trente à trente-deux lignes, à petits pétales intérieurs chiffonnés et roulés en dedans, ayant leur sommet engagé entre les styles et le calice. Un très-petit nombre d'étamines cachées sous les pétales intérieurs. Styles longs de deux lignes ou un peu plus, légèrement adhérens les uns aux autres et formant imparfaitement le faisceau.

Var. 3. *Rosa alba regalis.*
ROSIER blanc royal, ou Rose grande Cuisse de Nymphe.

Fleurs larges de trois pouces à trois pouces un quart. Corolle bien double, couleur de chair ; les pétales intérieurs, restant roulés et repliés en dedans, cachent les étamines qui sont encore assez nombreuses. Styles pas du tout saillans : on n'aperçoit que leurs stigmates.

Var. 4. *Rosa alba carnea.*
ROSIER blanc à fleurs couleur de chair, ou Rose petite Cuisse de Nymphe.

Fleurs d'un rose très-pâle, passant à la couleur de chair, larges de vingt-sept à vingt-huit lignes. Corolle bien double; il ne reste qu'un petit nombre d'étamines cachées par les petits pétales intérieurs qui, chiffonnés et roulés en dedans, sont engagés par le sommet entre les styles et le calice sans pouvoir s'en dégager, si ce n'est au moment de leur chute. Styles longs d'une ligne et demie, réunis par leur base en un seul groupe, et bien séparés les uns des autres par leurs stigmates.

Var. 5. *Rosa alba aurora.*
ROSIER blanc Belle-Aurore.

Fleurs d'un rose tendre, larges de deux pouces et demi. Corolle composée de sept à huit rangs de pétales, dont les deux intérieurs chiffonnés, repliés vers les styles et cachant les étamines. Styles longs de deux lignes, formant plusieurs groupes distincts, dont l'un beaucoup plus considérable que les autres.

Var. 6. *Rosa alba corymbosa.*
ROSIER blanc à fleurs en corymbe.

Fleurs larges de vingt-sept à trente lignes, d'un blanc mat, tirant un peu sur le jaune dans les pétales du centre, ayant peu d'odeur. Corolle de trois rangs de grands pétales, et de trois à quatre autres rangs de pétales plus petits, chiffonnés, mal conformés, plusieurs d'entre eux portant à leur sommet des anthères avortées. Styles longs de deux lignes, réunis par leur base en plusieurs groupes et divergens par leur sommet. Fleurs réunies sept à neuf ensemble, en une sorte de corymbe. Rameaux peu épineux.

Var. 7. *Rosa alba rosea.*
ROSIER blanc à fleurs roses.

Fleurs d'un rose très-tendre, larges de trente à trente-trois lignes, disposées, six à huit ensemble, en corymbe terminal. Corolle semi-double, composée de cinq à six rangs de pétales. Étamines nombreuses, bien conformées et bien distinctes. Styles réunis en un seul faisceau haut d'une ligne ou à peine plus, formant, par l'agglomération de leurs stigmates, une tête arrondie. Rameaux peu ou point épineux. Folioles des feuilles ovales-arrondies.

Var. 8. *Rosa alba cannabina.*
ROSIER blanc à feuilles de Chanvre.

Fleurs blanches, larges de deux pouces, médiocrement doubles quoiqu'il reste peu d'étamines bien conformées. Styles saillans d'une ligne, un peu divergens. Ce Rosier se distingue principalement par la forme de ses feuilles, dont les folioles sont lancéolées, fortement dentées en scie en leurs bords.

Var. 9. *Rosa alba inermis.*
ROSIER blanc sans aiguillons.

Fleurs parfaitement blanches lorsqu'elles sont bien epanouies, ayant le cœur verdâtre quand elles ne font que commencer à s'ouvrir : leur largeur est de deux pouces ou un peu plus. Corolle parfaitement double; plusieurs des pétales les plus intérieurs repliés en dedans et engagés de telle manière, par leur sommet, entre le calice et les styles, qu'il est plus facile de les arracher par leur onglet, que de les dégager par l'autre partie. Point du tout d'étamines. Styles longs d'une ligne ou à peine plus. Rameaux dépourvus d'aiguillons ou n'en ayant que fort peu. Pédoncules et calices hérissés de poils roides terminés par une glande rougeâtre. Feuilles luisantes, parfaitement glabres en dessus et en dessous.

26. ROSA bifera.

R. ramis aculeatis ; foliis è 5-7 foliolis ovatis, subtùs margineque pubescentibus, simpliciter dentatis; calycum tubis infundibuliformibus pedunculisque hispido-glandulosis; calycinis laciniis alterné pinnatifidis; stylis villosis, fasciculatis.

ROSIER de deux fois l'an.

R. à rameaux garnis d'aiguillons; à feuilles composées de cinq à sept folioles ovales, pubescentes en dessous et en leurs bords, simplement dentées; à calices ayant leur tube infondibuliforme et hispides - glanduleux, ainsi que les pédoncules ; à découpures du calice alternativement pinnatifides; à styles velus, fasciculés.

ROSA *bifera*. Pers. Synop. 2. p. 48.
ROSA *centifolia bifera*. Poir. Dict. Enc. 6. p. 276. var. ζ.
ROSA *omnium calendarum*. Rœss. Ros. t. 8.
ROSA *semperflorens*. Desf. Catal. Hort. Par. 175. (*non Curtis*.) Dec. Fl. Fr. 4. n. 3706.
ROSA *Damascena*. Blackw. Herb. t. 82. Ait. Hort. Kew. 2. p. 205. Willd. Sp. 2. p. 1072.
α. *Rosa bifera, flore simplici.*
β. *Rosa bifera flore multiplici, seu Rosa semperflorens.* Tab. 9.

Le Rosier de deux fois l'an, nommé aussi, mais à tort, Rosier des quatre saisons, Rosier de tous les mois, puisqu'il ne fleurit naturellement que deux fois l'an, au printems et à l'automne, forme un buisson touffu, qui s'élève à quatre ou six pieds et dont les tiges et les rameaux sont armés d'aiguillons nombreux, inégaux, un peu recourbés. Ses feuilles sont composées de cinq à sept folioles ovales, simplement dentées en scie, d'un vert gai en dessus, plus pâle et légèrement pubescentes en dessous et en leurs bords, portées sur des pétioles couverts de poils très-courts, la plupart glanduleux et rougeâtres à leur sommet, munis en outre de quelques aiguillons sur leur dos et garnis à leur base de deux stipules pubescentes et glanduleuses en leurs bords. Ses fleurs sont de couleur rose, d'une odeur fort agréable, réunies communément, deux à quatre ensemble, sur des pédoncules courts, pressés les uns contre les autres, hérissés, ainsi que le calice, par beaucoup de poils courts, rougeâtres et glanduleux. Le tube du calice est alongé, infondibuliforme, et ses divisions sont alternativement pinnatifides, glanduleuses en leurs bords et à peu près aussi longues que les pétales. Les styles sont velus, réunis en un faisceau saillant d'une ligne et demie à deux lignes. Les fruits sont ovales-alongés.

La patrie de ce Rosier n'est pas connue exactement, on le croit indigène du midi de l'Europe. On cultive dans tous les jardins ses variétés à fleurs doubles ou semi-doubles, qui sont nombreuses et dont nous indiquerons seulement les plus remarquables.

Var. 1. *Rosa bifera semperflorens.* Tab. 9.
ROSIER des quatre saisons, ROSIER de tous les mois.

Fleurs d'un beau rose, larges de deux pouces et demi à trois pouces, d'une odeur très-agréable. Corolle de six à huit rangs de pétales. Tiges et rameaux chargés de nombreux aiguillons. Pédoncules peu alongés, redressés les uns contre les autres. Cette variété est la plus généralement cultivée dans les jardins ; elle paraît être la plus anciennement connue, et c'est probablement elle qui a donné naissance à toutes les autres.

Var. 2. *Rosa bifera candida.*
ROSIER des quatre saisons, à fleurs blanches.

Fleurs parfaitement blanches, larges de deux pouces et demi, ayant une odeur suave. Corolle de huit rangs de pétales ou environ ; les deux ou trois rangs les plus intérieurs roulés en dedans de manière à cacher la plupart des étamines qui sont en assez grand nombre et bien conformées. Styles longs de deux lignes ou un peu plus, serrés les uns contre les autres en leur partie inférieure, et divergens à leur sommet. Bois, rameaux, aiguillons, feuilles et disposition des fleurs comme dans la variété précédente.

Var. 3. *Rosa bifera myropolarum.*
ROSIER des parfumeurs, ROSIER de Puteaux.

Fleurs de trois pouces de largeur, d'une odeur très-agréable, d'un beau rose tendre. Corolle de cinq rangs de pétales. Étamines nombreuses, bien conformées. Styles longs d'une ligne et demie, réunis par le bas en un seul faisceau qui s'élargit un peu dans le haut. Pédoncules alongés et non resserrés les uns contre les autres. Cette variété est la plus généralement cultivée à Paris et dans les environs, pour les usages de la parfumerie.

Var. 4. *Rosa bifera coronata.*
ROSIER couronné ou Rose grande couronnée, Rose de Cels.

Fleurs de trente-trois à trente-six lignes de large. Corolle d'un beau rose, composée de six rangs de pétales, dont le rang intérieur un peu chiffonné. Étamines en assez grand nombre et bien conformées. Styles longs d'une ligne et demie à deux lignes, les uns libres, les autres réunis par groupes plusieurs ensemble; tous un peu divergens. Odeur moins agréable que dans la plupart des autres variétés.

Var. 5. *Rosa bifera felicitas.*
ROSIER Félicité.

Fleurs larges de trente à trente-trois lignes, de couleur rose avec des panachures blanches, ou blanches panachées de rose, à taches les unes plus foncées, les autres plus pâles. Corolle semi-double, de quatre à cinq rangs de pétales. Étamines médiocrement nombreuses, quelques-unes cachées par les petits pétales les plus intérieurs. Styles longs d'une ligne et demie, serrés en un seul groupe à leur base et un peu divergens. Pédoncules alongés, lâches, au nombre de sept à neuf au sommet des rameaux.

Var. 6. *Rosa bifera alba et rosea.*
ROSIER de deux fois l'an, rouge et blanc, ou Rose Yorck et Lancastre.

Fleurs blanches et roses, plusieurs pétales étant roses, d'autres tous blancs, le plus grand nombre étant ordinairement blanc avec des taches ou des veines roses plus ou moins foncées. On trouve quelquefois sur le même pied des fleurs toutes roses, d'autres toutes blanches et d'autres variées, comme il vient d'être expliqué.

Corolle semi-double, large de trente lignes. Étamines assez nombreuses. Styles longs de deux lignes ou environ, libres pour la plupart.

Var. 7. *Rosa bifera carnea.*
ROSIER de deux fois l'an, à fleurs couleur de chair.

Fleurs larges de trois pouces un quart. Corolle composée de six rangs de pétales, dont les extérieurs blancs ou presque blancs, et les intérieurs couleur de chair. Étamines en assez grand nombre, bien conformées. Styles inégaux; ceux du centre plus courts, réunis en un faisceau; les autres une fois plus longs, un peu divergens et formant plusieurs groupes. Odeur moins agréable que dans les autres variétés de cette espèce. Pédoncules alongés.

Var. 8. *Rosa bifera Portlandica.*
ROSIER de Portland.

Fleurs larges de trente-deux à trente-trois lignes; d'une odeur très-faible. Corolle composée de deux à trois rangs de pétales du plus beau rouge-carmin. Étamines très-nombreuses. Styles longs d'une ligne, réunis en un seul faisceau. Pédoncules courts, rapprochés plusieurs ensemble au sommet des rameaux.

Var. 9. *Rosa bifera corymbosa.*
ROSIER de deux fois l'an, à fleurs en corymbe.

Fleurs d'un rose tendre, parfaitement doubles, larges de vingt-huit à trente lignes. Peu ou point d'étamines. Styles longs de quatre lignes, pour la plupart libres les uns des autres, un peu divergens par leur sommet. Pédoncules formant, par leur réunion au sommet des rameaux, une sorte de corymbe.

Depuis que les amateurs de Roses se sont occupés de les multiplier par les semis, on obtient tous les ans de nouvelles variétés de chaque espèce, et bientôt le nombre en sera considérable. Nous avons vu cette année, en 1815, dans le jardin fleuriste du Luxembourg, plus de vingt variétés nouvelles venant d'un semis fait, il y a cinq ans, par M. CHARPENTIER.

27. ROSA centifolia. *Tab.* 12.
R. *ramis aculeatis; foliis è 5-7 foliolis ovatis, subtùs pubescentibus, biserratis margineque glandulosis; calycum tubis ovatis pedunculisque hispido-glandulosis; calycinis laciniis alterné pinnatifidis; stylis villosis, fasciculatis.*

ROSIER à cent feuilles. *Pl.* 12.
R. à rameaux garnis d'aiguillons; à feuilles composées de cinq à sept folioles ovales, pubescentes en dessous, deux fois dentées et glanduleuses en leurs bords; à tubes du calice ovales et hispides-glanduleux, ainsi que les pédoncules; à divisions du calice alternativement pinnatifides; à styles velus, fasciculés.

ROSA *centifolia.* LIN. Sp. 704. WILLD. Sp. 2. p. 1071. POIR. Dict. Enc. 6. p. 276. *exclusá varietate* ζ.
ROSA *centifolia batavica.* Clus. Hist. 114. *fig. bona.*
ROSA *multiplex media.* C. BAUH. Pin. 482.
β. ROSA *muscosa.* AIT. Hort. Kew. 2. p. 207. CURT. Bot. Mag. t. 69. WILLD. Sp. 2. p. 1074.
ROSA. *rubra plena spinosissima, pedunculo muscoso.* MILL. Ic. 148. t. 221. f. 1.
ROSA *Provincialis spinosissima pedunculo muscoso.* Hort. Angl. 66. t. 18.

Nous croyons ce Rosier suffisamment distinct du précédent, parce que ses tiges sont plus faibles, s'élèvent moitié moins, et parce que ses feuilles sont deux fois dentées, chacune de leurs dents étant chargée d'une ou deux petites dents souvent glanduleuses. Il diffère encore par ses pédoncules plus alongés et plus lâches. Nous n'en connaissons que les variétés à fleurs doubles qui sont nombreuses, et dont nous ferons connaître les principales.

Le Rosier à cent feuilles fleurit en juin et juillet; quelquefois, mais très-rarement, il donne pour la seconde fois quelques fleurs à l'automne. On ignore le pays dont il est originaire : quelques Naturalistes soupçonnent qu'il est indigène de la Perse ou de quelqu'autre contrée de l'Asie. Il est très-commun dans tous les jardins.

Var. 1. *Rosa centifolia flore simplici.*
ROSIER à cent feuilles, à fleurs simples.

Si, comme nous le pensons, le Rosier à cent feuilles est une espèce distincte, sa variété, à fleur simple, doit exister comme type de l'espèce, et c'est sous ce rapport que nous l'indiquons quoique nous ne l'ayons pas encore vue.

Var. 2. *Rosa centifolia flore semi-pleno.*
ROSIER à cent feuilles, à fleurs semi-doubles.

Fleurs d'un beau rose, larges de trois pouces, d'une odeur très-suave, composées de sept à huit rangs de pétales. Étamines médiocrement nombreuses. Styles réunis en un seul groupe, et terminés par des stigmates qui forment une tête un peu élargie.

Var. 3. *Rosa centifolia gigantea vel pictorum.*
ROSIER à cent feuilles des Peintres.

Fleurs d'un beau rose, larges de trois pouces un quart à trois pouces et demi, d'une odeur très-suave, composées de douze à quinze rangs de pétales, dont les rangs intérieurs sont roulés, repliés en dedans, engagés par leur extrémité entre le calice et la base des styles, de manière à cacher le peu d'étamines qui restent. Styles saillans de trois lignes, libres et un peu divergens les uns des autres.

Var. 4. *Rosa centifolia muscosa magna.*
ROSIER à cent feuilles mousseux, à grandes fleurs.

Fleurs d'un beau rose, parfaitement doubles, larges de trois pouces et plus. Les pétales, les étamines et les styles comme dans la Rose des Peintres. Ce qui distingue particulièrement cette variété et la rend remarquable c'est que ses pédoncules, ses calices et leurs divisions, au lieu d'être hérissés d'aiguillons, sont abondamment couverts de longs poils herbacés, rameux, tous chargés de glandes rougeâtres qui dans leur ensemble ont en quelque sorte l'aspect de certaines mousses.

Var. 5. *Rosa centifolia muscosa minor.*
ROSIER à cent feuilles mousseux, à fleurs plus petites.

Fleurs d'un rose plus foncé que dans la précédente, larges seulement de deux pouces trois à quatre lignes; au reste les pétales, les étamines, les styles, les calices et les pédoncules sont à peu près les mêmes.

Var. 6. *Rosa centifolia muscosa alba.*
ROSIER à cent feuilles mousseux, à fleurs blanches.

Cette variété ne diffère de la quatrième que par la couleur de la corolle.

Var. 7. *Rosa centifolia carnea.*
ROSIER à cent feuilles couleur de chair, ou Rosier Vilmorin, ou Rose transparente.

Fleurs bien doubles, larges de trente à trente-deux lignes, d'une odeur agréable et d'une couleur de chair parfaite. Styles longs de quatre à cinq lignes, disposés en deux à trois groupes très-rapprochés et formant presque un seul faisceau. On trouve quelquefois des fleurs ayant des pétales mi-partis roses et mi-partis blancs, et d'autres fois on observe des fleurs toutes roses. On doit cette variété à M. Vilmorin, qui l'a obtenue depuis environ quinze ans.

Var. 8. *Rosa centifolia nivea.*
ROSIER à cent feuilles, à fleurs d'un blanc de neige, ou Rosier unique.

Fleurs larges de trois pouces, parfaitement doubles, d'une odeur faible. Pétales d'un blanc pur, à l'exception des cinq extérieurs qui sont un peu rouges en dessous. Styles longs de cinq lignes, très-velus, presque tous libres les uns des autres et un peu divergens.

Va. 9. *Rosa centifolia rubro variegata.*
ROSIER à cent feuilles, panaché de rouge.

Fleurs semi-doubles, larges de près de trois pouces, d'une odeur agréable, composées de six à sept rangs de pétales de couleur rose, avec des veines rouges. Étamines assez nombreuses, presque toutes bien distinctes et bien conformées. Styles longs d'une ligne et demie, réunis en un seul faisceau : leurs stigmates forment la tête.

Var. 10. *Rosa centifolia albo variegata.*
ROSIER à cent feuilles, panaché de blanc.

Cette variété a beaucoup de rapports avec la précédente ; mais les panaches de ses pétales sont blancs ou plutôt d'un rose très-pâle sur un rose plus foncé.

Var. 11. *Rosa centifolia chremesina.*
ROSIER à cent feuilles cramoisi.

Fleurs d'un beau rouge cramoisi, larges de trois pouces, peu odorantes, composées de trois à quatre rangs de pétales. Étamines nombreuses, toutes bien conformées et distinctes. Styles longs d'une ligne, réunis en un seul faisceau : leurs stigmates forment une tête arrondie.

Var. 12. *Rosa centifolia crispa.*
ROSIER à cent feuilles, crépu, ou à feuilles de Céleri.

Fleurs bien doubles, d'une belle couleur rose. Feuilles deux fois ailées, à folioles réniformes, bordées de grandes dents en leurs bords, et comme frisées ou un peu crêpues.

Var. 13. *Rosa centifolia bullata.*
ROSIER à cent feuilles bullées, ou Rosier à feuilles de Laitue.

Les feuilles sont moins frisées et moins crêpues que dans la précédente variété, mais leur surface est inégale, gauffrée ou cloquée comme celles de la laitue.

Var. 14. *Rosa centifolia Anemonoïdes.*
ROSIER à cent feuilles, à fleurs d'Anémone.

Fleurs semi-doubles, de couleur rose, larges de dix-huit à vingt lignes, composées de cinq à six rangs de pétales dont les intérieurs plus courts, recourbés en dedans et comme creusés en cuiller.

Var. 15. *Rosa centifolia ingrata.*
ROSIER à cent feuilles, à odeur ingrate, ou rire niais, de DUPONT.

Fleurs roses de dix-huit à vingt lignes de largeur, composées de quatre rangs de pétales : leur odeur est peu agréable, elle approche un peu de celle de la punaise.

Var. 16. *Rosa centifolia Junonis.*
ROSIER à cent feuilles et à petites folioles, ou Rose Junon.

Fleurs d'un rose foncé, larges de deux pouces, aux trois quarts doubles, n'ayant qu'une odeur très-faible. Les folioles des feuilles sont plus petites que dans la plupart des autres variétés, et beaucoup plus aiguës.

Var. 17. *Rosa centifolia prolifera.*
ROSIER à cent feuilles, prolifère.

Les fleurs de cette variété, qui a la couleur et la forme de la variété la plus ordinaire, se distinguent à ce qu'à la place du pistil on trouve un petit bouton qui se développe souvent en une nouvelle fleur plus petite et peu régulièrement conformée. M. DELAUNAY dit avoir vu jusqu'à trois fleurs ainsi les unes au dessus des autres.

Var. 18. *Rosa centifolia unguiculata.* DELAUNAY. *Rosa caryophyllata.* DUPONT.
ROSIER à cent feuilles, à fleurs d'OEillet, ou Rose OEillet.

Fleurs roses, de dix-huit lignes de largeur, peu odorantes, composées de six rangs de pétales, dont chaque rang est formé de dix à onze pétales, ayant presque la forme d'un trèfle dont le sommet serait un peu en pointe; l'onglet fait au moins le tiers de la longueur de chaque pétale. M. DELAUNAY fait ainsi qu'il suit l'histoire de ce Rosier : « Vers l'an 1800 un Rosier cent feuilles dégénéra dans un jardin de Mantes. En conservant le feuillage de son espèce, il donna des fleurs roses, pleines, mais plus petites. On crut leur trouver l'odeur de l'OEillet, parce qu'elles avaient quelque ressemblance avec cette fleur, au moyen des pétales à limbe chiffonné et denté, et dont la base se rétrécissait en onglet long et blanc. Ces singularités ont valu à cette Rose le nom très-trivial de *Rose-guenille.* Au reste, M. DUPONT obtint le Rosier tout entier, et c'est lui qui a conservé et propagé cette singulière et assez jolie variété, sur une greffe de laquelle j'ai eu plusieurs fois quelques fleurs véritablement cent feuilles. »

Var. 19. *Rosa centifolia apetala.*
ROSIER à cent feuilles sans pétales.

Les fleurs de ce Rosier sont dépourvues de véritables pétales; elles ne sont composées que d'étamines dont cinq à six des extérieures à demi défigurées et à demi pétaloïdes, ayant un onglet qui fait la moitié de leur longueur, et le reste étant irrégulièrement lancéolé, un peu frisé ou roulé sur les bords. Ces faux pétales ont, y compris leur onglet, neuf à dix lignes de longueur.

Var. 20. *Rosa centifolia Pomponia.* tab. 15. fig. 2.
Rosa Pomponia. DECAND. Fl. Fr. 4. n. 3707.

Rosa Gallica ε. Poir. Dict. Enc. 6. p. 278.
Rosa provincialis , var. Curt. Bot. Mag. t. 407.
ROSIER à cent feuilles , Pompon.

Fleurs larges de seize à dix-huit lignes. Corolle bien double , d'un très-joli rose. Peu ou point d'étamines. Styles longs d'une ligne ou un peu plus , serrés en un seul groupe ; quelquefois il y en a plusieurs plus longs que les autres, séparés du faisceau principal et un peu divergens.

28. ROSA nana.

R. *ramis aculeatis, pusillis ; foliis è quinque foliolis ovatis, subtùs pubescentibus, simpliciter dentatis ; laciniis calycinis alternè pinnatifidis, corollá longioribus pedunculisque hispido-glandulosis ; stylis villosis, subfasciculatis.*

ROSIER nain.

R. à rameaux petits , garnis d'aiguillons ; à feuilles composées de cinq folioles ovales, pubescentes en dessous, simplement dentées ; à découpures du calice alternativement pinnatifides, plus longues que la corolle et hispides-glanduleuses , ainsi que les pédoncules ; à styles velus et presque réunis en faisceau.

ROSA *parvifolia.* Ehrh. Beitr. 6. p. 67? Willd. Sp. 2. p. 1078 ?

Ce Rosier ne nous paraît pas devoir être réuni comme simple variété au Rosier à cent feuilles , malgré les rapports qu'il peut avoir avec la vingtième variété de ce dernier. En effet, il diffère de celui-ci par ses tiges pour ainsi dire bisannuelles, ne s'élevant pas à plus de douze à vingt pouces. Sa tige est chargée d'aiguillons épars, assez courts, divisée souvent dès sa base en plusieurs rameaux qui ne vivent ordinairement qu'une année, très-rarement plus de deux, ces rameaux se desséchant le plus souvent après la fleuraison, et étant remplacés par de nouveaux qui sortent de la souche. Les feuilles sont d'un vert clair, ailées, à cinq folioles ovales, longues de cinq à six lignes, larges de trois à quatre, finement et simplement dentées en scie, chargées, sur leur pétiole et leur surface postérieure, de petits poils courts. Les fleurs, naissant tout du long des rameaux, forment un long et charmant bouquet ; elles sont disposées une à une, rarement deux ensemble, sur des ramuscules qui sortent de la place des feuilles de l'année précédente, sont garnis de quatre à cinq feuilles dans leur partie inférieure, et nus dans l'étendue d'un pouce ou environ sous les fleurs. Le calice est monophylle, campanulé à sa base, partagé en cinq divisions ovales-lancéolées , terminées par une pointe plus longue que les pétales : deux de ces divisions sont simples et trois sont pinnatifides , ayant deux paires de pinnules. Ce calice , ses divisions et le pédondule sont chargés de petits poils nombreux, terminés par une glande rougeâtre. La corolle a un pouce de largeur, elle est composée de plusieurs rangs de pétales d'un rose tendre. Les étamines sont en très-petit nombre, le plus souvent nulles et toutes changées en pétales : quand elles existent elles sont de la longueur des styles. Ceux-ci sont longs d'une ligne tout au plus, un peu velus , et ils forment le faisceau sans adhérer les uns aux autres.

Nous ignorons quelle est la patrie de cette espèce ; on la cultive dans plusieurs jardins, mais en général elle n'est pas très-répandue. Elle fleurit en mai et juin. Nous ne connaissons point la plante à fleurs simples. Nous n'avons rien trouvé de précis sur ce Rosier dans les auteurs de Botanique et de Jardinage ; nous soupçonnons qu'il a été confondu par les uns avec le *Rosa centifolia Pomponia ,* et par les autres avec le *Rosa parvifolia.*

29. ROSA parvifolia.

R. *ramis aculeatis, pusillis; foliis è quinque foliolis ovatis, subtùs pubescentibus albidisque, simpliciter dentatis; laciniis calycinis alterné subpinnatifidis, corollá brevioribus, subtomentosis; pedunculis hispidis; calycum tubis glabris; stylis villosis, fasciculatis.*

ROSIER à petites feuilles.

R. à rameaux petits, chargés d'aiguillons, à feuilles composées de cinq folioles ovales, pubescentes et légèrement blanchâtres en dessous, simplement dentées; à découpures du calice alternativement pinnatifides, plus courtes que la corolle, un peu cotonneuses; à tubes des calices glabres, ayant leurs pédoncules hispides; à styles velus et fasciculés.

ROSA *parvifolia.* Ehrh. Beitr. 6. p. 97. Willd. Sp. 2. p. 1078.
ROSA *Burgundiaca.* Roess. Ros. t. 4. Durande, Fl. Bourg. 1. p. 196. (*non Desf.*)
ROSA *Remensis.* Desf. Cat. Hort. Par. 175.
ROSA *Provincialis varietas.* Curt. Bot. Mag. t. 407.

Les tiges de ce Rosier forment un petit buisson qui ne s'élève pas à plus d'un pied et demi ou deux pieds; elles sont le plus souvent nues dans leur partie inférieure, feuillées seulement dans leur partie supérieure, divisées en rameaux glabres, chargés d'un petit nombre d'aiguillons menus. Ces tiges et les principaux rameaux ne périssent point après avoir donné des fleurs, comme cela arrive très-souvent dans l'espèce précédente, mais ils persistent ordinairement plusieurs années. Les feuilles sont petites, composées de cinq à sept folioles ovales-oblongues, aiguës, finement et simplement dentées en scie en leurs bords, quelquefois chargées de quelques glandes qui les font paraître bi-dentées, glabres et d'un vert foncé en dessus, plus ou moins pubescentes et d'un vert blanchâtre en dessous. Les fleurs sont d'un rouge foncé, nous ne les avons vues que doubles, larges d'un pouce ou un peu plus, solitaires ou tout au plus deux ensemble à l'extrémité de quelques petits rameaux disposés seulement dans la partie supérieure des tiges et des rameaux principaux, mais non dans toute leur longueur ainsi que dans l'espèce précédente. Leur pédoncule est légèrement hispide; le tube de leur calice est presque globuleux et glabre, et les divisions du calice sont un peu cotonneuses, plus courtes que la corolle, quelquefois toutes entières et le plus souvent deux ou trois d'entre elles se trouvent chargées d'une ou deux dents longues et sétacées.

Cet arbuste est commun, selon Durande, sur les montagnes aux environs de Dijon; il est connu sous les noms de Rose de Meaux, Rose de Rheims, Rose de Champagne, ce qui peut faire croire qu'il croît aussi dans cette dernière province. Il fleurit en mai et juin. On peut le regarder comme une espèce intermédiaire entre le Rosier nain et le Rosier de France.

30. ROSA Gallica. *Tab.* 8.

R. *ramis aculeatis, foliis è quinque foliolis ovatis, biserratis, subtùs pubescentibus, subalbidisque; calycum tubis globosis ovatisve; calycinis laciniis, alterné pinnatifidis, corollá brevioribus.*

ROSIER de France. *Pl.* 8.

R. à rameaux chargés d'aiguillons; à feuilles composées de cinq folioles ovales, deux fois dentées en scie, pubescentes en dessous et même un peu blanchâtres; à tubes des calices ovales ou globuleux, ayant leurs divisions alternativement pinnatifides et plus courtes que la corolle.

α. ROSA *Gallica* Lin. Sp. 704. Willd. Sp. 2. p. 1071. Poir. Dict. Enc. 6. p. 277. (*exclusis variet.* γ et ε.)
ROSA *rubra.* Blackw. Herb. tab. 78
ROSA *Austriaca.* Crantz. Stirp. Aust. 86.
ROSA *rubra simplex et multiplex.* C. Bauh. Pin. 481. Tournef. Inst. 637.

ROSA *Damascena*. Lob. Ic. 2. p. 206. *figura sat bona.*
ROSA *rubra flore valdè pleno, et semi-pleno, et simplici ferè.* J. Bauh. Hist. 2. lib. 14.
    p. 34.
β. ROSA *Gallica versicolor.*
ROSA *versicolor.* Clus. Hist. 114. *absque icone.* C. Bauh. Pin. 481. Tournef. Inst. 637.
ROSA *Prænestina variegata plena.* Mill. Dict. t. 221. f. 2.
γ. ROSA *pumila.* Jacq. Fl. Anst. 2. p. 59. t. 198. Lin. Suppl. 262. Willd. Sp. 2. p. 1072.
δ. ROSA *Provincialis.* Ait. Hort. Kew. 2. p. 204. Willd. Sp. 2. p. 1070. *excl. var.* β.
ε. ROSA *hybrida.* Schleicher.

Nous avons cru devoir réunir au Rosier de France, nommé vulgairement *Rosier de Provins*, plusieurs variétés qui, non-seulement ne nous paraissent pas offrir des caractères assez constans pour les conserver comme espèces, mais qui sont encore tellement sujettes à varier dans les différences qu'elles présentent, qu'on a souvent peine à séparer et à distinguer les variétés entre elles. Nous allons essayer d'en donner une description générale qui puisse convenir à tous les individus des différentes variétés.

Les Rosiers de France s'élèvent à deux ou trois pieds, rarement davantage; leurs tiges sont en général peu robustes, divisées en rameaux nombreux, glabres, armés d'aiguillons inégaux, faibles, presque droits. Leurs feuilles sont composées le plus ordinairement de cinq, assez rarement de sept folioles-ovales, deux fois dentées en scie en leurs bords, d'un vert assez foncé et glabres en dessus, quelquefois même un peu luisantes, plus ou moins pubescentes en dessous, et toujours d'un vert très-pâle et même blanchâtre. Les pédoncules sont velus, hérissés de quelques aiguillons très-menus, et munis à leur base de deux stipules finement denticulées et glanduleuses en leurs bords. Les fleurs solitaires, ou au plus deux à trois ensemble à l'extrémité des rameaux, sont d'un rouge plus ou moins foncé dans les individus simples et sauvages, portées sur des pédoncules le plus souvent hispides, quelquefois glabres. Le tube de leur calice est ovale dans les trois premières variétés, et leurs divisions, dont trois plus ou moins pinnatifides, sont toujours sensiblement plus courtes que la corolle qui est large de deux à trois pouces. Les styles sont très-velus dans les quatre premières variétés, le plus souvent réunis en un faisceau haut de deux lignes ou environ, quelquefois formant seulement un groupe convexe et en tête dans le centre de la fleur. Les styles dans la variété ε paraissaient presque glabres, ils ne sont garnis que de quelques poils épars, et au lieu de former un faisceau, ils divergent en tous sens.

Les différentes variétés de ce Rosier croissent dans les parties méridionales de la France et de l'Europe. Elles fleurissent en mai, juin et juillet.

Aucun autre Rosier n'a produit dans les jardins d'aussi nombreuses variétés que celui-ci, car, outre les cinq variétés que nous avons rapportées d'après les Botanistes, les amateurs de Roses et les Jardiniers fleuristes en distinguent une foule d'autres qu'ils caractérisent d'après le nombre et la disposition des fleurs, d'après la grandeur des corolles et d'après leurs couleurs. Les nuances que celles-ci sont susceptibles de prendre, depuis le rouge le plus clair jusqu'au pourpre et au violet les plus foncés, sont si nombreuses qu'on m'a assuré qu'un amateur de Roses, demeurant à Bruxelles, avait quatre cents variétés de la seule espèce dont nous nous occupons maintenant. Le nombre n'en est pas aussi grand chez les principaux Fleuristes de Paris; mais nous croyons en avoir vu plus d'un cent auxquelles on donnait des noms différens. On doit comprendre qu'en admettant une si grande quantité de variétés, les nuances qui existent entre les unes et les

autres ne peuvent guère être saisies que par l'œil, et qu'il est impossible de
trouver des expressions et des différences assez positives pour les bien décrire.
Ces considérations nous forceront donc à ne rapporter qu'un certain nombre de
variétés jardinières, et à ne citer que celles qui nous ont paru les plus remarquables par leur beauté.

Var. 1. ROSA *Gallica versicolor, vel variegata.*
ROSE panachée.

Fleurs larges de trente à trente-six lignes, peu odorantes. Corolle semi-double,
composée de quatre rangs de pétales, d'un rose très-clair, avec de petites taches et
de grandes panachures d'un rouge plus ou moins foncé. Etamines nombreuses, toutes
bien conformées. Styles longs d'une ligne et demie, réunis en un seul faisceau.

Var. 2. ROSA *Gallica Meleagris.*
ROSE Pintade.

Fleurs de trois pouces de largeur, peu odorantes. Corolle à peine semi-double,
composée de deux à trois rangs de pétales de couleur rose, finement ponctués de
blanc. Etamines très-nombreuses, toutes bien conformées. Styles peu saillans ;
les stigmates forment au centre de la fleur une tête demi-globuleuse, haute d'environ une ligne.

Var. 3. ROSA *Gallica purpuro-violacea magna.*
ROSE Belle-Évêque.

Fleurs larges de trois pouces à trois pouces et demi, d'une odeur faible. Corolle
semi-double, à cinq ou six rangs de pétales d'une belle couleur purpurine tirant
sur le violet. Etamines assez nombreuses, quelques-unes cachées entre les pétales.
Styles réunis en un seul faisceau saillant d'une ligne, y compris les stigmates qui
forment un plateau un peu creusé en son centre.

Var. 4. ROSA *Gallica chremesina.*
ROSE Belle-Cramoisie.

Fleurs larges de trois pouces, d'une odeur faible. Corolle aux trois quarts double,
à pétales d'un rouge cramoisi quand elle commence à s'épanouir, passant au rose
foncé quand elle est complettement ouverte depuis quelque tems. Etamines en
nombre médiocre, plusieurs cachées entre les pétales. Styles longs d'une ligne à
une ligne et demie, partagés en trois ou quatre faisceaux inégaux, quelques-uns
changés en pétales.

Var. 5. ROSA *Gallica atro-purpurea velutina.*
ROSE Velours-Noir.

Fleurs larges de trois pouces trois lignes, peu odorantes. Corolle de quatre rangs
de pétales d'un pourpre noirâtre, veloutés ; les deux rangs intérieurs beaucoup plus
petits. Etamines nombreuses, bien conformées. Styles réunis en un seul faisceau :
leurs stigmates forment une tête irrégulière, haute d'une ligne et demie ou à peu près.
C'est sans doute cette Rose que quelques amateurs prennent pour la Rose noire.

Var. 6. ROSA *Gallica purpurea velutina.*
ROSE Belle-Veloutée pourpre.

Fleurs larges de trois pouces, d'une odeur agréable. Corolle semi-double, de cinq
à six rangs de pétales d'une couleur pourpre foncée. Etamines nombreuses, bien
conformées. Styles longs de deux lignes, réunis en un seul faisceau terminé par
des stigmates formant la tête.

7.

Var. 7. ROSA *Gallica Cerasi coloris.*
ROSE couleur de Cerise.

Fleurs larges de trois pouces, d'une odeur faible. Corolle semi-double, composée de cinq à six rangs de pétales d'un beau rouge-cerise. Etamines nombreuses, toutes distinctes et bien conformées. Styles longs de deux lignes et plus, réunis en un seul faisceau, portant des stigmates qui forment une tête arrondie et à peine plus large que les styles.

Var. 8. ROSA *Gallica atro-purpurea.*
ROSE pourpre-noire.

Fleurs larges de vingt-huit à trente lignes, d'une odeur faible. Corolle aux trois-quarts double, à pétales d'abord d'un pourpre noir, passant ensuite à la couleur violette. Etamines en petit nombre et cachées entre les pétales. Styles longs d'une ligne et demie à deux lignes, formant cinq à six faisceaux distincts.

Var. 9. ROSA *Gallica regalis.*
ROSE grandeur royale.

Fleurs larges de trois pouces, d'une odeur faible. Corolle semi-double, composée de quatre à cinq rangs de pétales d'un rose un peu foncé. Etamines médiocrement nombreuses, quelques-unes d'entre-elles imparfaitement changées en pétales. Styles longs de deux lignes, réunis en un seul groupe.

Var. 10. ROSA *Gallica mirabilis.*
ROSE merveilleuse.

Fleurs larges de deux ou trois pouces, peu odorantes. Corolle semi-double, de trois à quatre rangs de pétales d'un rose un peu foncé. Etamines nombreuses, toutes distinctes et bien conformées. Styles longs d'une ligne et demie au plus, réunis en un seul faisceau qui s'élargit par le haut, et forme en quelque sorte la tête de Champignon. Feuilles panachées de blanc en leurs bords.

Var. 11. ROSA *Gallica magna chremesina.*
ROSE Grande-Cramoisie.

Fleurs larges de trois pouces, d'une odeur agréable. Corolle semi-double, composée de cinq à six rangs de pétales d'un cramoisi clair à la circonférence, d'un rouge plus foncé dans l'intérieur. Étamines peu nombreuses, cachées en partie par les pétales intérieurs qui sont roulés en dedans et dont quelques-uns restent engagés par le sommet entre les styles et le calice. Styles longs de deux lignes, en partie distincts les uns des autres, ou réunis en plusieurs petits groupes.

Var. 12. ROSA *Gallica multiflora.*
ROSE de France multiflore.

Fleurs nombreuses, larges de deux pouces et demi, d'une odeur agréable. Corolle semi-double, composée de six à sept rangs de pétales de couleur rose. Étamines médiocrement nombreuses, cachées en grande partie par les pétales. Styles longs de deux lignes, formant deux ou trois faisceaux séparés.

Var. 13. ROSA *Gallica argentea.*
ROSE argentée.

Fleurs larges de trente lignes, d'une odeur suave, mais faible. Corolle bien double, blanche sur les bords et d'une belle couleur de chair dans le cœur. Étamines très-peu nombreuses, mal conformées, cachées par les styles qui sont en partie changés en pétales. Styles longs de cinq lignes et plus, la plupart libres et distincts les uns des autres, les extérieurs changés en petits pétales.

Var. 14. ROSA *Gallica mater-familiás*.
ROSE Mère-Gigogne.

Fleurs larges de trois pouces, sans odeur. Corolle double, formée de plusieurs rangs de pétales d'un rouge-cramoisi. Point d'étamines ou seulement des filamens verdâtres, portant des anthères avortées. Styles longs de six lignes, réunis en un faisceau verdâtre, autour duquel sont six à sept boutons assez gros, pédonculés, pourvus d'un calice particulier, plus ou moins difformes d'ailleurs, et chacun d'eux ne se développant qu'imparfaitement en une fleur double, dont les organes de la fécondation sont avortés ou à peine reconnaissables.

Var. 15. ROSA *Gallica Agatha*.
ROSE Agathe.

Fleurs larges de vingt-cinq à vingt-six lignes, d'une odeur faible. Corolle très-double, d'une couleur rose peu foncé, les plus petits pétales du milieu de la fleur roulés et chiffonnés en dedans, ne se déroulant pas et ayant leur sommet engagé entre les styles et le calice. Point du tout d'étamines. Styles longs de deux à trois lignes, ceux de la circonférence à peu près libres, plus courts et paraissant pourvus d'un stigmate. Ceux du centre aigus, groupés en un seul faisceau et dépourvus de stigmates.

Var. 16. ROSA *Gallica Maheka*.
ROSE Mahek.

Fleurs larges de vingt-six à vingt-sept lignes, d'une odeur faible. Corolle composée de dix rangs de pétales d'un beau rouge-cramoisi. Étamines peu nombreuses, dont plusieurs mal conformées, à demi-changées en pétales. Styles longs d'une ligne au plus, quelques-uns des extérieurs changés en pétales.

Var. 17. ROSA *Gallica terminalis*.
ROSE terminale.

Fleurs larges de deux pouces, légèrement odorantes, portées sur de longs pédoncules. Corolle très-double, d'un rouge lie de vin. Étamines tout à fait nulles. Styles longs de deux lignes, pour la plupart libres ou peu adhérens, quelques-uns du centre un peu plus longs que les autres, paraissant stériles et dépourvus de stigmates.

Var. 18. ROSA *Gallica Aquila nigra, flore subsimplici*.
ROSE Aigle noir à fleur simple.

Fleurs larges de vingt-sept à vingt-huit lignes, d'une odeur faible. Corolle de huit à dix grands pétales d'un pourpre foncé, et de cinq à six plus petits. Étamines très-nombreuses, sur plusieurs rangs. Styles ne paraissant que par leurs stigmates qui forment, par leur réunion, une sorte de tête pyramidale, haute d'une ligne ou un peu plus.

Var. 19. ROSA *Gallica debilis*.
ROSIER à rameaux inclinés.

Fleurs presque toujours deux à deux. Corolle composée de douze pétales d'un rouge foncé. Rameaux faibles et inclinés. Cette variété, provenant des semis de M. CHARPENTIER, Jardinier en chef du Luxembourg, a fleuri pour la première fois cette année, ainsi que plusieurs autres belles variétés, qui paraissent être assez différentes de celles déjà connues, pour être regardées comme nouvelles.

31. ROSA villosa. *Tab.* 15. *Fig.* 1.

ROSIER velu. *Pl.* 15. *Fig.* 1.

R. *ramis glabris, aculeatis; foliis è 5-7 foliolis ovatis, utrinquè tomentosis, duplicatò serratis; pedunculis hispido-glandulosis; calycum tubis subglobosis; foliolis calycinis alternè pinnatifidis; stigmatibus subsessilibus, agglomerato-capitalis.*

R. à rameaux glabres, garnis d'aiguillons; à feuilles composées de cinq à sept folioles ovales, cotonneuses en dessus et en dessous, deux fois dentées; à pédoncules hispides-glanduleux; à tubes des calices presque globuleux, ayant leurs divisions alternativement pinnatifides; à stigmates presque sessiles, réunis en tête.

α. ROSA *villosa.* (*calycum tubis hispidis.*) Lin. Sp. 704. Willd. Sp. 2. p. 1069. Poir. Dict. Enc. 6. p. 285.

ROSA *sylvestris pomifera major.* C. Bauh. Pin. 484. Tournef. Inst. 638.

ROSA *pomo spinoso, folio hirsuto.* J. Bauh. Hist. 2. lib. 14. p. 38. *figura sat bona.*

ROSA n. 1105. Hall. Helv. 2. p. 40.

β. ROSA *mollissima.* (*calycum tubis glabris.*) Willd. Prod. n. 1237.

γ. ROSA *tomentosa* (*calycum tubis ovatis.*) Smith. Fl. Brit. 2. p. 539.

La tige de ce Rosier s'élève à huit ou douze pieds et davantage; ses branches et ses rameaux sont armés d'aiguillons assez forts, presque droits et écartés les uns des autres. Les feuilles sont composées ordinairement de sept folioles ovales, deux fois dentées, cotonneuses et un peu molles au toucher en dessus et en dessous. Dans les feuilles supérieures le nombre des folioles diminue de manière que la dernière feuille n'est souvent composée que de trois et l'avant-dernière que de cinq folioles. Les fleurs sont peu odorantes, disposées au sommet des rameaux en nombre variable, depuis une jusqu'à six et même plus ensemble, formant alors une sorte de corymbe. Les pédoncules sont hérissés de poils roides, subulés, non aigus à leur sommet, mais terminés par une glande rougeâtre. Les tubes des calices sont globuleux ou ovoïdes, hérissés de poils semblables à ceux des pédoncules dans la première variété, et tout à fait glabres dans la seconde : les cinq divisions qui les terminent sont ovales-lancéolées, prolongées en une longue pointe qui devient quelquefois foliacée et denticulée; elles sont d'ailleurs hérissées de poils glanduleux, et trois d'entre elles ont deux à trois paires de pinnules qui les rendent pinnatifides. La corolle est rose, large de vingt-quatre à trente lignes et plus. Les styles proprement dits sont peu saillans, mais les stigmates agglomérés ensemble forment une tête un peu arrondie, qui s'élève à une ligne ou à une ligne et demie au centre de la fleur.

Ce Rosier croît en Europe dans les haies et les buissons; il fleurit en mai et juin. Outre la variété à fruits glabres, nous en avons vu deux autres dans les jardins, l'une à fleurs semi-doubles et l'autre à fleurs panachées. Cette dernière variété est également semi-double; les pétales sont d'une couleur rose-claire, avec des veines et des taches plus foncées.

32. ROSA turbinata.

ROSIER turbiné.

R. *ramis glabris subspinosis; foliis è 5-7 foliolis ovatis, subtùs pubescentibus simpliciter dentatis; pedunculis hispido-glandulosis; calycibus turbinatis; foliolis calycinis alternè pinnatifidis; stylis numerosissimis.*

R. à rameaux glabres, peu épineux; à feuilles composées de cinq à sept folioles ovales, pubescentes en dessous, simplement dentées; à pédoncules hispides-glanduleux; à calices en toupie, ayant leurs divisions alternativement pinnatifides; à styles très-nombreux.

ROSA *turbinata.* Ait. Hort. Kew. 2. p. 206. Willd. Sp. 2. p. 1073. Poir. Dict. Enc. 6. p. 280.

ROSA *campanulata.* Ehrh. Beitr. 6. p. 97.

ROSA *Francfurtensis.* Roess. Ros. t. 11.

ROSA *inapertis floribus, alabastro crassiore, Francofurtensis quibusdam.* Tournef. Inst. 639.

Cette espèce, nommée vulgairement Rosier à gros cul, Rosier de Francfort, a beaucoup de rapports avec la précédente ; mais elle en diffère par les caractères suivans : ses rameaux sont lisses, peu ou point du tout épineux ; ses feuilles ne sont qu'une fois dentées ; ses calices sont en forme de toupie, et ses styles sont huit à dix fois plus nombreux que dans aucune autre espèce. Les fleurs sont d'un rouge peu foncé, grandes, larges de plus de trois pouces. Les pédoncules et la base des calices sont hérissés de poils glanduleux.

Ce Rosier passe pour être indigène de l'Europe ; on ne connaît pas au juste le pays dont il est natal. Vient-il de Francfort comme son nom l'annonce ? On le cultive dans les jardins, où il fleurit en juin. Il a une variété à fleurs semi-doubles.

33. ROSA Eglanteria. *Tab.* 14. *Fig.* 1.

R. *ramis glabris, aculeatis ; foliis è septem foliolis ovatis, glabris, biserratis ; pedunculis glabris ; calycum tubis globosis ; calycinis laciniis subintegris, rariùs alternè pinnatifidis ; stylis villosis, capitatis.*

ROSIER Eglantier. *Pl.* 14. *Fig.* 1.

R. à rameaux glabres, armés d'aiguillons ; à feuilles composées de sept folioles ovales, glabres, deux fois dentées ; à pédoncules glabres ; à tubes des calices globuleux, ayant leurs divisions souvent entières, rarement alternativement pinnatifides ; à styles velus, réunis en tête.

ROSA *Eglanteria*. Lin. Sp. 703.

ROSA *lutea*. Ait. Hort. Kew. 2. p. 200. Willd. Sp. 2. p. 1064. Tabern. Hist. 1495. *fig.* Lob. Ic. 2. p. 209. *fig.* J. Bauh. Hist. 2. lib. 14. p. 47. *fig.* Mill. Dict. n. 11. Poir. Dict. Enc. 6. p. 289. Curt. Bot. Magt. t. 363.

ROSA *lutea simplex*. C. Bauh. Pin. 483. Tournef. Inst. 638. Besl. Hort. Eyst. ord. 6. t. 5. f. 1.

ROSA *fœtida*. All. Fl. Ped. n. 1792.

ROSA *chlorophylla*. Ehrh. Beitr. 2. p. 69.

ROSA *cerea*. Rœssig. Ros. t. 2.

β. ROSA *bicolor*. Jacq. Hort. Vind. 1. p. 1. t. 1.

ROSA *punicea*. Corn. Canad. 11.

Vulgairement Rose capucine.

Les tiges de ce Rosier s'élèvent de quatre à huit pieds et même plus, en se divisant en plusieurs rameaux glabres, d'un vert brunâtre, armés d'aiguillons droits, très-aigus. Ses feuilles sont composées de cinq à sept folioles ovales, deux fois dentées en scie, et glanduleuses en leurs bords, glabres, un peu luisantes et d'un vert foncé en dessus, d'une couleur plus claire en dessous. Les fleurs sont solitaires ou au plus deux ou trois ensemble à l'extrémité des rameaux, portées sur des pédoncules glabres. Les tubes de leurs calices sont globuleux, glabres, surmontés de cinq divisions alongées, légèrement hispides, souvent toutes très-entières, quelquefois deux ou trois d'entre elles légèrement pinnatifides à leur base, élargies, foliacées et denticulées en leur partie supérieure. La corolle est grande, large de deux pouces à deux pouces et demi, composée de cinq pétales, tous d'une belle couleur jaune dans la première variété, d'un rouge ponceau en dedans, et jaunes en dehors dans la seconde variété : on trouve quelquefois sur le même pied des fleurs des deux variétés. Les styles sont très-courts, velus ; ils forment, avec les stigmates colorés en pourpre foncé, une tête presque globuleuse.

Le Rosier Eglantier croît naturellement en France, en Angleterre, en Allemagne, en Italie, etc. Il fleurit en mai et juin. Ses fleurs exhalent une odeur fétide, analogue à celle de la punaise. Ses feuilles, froissées entre les doigts, rendent au contraire une odeur balsamique assez agréable.

34. ROSA sulfurea.

R. *ramis glabris, aculeatis; foliis è septem foliolis ovatis, glaucis, simpliciter dentatis; pedunculis glabris; calycum tubis turbinatis; calycinis laciniis integris vel alternè pinnatifidis.*

ROSIER jaune de souffre.

R. à rameaux glabres, armés d'aiguillons; à feuilles composées de sept folioles ovales, glauques, simplement dentées; à pédoncules glabres; à tubes des calices turbinés, ayant leurs divisions entières ou alternativement pinnatifides.

ROSA *sulfurea.* Ait. Hort. Kew. 2. p. 201. Willd. Sp. 2. p. 1065. Poir. Dict. Enc. 6. p. 289.
ROSA *flava plena.* Clus. Hist. 114. *absque fig.*
ROSA *flava pleno flore.* Clus. Cur. Post. 6. *fig.* p. 7.
ROSA *lutea multiplex.* C. Bauh. Pin. 483. Tournef. Inst. 638. Hort. Angl. 66. t. 18.
ROSA *lutea maxima flore pleno.* Besl. Hort. Eyst. Ord. 6. t. 2. f. 4.

Ce Rosier n'a été regardé pendant long-tems que comme une variété du précédent; mais on le distingue aujourd'hui comme espèce à cause des différences constantes qu'il présente. Ces différences sont d'avoir les feuilles glauques, simplement dentées, d'une consistance délicate, et nullement odorantes. Les aiguillons dont ses rameaux sont armés ont aussi une courbure plus sensible; du reste, le port et les autres caractères sont les mêmes.

Cet arbrisseau passe pour être originaire de l'Orient. On le cultive dans tous les jardins, sous le nom de Rosier jaune. Ses fleurs sont d'un jaune pâle, toujours doubles dans les jardins, et elles ne s'épanouissent souvent qu'avec difficulté. Elles paraissent en juin et en juillet.

35. ROSA rubiginosa. *Tab. 7. Fig. 1.*

R. *ramis glabris, aculeatis; foliis è septem foliolis ovatis subrotundisve, duplicatò serratis, margine subtùsque glandulosis; pedunculis hispidis; calycinis laciniis alternè pinnatifidis; stylis villosis, capitatis.*

ROSIER rouillé. *Pl. 7. Fig. 1.*

R. à rameaux glabres, armés d'aiguillons; à feuilles composées de sept folioles ovales ou arrondies, deux fois dentées, glanduleuses en leurs bords et en dessous; à pédoncules hispides; à découpures du calice alternativement pinnatifides; à styles velus, réunis en tête.

ROSA *rubiginosa* (*calycum tubis globosis hispidis.*) Lin. Mant. 564. (*excl. syn. Bauhini.*) Poir. Dict. Enc. 6. p. 286.
ROSA *Eglanteria.* Tabern. Icon. 1087. Mill. Dict. n. 4. Herm. Diss. de Rosâ. p. 17. n. 12.
ROSA *suavifolia.* Lightfoot, Scot. 262. Fl. Dan. t. 870.
ROSA *pseudo-rubiginosa.* Lejeune, Fl. de Spa. 1. p. 229.
ROSA *sylvestris foliis odoratis.* C. Bauh. Pin. 483. Tournef. Inst. 638.
ROSA *foliis odoratis, Eglantina dicta.* J. Bauh. Hist. 2. p. 41. Icon mala p. 42.
β. ROSA *tenuiglandulosa* (*calycum tubis globosis glabris.*) Mérat. Fl. Par. 189.
γ. ROSA *rubiginosa.* (*Calycum tubis ovatis hispidis.*) Jacq. Fl. Aust. 1. p. 31. tab. 50. Ait. Hort. Kew. 2. p. 206. Willd. Sp. 2. p. 1073.
ROSA n. 1103. Hall. Helv. 2. p. 39. Mérat. Fl. Par. 181. var. β.
δ. *Calycum tubis ovatis, glabris. Rosa rubiginosa.* Mérat. Fl. Par. 191. (*excl. synon.*)
ε. *Floribus semi-plenis.*

Le Rosier rouillé, connu encore sous les noms d'*Eglantier rouge*, de *Rosier à odeur de Pomme de Reinette*, s'élève à la hauteur de quatre à huit pieds et même plus. Sa tige se divise en rameaux nombreux, glabres, armés d'aiguillons forts et crochus. Ses feuilles sont ordinairement composées de sept folioles ovales ou ovales arrondies, glabres en dessus, doublement dentées et glanduleuses en leurs bords, un peu pubescentes en dessous et abondamment chargées d'un grand nombre de glandes roussâtres qui les rendent un peu visqueuses au toucher ; leur pétiole est pubescent, glanduleux, armé de quelques petits aiguillons en dessous, et muni à sa base de deux stipules assez larges, entières, glanduleuses en dessous et en leurs bords. Les fleurs sont de grandeur médiocre, purpurines, solitaires à l'extrémité des rameaux ou quelquefois disposées plusieurs ensemble en une sorte de corymbe. Leurs pédoncules sont toujours plus ou moins hérissés de poils roides et glanduleux ; mais le tube des calices en est souvent tout-à-fait dépourvu, et il varie d'ailleurs quant à la forme qui est tantôt globuleuse, tantôt ovale. Les divisions des calices sont un peu élargies en spatule à leur partie supérieure, et au moins aussi longues que les pétales ; trois d'entre elles sont pinnatifides. Les styles velus, à peine saillans, forment avec les stigmates une sorte de tête convexe.

Ce Rosier est commun dans les haies et sur les bords des bois. Ses feuilles exhalent, surtout quand on les froisse dans les doigts, une odeur pénétrante, analogue à celle de la Pomme de Reinette, mais qui est plus forte. Il fleurit en juin et juillet. Nous en avons vu, dans les jardins de MM. DESCEMET et NOISETTE, trois différentes variétés à fleur semi-double. L'une était d'une couleur purpurine uniforme, la seconde avait sa corolle rose avec des veines d'un rose plus foncé, et la troisième enfin était purpurine avec des taches d'un rouge foncé.

36. ROSA sepium. *Tab.* 11. *Fig.* 2.
R. *ramis glabris, aculeatis ; foliis è septem foliolis, ovatis, ovato-lanceolatisve, duplicatò serratis, marginè subtùsque glandulosis ; calycinis laciniis alternè pinnatifidis ; stylis subglabris.*

ROSIER des haies. *Pl.* 11. *Fig.* 2.
R. à rameaux glabres, armés d'aiguillons ; à feuilles composées de sept folioles ovales ou ovales-lancéolées, deux fois dentées, glanduleuses en dessous et en leurs bords ; à découpures des calices alternativement pinnatifides ; à styles presque glabres.

ROSA *sepium.* THUIL. Fl. Par. 252. LOIS. Fl. Gall. 296. MÉRAT. Fl. Par. 192.
ROSA *agrestis.* SAVI. Fl. Pis.
α. *Pedunculis calycumque tubis glabris.*
β. *Pedunculis calycumque tubis hispidis.*

Nous avions d'abord regardé cette espèce comme très-distincte de la précédente ; mais ayant examiné avec la plus grande attention les variétés et sous-variétés nombreuses de cette dernière, nous avons cru remarquer que quelques-unes d'entre elles approchaient tellement du Rosier des haies qu'il serait bien possible que celui-ci ne fût qu'une variété du Rosier rouillé, dont il se distingue seulement par ses feuilles plus alongées, souvent un peu cunéiformes à leur base ; et par ses styles glabres ou presque glabres, tantôt réunis en tête, tantôt un peu divergens. Nous avons presque toujours trouvé les fleurs blanches, quelquefois légèrement teintes de rose, mais jamais d'un rouge vif. Leur nombre varie tellement qu'il ne peut être donné pour caractère. Nous avons vu sur certains pieds la plupart des fleurs être solitaires, dans d'autres être disposées de deux à quatre ensemble, enfin nous avons observé la sommité de certains rameaux vigoureux se terminant par des corymbes sur lesquels nous avons compté vingt à trente fleurs et plus. Les tubes des calices sont constamment ovales-oblongs. Dans le travail que M. DESVAUX a fait sur les Rosiers (1), il a sagement réduit à un certain nombre d'espèces les variétés nombreuses que quelques autres modernes avaient voulu présenter comme espèces distinctes ; mais nous croyons qu'il a encore étendu trop loin la distinction

(1) Observations critiques sur les Rosiers de France, dans le journal de Bot., septembre 1813, p. 104-120.

minuticuse des variétés. Il compte, par exemple, neuf variétés du *Rosa sepium*, tandis que nous ne voyons de motif suffisant que pour en noter deux. Il est vrai de dire qu'il comprend sous le nom de *Rosa sepium* plusieurs plantes que nous n'avons pas cru devoir y rapporter, parce que les feuilles, quoique deux fois dentées, ne sont pas d'ailleurs glanduleuses en dessous; telles sont ses variétés γ, δ, ε, μ, θ et ι qui, selon nous, appartiennent au *Rosa canina*, excepté la variété θ qui nous paraît plus caractérisée comme espèce, et que nous croyons être le *Rosa montana* de VILLARS.

37. ROSA Montana.

R. *ramis glabris, aculeatis; foliis è septem foliolis duplicatò serratis, margine tantùm glandulosis, subtùs glaberrimis; calycinis laciniis alternè pinnatifidis; stylis villosis, capitatis.*

ROSIER de Montagne.

R. à rameaux glabres, armés d'aiguillons; à feuilles composées de sept folioles deux fois dentées en scie, seulement glanduleuses en leurs bords, très-glabres en dessous; à découpures du calice alternativement pinnatifides; à styles velus réunis en tête.

ROSA *montana.* VILL. Dauph. 3. p. 547? WILLD. Sp. 2. p. 1076.

ROSA *biserrata.* MÉRAT. Fl. Par. 190.

ROSA *sepium macrocarpa.* DESV. Journ. de Bot. 7bre. 1813. p. 117.

ROSA *Malmundariensis.* LEJEUNE, Fl. de Spa. 1. p. 231.

ROSA *turbinata.* VILL. Dauph. 3. p. 550 ???

α. *Foliis subrotundis.*

β. *Foliis ovato-lanceolatis.*

γ. *Pedunculis calycumque tubis hispidis.*

δ. *Pedunculis calycumque tubis glabris.*

C'est d'après un échantillon qui nous a été communiqué par M. SCHLEICHER, sous le nom de *Rosa montana*, VILL., que nous avons adopté cette espèce et que nous lui avons rapporté les synonymes cités et vérifiés d'après les plantes des auteurs eux-mêmes. Le Rosier de montagne a beaucoup de rapport avec le Rosier des haies, et il paraît tenir le milieu entre celui-ci et le Rosier de Chien; il a, comme le premier, ses folioles deux fois dentées, et elles sont entièrement glabres et dépourvues de glandes comme dans le second. Nous avons indiqué quatre principales variétés de ce Rosier, mais il sera facile d'en trouver un plus grand nombre si l'on fait attention qu'elles peuvent se modifier diversement entre elles. Ses fleurs sont d'un rose plus ou moins foncé; elles paraissent en juin et juillet. Les fruits, ovales ou presque globuleux, ou un peu turbinés, deviennent souvent très-gros. Ce Rosier croît dans les montagnes du Dauphiné; nous l'avons trouvé au Mont-Valérien, dans les environs de Paris, et il est probable qu'il n'est pas rare en France.

38. ROSA Canina. *Tab.* 11. *Fig.* 1.

R. *ramis glabris, aculeatis; foliis è 5-7 foliolis, simpliciter dentatis, undiquè glaberrimis; calycinis laciniis alternè pinnatifidis; stylis plerùmque villosis, capitatis.*

ROSIER de Chien. *Pl.* 11. *Fig.* 1.

R. à rameaux glabres, armés d'aiguillons; à feuilles composées de cinq à sept folioles simplement dentées, glabres des deux côtés; à découpures du calice alternativement pinnatifides; à styles ordinairement velus et réunis en tête.

ROSA *canina.* LIN. Sp. 704. WILLD. Sp. 2. p. 1077. Fl. Dan. t. 555. POIR. Dict. Enc. 6. p. 287. (*excl. var.* β, γ et δ.)

ROSA *canina vulgò dicta.* DOD. Pempt. 187. *sine fig.*

ROSA *sylvestris vulgaris, flore odorato, incarnato.* C. BAUH. Pin. 483. TOURNEF. Inst. 638.

ROSA *sylvestris alba*, *cum rubore ; folio glabro*. J. Bauh. Hist. 2. Lib. 14. p. 43. *fig. sat bona.*

ROSA n. 1101. Hall. Helv. 2. p. 38.

ROSA *canina seu sylvestris*. Blackw. Herb. t. 8.

ROSA *canina*. Var. α, β, γ, δ, ζ, η, θ, ι, κ, υ, φ et *sepium*. Var. γ, δ, ε, η et ι. Desv. Journ. Bot. septembre 1813. p. 114-116.

ROSA *canina, glaucescens, verticillacantha, macrocarpa, stipularis, nitens*. Mérat, Flor. Par. 190-192.

ROSA *Andegavensis*. Batard, Fl. de Maine et Loire, p. 189. Lois. Not. 81.

ROSA *leucochroa*. Desv. 1ᵉʳ. Journ. Bot. 2. p. 316. Lois. Not. 80. Desv. 2ᵉ. Journ. Bot. septembre 1813, p. 113. pl. 15.

ROSA *glauca*. Lois. Not. 80.

β. *floribus semi-plenis.*

Le Rosier de Chien est un arbrisseau dont les tiges nombreuses forment un buisson touffu, qui s'élève communément à huit ou dix pieds, et quelquefois jusqu'à quinze et au delà. Ses rameaux sont glabres, d'un vert clair et luisant, armés d'aiguillons forts et recourbés, plus ou moins nombreux. Ses feuilles sont composées de cinq à sept folioles ovales ou ovales lancéolées, glabres en dessus et en dessous, plus ou moins luisantes, simplement dentées, à dents tantôt toutes égales entre elles, tantôt inégales. Ses fleurs sont disposées ordinairement deux à quatre ensemble à l'extrémité des petits rameaux ; elles ont trois divisions de leur calice pinnatifides. MM. Mérat et Desvaux ont observé le genre Rosier avec soin, et ils ont cherché à mieux caractériser les espèces qu'on ne l'avait fait avant eux. Le premier a cru devoir établir plusieurs espèces nouvelles ; le second n'a pas autant multiplié les espèces, mais il a signalé beaucoup plus de variétés. Après avoir examiné comme eux un très-grand nombre d'individus du Rosier de Chien, et les avoir comparés les uns aux autres avec le plus grand soin, nous avons été ramenés à ne considérer que comme ne faisant qu'une seule et même espèce, les six espèces citées de M. Mérat, et les dix-sept ou dix-huit variétés de M. Desvaux ; et au lieu de faire l'énumération de ces variétés et de leur assigner à chacune séparément un caractère, nous avons cru plus convenable de dire succinctement quelles sont les différentes modifications que chaque partie peut éprouver, d'où l'on pourra facilement conclure avec nous, que, suivant que ces différentes modifications se combinent deux à deux ou trois ensemble, elles peuvent former, non seize à dix-huit variétés, mais des centaines de variétés, qu'il est impossible et surtout inutile de suivre et de décrire, quoiqu'un œil exercé puisse les reconnaître en les comparant les unes aux autres. Ainsi les feuilles sont tantôt plus ou moins luisantes, tantôt d'un vert gai, tantôt presque glauques ou même tout à fait glauques ; elles sont bordées de dents égales ou de dents inégales ; les stipules, dont leur pétiole est muni, sont susceptibles de prendre plus ou moins de développement. La couleur des fleurs, en général d'un rose clair, varie et devient d'un blanc pur ou d'un blanc jaunâtre. Ces mêmes fleurs n'ont que peu ou point d'odeur, ou elles en ont une fort agréable. Leurs pédoncules sont le plus souvent très-glabres ainsi que les tubes des calices ; quelquefois aussi ils deviennent hispides. Les tubes des calices sont ovales ou globuleux, et les fruits qui leur succèdent varient infiniment pour le volume. Enfin les styles, que dans d'autres espèces nous avons observés être assez constans, sont excessivement variables dans celle-ci ; nous les avons vus velus dans certains individus, glabres dans d'autres, ramassés en tête arrondie, et presque sessiles dans les uns, un peu prolongés en colonne dans les autres, divergens dans d'autres.

Le Rosier de Chien est commun dans les haies, les buissons et sur le bord des bois; il fleurit en juin et juillet.

39. ROSA collina.

R. *ramis glabris, aculeatis; foliis è 5 - 7 foliolis, simpliciter dentatis, subtùs pubescentibus villosisve; calycinis laciniis alternè pinnatifidis; stylis villosis pubescentibusve, capitatis.*

ROSIER des collines.

R. à rameaux glabres, armés d'aiguillons; à feuilles composées de cinq à sept folioles simplement dentées, velues ou pubescentes en dessous; à découpures du calice alternativement pinnatifides; à styles velus ou pubescens, réunis en tête.

ROSA *collina.* Jacq. Fl. Aust. 2. p. 58. t. 197. Willd. Sp. 2. p. 1078. Poir. Dict. Enc. 6. p. 289. Lois. Fl. Gall. 297.

ROSA *dumetorum* Thuil. Fl. Par. 250. Lois. Fl. Gall. 297. Mérat, Fl. Par. 189.

ROSA *leucantha.* Lois. Not. 82.

ROSA *obtusifolia.* Desv. 1er. Journ. Bot. vol. 2. p. 317. Lois. Not. 82.

ROSA *canina.* Var. ε, λ, μ, υ, ξ, ο, π, ρ, ς, τ. Desv. 2e. Journ. Bot. septembre 1813, p. 114-115.

Ce Rosier ne diffère point du précédent quant au port et aux principaux caractères; on le distingue seulement à ses feuilles toujours pubescentes ou plus ou moins velues en dessous. Aux variétés que M. Desvaux a signalées, on pourrait en ajouter encore beaucoup d'autres d'après les mêmes considérations qui ont été présentées en parlant du Rosier de Chien.

Le Rosier des collines croît dans les mêmes lieux que le précédent, et il est souvent confondu avec lui. Le tems de sa fleuraison est le même.

40. ROSA stylosa.

R. *ramis glabris, aculeatis; foliis è 5-7 foliolis simpliciter dentatis, subtùs villosis; calycinis laciniis alternè pinnatifidis; stylis glabris, in columnam coalitis.*

ROSIER à longs styles.

R. à rameaux glabres, armés d'aiguillons; à feuilles composées de cinq à sept folioles simplement dentées, velues en dessous, à découpures du calice alternativement pinnatifides; à styles glabres, réunis en colonne.

ROSA *stylosa.* Desv. 1er. Journ. Bot. vol. 2. p. 317. Lois. Not. 80. Desv. 2e. Journ. Bot. septembre 1813, p. 113. t. 14. (*excl. var.* β.)

Le Rosier à longs styles ne diffère que par un seul caractère de l'espèce précédente; ses styles sont glabres, réunis en une colonne longue de deux lignes et terminée par une tête irrégulière formée par les stigmates. Cette disposition des styles donne à ce Rosier des rapports avec celui des Champs, mais il en diffère totalement par le port.

Ce Rosier croît aux environs de Poitiers; il fleurit en juin.

RECHERCHES HISTORIQUES, USAGES, PROPRIÉTÉS ET CULTURE.

La Rose est la reine des fleurs. A l'élégance, à la beauté des formes, elle réunit la fraîcheur et l'éclat des couleurs les plus agréables; et, comme si la nature s'était plue à la combler en même tems de tous les dons les plus précieux, elle a joint, à ses autres qualités brillantes, un parfum délicieux, qui seul eût suffi pour lui mériter une place distinguée parmi les autres végétaux, quand bien même ses formes et ses couleurs n'eussent eu rien de remarquable.

Les Poètes anciens, comme les modernes, ont célébré dans leurs vers les qualités et les charmes de la Rose. Toujours elle a été prise par eux pour l'emblème des plus belles choses, et pour le terme des comparaisons les plus riantes et les plus aimables. Partout on en a fait le symbole de la pudeur, de l'innocence, de la grace et de la beauté.

La forme élégante de la Rose, sa couleur aimable, son parfum délicieux furent de tout tems le sujet d'une infinité de métaphores qu'on retrouve dans toutes les langues, et qui, répétées depuis des milliers d'années, n'ont point perdu leur agrément. On formerait plusieurs volumes en réunissant tous les vers qui ont été composés pour célébrer la Rose. Nous nous bornerons à citer quelques-uns des plus remarquables, parmi lesquels ils faut placer ceux d'Anacréon, parce qu'ils ont été imités par les Poètes de tous les pays, et qu'ils prouvent la prédilection qu'on a toujours eu pour cette fleur. Les voici traduits en vers latins par Henri ÉTIENNE :

> Rosa, honos decusque florum,
> Rosa, cura amorque veris,
> Rosa, cælitum est voluptas.
> Roseis puer Cithares
> Caput implicat coronis,
> Charitum choros frequentans.   ANACR. Trad.

Parmi les Poètes anciens, les uns ont dédié la Rose au fils de Vénus, les autres à la déesse elle-même, qui surpassait en beauté toutes les autres divinités, comme la Rose l'emporte, par l'éclat de sa couleur, sur toutes les autres fleurs.

Ce ne fut pas assez pour les Poètes d'avoir consacré la Rose à Vénus ou à l'Amour, leur imagination voulut donner à cette fleur une origine extraordinaire et surnaturelle. BION (1) la fait naître du sang d'Adonis, qui, selon la fable, fut tué par un sanglier suscité par Diane, à la prière de Mars, jaloux de la préférence que la déesse de Cythère avait accordée à ce jeune prince.

Un autre Poète suppose seulement que la Rose était naturellement blanche, et qu'elle changea de couleur en se teignant du sang d'Adonis (2).

ANSONE raconte une autre fable, dans laquelle il fait naître l'incarnat de la Rose du sang même de Cupidon (3).

Enfin parmi les peuples modernes, les Turcs supposent que la Rose n'a été teinte de ses belles couleurs que par la sueur et le sang de Mahomet.

BERNARD, un de nos plus aimables Poètes, épris des charmes de la Rose, ne se contente pas de la peindre; il lui prête une ame, il lui parle comme si elle pouvait l'entendre, et il lui dit dans un amoureux transport :

> Tendre fruit des pleurs de l'aurore,
> Objet des baisers du zéphir,
> Reine de l'empire de Flore
> Hâte-toi de t'épanouir.
>
> Que dis-je, hélas ! diffère encore,
> Diffère un moment de t'ouvrir ;
> L'instant qui doit te faire éclore
> Est celui qui doit te flétrir.   *Ode anacr.*

---

(1)   Væ, væ Veneri ! periit pulcher Adonis.
Lachrymarum tantum Venus effundit, quantum Adonis
Sanguinis fundit ; hæc verò in terrâ convertuntur in flores :
Sanguis Rosam gignit, sed lachrymæ Anemonem.
                                                BION, in Adonidis Epith. trad.

(2) Ipsa quidem studiosa suum defendit Adonim
      Gradivus stricto quem petit ense ferox
Affixit durus vestigia dura Roseis,
      Albaque divino picta cruore Rosa est.

(3)   Stilus ut tenuis sub acumine puncti
Eliciat tenerum, de quo Rosa nata, cruorem.   EDYLL. VII. v. 76.

Le vif éclat dont brille la Rose passe vîte; le même jour qui, le matin, voit éclore cette belle fleur, la voit se fanner le soir. THÉOCRITE, à cause du peu de durée de cette fleur, lui compare la vie humaine. SAINT AMBROISE compare aussi le cours de la vie à la Rose, car, quel que soit le charme de cette fleur, elle présente aussi ses désagrémens, par les épines dont elle est accompagnée. Un Poète latin a fait parfaitement allusion à la courte existence de la Rose et au peu de durée de la vie dans le distique suivant :

> Ut manè Rosa viget, tamen et mox vespere languet;
> Sic modo qui fuimus, cras levis umbra sumus.

MALHERBE, en déplorant la perte de la fille d'un de ses amis, morte au printems de son âge, fait ainsi allusion à la courte durée des Roses :

> Ta fille était du monde où les plus belles choses
> Ont le pire destin ;
> Et *Rose*, elle a vécu ce que vivent les *Roses*,
> L'espace d'un matin.

L'usage de se couronner la tête de guirlandes de Roses pendant les derniers actes d'un festin joyeux est généralement connu par les vers de plusieurs Poètes de l'antiquité.

> Me juvat et multo mentem vincire lyæo,
> Et caput in vernâ semper habere Rosâ.
>
> PROPERT.

> Hæc hora est tua, dum furit lyæus,
> Cùm regnat Rosa, cùm madent capilli,
> Tunc me vel rigidi legant Catones.
>
> MARTIAL.

Les anciens poussèrent très-loin ce genre de luxe ; ils couvraient d'une couche de Roses les lits où se plaçaient les convives, et surtout les tables.

> Tempora subtiliùs pinguntur tecta coronis,
> Et latet injectâ splendida mensa Rosâ.
>
> OVID. Fast. lib. 5.

> Annuit et motis flores cecidère capillis,
> Decidère in mensas, ut Rosa missa solet.
>
> OVID. l. c.

A Rome, dans les réjouissances publiques, on jonchait quelquefois les rues de Roses. Les vers suivans de Lucrèce paraissent se rapporter à cet usage.

> Ergo cùm primùm magnas invecta per urbes
> Munificat tacita mortales muta salute;
> Ære atque argento sternunt iter omne viarum
> Largifica stipe ditantes, ninguntque Rosarum
> Floribus, umbrantes matrem, comitumque catervas.
>
> LIB. II

A Baïes, lorsqu'on donnait des fêtes sur l'eau, tout le lac Lucrin paraissait couvert de Roses. Pour ne pas être privé de ces jouissances pendant l'hiver, on produisit dans des serres, par des tuyaux pleins d'eau chaude, une température artificielle qui permettait aux Lis et aux Roses d'éclore au mois de décembre. SÉNÈQUE déclame avec une ridicule affectation contre ces inventions. Les Romains, sans s'arrêter aux conclusions rigides du philosophe, perfectionnèrent tellement leurs serres chaudes que, lorsque, sous DOMITIEN, les Égyptiens crurent avoir offert à la cour un magnifique hommage en envoyant des Roses au milieu de l'hiver, ce présent n'excita que le rire et le dédain, tant les Roses d'hiver, que l'art avait fait éclore, étaient abondantes à Rome. « Dans toutes les rues, dit MARTIAL, on respire les odeurs du printems, on voit briller l'éclat des fleurs fraîchement cousues en guirlandes. Envoyez-nous du blé, Égyptiens, nous vous enverrons des Roses (1).

Les médecins avaient déterminé quelles espèces de fleurs il convenait d'admettre dans les couronnes des festins pour ne pas nuire à la santé. Le Persil, le Lierre, le Myrthe et la Rose passaient pour avoir une vertu qui dissipait les vapeurs du vin.

Les Roses étaient encore, chez les anciens, au nombre des fleurs qui servaient à orner les tombeaux. Les Romains considéraient ces soins pieux comme tellement agréables aux mânes, qu'ils destinèrent par testament des jardins entiers à être réservés pour fournir des fleurs à leur tombeau. Les malédictions les plus fortes menaçaient ceux qui oseraient violer ces plantations sacrées. Quelquefois le défunt avait ordonné que les héritiers se réuniraient tous les ans, au jour anniversaire de sa mort, pour dîner auprès de son tombeau, en se couronnant de Roses cueillies dans la plantation sépulcrale.

Les premiers chrétiens improuvèrent l'emploi des fleurs, soit dans les festins, soit auprès des tombeaux, à cause des rapports qu'il avait avec la mythologie payenne : Tertullien a fait un livre contre les couronnes et les guirlandes ; Clément d'Alexandrie ne veut pas que les chrétiens se couronnent de Roses, tandis que Notre Seigneur a été couronné d'épines.

Lorsque Saladin prit Jérusalem, en 1188, il ne voulut point entrer dans la mosquée du Temple, convertie en église par les chrétiens, sans en avoir fait laver les murs avec de l'eau de Rose. Cinq cents chameaux, dit Sanut, suffirent à peine pour porter toute l'eau de Rose employée dans cette occasion : ce conte est digne de l'Orient. Voltaire dit qu'après la prise de Constantinople par Mahomet II, le 29 mai 1453, l'église de Sainte-Sophie fut de même lavée avec de l'eau de Rose, avant d'être convertie en mosquée.

On lit dans l'Histoire du Mogol, par le père CATROU, que la célèbre princesse Nourmahal fit remplir d'eau de Rose un canal entier, sur lequel elle se promena avec le grand Mogol. La chaleur du soleil dégagea de l'eau de Rose l'huile essentielle ; on remarqua cette substance, qui flottait à la surface de l'eau, et c'est ainsi que se fit la découverte de l'essence de Rose.

On portait jadis aux baptèmes de grands vases remplis d'eau de Rose. Bayle raconte, à ce sujet, qu'à la naissance de Ronsard, sa nourrice, en chemin pour aller à l'église, le laissa tomber sur un tas de fleurs, et que, dans ce moment, la femme qui tenait le vase d'eau de Rose, le répandit sur l'enfant. Tout cela, ajoute Bayle, fut regardé depuis comme un présage heureux de la bonne odeur que devaient un jour répandre ses poésies.

Les Roses furent souvent, dans les tems de chevalerie, un emblème que les preux aimaient à placer sur leurs armes. Une Rose dans l'écu d'un chevalier annonçait que la douceur doit accompagner le courage, et que la beauté est le seul prix digne de

---

(1) Ut nova dona tibi, Cæsar, Nilotica tellus
　　Miserat hibernas ambitiosa Rosas :
Navita derisit Pharios Memphiticus hortos,
　　Urbis ut intravit limina prima tuæ.
Tantus veris honos, et odore gratia Floræ,
　　Tantaque pæstani gloria ruris erat.
Sic quacumquè vagus, gressumque oculosque ferebat,
　　Textilibus sertis omne rubebat iter.
At tu Romanæ jussus jam cedere brumæ,
　　Mitte tuas messes ; accipe, Nile, Rosas.

MART. lib. VI. epigram. LXXX.

la valeur. Mais pourquoi faut-il qu'une fleur qui ne devait rappeler que des images agréables, ait été prise pour le signe de deux factions qui, depuis 1452 jusqu'en 1486 causèrent tant de maux à l'Angleterre. Ces factions de la *Rose blanche* et de la *Rose rouge* commencèrent, sous Henri VI, entre la maison de Lancastre et celle d'York. Un Duc de ce nom, descendant d'Édouard III, se trouvait plus près d'un degré de la tige primitive que la branche régnante; il portait dans son écu une Rose blanche, et le roi Henri VI, de la maison de Lancastre, portait une Rose rouge. Après plusieurs guerres civiles, après avoir inondé de sang tout le royaume, après la fin tragique de trois rois, Henri VII, de la maison de Lancastre, réunit, en 1486, les deux partis et les deux branches par son mariage avec Élisabeth, héritière de l'autre maison.

La Rose est à Salency la récompense de la sagesse. En 530, Saint-Médard institua dans ce village le prix le plus touchant que la piété ait jamais offert à la vertu, une couronne de Roses pour la fille la plus modeste, la plus sage et la plus soumise à ses parens. La première Rosière fut la sœur du saint Évêque.

Le Rosier, dont les poètes de tous les âges ont tant célébré les fleurs, a sans doute été un des premiers arbrisseaux qu'on ait cultivé dans les jardins. PLINE nous a laissé quelques détails sur sa culture, et quoiqu'il en ait traité assez brièvement, il a suffisamment expliqué ce qu'il y avait d'essentiel sur ce sujet, pour nous faire connaître de quelle manière on plantait alors les Rosiers. Quant aux Roses qu'on trouvait de son tems dans les jardins, il ne nous en a guère laissé que les noms, et comme il ne nous en a donné aucune description positive, on ne peut, avec un certain degré de certitude, rapporter ces espèces à celles que nous connaissons aujourd'hui. Nous hasarderons seulement, comme conjectures, de dire que les Roses de Préneste, celles de Campanie et celles de Milet, et qui étaient, selon PLINE, les trois espèces les plus recherchées de son tems, pourraient bien appartenir, les premières à notre Rosier de deux fois l'an (*Rosa bifera*); les secondes au Rosier à cent feuilles (*Rosa centifolia*), et celles de Milet, au Rosier de France, ou de Provins (*Rosa gallica*). PLINE ne dit pas un mot de ses Roses de Préneste, mais ce sont sans doute les mêmes dont VIRGILE a dit :

Biferique Rosaria Præsti.

Quant aux secondes, voici ce qu'il en dit : dans la Campanie, en Italie, et autour de Philippes, en Grèce, on trouve des Roses à cent feuilles. Elles ne croissent cependant pas naturellement aux environs de Philippes; mais on y apporte les Rosiers du mont Pangée, qui n'est pas loin de là, et où les Roses ont beaucoup de feuilles. Enfin la Rose de Milet nous paraît être plus clairement désignée que les précédentes, et pouvoir être reconnue pour la Rose de Provins, d'après les caractères suivans que lui assigne le naturaliste latin : des fleurs d'un rouge très-vif, et qui n'ont pas plus de douze feuilles.

Les Rosiers sont en général très-communs en Europe et ils sont même répandus dans tout l'hémisphère septentrional, soit dans l'ancien, soit dans le nouveau continent. On en trouve depuis les côtes de Barbarie jusqu'en Suède et en Laponie, et depuis l'Espagne jusqu'au Kamtschatka, à la Chine et même jusque dans l'Inde. L'Amérique septentrionale en produit également aux environs de la baie d'Hudson et sur les montagnes du Mexique. MM. HUMBOLT et BOMPLAND ont trouvé dans cette dernière contrée, à douze cents toises au dessus du niveau de la mer, deux nouvelles espèces de Rosiers; mais jusqu'à présent on n'a encore découvert aucun Rosier dans l'hémisphère méridional.

Les Rosiers qui croissent sans culture dans nos climats ont toujours les fleurs simples, au moins nous n'en avons jamais rencontré à fleurs doubles; dans les contrées méridionales de l'Europe au contraire, et particulièrement dans les cantons les plus chauds de l'Italie, de la Grèce et de l'Espagne il est beaucoup plus commun d'y trouver des plantes à fleurs doubles croissant spontanément au milieu des champs, des prés et des bois; et c'est ce que THÉOPHRASTE et PLINE disent positivement des Rosiers du mont Pangée. Nous regardons donc comme très-probable que tous les Rosiers le plus anciennement cultivés dans nos jardins, et surtout les trois que nous avons nommés ci-dessus, nous viennent de l'Italie, qui peut-être les avait reçus antérieurement de la Grèce. Les peuples de ce dernier pays, dans leurs fêtes et leurs jeux multipliés, employant, pour les guirlandes et les couronnes, des quantités considérables de fleurs, doivent certes avoir multiplié et cultivé des premiers cette reine des fleurs que leurs poètes ont à l'envi chantée dans leurs vers.

En Grèce et dans tout l'Orient, les Roses étaient cultivées pour les parfums. L'île de Rhodes, qui avait eu successivement plusieurs noms, dut à cette culture celui qu'elle a porté depuis : c'était l'île des Roses.

Les anciens ne paraissent pas avoir connu notre Rose jaune ni notre Rose blanche. La couleur de la première la caractérise trop bien pour que PLINE ne l'eût pas indiquée, si elle eût été cultivée à cette époque. Quant à la Rose blanche, nous ne croyons pas qu'on puisse lui rapporter celles dont il parle sous le nom de Roses d'Alabande, en Carie, ayant les feuilles blanchâtres.

La Nature paraît avoir à peine mis des limites entre les diverses espèces de Roses; et s'il est déjà très-difficile de bien circonscrire les espèces sauvages qui n'ont pas encore reçu toutes ces modifications que leur donne la culture, à plus forte raison devient-il presqu'impossible de rapporter à leur véritable type ces nombreuses variétés que la culture a fait éclore dans des espèces déjà si rapprochées les unes des autres.

Par culture nous entendons ici la multiplication des espèces par le semis de leurs graines. Elle seule peut véritablement modifier, altérer, dénaturer même au point de rendre méconnaissables les nouveaux individus qui en sont nés. La multiplication par les rejets ou par la greffe, quelles que soient d'ailleurs les différences de localité, de terrain, d'exposition, conservera toujours l'espèce dans toute sa pureté, ou seulement avec des modifications si légères qu'elle ne cessera jamais d'être reconnaissable.

Les Rosiers en général se multiplient par tous les moyens de propagation qui ont été donnés par la nature aux différens végétaux; mais ces divers moyens ne peuvent pas tous s'appliquer à chaque espèce ou à chaque variété en particulier. Ainsi toutes les espèces proprement dites, celles à fleurs simples, se propagent naturellement par leurs graines; mais les variétés jardinières à fleurs doubles, qui donnent très-rarement des fruits, et celles à fleurs toutes pleines, qui n'en donnent jamais, ne peuvent, les unes que difficilement se multiplier par les semis, les autres ne le peuvent pas même. Les rejets, les boutures, les marcottes et la greffe sont les moyens que la nature et l'art nous fournissent pour propager ces deux dernières sortes. Les jardiniers ne se donnent pas la peine de semer les espèces sauvages qui leur servent de sujet pour greffer les belles espèces; ils font arracher dans les haies et dans les bois, des rejets vigoureux et bien droits, qu'ils replantent en pépinière, comme nous le dirons plus bas; mais il n'y a pas de doute qu'il vaudrait mieux semer des graines des espèces sauvages les plus robustes : on obtiendrait par là des sujets plus vivaces et dont les racines traceraient beaucoup moins; ce qui est un des grands désagrémens des Rosiers venus de rejets.

Les espèces sauvages qu'il convient de semer pour faire des sujets vigoureux et de longue durée sont le Rosier blanc, le Rosier velu, le Rosier de Chien, le Rouillé, celui des Montagnes, celui des Haies et celui des Collines.

Si l'amateur n'a au contraire en vue que d'obtenir des variétés nouvelles qui se distinguent par l'éclat de leurs couleurs ou par la douceur de leur parfum, il doit employer tous ses soins pour recueillir les fruits que pourront lui donner ses plus belles Roses semi-doubles, et à cet effet il ne doit débarrasser ses Rosiers de leurs fleurs fanées que lorsque les calices se sont desséchés et qu'il est certain que les fruits sont avortés.

Il ne faut pas se presser de cueillir les fruits des Rosiers dont on destine les graines à être semées; il est bon que ces fruits aient acquis leur parfaite maturité: on doit pour cela attendre le mois de novembre, ou au moins qu'ils aient été frappés par les premières gelées. Ces graines doivent être semées tout de suite ou peu de tems après qu'elles sont récoltées, si l'on veut les voir germer au printems suivant, et encore la plus grande partie ne commence souvent à pousser qu'au deuxième printems. La terre nécessaire pour les semis doit être légère, et l'exposition la meilleure est celle du levant. Les Rosiers venus de graines poussent lentement pendant leurs deux premières années, et on peut les laisser sans les déplanter. Au bout de ce tems il est bon de les mettre en pépinière, où ils fleuriront la quatrième ou au plus tard la cinquième année. On fait alors choix des nouvelles variétés qu'on a obtenues, et qui méritent d'être multipliées. Quant à celles à fleurs simples, on conserve les pieds, qui forment des sujets robustes, propres à recevoir la greffe, et on arrache tout le reste. On peut accélérer la croissance des semis faits avec des espèces rares et nouvellement arrivées des pays étrangers, en mettant les graines dans des terrines qu'on place sur couche et sous chassis.

Dans les jardins ordinaires où l'on ne cultive que les espèces communes, on ne se donne aucune peine pour multiplier les Rosiers; on arrache, quand on en a besoin, les rejetons qui, chaque année, poussent autour des vieux pieds, et qui souvent sont très-nombreux, surtout dans les terrains légers. Ces rejets, transplantés en automne ou à la fin de l'hiver, ont l'avantage de donner des fleurs à la fin du printems suivant.

La séparation des vieux pieds, en autant de tiges qu'on peut les diviser avec chacune une portion de racines, peut être assimilée à la multiplication par rejets. Il en est de même des morceaux de racines qu'on replante en prenant seulement la précaution de placer hors de terre quelques lignes du gros bout de chaque tronçon.

Quelques espèces ne donnent point de rejets ou n'en fournissent qu'en très-petit nombre; tels sont particulièrement le Rosier musqué, le Mousseux, le Toujours-fleuri et le Multiflore. La division des vieux pieds en éclats enracinés serait un moyen facile de multiplier ces Rosiers, mais il en est un autre encore plus commode, c'est qu'ils reprennent, mieux que tous les autres, de marcottes et de boutures, les deux dernières surtout, qui même n'ont pas besoin des légers soins nécessaires pour les marcottes, et qui se propagent par simples boutures avec une facilité extrême. Les marcottes et les boutures n'exigent pour toute précaution et pour tout soin que d'être faites dans un terrain frais, et, pour les dernières, un peu ombragé, et qu'on leur prodigue les arrosemens pendant les chaleurs. Le commencement du printems est la saison la plus favorable pour la reprise des marcottes et des boutures. Faites à cette époque, elles pourront être transplantées l'hiver suivant et donner des fleurs au second printems. Nous en avons d'ailleurs fait dans toutes les saisons, surtout du Rosier toujours fleuri, vulgairement dit de Bengale, et elles ont également bien repris.

La greffe est le dernier moyen de multiplication dont il nous reste à parler. Il y a vingt-cinq à trente ans on n'employait la greffe que pour se procurer les variétés rares et nouvelles qu'on ne pouvait propager d'une autre manière qu'avec beaucoup de lenteur et de difficulté. Mais depuis quelques années la greffe est presqu'exclusivement, chez les différens pépiniéristes de Paris, le seul moyen de multiplier indifféremment toutes les espèces de Rosiers. On n'estime plus un Rosier s'il ne forme une tête parfaitement arrondie et portée sur une seule tige de trois à six pieds de

hauteur. La mode a banni des jardins soignés les Rosiers en buisson, qui, s'ils n'a-
vaient pas la même grâce que ceux à haute tige, avaient d'ailleurs sur ces derniers
le grand avantage de donner plus de fleurs et de vivre beaucoup plus long-tems, car
rarement les sujets greffés subsistent-ils plus d'une douzaine d'années, parce que
les espèces sauvages, étant plus vigoureuses, donnent chaque année, au dessous de
la greffe, un plus ou moins grand nombre de pousses qui épuisent celle-ci, malgré
le soin qu'on prend de les retrancher.

Quoi qu'il en soit, on greffe les Rosiers de deux manières ; en écusson à œil dormant, c'est-à-dire, à la fin de l'été, et en fente avant la fin de l'hiver. Les pépiniéristes de Paris ne se donnent pas la peine, comme nous l'avons dit, de faire
des semis de Rosiers ; ils se contentent d'acheter par centaines et par milliers des
rejets bien droits et bien vigoureux du Rosier de Chien, de celui des Haies, du
Rubiginosa et du *Villosa*, que des gens de la campagne arrachent dans les buissons
et les bois pendant l'automne et l'hiver, et qu'ils apportent pêle-mêle au marché,
sous le nom d'Églantier. Les jardiniers font replanter ces sujets en pépinière à deux
pieds de distance dans tous les sens, ou séparément dans des pots de grandeur convenable, afin de pouvoir plus facilement les vendre quand et pendant qu'ils porteront
fleur ; et ils font greffer, à la pousse d'automne, tous ceux qui sont bien repris. On
place ordinairement les greffes sur une ou deux des pousses de l'année, qu'on a
réservées seules dans la partie supérieure de la tige. Quand cette tige n'a pas elle-
même plus de deux à trois ans, il est préférable d'y placer les greffes, au lieu de les
mettre sur les branches latérales. Quelques particuliers aiment à greffer sur le
même sujet deux ou trois espèces ou variétés différentes ; rarement jouissent-ils plusieurs années de suite de l'agrément de voir le même pied porter des Roses de
différentes sortes, parce que l'espèce la plus vigoureuse attire presque toujours la
sève à elle seule, et fait périr les autres.

Le moment le plus favorable pour pratiquer la greffe en fente est celui où la sève
commence à se mettre en mouvement, c'est-à-dire, à la fin de février ou au commencement de mars. On coupe alors, sur les espèces qu'on veut multiplier, des
petits rameaux destinés à porter fleur dans l'année ; on les taille bien net en
biseau par leur base, à commencer d'un œil, et de manière que l'écorce, laissée seulement du côté de cet œil, puisse se bien ajuster avec celle du sujet, que l'on a coupé,
préalablement et horizontalement, à la hauteur convenable. Il faut ensuite fendre
perpendiculairement celui-ci par le milieu, et suffisamment pour y introduire la
greffe, qui doit être enfoncée jusqu'à l'endroit où commence le biseau, et de façon
que l'écorce et l'œil soient placés extérieurement. Les greffes doivent être choisies
de manière à ce qu'elles aient au moins deux yeux ou boutons. Lorsque l'Églantier
est petit, on n'y place qu'une greffe ; s'il est assez gros, on y en place deux, une de
chaque côté ; on peut enfin, s'il est très-gros, en insérer plusieurs circulairement.
Les choses étant ainsi disposées, on recouvre le haut de l'Églantier, ses fentes et le
bas de la greffe, d'une sorte de mastic composé avec deux parties de colophane et
une partie de cire jaune ou blanche, fondues et bien mêlées ensemble. Cette composition doit être appliquée assez chaude pour bien tenir, mais pas assez pour dessécher les parties qu'elle est destinée à mettre à l'abri du contact de l'air. Le mastic ordinaire fait avec la terre glaise et dont on se sert pour les arbres fruitiers
peut remplacer, à la rigueur, celui de colophane et de cire. Si les greffes ont été
bien choisies, toutes celles qui reprennent fleurissent dès l'été suivant. On peut
faire venir des greffes de loin, en ayant soin de les bien emballer dans de la mousse,
de manière qu'elles ne gèlent et ne dessèchent point en chemin. Au moment où
l'on veut employer ces greffes, on les rafraîchit par le bas en les taillant comme il a
été dit ci-dessus. Pour changer des espèces greffées en Rosiers francs de pied, on

incline leur tête vers la terre, on marcotte les branches qui sont assez fortes, ou si la greffe a été faite au niveau de la terre, on se contente de l'enterrer quand elle a suffisamment poussé, et bientôt elle prend racine au dessus du sujet.

Dès le tems de Domitien, comme nous l'avons dit plus haut, les Romains avaient trouvé le moyen d'avoir des Roses au milieu de l'hiver. Ces fleurs charmantes n'ont rien perdu de leur prix aujourd'hui, et nous aimons, comme les anciens, à en avoir dans toutes les saisons de l'année. Les Jardiniers de Paris ont, comme ceux de l'ancienne Rome, leurs serres dans lesquelles ils les font fleurir, même lorsque le froid est le plus rigoureux. Le Rosier bifère, qui naturellement fleurit deux fois l'an, est, avec ses variétés, celui dont, pour cet objet, les fleuristes prennent principalement soin. Ils le cultivent dans des pots, le soumettent à une taille rigoureuse, le placent, depuis le mois d'avril jusqu'à celui d'octobre, à l'exposition du nord quand ils veulent retarder sa végétation, et à celle du midi lorsqu'ils veulent l'accélérer. A la fin de l'automne, en hiver et au commencement du printems, la serre chaude et plus communément un simple chassis sur couche, sont les autres moyens qu'ils emploient. L'espèce appelée vulgairement Rosier de Bengale fleurit réellement toute l'année, et elle n'a besoin, pour rester toujours verte et produire sans cesse de nouvelles fleurs, que d'être mise à l'abri des gelées. Mais comme ses fleurs n'ont pas de parfum, il est probable qu'elle ne nous fera jamais oublier le Rosier bifère, quoique celui-ci exige plus de soins. On parvient à faire fleurir en automne quelques autres espèces, comme le Rosier blanc et le Cent-feuilles, en retranchant au printems tous les bourgeons lorsqu'ils commencent à pousser, ou en les transplantant à cette époque, ce qui les oblige à une nouvelle végétation, ou la rend plus tardive.

Les Rosiers en général ne sont pas délicats sur la nature du sol; ils végètent assez bien dans toute sorte de terrains. Les espèces sauvages se trouvent souvent dans les expositions les plus arides, et plus souvent même que dans les lieux les plus gras. Toutes les espèces cultivées dont nous avons fait mention supportent très-bien les froids les plus rigoureux de nos hivers, excepté le Rosier multiflore et le Musqué, qui craignent, surtout le dernier, les fortes gelées. Il est donc à propos de les placer à l'exposition du midi et de couvrir leur pied de grande paille sèche.

Le Rosier multiflore est une charmante et nouvelle acquisition que nous devons aux anglais. Il est plus propre à mettre en palissade qu'à cultiver de toute autre manière. Les nouvelles pousses qu'il produit chaque année acquièrent souvent dans un bon terrain huit à dix pieds de longueur et même plus, et l'année suivante il sort de l'aisselle de chaque feuille un bourgeon qui produit vingt à cent fleurs. Ces jeunes rameaux florifères, en s'inclinant sous le poids de leur corymbe, forment une longue guirlande du plus joli effet.

Lorsque les Rosiers francs de pied sont trop vieux et qu'ils paraissent languir, on les rajeunit en coupant toutes leurs tiges rez-terre. En faisant cette opération en hiver, on obtient au printems suivant des pousses très-vigoureuses, mais on n'a pas de fleurs; au contraire, on peut jouir de la récolte des fleurs en différant cette taille extraordinaire jusqu'à la fin de juin, et cela n'empêche pas d'avoir des rejets assez robustes, qui, le printems suivant, donnent des fleurs fort belles et fort abondantes. Nous avons vu un jardinier qui tous les ans traitait ainsi tous ses Rosiers cent-feuilles, qu'il ne cultivait que pour en avoir des fleurs, et celles qu'il obtenait chaque année par ce procédé étaient magnifiques. Ce genre de culture est le seul qui convienne au Rosier nain. Cette espèce ne refleurit jamais une seconde fois sur les mêmes branches, et lorsqu'on ne prend pas la peine de les retrancher jusqu'au pied, elles se dessèchent naturellement. Nous ne croyons pas pour cette raison qu'il soit possible de greffer cette espèce sur Eglantier, car elle y périrait aussitôt après avoir fleuri.

Les Rosiers sont sujets à plusieurs maladies. La plus commune et la plus dangereuse est la rouille, produite par une espèce d'*Uredo* qui couvre souvent toutes leurs feuilles. Le moyen le plus efficace de préserver les Rosiers de cette contagion est de retrancher soigneusement toutes les branches infectées, et quelquefois même de rajeunir toutes les tiges en les coupant jusqu'au pied.

On compte plus de vingt espèces d'insectes qui vivent sur le Rosier. Les plus remarquables sont : deux sortes de Diplolèpes qui, en piquant l'écorce de ses branches, et en y déposant leurs œufs, font naître cette singulière excroissance d'une forme ordinairement arrondie et de la grosseur d'un œuf de poule, composée de filamens velus, entrelacés, rougeâtres, et connue sous le nom de *Bédéguar*; le Cinips du Bédéguar et l'Ichneumon du Bédéguar, dont les larves habitent cette sorte d'excroissance fongueuse ; la Tenthrède du Rosier, qui à l'état de larve se nourrit des feuilles dont quelquefois elle le dépouille entièrement en quelques jours, et l'empêche de fleurir; le Puceron de la Rose, qui se trouve souvent en si grand nombre sur les jeunes pousses et sur les boutons des fleurs, que ces parties en sont toutes couvertes et toutes salies. L'Émeraudine (*Scarabæus auratus,* Geoff.) se rencontre plus souvent sur les Roses que sur toute autre fleur; ce brillant insecte, relève par son beau verd d'émeraude le carmin délicat de leur corolle.

Les Diplolèpes et les Tenthrèdes étant très-nuisibles aux Rosiers, on doit les détruire en enlevant les Bédéguars qui recèlent les larves des premiers, et en tuant celles des dernières, dès qu'on les voit paraître. Il est souvent plus difficile de se débarasser des Pucerons; on y parvient cependant au moyen d'une petite brosse de crin, avec laquelle on les fait tomber par terre, où on les écrase.

Le bois des Rosiers ne grossit que très-lentement; nous avons vu, chez M. Dupont, une tige d'Églantier sur laquelle il nous a assuré avoir compté cent vingt cercles concentriques, ce qui annonce autant d'années d'âge; et cette tige ne nous a paru avoir que trois pouces de diamètre tout au plus. Dans les campagnes, on coupe les Rosiers sauvages avec les autres arbrisseaux des haies et buissons, pour en chauffer les fours. On peut faire avec ces dernières espèces, surtout avec la 31e., la 36e., la 38e. et la 39e., d'assez bonnes haies, mais qu'il faut avoir soin de tailler tous les deux ans au moins, afin d'empêcher le trop grand accroissement des rameaux qui, en s'élevant et en s'étendant, occupent beaucoup de terrain et affaiblissent d'ailleurs la solidité du corps de la haie. Le Rosier bifère, le blanc et celui de France peuvent être employés aux mêmes usages dans les jardins; on en fait aussi des massifs. Enfin on peut cultiver en bordure, dans les grands jardins, le Rosier nain, celui à petites feuilles, et la variété ε de celui à feuilles de Pimprenelle.

Le Rosier à bractées, le Rosier des champs, le Toujours-vert et le Multiflore, qui poussent des rejets plus longs et plus flexibles que les autres espèces, sont propres à couvrir des treillages, des berceaux. La première de ces quatre espèces a l'avantage de conserver des feuilles très-avant dans l'hiver et de donner des fleurs jusqu'aux premières gelées. Nous ne la possédons encore qu'à fleur simple; si on parvient à la faire doubler, elle sera une des plus belles du genre. Le Rosier toujours vert doit être préféré à celui des champs à cause de l'avantage qu'il a de conserver ses feuilles en hiver; il est à désirer qu'on multiplie sa variété à fleurs doubles, qui est encore fort rare. Nous avons dit plus haut combien était charmant l'aspect des belles panicules du Rosier multiflore formant une guirlande non interrompue.

La médecine tire peu de parti des Roses; il y a bien dans les pharmacies plusieurs préparations qui doivent leur nom à ces fleurs, mais elles n'ont guère de propriétés bien marquées, ou c'est à d'autres substances qu'elles les doivent. Tel est le sirop de Roses pâles composé, qui doit sa faculté purgative au Séné et à l'Agaric. La conserve de Roses, les tablettes de suc Rosat, le miel Rosat, l'onguent Rosat, et plusieurs autres drogues pharmaceutiques où entrent les Roses, pourraient sans aucun inconvénient être abandonnées. L'eau de Roses est plus agréable qu'elle n'est vraiment utile en médecine; on la retire par la distillation des fleurs du Rosier Cent-feuilles et du Bifère. Les pétales du Rosier de France ou de Provins sont astringens, et employés comme tels en infusion.

Les confiseurs, les liquoristes, et surtout les parfumeurs, tirent un plus grand parti de l'odeur délicieuse des Roses, en la fixant dans des pastilles, des dragées, des crèmes, des glaces, des ratafiats, des huiles, des pommades, des essences. Les pétales des Roses odorantes conservent leur parfum en les séchant à l'air libre et à l'ombre; on en fait, ainsi préparés, des sachets propres à communiquer leur odeur au linge, aux habits.

L'huile essentielle de Roses, qu'on appelle aussi beurre de Roses, est extrêmement recherchée, surtout dans l'Orient. Elle se prépare de plusieurs manières, et se retire de différentes espèces, à ce qu'il paraît, selon le pays. M. DESFONTAINES dit, dans sa Flore Atlantique, que les Tunisiens cultivent à cet effet le Rosier musqué, et que c'est par la distillation de ses pétales qu'ils retirent l'huile essentielle. Dans les Indes Orientales, au rapport de M. DONALD MOURO, on effeuille les Roses dans un vase de bois, dans lequel on a mis de l'eau bien pure, et on les expose quelques jours à la chaleur du soleil. La partie huileuse des pétales se sépare et nage sur l'eau; on la ramasse doucement avec du coton fin, qu'on exprime dans de petites bouteilles qu'on bouche hermétiquement. Le beurre de Roses, ainsi préparé, est d'une teinte citronnée, demi-transparent, et ressemble à un cristal nébuleux ou à de la glace. Il est toujours figé à une température ordinaire; il se liquéfie en échauffant le flacon dans les mains. Il se garde très-long-tems sans rancir. Il suffit de ce qui se fixe à la pointe d'une épingle qu'on enfonce dans le flacon, pour embaumer un appartement et parfumer plusieurs personnes pendant toute une journée. Cette substance est très-chère dans l'Orient et plus encore en France, où il est difficile de s'en procurer. Il faut une grande quantité de Roses pour en produire très-peu; à peine en retire-t-on un demi-gros avec cent livres de fleurs.

Les anciens préparaient aussi une huile de Roses, en mettant infuser cette fleur dans l'huile. Cela se pratiquait déjà dès le tems du siége de Troie, selon le témoignage d'Homère.

Les Parfumeurs de Grasse et de Paris fixent l'odeur des Roses dans de la graisse de porc, en faisant bouillir les pétales avec cette graisse, dans de grandes chaudières pleines d'eau. Ils retirent ensuite l'huile essentielle de cette graisse au moyen de l'esprit de vin. Ce sont les fleurs du Rosier Cent-feuilles et du Bifère qui leur servent à cet usage.

EXPLICATION DES PLANCHES.

Pl. 7. Fig. 1. Un rameau du Rosier rouillé, en fleur. Fig. 2. Un rameau du Rosier luisant, en fleur.

Pl. 8. Un rameau du Rosier de France, en fleur.

Pl. 9. Un rameau du Rosier de tous les mois ou Rosier bifère, en fleur.

Pl. 10. Fig. 1. Un rameau du Rosier à feuilles rougeâtres, en fleur. Fig. 2. Un rameau du Rosier du Kamtchatka, en fleur.

Pl. 11. Fig. 1. Un rameau du Rosier de Chien, en fleur. Fig. 2. Un rameau du Rosier des Haies, en fleur.

Pl. 12. Un rameau du Rosier Cent-Feuilles, en fleur.

Pl. 13. Fig. 1. Un rameau du Rosier toujours vert, en fleur. Fig. 2. Un rameau du Rosier à bractées, en fleur.

Pl. 14. Fig. 1. Un rameau du Rosier Eglantier, en fleur. Fig. 2. Un rameau du Rosier à feuilles d'Épine-Vinette, en fleur. Fig. A. Un pétale vu séparément.

Pl. 15. Fig. 1. Un rameau du Rosier velu, avec une fleur et deux jeunes fruits. Fig. A. Un fruit entier. Fig. B. Un fruit coupé horizontalement et laissant voir les graines. Fig. C. Trois graines : la première dans son enveloppe, qui est osseuse; la seconde coupée horizontalement et laissant voir l'amande; la troisième est l'amande vue séparément. Fig. 2. Un rameau du Rosier Cent-Feuilles-Pompon, en fleur.

Pl. 16. Fig. 1. Un rameau du Rosier blanc, en fleur. Fig. 2. Un rameau du Rosier à feuilles de Pimprenelle, avec une fleur, et un bouton vu séparément.

Pl. 17. Un rameau du Rosier multiflore, en fleur.

Pl. 18. Un rameau du Rosier toujours fleuri, en fleur.

GÉRANIUM capitatum. GÉRANION à odeur de Rose.

P. Bessa pinx. Gabriel sculp

GERANIUM inquinans.   **GÉRANION** tachant.

P. Bessa pinx.   Gabriel sculp.

GERANIUM. GÉRANION.

GERANIUM. Lin. Classe XVI. *Monadelphie.* Ordre IV. *Décandrie.*
GERANIUM. Juss. Classe XIII. *Dicotylédones polypétales.* *Étamines*
insérées au dessous de l'ovaire. Ordre XIII. Les Géraines.

GENRE.

CALICE. Monophyle, partagé en cinq divisions persistantes.
COROLLE. De cinq pétales égaux ou inégaux.
ÉTAMINES. Dix filamens réunis par leur base, égaux ou inégaux, selon les espèces, tous fertiles dans quelques-unes et portant chacun une an-
thère ovoïde, alongée, versatile; dans certaines espèces il n'y a que
cinq filamens anthérifères, et dans le plus grand nombre sept.
Cette différence a donné lieu, depuis Linné, à diviser ce genre
en trois. Dans cette nouvelle distribution les espèces à cinq anthères sont appelées *Erodium;* celles à sept sont nommées
Pelargonium; et celles qui ont dix filamens tous fertiles ont
conservé le nom de *Geranium.*
PISTIL. Ovaire à cinq angles, portant un style pyramidal, terminé par cinq
stygmates.
PÉRICARPE. Composé de cinq capsules presque toujours monospermes, et terminées par une longue arète, velue sur sa face interne, et tordue
en spirale lors de la maturité des graines.
SEMENCES. Ovales-oblongues, pointues par le bas.
Caractère essentiel. Calice à cinq divisions. Cinq pétales égaux ou inégaux, dix
filamens réunis par leur base; cinq, sept ou dix portant des anthères. Ovaire
pentagone, chargé d'un style à cinq stygmates. Fruit formé de cinq capsules, ordinairement monospermes, terminées par une arète velue, et se roulant en spirale à la maturité des graines
Rapports naturels. Avec le genre *Monsonia.*
Étymologie. Le mot *Geranium* est dérivé du grec Ε'ρανος, Grue, et ce nom a été
donné aux plantes de ce genre, à cause de la conformité de leurs fruits avec le
long bec de la grue.

ESPECES.

Corolle irrégulière.

1. GERANIUM zonale. GÉRANION à bande.
G. *caule suffruticoso; foliis cordato-orbi-* G. à tige souligneuse; à feuilles en cœur
culatis, lobatis, crenatis, zoná notatis; arrondi, lobées, crénelées, marquées d'une
umbellis multifloris. bande; à ombelles multiflores.

GERANIUM *zonale.* Lin. Sp. 947. Cavan. Diss. 4. p. 230. n. 324. t. 98. f. 2. Lam. Dict.
Enc. 2. p. 668.
PELARGONIUM *zonale.* Ait. Hort. Kew. 2. p. 424. Willd. Sp. 3. p. 667.
β. GERANIUM *marginatum.* Cavan. Diss. 4. p. 230. n. 325.

Tige frutescente, divisée en rameaux nombreux, étalés, hauts de deux à trois
pieds. Feuilles alternes, pétiolées, incisées en cœur à leur base, arrondies en leurs

bords, glabres ou presque glabres, découpées peu profondément en cinq lobes dentés, munies à la base de leur pétiole de deux stipules ovales. Leur limbe est marqué, dans l'espèce principale, d'une bande circulaire, noirâtre; dans la variété β, cette bande est blanche, et au lieu d'occuper le disque des feuilles, elle est placée au bord. Il n'est pas rare de trouver le même pied dont un côté des rameaux forme la première variété, tandis que l'autre côté forme la seconde. Fleurs d'un beau rouge, quelquefois tirant sur le violet, portées sur des pédicules longs de deux à trois lignes, disposées au nombre de quinze à vingt en une ombelle garnie, à sa base, d'une collerette multifide, à divisions ovoïdes et scarieuses; l'ombelle est portée sur un pédoncule opposé aux feuilles, et une ou deux fois plus long que celles-ci.

Cette espèce est originaire du Cap de Bonne-Espérance. Elle fleurit dans nos jardins depuis le mois de juin jusqu'au milieu de l'automne.

2. GERANIUM inquinans. *Tab.* 20.

G. *caule suffruticoso; foliis orbiculato-reniformibus, sublobatis, crenatis, tomentoso-viscidis; umbellis multifloris.*

GÉRANION tachant. *Pl.* 20.

G. à tige souligneuse; à feuilles orbiculaires-réniformes, à peine lobées, crénelées, cotonneuses et un peu visqueuses; à ombelles multiflores.

GERANIUM *inquinans.* Lin. Sp. 945. Cavan. Diss. 4. p. 243. n. 350. t. 106. f. 2. Lam. Dict. Enc. 2. p. 676.

GERANIUM *Africanum arborescens, Malvæ folio pingui, flore coccineo.* Dill. Hort. Elth. 1. 151. t. 125. f. 151.

PELARGONIUM *inquinans.* Ait. Hort. Kew. 2. p. 424. Willd. Sp. 3. p. 668.

Tige cylindrique, haute de trois à quatre pieds, divisée en rameaux d'un vert luisant, légèrement pubescens. Feuilles pétiolées, en cœur à leur base, arrondies-réniformes en leur contour, très-peu profondément incisées en cinq à sept lobes crénelés, d'un vert peu foncé, légèrement cotonneuse et un peu visqueuse au toucher. Les deux stipules qui accompagnent la base de leur pétiole, sont assez larges et arrondies. Pédoncules opposés aux feuilles, deux et trois fois plus longs que celles-ci, portant, à leur sommet, une vingtaine de fleurs d'un rouge écarlate éclatant, et disposées en ombelle sur des pédicules particuliers, longs de quelques lignes.

Ce Géranion est indigène du Cap de Bonne-Espérance; il fleurit en France pendant tout l'été.

3. GERANIUM Betulinum.

G. *caule suffruticoso; foliis ovatis, inæqualiter dentatis, planis; umbellis paucifloris.*

GÉRANION à feuilles de Bouleau.

G. à tige souligneuse; à feuilles ovales, planes, inégalement dentées; à ombelles pauciflores.

GERANIUM *Betulinum.* Lin. Sp. 946. Cavan. Diss. 4. p. 208. n. 339. Lam. Dict. Enc. 2. p. 673.

PELARGONIUM *Betulinum.* Ait. Hort. Kew. 2. p. 429. Curt. Bot. Mag. 148. Willd. Sp. 3. p. 665.

Tige haute de deux pieds ou environ, divisée en plusieurs rameaux rougeâtres, plus ou moins couverts de poils très-courts, ainsi que tout le reste de la plante. Feuilles ovales, inégalement dentées, portées sur des pétioles longs de cinq à six lignes, et n'ayant elles-mêmes que huit à neuf lignes de longueur. Fleurs au nombre de deux à trois ensemble : le tube de leur calice est court, à peu près égal au pédicule; la corole est grande, d'une couleur purpurine claire, avec des veines beaucoup plus foncées.

Ce Géranion croît au Cap de Bonne-Espérance; il fleurit dans nos jardins pendant tout l'été.

4. GERANIUM capitatum. *Tab.* 19.

G. *caule suffruticoso, diffuso; foliis cordato-
lobatis, undulatis, villosis; floribus capitatis.*

GERANIUM *capitatum.* Lin. Sp. 947. Lam. Dict. Enc. 2. p. 677. Cavan. Diss. 4. p. 249.
n. 360. t. 105. f. 1.

PELARGONIUM *capitatum.* Ait. Hort. Kew. 2. p. 425. Willd. Sp. 3. p. 676.

GÉRANION à odeur de Rose. *Pl.* 19.

G. à tige sonligneuse, diffuse; à feuilles en
cœur, lobées, ondulées, velues; à fleurs
en tête.

Tige divisée dès sa base en rameaux étalés, diffus, se soutenant à peine, longs
de deux à trois pieds, et tout couverts, ainsi que les feuilles et les calices, de poils
mous et blanchâtres. Feuilles alternes, ou quelquefois opposées, échancrées en cœur
à leur base, arrondies en leur contour, partagées en cinq lobes ondulés, crénelés,
et portées sur des pétioles qui égalent la longueur de leur limbe. Fleurs d'un rouge
clair, réunies six à huit ensemble, presque sessiles, et formant une sorte de tête,
portée sur un pédoncule une fois plus long que les feuilles : le tube du calice est
très-court.

Ce Géranion est originaire du Cap de Bonne-Espérance; il fleurit depuis le mois
de mai jusqu'à l'hiver. Toutes ses parties exhalent une odeur de Rose fort agréable,
surtout quand on les froisse légèrement entre les doigts.

5. GERANIUM peltatum.

G. *caule suffruticoso, angulato; foliis pel-
tatis, carnosis, quinquelobis, integerrimis; umbellis paucifloris.*

GÉRANION à feuilles en bouclier.

G. à tige sonligneuse, anguleuse; à feuilles en
bouclier, charnues, à cinq lobes très-entiers; à ombelles paucislores.

GERANIUM *peltatum.* Lin. Sp. 947. Cavan. Diss. 4. p. 232. n. 327. t. 100. f. 1. Curt. Bot.
Mag. t. 20. Lam. Dict. Enc. 2. p. 669.

PELARGONIUM *peltatum.* Ait. Hort. Kew. 2. p. 427. Willd. Sp. 3. p. 669.

Tige divisée en rameaux sarmenteux, succulens, anguleux, très-glabres ainsi
que toute la plante, articulés, longs d'un à deux pieds, les uns couchés, les autres
redressés. Feuilles alternes ou opposées, plus courtes que leur pétiole, charnues,
partagées en cinq lobes très-entiers, et le plus souvent marquées, vers le milieu
de leur limbe, d'une bande circulaire noirâtre. Fleurs purpurines, disposées trois
à cinq ensemble en une ombelle portée sur un long pédoncule : leur pédicule
propre est fort court, et le tube de leur calice est au contraire très-long.

Cette plante croît au Cap de Bonne-Espérance; elle fleurit en France pendant
les mois de juin, juillet, août et septembre.

6. GERANIUM tetragonum.

G. *caule suffruticoso, tetragono; foliis lobatis, carnosis; pedunculis bifloris; co-
rollis tetrapetalis.*

GÉRANION tétragône.

G. à tige souligneuse, tétragône; à feuilles
lobées, charnues; à pédoncules biflores; à
corolles de quatre pétales.

GERANIUM *tetragonum.* Jacq. Misc. 3. t. 132. Cavan. Diss. 4. p. 231. n. 326. t. 99. f. 2.
Lam. Dict. Enc. 2. p. 669.

GERANIUM *carnosum.* Lin. Suppl. 305.

PELARGONIUM *tetragonum.* Ait. Hort. Kew. 2. p. 427. L'Herit. Geran. t. 23. Curt. Bot.
Mag. t. 136. Willd. Sp. 3. p. 669.

Tige succulente, divisée en rameaux longs de deux à trois pieds, ordinairement
quadrangulaires, quelquefois à trois angles seulement, légèrement velus, ainsi
que les feuilles dans leur jeunesse, mais très-glabres dans l'âge adulte. Feuilles
alternes, pétiolées, arrondies, partagées en cinq lobes dentés, et marquées,

dans le milieu du limbe de leur surface supérieure, d'une bande circulaire d'un rouge noirâtre, laquelle s'efface en vieillissant. Fleurs purpurines, composées de quatre pétales seulement, dont les deux supérieurs longs d'un pouce et demi, droits, et les deux inférieurs au moins moitié plus courts, perpendiculaires aux pétales supérieurs. Chaque pédoncule ne porte que deux fleurs.

Ce beau Géranion a été trouvé au Cap de Bonne-Espérance par THUNBERG; il fleurit dans nos jardins pendant tout l'été.

** *Corolle régulière.*

7. GERANIUM palmatum.

G. *caule basi fruticoso; ramis dichotomis; foliis quinquepartito-palmatis; laciniis bipinnatifidis; pedunculis bifloris.*

GÉRANION palmé.

G. à tige ligneuse à sa base, ensuite divisée en rameaux dichotomes; à feuilles palmées, partagées en cinq divisions deux fois pinnatifides; à pédoncules biflores.

GERANIUM *palmatum.* CAVAN. Diss. 4. p. 216. n. 302. t. 84. f. 2. LAM. Dict. Enc. 2. p. 661.
GERANIUM *Anemonefolium.* AIT. Hort. KEW. 2. p. 432. L'HERIT. Geran. t. 36. CURT. Bot. MAG. t. 206. WILLD. Sp. 3. p. 698.

Souche ligneuse, cylindrique, de la grosseur du pouce ou à peu près, comme écailleuse par la persistance de la base des anciennes feuilles, haute de quatre à huit pouces, donnant naissance, à son sommet, à des feuilles longuement pétiolées et à des branches longues d'un à deux pieds, feuillées, divisées en rameaux dichotomes. Feuilles partagées presque jusqu'à leur pétiole, en cinq lobes deux fois pinnatifides dans les feuilles inférieures, et seulement une fois pinnés dans les supérieures. Les pédoncules naissent de la bifurcation des rameaux ou à l'extrémité de ceux-ci; ils se bifurquent eux-mêmes pour porter deux fleurs d'un rouge cramoisi.

Cette espèce est originaire de l'île de Madère; elle fleurit en juin, juillet et août.

Les espèces de ce genre sont très-nombreuses; ce qui a engagé à les diviser en trois genres, comme nous l'avons dit ci-dessus. D'après cette nouvelle division, le genre *Erodium*, dans le *Synopsis* de M. PERSOON, contient trente-cinq espèces; celui du *Pelargonium* en comprend cent cinquante; et celui enfin auquel on a laissé le nom de *Geranium*, en compte trente-huit. Nous avons cru devoir passer sous silence la plus grande partie de ces espèces, dont plusieurs d'ailleurs ne sont que des plantes herbacées.

Les Géranions frutescens ou sousligneux que nous cultivons dans nos jardins, sont exotiques à l'Europe, et presque tous indigènes du Cap de Bonne-Espérance. Originaires d'un climat chaud, il faut les mettre à l'abri du froid pendant l'hiver. Au reste, leur culture ne demande que fort peu de soins. On les plante en pot, on les expose au soleil et on les arrose souvent pendant les chaleurs. Leur multiplication par boutures est si facile, que communément on ne les propage pas autrement. Cependant leurs graines mûrissent parfaitement, et on peut aussi les multiplier par ce moyen. Les semis doivent se faire sur couche et au printems.

Les Géranions ont en général de belles fleurs; quelques-uns se font remarquer par les couleurs les plus éclatantes, et ils servent à l'ornement de nos jardins pendant toute la belle saison.

EXPLICATION DES PLANCHES.

Pl. 19. Un rameau en fleur du Géranion à odeur de Rose. Fig. 1. Le pétale supérieur vu séparément. Fig. 2. Un pétale inférieur. Fig. 3. Le calice. Fig 4. Les étamines. Fig. 5. Le pistil. Fig. 6. Le fruit à sa maturité parfaite. Fig. 7. Une graine.
Pl. 20. Un rameau en fleur du Géranion tachant. Fig. 1. Le calice vu séparément. Fig. 2. Les étamines. Fig. 3. Le pistil. Fig. 4. Un fruit mûr. Fig. 5. Une graine.

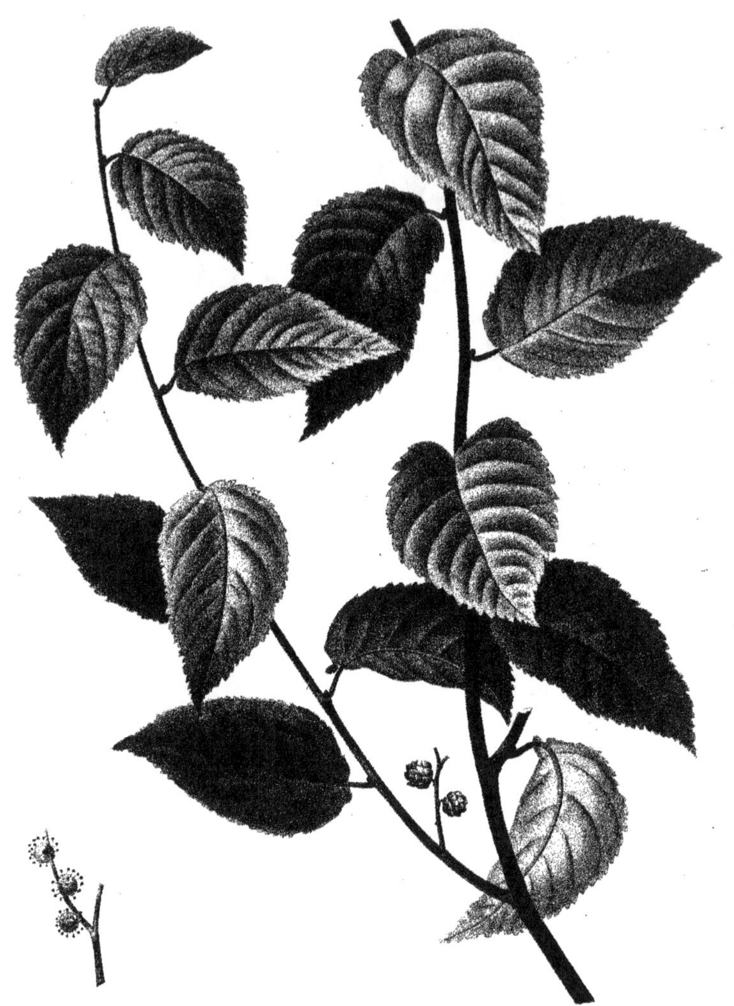

PLANERA Ulmifolia.   **PLANÈRA** à f.^lles d'Orme.

P. Bessa pinx.   Jarry sculp.

PLANERA.   PLANÈRA.

PLANERA. Lin. Classe **V.** *Pentandrie.* Ordre **II.** *Digynie.*

PLANERA. Juss. Classe **XV.** *Dicotylédones apétales. Étamines séparées du pistil.* Ordre **IV.** Les Amentacées. §. I. *Fleurs hermaphrodites.*

GENRE.

Fleurs mâles.

CALICE.   Membraneux, presque campanulé, à quatre ou cinq divisions.
COROLLE.   Nulle.
ÉTAMINES.   Quatre, cinq ou six, saillantes hors du calice.

Fleurs hermaphrodites.

CALICE.   Membraneux, presque campanulé; à quatre ou cinq divisions.
COROLLE.   Nulle.
ÉTAMINES.   Comme dans les fleurs mâles, mais leurs anthères s'ouvrent plus tard.
PISTIL.   Ovaire ovoïde, rude ou lisse, portant deux stigmates oblongs, glanduleux, recourbés et divergens.
PÉRICARPE.   Capsule presque globuleuse, membraneuse, monoloculaire, ne s'ouvrant point, lisse ou comme écailleuse.
SEMENCE.   Une seule, ovoïde, aiguë.

Caractère essentiel. Fleurs polygames. Calice membraneux, presque campanulé, à quatre ou cinq divisions. Corolle nulle. Deux stigmates oblongs, glanduleux, recourbés et divergens. Une capsule presque globuleuse, membraneuse, monoloculaire, monosperme.

Rapports naturels. Le *Planera* a de l'affinité avec les Ormes et les Micocouliers. Il diffère des premiers par sa capsule non ailée, et des seconds parce que le fruit de ceux-ci est un drupe

ESPÈCES.

1. PLANERA ulmifolia. *Tab.* 21.
P. *foliis petiolatis, oblongo-ovalibus, basi obtusis, æqualiter serratis, acutis; capsulis scabris.*

PLANÈRA à feuilles d'Orme. *Pl.* 21.
P. à feuilles pétiolées, ovales-oblongues, obtuses à leur base, également dentées en scie, aiguës; à capsules rudes.

PLANERA *ulmifolia.* Mich. Arb. Amer. 3. p. 283. pl. 7.
PLANERA *gmelini.* Mich. Fl. Boreal. Amer. 2. p. 248.
PLANERA *aquatica.* Pers. Synop. 1. p. 291.

Le Planèra à feuilles d'Orme s'élève à la hauteur de trente-cinq à quarante pieds, rarement davantage, sur un tronc de trois à quatre pieds de circonférence. Sa tige et ses rameaux sont recouverts d'une écorce brunâtre. Ses feuilles sont pétiolées, ovales-alongées, acuminées à leur sommet, également dentées en scie en leurs bords, obtuses à leur base, d'un vert gai, longues d'un pouce et demi ou environ, ayant quelque ressemblance avec celle de l'Orme champêtre, avec lequel l'arbre entier a aussi, quant au port, beaucoup de conformité. Ses fleurs ont peu d'apparence, elles sont réunies plusieurs ensemble en petits paquets globuleux, sessiles ou presque sessiles le long des rameaux. Elles paraissent de très-bonne heure au printems et avant le développement des feuilles. Ses graines sont très-fines, contenues dans de petites capsules ovales, renflées, inégales en leur surface, et groupées plusieurs ensemble en une sorte de tête.

Cet arbre croît dans les contrées méridionales des États-Unis d'Amérique; MM. Michaux, père et fils, l'ont observé sur les rives du Mississipi, dans la Louisiane, et sur les bords de la rivière Savenah, en Géorgie, où il croît parmi les autres arbres qui couvrent les grands marais qui bordent cette rivière.

2 PLANERA Richardi.

PLANÈRA de Richard.

P. *foliis subsessilibus, oblongo-ovalibus, crenato-dentatis, basi emarginatis; capsulis lævibus.*

P. à feuilles presque sessiles, oblongues-ovales, crénelées, dentées, échancrées à leur base; à capsules lisses.

PLANERA *Richardi*. Mich. Fl. Boreal. Amer. 2. p. 248. Pers. Synop. 1. p. 291.
Ulmus polygama. Richard. Dissert. *de ulmo.*
Rhamnus carpinifolius. Pall. Fl. Ross. 1. t. 60.

Le Planèra de Richard, connu sous le nom vulgaire d'Orme de Sibérie, croît dans le nord de l'Asie et sur les bords de la mer Caspienne.

Le Planèra à feuilles d'Orme est peu abondant, selon M. Michaux, même dans son pays natal, comparativement avec les autres arbres avec lesquels il croît. Son bois n'est employé à aucun usage, quoiqu'il paraisse avoir de la dureté et de la force. On le cultive en France depuis quelques années; mais il est probable qu'on le multipliera peu hors des jardins de botanique et de ceux de quelques amateurs.

Le Planèra de Richard mérite davantage d'être recommandé a l'attention des cultivateurs et des forestiers. M. Michaux fils dit, d'après le rapport de son père, que le bois de cette espèce était très-estimé sur les bords de la mer Caspienne, à cause de sa force et de son élasticité. L'arbre parvient dans ces climats à une hauteur et un diamètre bien supérieurs à l'espèce d'Amérique. Le Planèra de Richard a fleuri pour la première fois, dans le jardin de Trianon, au mois d'avril 1779, où il était déjà cultivé depuis plusieurs années, sans qu'on connût à cette époque le pays dont il était indigène

Le Planèra d'Amérique réussit très-bien en pleine terre dans le nord de la France, quoiqu'originaire d'un climat plus chaud. Sa culture n'exige aucun soin particulier. On le multiplie de graines venues de son pays natal, ou, comme il est encore rare, on le greffe sur l'Orme champêtre, sur lequel il réussit très-bien. Quand il est franc de pieds, il préfère un terrain humide à tout autre.

EXPLICATION DE LA PLANCHE 21.

Un rameau du Planèra à feuilles d'Orme.

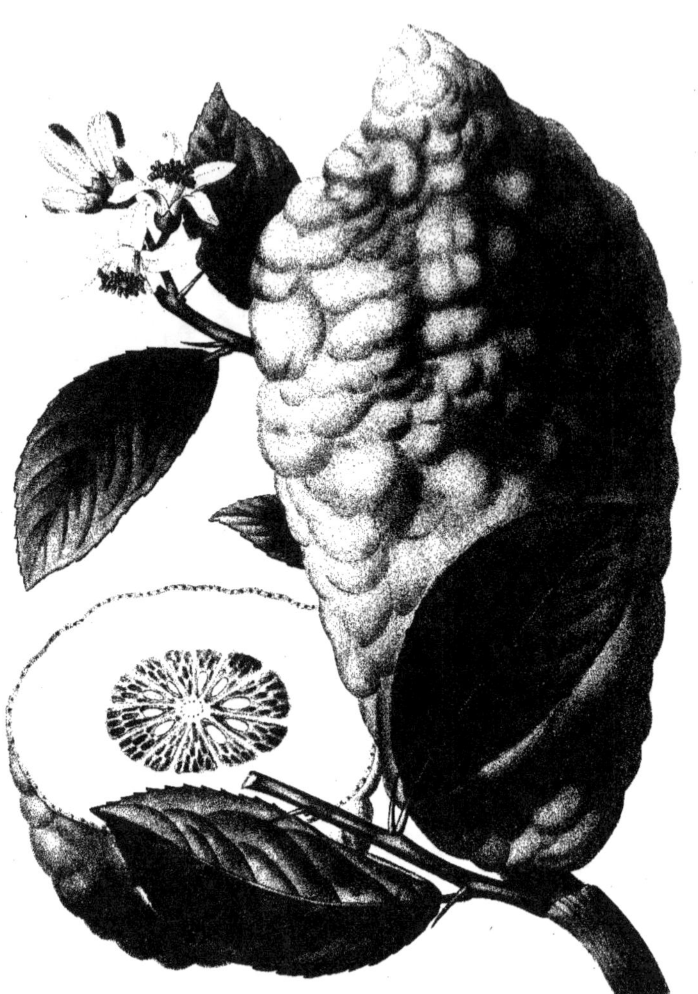

CITRUS Medica. **CITRONIER** de Médic.

Fig. 1 et 2. **CITRUS** Medica.   **CITRONIER** Cedratier.

Fig 3, 4 et 5 **CITRUS** Limonium.   **CITRONIER** Limonier.

P. Bessa pinx.   Dubreuil sculp.

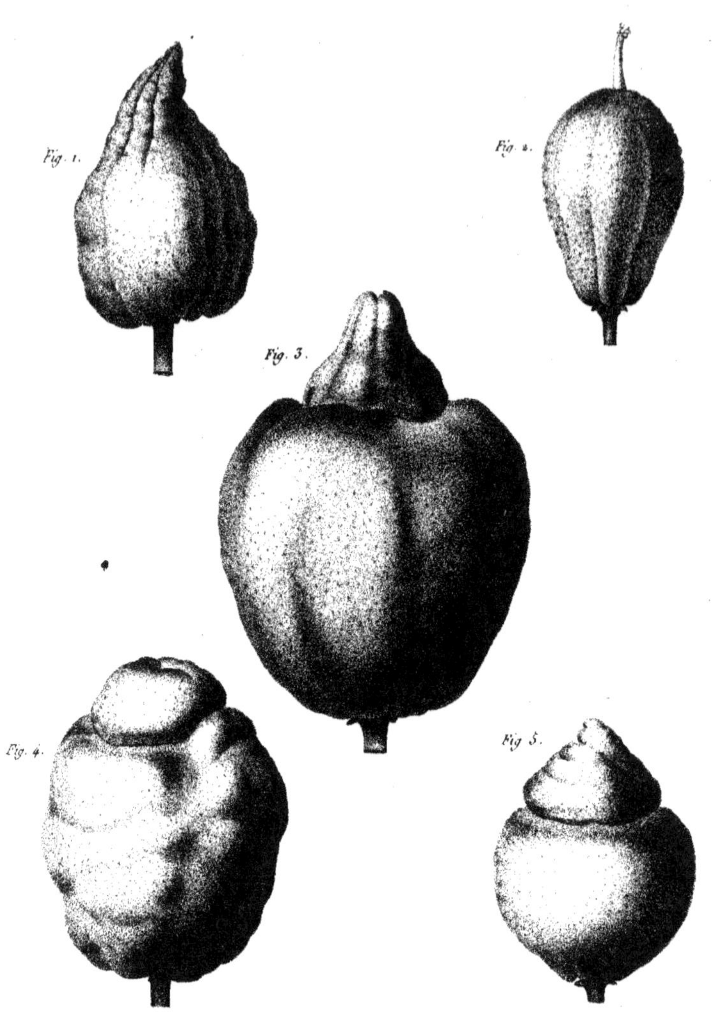

CITRUS.

CITRONIER.

P. Bessa pinx.

Jarry sculp.

CITRUS Bigaradia Sinensis   **CITRONIER** Bigaradier Chinois.

P.Bessa pinx.

Jarry sculp.

CITRUS .   CITRONIER .

P. Bessa pinx .   Gabriel sculp .

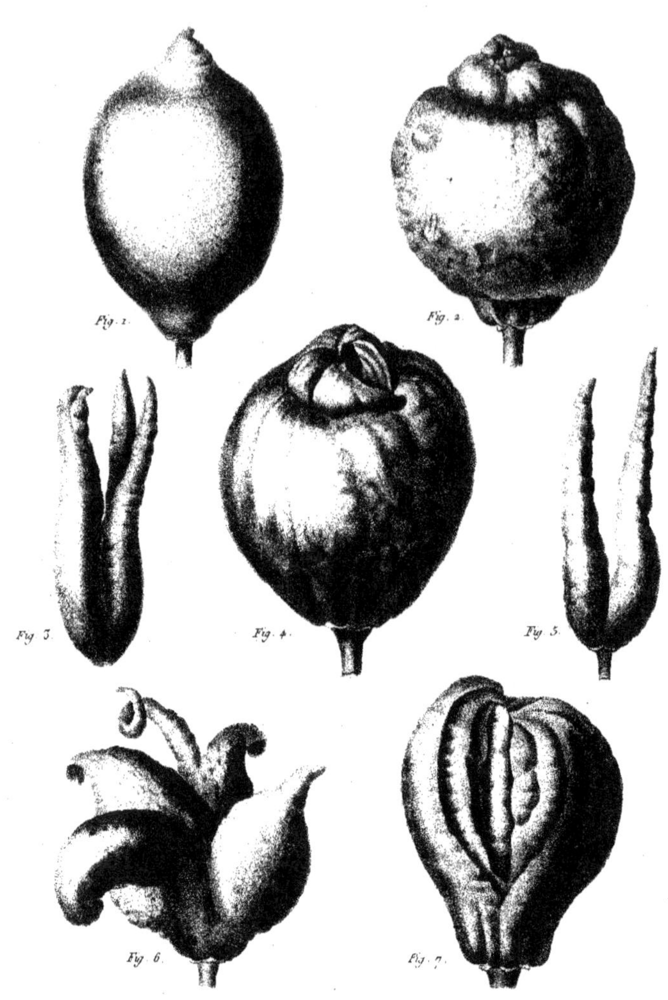

CITRUS Limonium.

CITRONIER Limonier.

CITRUS Limonium   **CITRONIER** Limonier

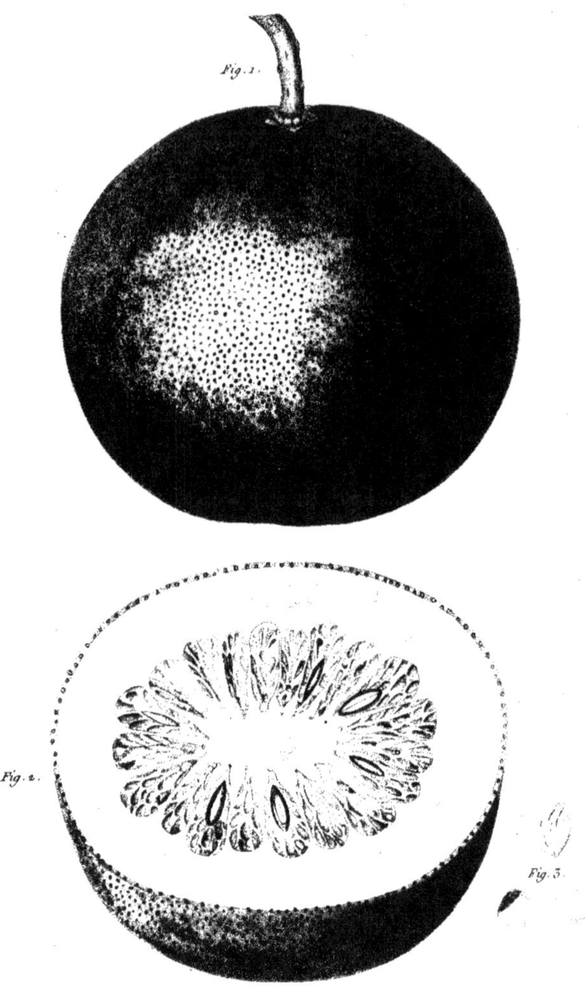

CITRUS Pomum Adami.   **CITRONIER** Pomme d'Adam.

CITRUS.   **CITRONIER.**

P. Bessa pinx.   Jarry sculp.

CITRUS.   CITRONIER.

Fig. 1.

Fig. 2.

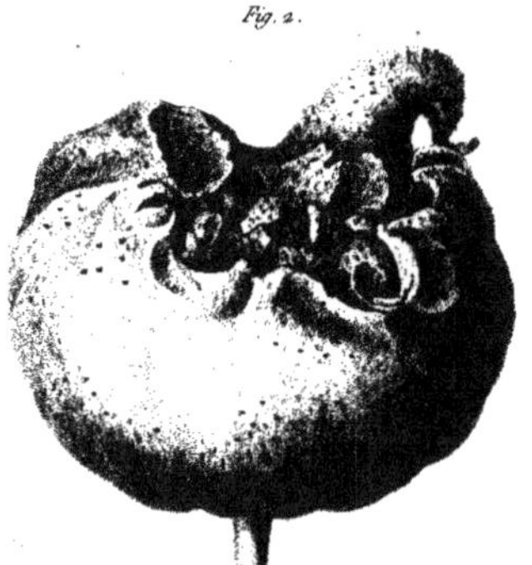

Fig. 3.

CITRUS Bigarradia.   **CITRONIER** Bigarrade.

P. Bessa pinx.   Dubreuil sculp.

CITRUS Aurantium. **CITRONIER** Oranger.

P. Bessa pin. Gabriel sculp.

CITRUS Bigaradia violacea.   **CITRONIER** Bigaradier à fruit violet.

P. Bessa pinx.   Gabriel sculp.

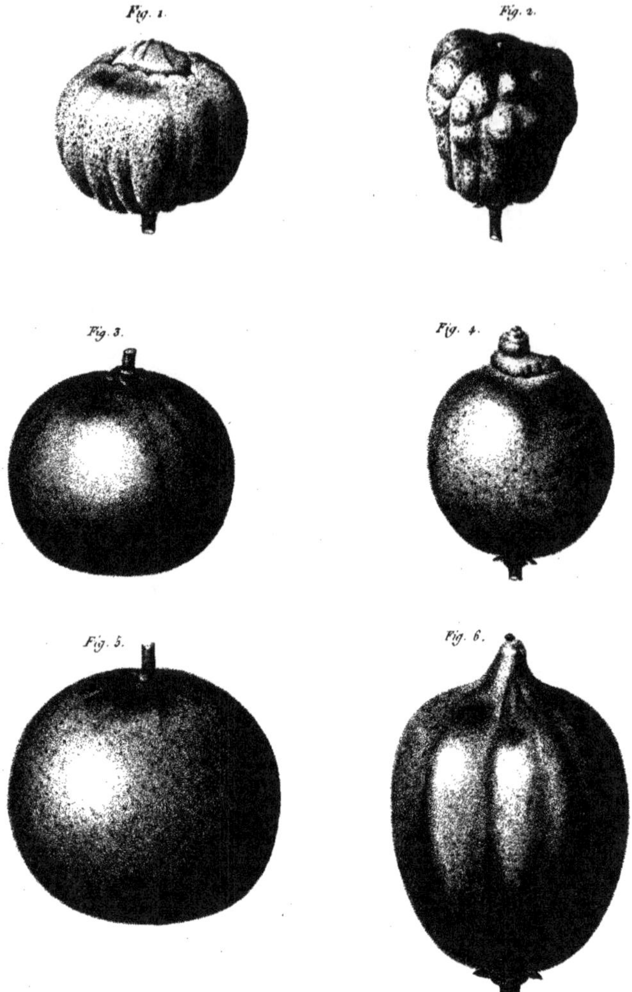

CITRUS.

CITRONIER.

P. Bessa pinx.

Gabriel sculp.

CITRUS Bigaradia bizarro

CITRONIER Bigaradier bizarre

Fig 1. **AURANTIUM** Hierochunticum.   **ORANGE** rouge.

Fig 2. **BIGARRADIA** *della Bizarria*.   **BIGARRADIER** à fruit bizarre.

P. Bessa pinx.   Jarry sculp.

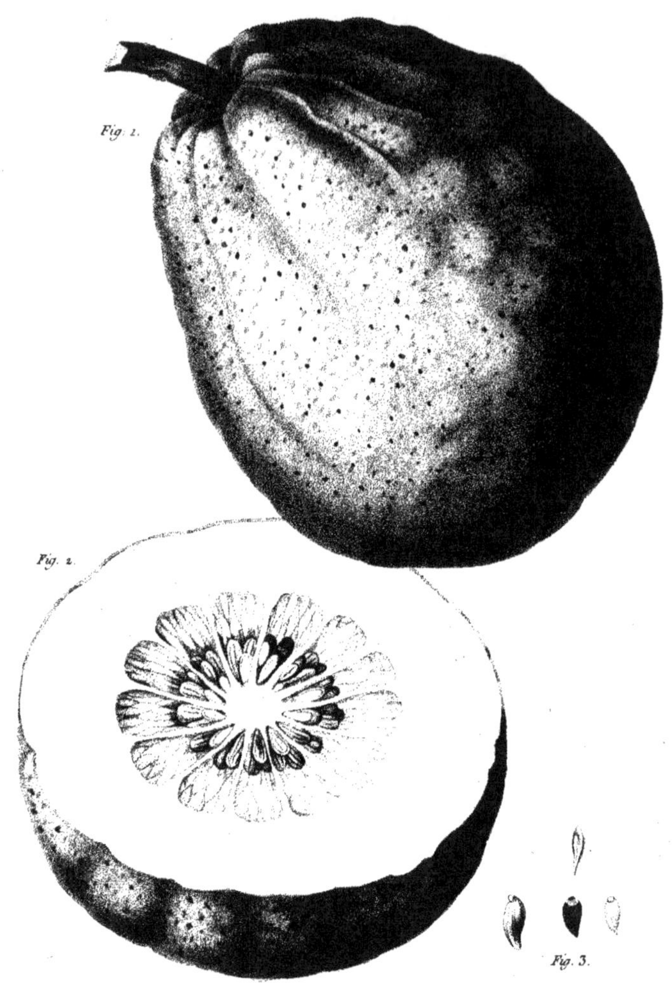

CITRUS decumana.

CITRONIER Pompelmous.

P. Bessa pinx.

Gabriel sculp.

Fig. 1. **CITRUS** Histrix.

Fig 2. Fleurs de l'Oranger.

CITRONIER Hérisson.

A.B.C. Feuilles enracinées.

P. Bessa pinx.

Gabriel sculp.

LIMONIUM Pomum Adami.　　　**LIMONIER** Pomme d'Adam.

Bessa pinx.　　　　　　　　　　　　　　　　Gabriel sculp.

LIMONIUM racemosum. **LIMONIER** à grappe.

P. Bessa pinx.

CITRUS Decumana. **CITRONIER** Pompelmous

CITRUS.   CITRONIER (1).

CITRUS. Linn. Classe XVIII. *Polyadelphie*, Ordre II. *Icosandrie.*
CITRUS. Juss. Classe XIII. *Dicotylédones polypétales. Étamines hypogynes.* Ordre X. Les Orangers.

GENRE.

CALICE.	Monophylle, persistant, à cinq divisions obtuses et concaves.
COROLLE.	Composée de quatre à neuf pétales elliptiques, concaves, ouverts.
ÉTAMINES.	Au nombre de vingt à soixante, ayant leurs filamens comprimés, réunis inférieurement en plusieurs faisceaux, libres dans le reste de leur longueur, et portant à leur éxtrémité des anthères oblongues.
PISTIL.	Ovaire supérieur, arrondi, surmonté d'un style filiforme, et terminé par un stigmate en tête.
PÉRICARPE.	Baie charnue, recouverte d'une écorce tendre, ridée, parsemée de petites glandes, et renfermant une pulpe celluleuse, remplie de suc, partagée par plusieurs cloisons membraneuses et perpendiculaires.
SEMENCES.	Ovoïdes ou oblongues, recouvertes d'une peau cartilagineuse.

Caractère essentiel. Calice petit, quinquéfide. Cinq pétales ouverts. Vingt à soixante étamines à filamens disposés circulairement en cylindre, réunis, par leur base, en plusieurs corps, et libres dans leur partie supérieure. Stigmate en tête. Baie charnue, multiloculaire.

Rapports naturels. Avec les genres *Cookia* et *Limonia.*

Étymologie. *Citrus* est dérivé du grec κίτρια, Citronier, et κίτριον, Citron; mais les Grecs et les Latins appliquaient ces dénominations à un arbre que nous ne connaissons pas aujourd'hui.

ESPÈCES.

1. CITRUS Medica.

C. *foliis ovatis, acutis; petiolis linearibus; floribus purpureis; fructu plerumque ovoideo; cortice rugoso, crasso; carne acidâ.*

CITRONIER de Médie.

C. à feuilles ovales, aiguës, portées sur des pétioles linéaires; à fleurs purpurines; à fruit le plus souvent ovoïde, recouvert d'une peau épaisse, rugueuse et renfermant une chair acide.

CITRUS *Medica.* var. α. Lin. Sp. 1100. Willd. Sp. 3. p. 1426. Lam. Dict. Enc. .
MALUS *Medica.* Bauh. Pin. 435.
CITRIA *Malus.* Blackw. Herb. t. 361.

La tige de cette espèce s'élève en arbre à la hauteur de douze à quinze pieds

(1) M. Etienne Michel, Editeur originaire de cet ouvrage, ayant obtenu de MM. Risso et Loquez de Nice la communication de différens mémoires très-considérables, dans lesquels ces deux Savans Naturalistes ont traité à fond l'Histoire du genre Citronier, et ne voulant en aucune manière m'approprier leur ouvrage, je déclare que je suis étranger à la composition de cet article, et je ne réclame autre chose que la manière dont le travail sera présenté aux Lecteurs. J'ai suivi, dans la première partie, la classification de M. Risso, et je combinerai les observations savantes et judicieuses de MM. Risso, Loquez et A. Arnaud dans la seconde partie relative à la culture et aux propriétés. L. D.

M'étant occupé depuis nombre d'années des moyens de présenter à MM. les Souscripteurs au Nouveau Duhamel un travail aussi complet qu'il me serait possible sur le genre du Citronier, j'ai été assez heureux pour trouver des Savans distingués habitans le Littoral de la Méditerranée, dans les départemens ayant fait partie de la France, qui ont bien voulu me communiquer tout ce que leur expérience et leurs observations particulières leur ont donné le moyen de rassembler. Je consigne ici tous mes remercîmens et le témoignage public de ma reconnaissance pour tout ce que je dois à MM. l'Abbé Loquez et Risso, l'un et l'autre anciens Professeurs de Botanique et d'Histoire naturelle, qui m'ont fourni les descriptions méthodiques et caractéristiques de chaque espèce et variété de ces Arbres; des détails intéressans sur leur culture en pleine terre et en Orangerie; leur utilité et propriété dans les arts, comme leurs usages domestiques et médicinaux.

Je dois également exprimer ma juste reconnaissance à M. Boccardi, ancien Sous-Préfet à San-Remo, qui, non content de m'avoir envoyé les fruits que j'ai fait peindre et graver pour orner ce Traité du Citronier, a eu la complaisance de me mettre en relation directe avec M. le Docteur A. Arnaud, qui a bien voulu me faire part de ses observations, me donner quelques détails sur le commerce de ces fruits dans le pays qu'il habite; commerce qui est une des principales sources de prospérité de ce pays, ce qui n'est pas étranger au plan de cet ouvrage. Etienne Michel.

et plus; elle est couverte d'une écorce grisâtre, rayée de blanchâtre, et ne forme
point une tête arrondie dans sa partie supérieure, parce qu'elle se divise en
rameaux trop irréguliers; ceux-ci ont leur écorce verte, lisse, et armée de
longues épines; et leurs plus jeunes pousses sont teintes d'un rouge violet. Ses
feuilles sont ovales-oblongues, arrondies à leur base, pointues au sommet, d'un
vert foncé en dessus, un peu moins colorées en dessous et traversées par des
nervures dentelées en leurs bords, portées sur des pétioles courts, linéaires.
Les fleurs sont disposées en bouquet, chacune d'elles en particulier étant portée
sur un court pédicule. Leur calice est renfle, charnu, quinquéfide. Leur corolle est grande. Les étamines, au nombre de quarante à cinquante, ont leurs
filamens applatis, inégaux, adhérens par leur base en plusieurs faisceaux, libres à
leur partie supérieure, et terminés par des anthères alongées, d'un jaune foncé.
Le pistil est gros, charnu, souvent persistant, quelquefois caduc, terminé par
un stigmate en tête applatie. Les fruits sont en général ovoïdes, mais très-diverse-
ment modifiés selon les variétés, recouverts d'une peau épaisse, tendre, d'un
jaune clair dans sa maturité, parsemée souvent de protubérances inégales, d'une
couleur blanche en dedans, d'une odeur agréable et d'une saveur douceâtre. Au
milieu de cette peau est une chair ou pulpe formée de vésicules oblongues,
pleines d'un suc acide, et divisée communément en dix ou donze loges contenant
chacune deux graines arrondies d'un côté, pointues de l'autre, anguleuses, blanchâtres, recouvertes d'une pellicule rougeâtre.

  Le Cédratier s'élève en arbre. Sa tête n'est jamais arrondie, à cause de ses
rameaux qui s'alongent sans se diviser suffisamment. Quelques variétés cependant s'écartent de cette règle et suivent le système du Limonier. Vu de loin, celui
qui porte les plus gros fruits se distingue d'abord des autres variétés, par un
arrangement particulier de ses branches, et qui frappe la vue. Ses feuilles sont
de grande dimension, des épines solitaires partent de leurs aisselles; cependant
celles du *Cédrón* et du Cédrin sont moins considérables, et semblent grossir
suivant la grandeur proportionnelle des fruits. La fleur, peu odorante, contient
moins d'arôme que celle des autres espèces. Le fruit est souvent très-gros. Le
pistil est souvent persistant, tel que dans le Cédrat des Juifs. Son écorce jaunâtre contient des vésicules renfermant un arôme délicieux; elle est fort épaisse,
blanche, tendre, douceâtre, très-parfumée, et l'on en fait d'excellentes confitures.
On coupe le fruit en tranches pour en assaisonner les alimens.

Var. 1. *Citrus Médica, fructu maximo.* tab. 22.
C. *Medica, foliis ovatis, oblongis; fructu maximo, oblongo, tuberculato; cortice cras-
sissimò, pallidè luteo; succo suaviter acido.*
Malum Citreum Vulgare. Ferr. Hesp. p. 56. tab. 59, 61, 63 et 65. Volc. Hesp. Norimb.
tab. 114.
Citreum Vulgare. Tourn. Inst. 620.
Citronier Cédratier à gros fruit. En italien *Cedrone.*

  Cette variété, très-remarquable par la grosseur extraordinaire de son fruit, est
plus particulièrement connue sous le nom de *Cédrat*, qui lui est commun avec
beaucoup d'autres. Sa forme est oblongue, renflée dans le milieu; on en trouve
aussi de parfaitement ronds. Sa hauteur ordinaire est de huit pouces à huit
pouces et demi, sur cinq de diamètre. Son écorce, d'un jaune pâle, quoique veru-
queuse, n'est point rude au toucher. La peau blanche et cotonneuse qui couvre la
pulpe, est épaisse, légèrement acide, bonne à manger, d'une saveur agréable.
La pulpe intérieure se divise en dix à douze loges qui contiennent un suc
légèrement acide. Les graines sont recouvertes d'une pellicule rougeâtre, réunies
deux à deux dans chaque loge. On coupe ce fruit en tranches pour assaisonner
les alimens. On en fait des confitures excellentes.

On cultive, sur le littoral de Gênes, un autre Cédratier également à gros fruit, connu sous le nom de *Cédrat de Gênes*, plus alongé et plus pointu que celui que nous venons de décrire, mais cette forme n'est pas généralement constante. Ces fruits sont les uns plus renflés dans le milieu, les autres plus effilés; on en cueille de très-gros et de petits.

Var. 2. *Citrus Medica Conifera.* tab. 23. fig. 1 et 2.

C. *Medica, foliis lanceolatis, dentatis; fructu plerumquè pyramidato, croceo; succo acido et subamaro; pistillo crassiusculo, persistente.*

Malum Citreum Coniferum. Cedro col pigolo Cedrato d'Egli Ebrei. Volc. Hesp. p. 121. tab. 122.

Vulgairement en italien *Pittina*, en français Cédrat des Juifs.

C'est essentiellement à San-Remo et à La Bordighiera que se fait le commerce de cette espèce de Cédrat, d'où les Juifs de presque toute l'Europe la tire pour la célébration de leurs *Fêtes des Tabernacles*, qui ont lieu vers la mi-septembre (1).

L'arbre qui porte ce fruit ne s'élève pas bien haut. Ses feuilles sont dentées en scie, alongées, lancéolées, avec des piquants qui naissent dans leurs aisselles. Le fruit en est oblong, renflé à sa base, allant en diminuant vers le sommet, qui est terminé par le pistil un peu renflé et persistant. Quelquefois cependant la forme de ce fruit est en sens inverse, c'est-à-dire, que la partie la plus renflée est la supérieure, tandis que la plus étroite est vers la base. (*V. pl. 23. fig. 2.*) Les fruits restent verts assez long-tems; mais en approchant de leur maturité, ils prennent une couleur jaune dorée. Ces fruits sont en état d'être cueillis au mois d'août. Leur écorce est épaisse, un peu inégale; elle enveloppe les neuf petites divisions dont la pulpe se compose, renfermant un suc acide, mêlé d'un peu d'amertume. Son odeur aromatique n'est pas inférieure à celle du Cédrat de Florence. Les semences que ce fruit contient sont nombreuses, oblongues et recouvertes d'une pellicule rougeâtre.

L'arbre qui porte ce fruit, quoique très-sensible au froid, fleurit presque toute l'année. Ses fruits d'hiver sont destinés à être confits, et ceux d'été sont achetés par les Juifs.

Var. 3. *Citrus Medica Salodiana.* tab. 24. fig. 4.

C. *Medica, foliis ovato-oblongis, dentatis; fructu medio; apice mamillato; cortice crasso, luteo; succo gratissimo.*

Citreum Vulgare, parvum, bonitate primum. Ferr. Hesp. p. 58. lig. 9.

Malum Citreum Salodianum. Cedro grosso Bondolotto. Volc. Hesp. tab. 120. a. b.

Cédratier de salò.

On cultive, dans les environs du lac de Garda, une autre espèce de *Cédratier de Salò*, auquel on donne également le nom de *Cedro grosso Bondolotto*; mais

---

(1) Cette deuxième variété du Citronier de Médie mérite quelque attention, à raison de l'emploi que sont en usage d'en faire les Israélites pour célébrer leurs Fêtes des Tabernacles, en mémoire des travaux de leurs Ancêtres après le passage de la Mer Rouge, et des soins que la Providence prit d'eux, pendant qu'ils demeurèrent dans le Désert. Ces Fêtes ont lieu le quinzième jour du mois de Tisri (qui correspond aux environs du 15 septembre); elles durent neuf jours. Personne n'ignore l'ordre qui fut donné par Moyse aux Enfans d'Israël, de se présenter au Temple, le premier jour, avec des fruits de l'arbre de Hadar, qui fussent sans tâches, des branches de Palmier, des rameaux de l'arbre le plus touffu, et des Saules qui croissent le long des torrens, et de se réjouir ainsi devant le Seigneur (*). Resterait à savoir si l'arbre désigné par la dénomination de Hadar, comme celui que Moyse avait prescrit à son peuple, peut être le Citronier. Selon les Septantes le mot Hadar, bien loin d'être le nom propre d'une chose, ne signifie que le fruit du plus bel arbre, et, selon notre version latine, *fructus ligni speciosi.* Il est très-probable et même vraisemblable que les Hébreux, qui habitoient la Palestine, ayant pu connaître la *Pomme de Médie*, et l'ayant regardée comme le fruit du plus bel arbre, l'ont destinée à leur Culte religieux, et que, de proche en proche successivement, ce fruit a été adopté par toute la Nation Juive.

(*) *Sumetis vobis die primo fructus arboris pulcherrimæ* (Hadar) *spatulasque Palmarum, et ramos* ligni *densarum frondium, et salices de torrente, et lætabimini coram Domino Deo vestro.* Lib. Levit cap. 23. ver. 40.

qui est plus petit. L'arbre, qui porte celui dont nous parlons, est long-tems à se former. On ne voit jamais sa tige s'élever orgueilleusement, elle ramperait presque à terre, comme certains arbustes, si la main du cultivateur ne lui ménageait un appui, en la destinant à l'espalier, où elle déploie un luxe satisfaisant. Ses feuilles sont coriaces et longues; froissées dans les mains, elles procurent une odeur agréable. Les rameaux sont chargés d'épines. Les fleurs sont tardives, elles naissent en grappes pendantes au haut des rameaux. Ce n'est guères qu'au milieu de l'été, pendant l'automne, et même au commencement de l'hiver, que les bourgeons commencent à paraître. Les fruits sont ovales-arrondis, d'une grosseur moyenne, parsemés de bosses et de larges sillons, couronnés au sommet par un gros mamelon arrondi, auquel le pistil reste ordinairement attaché. L'écorce est épaisse, de couleur jaunâtre, agréable à manger; elle est d'une odeur suave, adhérente à la pulpe, qui se divise en trois loges, dont une plus forte, qui les sépare et se prolonge vers le centre. Les semences qu'elle contient, sont alongées, pointues au sommet et recouvertes d'une écorce rougeâtre.

Var. 4. *Citrus Medica, fructu cornuto.*
C. *Medica, foliis ovato-elongatis; fructu magno, corniculato; cortice crassissimo, luteo-virescente; succo subnullo.*
Malum Citreum digitatum, seu multiforme. Ferr. Hesp. p. 75. tab. 77-79.
Cedro à dilecta, ò moltiforme. Volc. Hesp. tab. 116. b.
Cédratier à fruit cornu.

Cette variété a été dénommée ainsi par Ferrarius, et la description qu'il en donne, paraît assez rendre l'effet de la nature qui s'est plu à en varier les formes. C'est entre Brescia et Vérone, sur les bords du Lac de Garda, que cette singularité se rencontre plus multipliée. Nous aurons occasion d'entrer dans quelques détails sur la cause de ces monstruosités, M. l'abbé Loquez, de Nice, et M. Arnaud, D.-M. à San-Remo, nous ayant fourni l'un et l'autre sur ce sujet leurs judicieuses et savantes observations. L'écorce qui couvre ces fruits n'est pas égale dans tous. Les uns l'ont lisse comme celle d'un Concombre, d'autres l'ont verruqueuse et striée. Les protubérances sont peu marquées et ne semblent former que des sillons longitudinaux comprimés. Parmi ces fruits on en trouve qui se terminent par des parties écartées et poitues en forme de bec d'oiseau. L'écorce est épaisse, d'un jaune verdâtre; elle recouvre une pulpe presque nulle et dont on reconnaît à peine les traces. Les semences sont souvent nulles.

Var. 5. *Citrus Medica Cucurbitina.*
C. *Medica, foliis oblongis, subcrispis; fructu magno, cucurbitæ formi; cortice crassissimo, luteo-virescente; succo subnullo.*
Malum Citreum Cucurbitinum vulgare. Ferr. Hesp. tab. 67.
Cedro à Zucchetta, ò Cucurbitato. Volc. Hesp. Part. 2. pag. 42. tab. 41, 43 et 44.
Cédratier à fruit de Cucurbitace.

Ce fruit, figuré dans Ferrarius et Volcamerius, est gros, oblong, resserré dans sa partie moyenne en forme de gourde renversée; il a neuf pouces six lignes de haut, cinq pouces de diamètre dans la partie la plus renflée et trois pouces dans la partie inférieure. Le pédoncule s'implante dans la partie la plus volumineuse. Son écorce très-épaisse est d'un jaune verdâtre en dehors, parsemée de grosses protubérances inégales, rondes ou oblongues, souvent fendue sur un des côtés. Sa pulpe est peu considérable, d'un goût acide, ne renfermant aucune semence.

Var. 6. *Citrus Medica flore semi-pleno.*

C. *Medica foliis oblongis, crassiusculis; flore semi-pleno; fructu subrotundo, prolifero; cortice crasso.*

Limon Citratus, alterum includens. Ferr. Hesp. p. 263. t. 269-271.

Malum Citreum flore pleno et fructu prolifero. Cedro di fior è sugo doppio. Volc. Hesp. tab. 118. a.

Cédratier à fleurs doubles ou semi-doubles.

Ce Cédrat a des fleurs à grandes corolles, composées de cinq à onze pétales alongés, inégaux. Le pistil est le plus souvent avorté. Son fruit est globuleux; différentes ouvertures se font remarquer à la sommité; elles laissent appercevoir les différens fruits qui y sont renfermés, et avec partie de leur écorce propre. Ce fruit partagé horizontalement, on voit distinctement les différens fœtus qui le composent, et dont la direction commune est vers le centre. L'écorce, qui est de couleur jaune-dorée, se détache facilement de la pulpe qui est divisée en quatre à dix loges. L'écorce et la pulpe n'ont rien de mauvais au goût, leur odeur est même agréable. L'arbre se charge de beaucoup de grandes fleurs, dont plusieurs sont doubles et ne nouent pas de fruits; mais on peut présumer que celles qui sont fécondées ont pu l'être par le Pollen des fleurs voisines. Les loges ne contiennent que peu de suc et aucunes graines.

Var. 7. *Citrus Medica Florentina.* tab. 24. fig. 1.

C. *Medica, foliis ovato-oblongis; fructu parvo, pyramidato, apice incurvo; cortice crasso, sulphureo; carne parùm succosá, gratè odoratá et acidá.*

Malum Citreum florentinum. Cedro di Fiorenza. Volc. Hesp. 124 a et 124 b.

Cedro piccolo. Vole. Hesp. 124 b.

Limonium Cedrata, fructu maximo, conico, verucoso, sapore et odore insigni. Le Ber. Nouv. La Quinty. tom. 4. p. 128.

Cédratier de Florence. Petit Poncire.

Le Cédrat de Florence est le plus estimé; Il a à peu près la forme de celui des Juifs, mais n'a pas le pistil persistant. Les fleurs et les bourgeons ne sont point en grappes, comme dans la plupart des espèces de cette famille. Elles sont par deux ou trois sur chaque rameau. Leur couleur est d'un rouge vif. Celles qui naissent entre les aisselles des feuilles sont blanches et plus petites. Le fruit grossit lentement; sa forme est pyramidale. Il a vingt-huit à trente lignes de hauteur, sur dix-huit à vingt de diamètre. Sa plus grande largeur est vers la base. C'est au printems qu'on est en usage de le cueillir. La couleur rougeâtre qui l'a accompagné pendant son accroissement, disparaît insensiblement et est remplacée par une couleur jaune qui indique sa parfaite maturité. Son écorce, parsemée çà et là de quelques éminences irrégulières, est épaisse de quatre à cinq lignes, et la substance blanche et spongieuse, qui compose son intérieur, n'a pas de saveur sensiblement amère. Sa chair, d'un blanc jaunâtre; peu abondante, est pleine d'une eau très-agréablemnt acide et odorante. Ses semences sont d'un rouge clair, surtout du côté opposé à leur insertion.

Le petit Cédrat de Florence n'a aucun caractère plus particulier qui le distingue, si ce n'est la grosseur ou volume de son fruit.

Var. 8. *Citrus Medica, fructu elongato.*

C. *Medica, foliis ovato-elongatis; fructu parvo, ovato-oblongo; apice acuminato; cortice crasso, sulphureo; succo acido.*

Cedrati musciati. Volc. Hesp. part. 2. p. 60. tab. 61. *fig. inf.*

Cédratier à fruit alongé.

Le fruit de cette variété est alongé et se termine en cône. Sa hauteur totale, compris un petit pistil qui se trouve à son sommet, est de trois pouces neuf lignes, sur deux pouces de large. Il est assez égal et cylindrique dans sa forme et sa hauteur, jusques à la naissance du cône. Son écorce est raboteuse, de cou-leur jaune-souffre, adhérente à la pulpe qui est divisée en neuf à dix loges, pleines d'un suc acide et qui le plus souvent ne contiennent aucune graine.

Var. 9. *Citrus Medica, fructu sulcato.* tab. 35. fig. 2.

C. *Medica, foliis ovatis-acutis; fructu parvo, irregulari, profundè sulcato et tuberculato; cortice crasso; succo subacido.*

Cédratier à fruit sillonné.

Le fruit de cette variété est petit, d'une forme irrégulière, traversé, dans toute sa longueur, par des sillons profonds et relevés de côtes, qui vers la partie supérieure se changent en plusieurs bosses très-prononcées. Son écorce est épaisse, d'un beau jaune doré, adhérente à la pulpe, qui renferme un suc acide.

Var. 10. *Citrus Medica, fructu costato.*

C. *Medica, foliis ovatis, acutis; fructu magno, ovato, subrotundo, costato, tuber-culato; apice mamillato; cortice crasso, pallidè luteo; carne gratè acidá.*

Limon citratus scaber. FERR. Hesp. tab. 267.

Limon costatus major. Limon della costa grosso. VOLC. Hesp. p. 131. tab. 132. a.

Cédratier à grosses côtes.

C'est encore aux environs du Lac de Garda que cette variété de Cédrat est beaucoup cultivée. Le nom italien de *Limon della costa grosso* lui a été donné à raison des stries et des protubérances qui se manifestent en forme de côtes très-élevées. On le dénomme aussi, *Cédrat canaliculé — Limon incanellato.* C'est sous le nom de *Cedrilia* que les cultivateurs des environs de Salò le connaissent et le distinguent. Le fruit est gros, ovale arrondi, terminé par un petit mamelon pointu; il est traversé par des nervures tuberculeuses, ou espèces de côtes longitudinales. Son écorce est épaisse, d'un jaune plus pâle que celle du Citron. Sa saveur, ainsi que celle de la pulpe à laquelle elle est très-adhérente, est d'un goût agréable. La pulpe, divisée en neuf à dix loges, contient un jus acidulé et si peu de graines qu'on peut les regarder comme nulles.

Var. 11. *Citrus Medica, fructu truncato.*

C. *Medica, foliis ovatis, acutis; fructu submedio, ovato, irregulari, pallidè aureo, apice grossè mamillato et truncato; cortice crasso; carne parùm succosá, acidá.*

Cedrati musciati. VOLC. Hesp. part. 2. tab. 61. (*fig. sup.*)

Cédratier à fruit tronqué.

Ce fruit nous a été envoyé par M. BOCCARDI de San-Remo, sous le nom de *Citron* simplement; il aurait pu être placé parmi les Limons; mais la descrip-tion que nous en avons faite sur la nature même, nous a présenté trop d'ana-logie avec les Cédrats proprement dits, pour ne pas le placer parmi eux. Il est figuré dans VOLCAMERIUS. Le fruit de cette variété est de forme ovoïde, fort ir-régulière, étant relevé de différentes bosses, sillonné de plusieurs creux et sur-monté d'une sorte de gros mamelon obtus et comme tronqué à son sommet. Il a en tout trente-trois à trente-six lignes de haut sur vingt-six à vingt-huit de diamètre dans sa partie la plus large. La peau est d'un jaune clair en dessus, blanchâtre et spongieuse en dedans, épaisse de six à sept lignes. La chair con-tenue dans cette espèce de pulpe corticale, est peu abondante, d'une couleur blanchâtre; elle recouvre une pulpe divisée en douze loges, contenant un suc abondant et agréablement acide. Les graines sont pour la plupart avortées.

Var. 12. *Citrus Medica Limoniformis.*

C. *Medica, foliis ovatis, acutis; fructu ovato-oblongo, lævi, pallidè luteo; apice acuté mamillato; cortice crasso, carne subacidá.*

Le Cédrat Limoniforme dont il est question ici ne présente aucun caractère qui doive le fixer parmi les Limoniers. Nous pourrions pourtant l'y placer en nous appuyant de l'autorité du continuateur de Volcamerius, qui l'a dénommé *Limon Cedrato*; mais son acidité et autres considérations semblent lui assigner naturellement sa place parmi les Cédrats. Son fruit est ovale-oblong, glabre, luisant, d'un jaune clair, terminé par un mamelon pointu. Son écorce est ferme, épaisse, ayant une odeur de Cédrat. Sa pulpe intérieure est divisée en huit à dix loges, souvent inégales, contenant des vésicules oblongues, pleines d'un suc acidule. Les semences sont ovales et terminées en pointe.

Var. 13. *Citrus Medica fructu dulci.*

C. *Medica, foliis ovatis, acutis; fructu ovato-oblongo, rugoso; apice cornuto; cortice crasso; carne gratá et dulci.*

Malum Citreum dulci medullá. Ferr. Hesp. p. 72. tab. 73.

Cédratier à fruit doux.

Le Cédratier à fruit doux réunit plusieurs des caractères du Cédrat à celui de l'Oranger. Ses fleurs appartiennent à ce dernier, et ses feuilles sont celles du Cédratier. Le fruit, de couleur Orange, a la forme du Cédrat, étant ovale-oblong, rugueux; quelquefois terminé en cône plus ou moins pointu. Son écorce est épaisse, délicate et agréable à manger, comme celle du Cédrat; elle est peu adhérente à la pulpe qui se divise en dix à douze loges pleines de vésicules contenant un jus d'un goût très-agréable, modéré par l'influence de l'Orange dont ce fruit participe. Ce fruit contient peu ou presque point de semences. Cette belle variété, qui embellit les jardins du midi de la France, a été introduite en Europe, des Isles Fortunées, où l'on a commencé à la connaître et à la cultiver.

2. CITRUS Limetta. *tab.* 26. *fig.* 2.

C. *foliis ovato-rotundatis, serrulatis; petiolo subnudo; floribus candidissimis; fructibus globosis, coronatis, acutis; cortice tenui; carne dulci.*

CITRONIER Limettier. *Pl.* 26. *fig.* 2.

C. à feuilles ovales-arrondies, portées par un pétiole presque nu; à fleurs très-blanches; à fruits globuleux, couronnés à leur sommet et terminés en pointe, ayant une peau mince et une chair douce.

Limon qui Lima nuncupatur. Ferr. Hesp. p. 331. tab. 333. *fig. sup.*

Lima dulcis. Lima dolce. Volc. Hesp. p. 165. tab. 166.

Limon dulci medullá. Tournef. Inst. 621.

Malus Limonia major dulcis. C. Bauh. Pin. 436.

Lima dulcis. Leber. l. c. p. 129.

Limonier à fruit doux. Gales. Trait. du Cit. p. 112. *Synon. confus.*

Vulgairement, en Italie et en Provence, *Limetti, Limetta, grosso Limetto.*

Tige droite, recouverte d'une écorce grise-claire, divisée, dans sa partie supérieure, en rameaux divergens, sans ordre, et ayant leurs plus jeunes pousses d'un vert jaunâtre. Feuilles ovales-arrondies, épaisses, dentelées, d'un vert pâle, diminuant insensiblement vers leur pétiole qui est presque nu et sans rebord ailé. Fleurs disposées alternativement le long des rameaux. Calice à cinq divisions presque arrondies, d'une couleur verdâtre. Corolle composée de cinq pétales oblongs, arrondis au sommet, d'un beau blanc. Étamines au nombre de trente, ayant leurs filamens applatis, adhérens par leur base, trois à trois en-

semble, aussi longs que les pétales, et portant à leur sommet des anthères pointues. Ovaire arrondi, surmonté d'un style droit, et terminé par un stigmate
épais. Fruit globuleux, couronné par un enfoncement circulaire, et terminé
en pointe obtuse : son écorce lisse, mince, jaune, est fort adhérente à la pulpe
intérieure qui se divise en sept à dix loges contenant des vésicules oblongues,
pleines d'un suc doux, sucré et d'un parfum fort agréable. Graines ovales,
peu nombreuses.

Le Limettier devient un grand arbre; il participe du Limonier et de l'Oranger.

Sa tête est fort jolie et prend aisément une forme arrondie. Toutes ses variétés exhalent le même arome, qui est pénétrant et agréable. Son fruit est
excellent confit.

Var. 1. *Citrus Limetta, fructu parvo.*

C. *Limetta, foliis ovato-oblongis; fructu parvo, subrotundo, glabro; apice minuté
mamillato; cortice tenui, aureo; carne dulci, parùm sapidá.*

Citronier Limettier à petit fruit.

Le fruit de cette variété est petit, arrondi, glabre, rarement tuberculé, terminé par un petit mamelon chiffoné, qui est entouré d'un sillon assez profond. Son
écorce est mince, lisse, de couleur jaune d'or, très-adhérente à la pulpe intérieure,
qui se divise en neuf à dix loges, contenant de petites vésicules jaunâtres, pleines
d'un suc fade-doux. Les semences sont ovales, peu nombreuses et petites.

Ce fruit tient le milieu entre l'Orange et le Limon; mais sa couleur et sa
saveur le rapprochent davantage des Limons.

Var. 2. *Citrus Limetta Romana.*

C. *Limetta, foliis ovato-oblongis, acutis; fructu medio, subrotundo, rugoso; cortice
crasso, amaro et acido; carne dulci, parùm sapidá.*

Lima Romana. Ferr. Hesp. p. 331. lin. 18. tab. 335.

Limettier de Rome.

L'arbre qui porte ce fruit a ses feuilles plus rapprochées et plus semblables à
celles du Citronier qu'à celles de l'Oranger. Son fruit, quoique de forme arrondie,
ne ressemble point à l'Orange; il est plus gros, couvert de rugosités irrégulières, comprimé aux deux extrémités et couronné d'un mamelon applati, entouré d'un sillon. L'écorce en est blanchâtre, ridée et inégale, d'une acidité
mêlée d'amertume; ce qui rapproche cette variété de l'Orange et du Limon;
mais elle tient plus du Limon encore que de l'Orange. Son jus est doux et fade.

Il est bon de fixer ici la différence qui existe entre le *Limon* proprement dit,
et la *Lime*. Le premier en général est verruqueux, terminé par un mamelon,
plus ou moins prononcé, tandis que la Lime est assez ronde, sans inégalités ni
mamelons.

Var. 3. *Citrus Limetta Limoniformis.*

C. *Limetta, foliis ovato-elongatis; fructu parvo, oblongo, basi et apice mamillato; cortice firmo, croceo; carne gratá et odoratá.*

Limon dulci medullá. Ferr. Hesp. p. 227. tab. 229.

Limon dulcis vulgaris. Limon dolce ordinario. Volc. Hesp. p. 157. tab. 158. b.

Citronier Limettier Limoniforme.

Cette rare et jolie variété a été confondue par plusieurs nomenclateurs avec
le Limonier à pulpe d'Orange, dont elle diffère non-seulement par son feuillage et par ses fleurs, mais encore par la forme de son fruit, petit, oblong,
presque lisse, terminé aux deux bouts par un mamelon, le supérieur sillonné à sa

base. L'écorce, de couleur jaune-safran, est ferme, croquante, douceâtre, fort adhérente à la pulpe intérieure, qui se divise en neuf à douze loges, pleines d'un suc blanc jaunâtre, d'une odeur et d'un goût agréables, renfermant des semences ovales-oblongues, pointues d'un côté, obtuses de l'autre, tachées de rougeâtre.

Ce n'est ordinairement qu'en novembre ou décembre que le fruit, qui a noué l'année précédente, parvient à sa parfaite maturité; si néanmoins la chaleur de l'été a été plus considérable que de coutume, sa maturité est accélérée. Sa culture en caisse paraît préférable à celle en pleine terre; mais dans ce cas le feuillage est moins touffu.

Var. 4. *Citrus Limetta Mela-Rosa.* tab. 35. fig. 1.
C. *Limetta, foliis ovato-elongatis; fructu rotundato, depresso, costato; cortice subtenui, luteo; carne subamará, vix acidá.*
Malum Roseum. Mela-Rosa. Volc. Hesp. p. 145. tab. 146. a.
Citronier Limettier *Mela-Rosa.*

Le fruit de cette variété est remarquable par une verrue à son sommet et une espèce de houppe qui l'entoure. On le distinguerait difficilement de l'Orange, si son jus, par une petite amertume qui lui est propre, ne le faisait reconnaître. L'arbre qui le porte est encore remarquable sous deux rapports: 1°. du même rameau sortent souvent deux ou trois fruits assez éloignés les uns des autres; 2°. son odeur est agréable et délicieuse; elle égale et surpasse même celle de la Rose; ce qui, sans doute, l'a fait dénommer *Mela Rosa.* Ses feuilles, froissées dans la main, répandent aussi cette odeur suave et agréable.

Le fruit est arrondi, déprimé, de couleur jaune, traversé de plusieurs côtes longitudinales, qui partent du pédoncule et vont aboutir à un petit mamelon obtus qui le couronne. Son écorce est ferme, assez épaisse, fortement adhérente à la pulpe, qui se divise en onze à quinze loges d'un jaune pâle, contenant peu de jus et faiblement acide. Les semences sont presque arrondies, traversées par des filets colorés de rougeâtre.

Var. 5. *Citrus Limetta tuberculata.*
C. *Limetta, foliis ovato-oblongis, subalatis; fructu subrotundo, vel ovato, sulcato, tuberculato; cortice crasso, sulphureo; carne subdulci.*
Lima scabiosa et rotunda. Ferr. Hesp. p. 332. lin. 7. tab. 339.
Citronier Limettier tuberculé.

Les fruits de cette variété sont indifféremment arrondis ou alongés, terminés par un mamelon, susceptibles de prendre plus d'accroissement, en restant plus long-tems sur l'arbre. Leur écorce est sillonnée, couverte de tubercules, comme certaines Courges; elle recouvre une pulpe de couleur souffre-pâle, un peu sèche, et dont le suc est faiblement doux. Cette pulpe est divisée en dix loges d'inégale grandeur et disposées dans un ordre assez irrégulier.

Ce fruit doit être cueilli vert et conservé dans des magasins; c'est là que sa maturité se perfectionne.

Var. 6. *Citrus Limetta Hispanica.*
C. *Limetta, foliis ovato-elongatis; fructu rotundato; apice acuto; cortice subloevi; carne acidá.*
Lima dulcis. Ferr. p. 331. tab. 333.
Limon aurantio congener. Limea aranzata. Volc. Hesp. p. 163. tab. 164. b.
Citronier Limettier d'Espagne.

Cette variété ne présente pas beaucoup de différence avec celles qui sont déjà décrites.

Son fruit est assez rond, surmonté d'une pointe. Son écorce, parsemée de petits points, est assez lisse; elle est épaisse et amère, recouvre une pulpe de couleur souffre, pleine de jus acide répandu dans huit à neuf loges bien nourries et parfaitement disposées entre elles.

Var. 7. *Citrus Limetta Bergamia.*

C. *Limetta Bergamia, foliis ovato-acutis, dentatis; fructu pyriformi; apice acuto; cortice glaberrimo, pallidé aureo; carne acidá et amará.*

Limon Bergamotta. VOLC. HESP. p. 155. tab. 156. b.

Citronier Limettier-Bergamotte.

Le Bergamottier est, dans cette famille, le fruit qui a le parfum le plus délicieux. Sa tige s'élève majestueusement, et malgré cela elle exige beaucoup moins de soins que les autres. On en distingue de deux espèces; la première, qui a les feuilles crépues, est appelée *Bergamotta cum folio crispo,* et la seconde, dont les feuilles sont lisses et unies, est nommée *Bergamotta cum folio lœvi.* L'une et l'autre ont un beau feuillage d'un vert agréable; leurs feuilles sont en cœur, comme celles du Limonier dit de Portugal. Ses rameaux n'ont pas de piquants, et le peu qui s'y rencontre parfois est à peine sensible. Les jeunes fruits sont terminés par un petit mamelon qui disparaît lors de la dilatation de l'écorce à l'approche de la maturité, qui a lieu en novembre ou décembre, dix-huit mois après que le fruit a noué. Sa couleur est alors d'un beau jaune-souffre. L'écorce qui l'enveloppe est assez épaisse, et son odeur est très-suave. La pulpe est divisée en huit loges contenant un suc acide et d'un jaune très-clair. Semences oblongues un peu applaties.

Ce n'est plus guères qu'à Grasse que cette variété est cultivée; c'est dans cette ville surtout qu'on s'est adonné au commerce de ces jolies bonbonnières, connues sous le nom de *Bergamottes.*

On fait avec les fruits des confitures exquises et très-estimées.

Var. 8. *Citrus Limetta Bergamia-stellata.* tab. 31. fig. 1.

C. *Limetta Bergamia, foliis ovato-oblongis, subdentatis; fructu subrotundo, depresso, sulcato, apice mamillato; cortice crasso, pallidé luteo; carne subacidá.*

Citronier Limettier Bergamotte-étoilée.

Le Bergamottier à fruits étoilés a ses fleurs disposées en bouquets le long des rameaux. Son fruit est arrondi, un peu comprimé, d'un jaune pâle, chargé, dans sa longueur, de sillons qui partent du pédoncule et vont se réunir à un petit mamelon obtus. Son écorce est épaisse, blanchâtre, fortement adhérente à la pulpe, qui est divisée en neuf loges contenant un suc aigrelet et des semences ovales, applaties et striées.

Var. 9. *Citrus Bergamia-Peretta.* tab. 24. fig. 2.

C. *Bergamia, foliis ovato-oblongis, subdentatis; fructu parvo, subpyriformi, pistillo persistente, acuminato; cortice lœvi, aureo; carne gratá, acidá.*

Citronier Bergamotte-Perette.

Ce Bergamottier, que quelques nomenclateurs ont placé parmi les Limoniers, nous a été envoyé sous le nom de Limettier Bergamotte-Poire, à épine solitaire. Sa tige s'élève de six à douze pieds. La forme du fruit est remarquable; il est rétréci vers sa base comme une Poire, surmonté à son sommet d'une appendice longue de cinq à six lignes, renflée à son extrémité en manière de trompe; cette appendice est formée par le style et le stigmate qui sont persistans. Cette variété n'est pas la seule qui, dans les fruits du genre Citronier, ait la forme de Poire, mais tous n'ont pas, comme celle-ci, le style permanent. Ce fruit, sans l'appendice, porte vingt-trois à vingt-quatre lignes de hauteur, sur quinze à seize dans son plus grand diamètre. Son écorce est de couleur jaune-soufre pâle, formée d'une substance spongieuse, peu sapide et épaisse de trois lignes et plus; la base rétrécie du fruit est toute entière de cette substance, sans aucune partie de chair aqueuse. Celle-ci, dans la coupe longitudinale du fruit, n'a en tout que neuf à dix lignes de diamètre, sur treize de hauteur; elle est d'une couleur blanche-jaunâtre et pleine d'une eau assez fortement acide.

Cette variété, rare dans les jardins, répand un parfum qui approche beaucoup de celui de la Rose.

Var. 10. *Citrus Limetta, di seccondo fiore.* Tab. 24. fig. 5.
C. *Limetta, foliorum petiolis non alatis; fructu parvo, subpyramidato, sulphureo, infra apicem cincto; cortice crasso; carne parùm succidá, acidá.*
Citronier Limettier de secondes fleurs.

Nous aurons occasion, dans le cours de cet ouvrage, de parler des différentes époques de fleuraison des arbres du genre Citronier. M. BOCCARDI nous a fourni le moyen de faire figurer un des fruits de *secondes fleurs* et d'en faire la description exacte. Il nous prévient au surplus que rarement on en trouve des individus aussi parfaitement réguliers.

Les feuilles de ce Limettier ont leurs pétioles presque nus, dépourvus d'appendice en forme d'ailes. Les fruits sont petits, ovoïdes, arrondis à leur base, un peu en pyramide du côté de leur sommet; ceints en dessus de leur quart supérieur d'un sillon circulaire; ils ont en tout vingt-six à vingt-huit lignes de hauteur, sur vingt-une de large dans leur plus grand diamètre. Leur peau est d'un beau jaune de soufre, assez unie, formée intérieurement d'une substance spongieuse, épaisse de trois à quatre lignes, peu sapide, au milieu de laquelle est une chair peu abondante, d'un jaune blanchâtre, contenant une eau acide.

3. CITRUS Limonium. *Tab.* 28.
C. *foliis ovatis, acutiusculis; floribus extùs purpurascentibus; fructu plerumquè ovoideo et apice mamillato; carne acidá.*

CITRONIER Limonier. *Pl.* 28.
C. à feuilles ovales, un peu aiguës; à fleurs purpurines extérieurement; à fruit presque toujours ovoïde et mameloné au sommet; à chair acide.

Citrus medica β. LIN. Sp. 1100. WILLD. Sp. 3. p. 1426.
Limon acris. FERR. Hesp. p. 331. tab. 333 et 335.
Limon vulgaris. BLACKW. Herb. t. 362.
Malus Limonia acida. C. BAUH. Pin. 436.
Vulgairement Limonier; en italien, *Limone selvatico;* en Provence et à Nice, *Limounier soouvagi;* à San-Remo, *Limon nostrale ò Italiano.*

Tige droite, revêtue d'une écorce grisâtre, divisée, dans sa partie supérieure, en rameaux anguleux, hérissés de longues épines, ayant leurs jeunes pousses d'un rouge violet. Feuilles ovales-oblongues, plus ou moins pointues, dentées sur leurs bords, d'un vert jaunâtre, lisses et très-glabres, portées sur des pétioles garnis, de chaque côté, d'un rebord qui ne se prolonge point jusqu'à sa base. Fleurs nombreuses, pédiculées, composées d'un calice quinquéfide, coloré de violet; d'une corolle à cinq pétales oblongs, aigus, d'un rouge pourpre extérieurement, blancs intérieurement, ayant une odeur pénétrante; de trente à trente-six étamines, à filamens grêles, portant des anthères jaunâtres; d'un ovaire chargé d'un pistil cylindrique, terminé par un stigmate arrondi. Fruit en général ovoïde, terminé par un mamelon plus ou moins prononcé, recouvert d'une peau d'un jaune clair, glabre, divisé intéricurement en neuf à dix loges pleines de vesicules alongées, contenant un suc plus ou moins acide.

Le Limonier, qui, sans contredit, est le plus répandu de tous les Citroniers, atteint à sa plus grande hauteur dans l'espace de quinze à vingt ans. Il est très-productif, et sa fertilité paraît la même, quel que soit le moyen de culture que l'on ait employé. Son fruit est généralement uniforme, arrondi, d'une grosseur moyenne. Son écorce est légèrement inégale et épaisse; son suc est abondant, et d'une acidité agréable. Il porte un mamelon alongé et quelquefois circulaire. Cet arbre, quoique vigoureux, n'a pu résister à de certaines gelées extraordi-naires, qui ont fait périr une quantité de pieds, dans les endroits surtout qui étaient le moins abrités.

Il existe une différence, toutes choses égales d'ailleurs, entre un individu franc et un greffé. Une épine solitaire accompagne toujours le premier, et on ne la trouve presque jamais sur le second. Nous disons presque jamais, parce que l'on voit quel-quefois de petites épines sortir de l'aisselle des feuilles qui ornent les jeunes branches des individus greffés, mais on n'en rencontre jamais sur celles qui ont acquis une certaine grosseur. Elles disparaissent, ou se transforment en une espèce d'apophyse arrondie à son sommet.

Le Limonier croît en arbre majestueux; il a un système particulier dans ses branches, et, sans être touffu, il a un aspect imposant. Sans cesse fécond, et couvert toute l'année des trésors de la fructification, il étale des beautés et une élégance qu'on ne trouve que dans peu d'espèces privilégiées. Son arome, qui est pénétrant, se volatilise à l'approche de la maturité.

Sa fleuraison dure depuis le mois de février, jusques à celui d'octobre inclu-sivement, quoique, rigoureusement parlant, on puisse la considérer comme per-manente, attendu qu'une grande partie des fleurs s'épanouit pendant l'hiver.

* Fruits ovoïdes, à suc acide.

Var. 1. *Citrus Limonium acre.*

C. *Limonium, foliis ovatis; fructu ovato, glaberrimo; cortice tenui, ex luteo virescente; carne acidissimá.*

Lima acris. Ferr. Hesp. tab. 333. fig. infer.

Limonia, fructu medio, oblongo, acuminato; cortice tenui. Le Berr. Nouv. La Quinty. tom. 4. p. 118.

Limone fino, ò lustrato, en italien; *Limonier à fruit aigre et écorce fine.*

Ce fruit, connu de tout le monde, est de forme ovoide et arrondi, lisse, très-glabre, luisant, d'un beau jaune verdâtre, d'une odeur agréable. Son écorce est très-mince, fort adhérente à la pulpe, qui se divise en neuf ou onze loges pleines d'un suc abondant et acide. Les graines qu'il contient sont petites ou nulles.

Le jus abondant renfermé dans ce fruit, mêlé avec de l'eau et du sucre, pro-cure une boisson agréable et rafraîchissante, connue sous le nom de *Limonade.* L'usage en est devenu tellement général, que les membres d'une des corporations de la Capitale en ont pris le nom de *Limonadiers.*

Var. 2. *Citrus Limonium striatum.*

C. *Limonium, foliis ovatis; fructu ovato vel subgloboso, striato; apice obtusè mamillato; cortice tenui, pallidè luteo; carne gratè acidá.*

Limon striatus vulgatior. Ferr. Hesp. p. 245. tab. 247.

Limon canaliculatus. Limon incanellato. Volc. tab. 136. a.
Limonier à fruit strié.

Malgré l'opinion de quelques auteurs qui prétendent que les variétés ne peuvent conserver long-tems leurs caractères, cet arbre, dès avant Ferrarius jusques à nous, n'a subi aucun changement dans la forme de son fruit, malgré les climats et les terrains différens dans lesquels il a été transplanté. Ce sont toujours des stries ou canelures qui se présentent sur toute la longueur du fruit, mais sans aucun ordre régulier. La forme en est variable, car les uns sont parfaitement ronds, d'autres oblongs, d'autres tout-à-fait alongés et toujours striés ou canelés. La couleur d'un jaune pâle est commune à tous. Ce fruit a une écorce assez mince, adhérente à la pulpe intérieure qui se divise en dix ou onze loges pleines d'un suc acidule et agréable. Ses graines sont petites et peu nombreuses.

Var. 3. *Citrus Limonium pusillum.*
C. *Limonium, foliis parvis, ovato-oblongis; fructu pusillo, subgloboso, lævi; cortice glabro, tenui, ex luteo pallidè virescente; carne gratè aciduld.*
Limon pusillus Calabriæ. Ferr. Hesp. tab. 211. fig. inf.
Limonier à petit fruit.

Le fruit de ce Limonier, un des plus petits de l'espece, est orbiculé, lisse, d'un jaune verdâtre fort léger. Il est assez ordinairement terminé par un très-petit mamelon arrondi ou pointu. L'écorce en est mince, adhérente à la pulpe intérieure, qui se divise en dix ou onze loges pleines d'un suc acidule, agréable. Rarement on y trouve des graines.

Var. 4. *Citrus Limonium incomparabile.*
C. *Limonium, foliis oblongis; fructu magno, ovato, subrotundo; cortice subcrasso, luteo-pallescente, glaberrimo; carne jucundd, acidd.*
Limon incomparabilis. Ferr. Hesp. p. 221. tab. 223.
Limon incomparabile. Volc. Hesp. part. 2. pag. 98. pl. 99.
Limonier incomparable.

Le fruit de cette belle variété est gros, ovale, arrondi, d'un jaune clair, terminé par un mamelon peu sensible et obtus. Son écorce est médiocrement épaisse, tendre, agréable, peu adhérente à la pulpe, qui se divise en quinze à seize loges pleines d'un suc abondant et d'une acidité agréable. Ses graines sont oblongues, arrondies et peu nombreuses.

Var. 5. *Citrus Limonium Calabrinum.*
C. *Limonium, foliis ovatis; fructu parvo, glaberrimo, globoso; cortice tenui, odorato, luteo; carne acidd.*
Limon pusillus Calaber. Ferr. Hesp. tab. 211. fig. super.
Limon Calaber. Limon Calabrese. Volc. Hesp. tab. 144. b.
Limonier de Calabre.

Commelyn, dans ses Hespérides, a donné une figure de cette variété, mais elle n'est pas exacte. Il assure qu'en 1672 le fruit est parvenu à une maturité parfaite à Amsterdam. Celui que Ferrarius a décrit est plus petit. Il ressemble à presque tous les Limons, avec la différence pourtant que celui qu'il a figuré a son mamelon terminé par le pistil. S'il faut s'en rapporter à Commelyn et à Fors-ter, cet arbre donne deux espèces de fruits différens. Volcamérius en doute et décrit celui qu'il a cultivé, dont les feuilles étaient articulées et inarticulées, comme dans le Bergamottier, et il ne doute pas que ce caractère ne soit constant. L'écorce de ce

Limon est mince, de couleur jaune et aigrelette. Le suc en est abondant et verdâtre. La pulpe est divisée en neuf loges contenant des graines petites et peu nombreuses.

Var. 6. *Citrus Limonium Bignetta.* Tab. 23. fig. 3, 4 et 5.

C. *Limonium foliis ovato-oblongis; fructu rotundo, sæpé stygmate incurvo, bifido, tri-fido et rugoso; cortice ex luteo virescente, lævi; carne succosá et acidá.*

Citronier Limonier-Bignetta.

La dénomination de *Limon Bignetta*, que nos contemporains ont donnée à cette singulière variété, ne se trouvant dans aucun auteur, et la langue italienne elle-même, quoique très-riche en synonymies, ne nous donnant aucune connaissance de la signification propre de ce nom, nous nous bornons à ce que nous a fait connaître M. le D. Arnaud; il nous dit, qu'à San-Remo, le nom de *Bignetta* a été donné plus particulièrement à une variété de Limon commun, nommée dans le pays *Limon nostrale, ò Italiano,* qui est le résultat des greffes faites sur des rejetons du peu d'arbres que les gelées trop fortes n'avaient pas atteints, et que les fruits ont pris et conservé le nom de *Bignetta,* sous lequel nous décrivons cette variété.

Cet arbre porte des fleurs disposées en corymbe, formées de cinq à sept pétales lavés de rouge tendre en dehors; leurs étamines sont au nombre de cinquante à soixante. Les fruits sont assez généralement de forme ovoïde, arrondis, d'un beau jaune-verdâtre, terminés par un mamelon obtus, et souvent par le stigmate qui devient rugueux, il en est qui se présentent doubles et triples; mais ce qui est singulier, c'est que le stigmate conserve la couleur verte et ne suit pas celle de l'écorce, qui est adhérente à la pulpe intérieure, divisée en dix à douze loges, pleines de petites vésicules, contenant un suc abondant et acide. Nous avons figuré, (pl. 3o, sous les n°s. 1 et 2), un fruit *Bignetta,* qui nous a été envoyé comme *fœtifère;* sa coupe transversale, indique une monstruosité par le rapprochement des deux fruits; sa forme extérieure lui donne l'apparence d'un fruit fœtifère; mais nous le rangeons parmi les fruits que Ferrarius désigne par l'épithète *distorti,* qui ne renferment que la pulpe plus ou moins abondante qui leur est propre et qui ne présentent que le désordre organique des loges entre elles, mais aucun rudiment d'un second fruit dans son intérieur. La désignation de ces fruits, à San-Remo, par le nom de *Scherzi di natura,* nous paraîtrait devoir satisfaire le lecteur.

Var. 7. *Citrus Limonium Balotinum.*

C. *Limonium, foliis ovatis; fructu parvo, subgloboso, acuminato; cortice tenui; carne acidá et submoschatá.*

Limon irritator appetentiæ et Balotinus Hispanicus. Limon aguzza l'appetito, è balotino di Spagna. Volc. Hesp. p. 159. tab. 160. b.

Limonia, fructu medio, rotundo; crasso cortice. Le Berr. l. c. tom. 4. p. 121.

Limonier Balotin.

L'arbre qui porte ce fruit est beau, vigoureux, armé de fortes épines. Ses fleurs sont peu odorantes. Le fruit est rond et a presque la forme d'une balle de paume dont il a tiré son nom, il est terminé quelquefois par un petit mamelon peu saillant. Son écorce est d'un beau jaune, épaisse et dure. Ce fruit a peu de chair, par conséquent peu de jus; son parfum est très-fort et comme musqué. Ses pepins sont très-petits.

Il est une autre variété du *Ballotin d'Espagne,* plus gros que celui ci-dessus, dont la tige s'élève davantage. Ses feuilles sont entières, plus petites et ressemblent à celles du Laurier. Les rameaux en sont épineux, les fleurs blanches, les bourgeons roses et renflés; ils blanchissent en grossissant. L'écorce en est également mince, la pulpe charnue, et la saveur très-rapprochée de celle du Limon vulgaire.

Var. 8. *Citrus Limonium Bergamotta.*

C. *Limonium, fructu magno, globoso et depresso; cortice tenui, glabro, aurato; carne succosissimâ, gratè acidâ et subamarâ.*

Limon Bergamotto maximum. Limon Bergamotto della grand'sorte. Volc. Hesp. p. 135. tab. 136. b.

Limonier Bergamotte.

Le fruit du Limonier Bergamotte est de forme ronde; un pédoncule très-court l'attache au rameau. Une écorce, mince comme le dos d'une lame de couteau, d'une belle couleur jaune, recouvre sa chair qui a un suc très-abondant, dont l'acidité, modérée par une amertume agréable, est commune à cette écorce. L'intérieur est divisé en cellules ou cloisons membraneuses, au nombre de trente-six, qui sont sans ordre et sans symétrie, mais plus rapprochées entre elles que dans les fruits prolifères.

Var. 9. *Citrus Limonium Sbardonii.*

C. *Limonium, foliis oblongis, acutis, rugosis; fructu medio, ovato-subrotunda, tuberculato, rugoso, stylo persistente acuminato; cortice subcrasso, pallidè luteo; carne acidâ.*

Limon Sbardonius. Ferr. Hesp. p. 251. tab. 253.

Limon de Sbardoni. Le Berr. Nouv. La Quint. vol. 4. p. 125.

Citronier Limonier de Sbardoni.

Le fruit de cette variété est de médiocre grosseur, ovale, alongé, d'un beau jaune clair, rugueux, couvert de rides et de protubérances vers son pédoncule, terminé par un très-petit mamelon arrondi, couronné par le style qui est presque toujours persistant. Son écorce est peu épaisse, tendre, d'un bon goût, ferme, assez adhérente à la pulpe, qui se divise en dix à douze loges pleines d'un suc légèrement acide et abondant. Les graines sont ovales-arrondies et peu nombreuses.

Ferrarius a dédié cette jolie variété au D. Fabricius Sbardonius, Directeur du Jardin botanique de Rome, et son contemporain.

Var. 10. *Citrus Limonium Ponzinum.*

C. *Limonium, foliis elongatis; fructu magno, subgloboso, aureo, subcostato; cortice subcrasso; carne paululùm acidâ.*

Limon Ponzinus Ligusticus. Ferr. Hesp. p. 289. lin. 8. tab. 293.

Limon Ponzino. Volc. Hesp. part. 2. pag. 123. tab. 124.

Limonier Poncire.

Le fruit de cette variété est gros, globuleux, d'un beau jaune doré à l'époque de sa maturité. Il est traversé longitudinalement par des lignes un peu relevées, qui viennent aboutir à la sommité, formant des espèces de petites côtes. Il est terminé par un petit mamelon courbé. Son écorce est épaisse, compacte, peu adhérente à la pulpe intérieure, qui se divise en dix à onze loges pleines d'un suc légèrement acide. Elles ne contiennent souvent aucune semence.

Le Poncire, que nous décrivons, est essentiellement celui connu par les Citriographes sous le nom de *Poncire de Gênes.* Il en est une autre variété, dont la couleur dominante est rouge, et qui s'éteint, aux approches de la maturité, pour passer insensiblement à la couleur jaune de ses congénères. Cette variété est décidément oblongue, terminée par un mamelon dont la pointe est recourbée. Sa pulpe n'a que huit loges très-fortes, qui ne contiennent pas de semences.

Volcamerius, dans la seconde partie de ses Hespérides, a figuré un Poncire de Naples, un de Valence, un de Rhegino. Ces fruits sont à peu près semblables les uns aux autres. Le dernier est beaucoup plus alongé, et des tubercules forts et bien prononcés couvrent sa surface. Il est peu de pays où les arbres du genre Citronier sont cultivés, dans lesquels le Poncire ne le soit aussi et ne reçoive quelque modification dans sa forme et dans sa saveur.

Var. 11. *Citrus Limonium Caly.*

C. *Limonium, foliis ovato-lanceolatis; fructu ovato, tuberculato; cortice crasso, sub-*
viridi; carne acidá et gratè subamará.

Limonier Caly.

Le Caly est un grand arbre. Sa tête a quelque chose de pittoresque et d'intéressant, mais la longueur et la distance de ses rameaux font qu'elle n'acquiert jamais la rondeur et la régularité qu'on admire dans l'Oranger. Ses feuilles, lancéolées, concaves, dentelées, sont d'un vert foncé, et parsemées de taches blanchâtres, qui produisent un bel effet. Ses fleurs, qui ont depuis quatre jusques à sept pétales, sont presque toujours axillaires. Elles sont remplacées par des fruits oblongs, constamment verts, ressemblant, par la forme, au Poncire, et recouverts de protubérences fort rapprochées. L'écorce de ces fruits est communément épaisse, très-blanche, sous un épiderme verdâtre. Elle est très-adhérente à la pulpe, qui est partagée en huit à onze loges contenant un suc acide, mêlé d'une amertume agréable. Les graines de ce fruit sont ovoïdes.

Var. 12. *Citrus Limonium Rosolinum.*

C. *Limonium, foliis elongatis; fructu magno, oblongo, subrotundo, verrucoso; cortice*
crasso, aureo; carne vix.acidá.

Limon Rosolinus. Ferr. Hesp. p. 251. tab. 255.

Limon Rosolino. Volc. Hesp. part. 2. pag. 88. tab. 89.

Citronier Limonier Rosolin.

Le nom que porte cette variété n'indique rien de particulier qui puisse la faire distinguer ni lui assurer une place dans la quantité de variétés dont ce genre se compose. Ferrarius, à ce qu'il paraît, l'a dédiée à un cultivateur de son tems, nommé Rosolino, qui, le premier, l'a cultivée à Rome.

Le fruit en est très-gros, arrondi, oblong, couvert de bosses très-saillantes, de couleur jaune doré, assez généralement sans mamelon; mais il y en a pourtant qui en ont un bien conformé et dont la sommité est recourbée en forme de crochet. Son écorce est assez épaisse, tendre pourtant, adhérente à la pulpe intérieure qui se divise en neuf à douze loges inégales, pleines de vésicules blanchâtres, contenant un suc faiblement acide, et très-peu de graines.

Var. 13. *Citrus Limonium semine carens.*

C. *Limonium, foliis ovato oblongis; fructu medio, ovato; cortice tenui, glabro, ex*
luteo virescentè; carne acidá, seminè carentè.

Limonier à fruit sans semences.

L'absence des graines dans les fruits peut être regardée comme une maladie dans ceux qui en sont privés. Il n'en est pas de même dans le genre Citronier qui réunit plusieurs variétés qui sont privées des moyens de se reproduire par leurs semences. Aussi les Citriographes ont-ils fait une variété particulière de celle dans laquelle ils n'ont aperçu ni semences ni aucun indice qui pût faire soupçonner leur place ni leur présence dans quelques-uns d'entre eux. Cette variété ne peut donc se multiplier et se propager que par tout autre moyen que celui des semis. Le fruit dont nous nous occupons, a été précédé par des fleurs petites et peu nombreuses, dont la corolle avait quatre à cinq pétales, pourpres en dehors, et blancs en dedans. Le fruit est médiocre, ovoïde, lisse, d'un jaune verdâtre, re-

couvert d'une écorce mince, adhérente à la pulpe intérieure, qui se divise en sept
à neuf loges pleines d'un suc acide et sans aucune graine.

Var. 14. *Citrus Limonium, flore semi-pleno.*
C. *Limonium, foliis ovato-lanceolatis; flore semi-pleno; fructu ovato-subrotundo, ru-
goso; cortice crasso, ex luteo-virescente; carne acidá, parùm succosá.*
Limonier à fleurs semi-doubles.

Le Limonier à fleurs semi-doubles ne présente rien de plus particulier que les
autres variétés du genre que nous décrivons, ou qui nous restent à décrire.
Toutes ces variétés ont la même cause pour présenter des fruits complets et des
fruits prolifères; celle qui nous occupe a ses fleurs éparses, composées de sept
à douze pétales inégaux, d'un rouge-violâtre en dehors, blancs en dedans. Les
fruits qu'elle donne sont ovoïdes, quelquefois arrondis, rugueux, et d'un rouge
verdâtre-pâle. Son écorce est épaisse, peu adhérente à la pulpe, divisée en plusieurs loges inégales, contenant peu de suc, et dont la saveur est acidule.

Ces fruits sont susceptibles d'une fécondation extraordinaire, et il n'est pas
rare d'en trouver plusieurs qui en renferment d'autres, disposés de la même
manière que ceux dont nous avons parlé parmi les Cédratiers.

Var. 15. *Citrus Limonium Barbadorum.*
C. *Limonium, foliis ovato-lanceolatis, dentatis; fructu ovato vel subgloboso, tuberculato;
cortice crasso, pallidè flavescente; carne gratè acidulá.*
Limon Barbadorus. FERR. pag. 257. tab. 259.
Limonier Barbadoro.

Le Limonier cultivé dans les jardins de l'illustre famille de BARBADORO, à Florence, donne un fruit d'un jaune très-pâle, comparé à la couleur de la paille. Son
poids est quelquefois de deux livres. Ses fleurs sont peu odorantes. Les fruits
n'ont pas de forme constante; il y en a de ronds assez unis; d'autres sont ronds,
tuberculés, mamelonés, et d'autres très-alongés et pointus. Leur écorce ne varie pas
autant; elle tient le milieu entre celles qui sont très-épaisses et celles qui le sont moins.
La pulpe intérieure se divise en huit loges pleines d'un suc aussi agréable que
dans aucune des variétés du Cédratier, parmi lesquels il pourrait être placé.

Var. 16. *Citrus Limonium roseum.* pl. 26. fig. 5.
C. *Limonium roseum, foliis ovato-oblongis; fructu medio, globoso, paululùm depresso;
cortice crassiusculo, scabro, pallidè luteo; carne acidissimá.*
Limonier Rose.

Le fruit de cette variété nous a été envoyé par M. BOCCARDI, sous le nom de Limon Rose. Sa forme est celle d'un sphéroïde assez régulier, mais un peu applati
à la base et au sommet, de manière que le diamètre en hauteur est moindre que
celui de la largeur; l'un a vingt-cinq lignes et l'autre n'en a que vingt-une. Son écorce
est d'un jaune un peu pâle, inégale et raboteuse en sa surface; elle est épaisse
de près de trois lignes. La chair, d'un jaune très-clair, n'est pas abondante à cause
de l'épaisseur de l'écorce, et parce qu'elle contient aux environs de soixante pepins,
dont plusieurs mal conformés, étant les uns très-alongés, les autres applatis. La
saveur en est fortement acide.

* * Fruits ovoïdes à suc doux.

Var. 17. *Citrus Limonium saccharatum.*
C. *Limonium, foliis ovato-lanceolatis; fructu medio, ovato; apice acuminato; cortice
tenui, sulphureo, lævi; carne succosá, rubente, saccharatá.*

Limonium saccharatum, coniferum. Limon Zucherin col pigolo. Volc. Hesp. p. 159.
tab. 160. a.
Limonier à fruit sucré.

Ce qui distingue cette variété parmi les Limoniers se trouve non-seulement dans la saveur du suc doux et sucré de son fruit, mais encore dans sa forme qui est ronde, un peu alongée, terminée par un mamelon, au sommet duquel est une espèce de bec qui semble être une portion de la fleur. Cette variété a ses rameaux sans épines. Ses feuilles sont d'un vert aussi agréable que dans tous les Limoniers. Sa fleuraison est tardive; les fleurs en sont blanches, longues et étroites, et le bourgeon est d'un vert agréable. L'espèce de bec qui termine le fruit se convertit souvent en un mamelon à l'approche de la maturité. Son écorce, de couleur Citron, est mince et unie; elle a une odeur suave qui flatte autant le goût que l'odorat. La pulpe, qu'elle recouvre, est serrée comme dans l'Orange; ses vésicules sont remplies d'un suc d'une saveur douce et agréable. Ce suc est assez coloré et approche plus du rouge que du jaune. Le fruit est divisé en onze loges.

La culture de cette variété en caisse est préférable à celle en pleine terre.

* * * Fruits oblongs, suc acide.

Var. 18. *Citrus Limonium vulgare.*
C. *Limonium, foliis ovato-oblongis; fructu ovato-oblongo, glabro; cortice subtenui, sulphureo; carne acidâ.*
Limon vulgaris. Ferr. Hesp. p. 191. tab. 193.
Limon vulgare. Volc. Hesp. tab. 154.
Limonier ordinaire.

La tige et les rameaux de cette variété sont garnis d'épines. Les feuilles sont toujours vertes, aiguës et dentées. L'arbre se couvre d'une immensité de fleurs, qui se succèdent sans interruption, et que le moindre vent fait tomber. Elles sont blanches à l'intérieur, lavées de rouge à l'extérieur. Son arome est moins suave que celui de l'Oranger. La forme de ses fruits varie; ils sont tantôt sphériques, tantôt cylindriques; les uns sont très-charnus, d'autres ont une pulpe très-abondante en jus. L'écorce est long-tems verte; mais, le fruit approchant de sa maturité, elle passe insensiblement à la couleur jaune doré. La pulpe intérieure est divisée en onze cloisons membraneuses, pleines d'un suc acide.

Cet arbre, plus sensible aux intempéries des saisons que l'Oranger, demande à être planté à une exposition chaude et bien abritée.

Var. 19. *Citrus Limonium Ceriescum.* tab. 27. fig. 2.
C. *Limonium, foliis ovato-rotundatis; fructu magno, ovato-oblongo, tuberculato; cortice crasso, subdulci; carne acidulâ.*
Limon Liguriæ Ceriescus. Ferr. Hesp. p. 195. tab. 199.
Limon de Ligurie Ceriesque.

Le nom que l'on a donné à cette variété est dû, sans doute, à la couleur de son fruit, très-ressemblante à de la cire et très-voisine de celle des Cédratiers. Ce fruit est presque rond, chargé d'un mamelon formé de trois bosses assez saillantes, arrondies, et surmontées d'une quatrième dont les quatre bosses, qui le composent, ressemblent assez à celles que l'on voit sur l'écorce, qui conservent plus long-tems leur couleur verte que l'écorce elle-même, qui est d'un jaune-verdâtre et passe à la couleur de cire en approchant de sa parfaite maturité. On voit à la base du fruit une éminence à côtes assez égales, dont la suppression rendrait le fruit parfaitement rond. L'écorce qui l'enveloppe est épaisse, ferme, d'un goût douceâtre, très-adhérente à la pulpe intérieure, qui se divise en dix à douze loges pleines d'un suc acide très-abondant. Les semences. sont arrondies, oblongues, peu nombreuses.

Il paraît que l'arbre qui porte cette variété est susceptible de donner naissance à ces fruits monstrueux, connus sous le nom de *Digités* ou *Multiformes*, dont nous avons fait peindre différens individus, tels qu'on les voit pl. 27 fig. 3, 4, 5, 6, 7, et l'on ne verra pas sans surprise que, dans chacune des parties de la pulpe intérieure qui constitue ces fruits monstrueux, cette pulpe y suive le même ordre que dans un fruit parfait (1).

Les récoltes des fleurs et des fruits ont lieu chaque année aux quatre époques de mai, juillet, août et septembre. Le commerce en est très-étendu et les envois dans toute l'Europe en sont multipliés. On n'en fait guères d'usage pour la table.

Var. 20. *Citrus Limonium Gayetanus.*

C. *Limonium, foliis oblongis; fructu magno, ovato-oblongo, tuberculato; cortice crasso, subdulci; carne acidulá.*

Limon Gayetanus. Ferr. Hesp. p. 203. tab. 205.

Limon da Gaëtta. Volc. Hesp. part. 2. tab. 82.

Limonier de Gaette.

Cet arbre s'élève à huit ou dix pieds. Son fruit, qui est d'une belle couleur jaune-safran, est oblong-arrondi, couvert de bosses ou protubérences, et terminé par un gros mamelon. Son écorce est épaisse, assez compacte, agréable à manger et d'un goût douceâtre; elle adhère fortement à la pulpe intérieure divisée en neuf à

---

(1) Parmi l'innombrable quantité de différens fruits qui embellissent nos jardins et nos vergers, il n'en est point, à notre connaissance, qui présentent des monstruosités aussi variées et aussi multipliées que celles que l'on rencontre dans les fruits du genre Citronier. Pour donner à nos Lecteurs une idée de ces singularités, nous avons fait peindre et graver ceux qui nous ont été envoyés. Ces monstrueuses irrégularités ont des causes que M. le Docteur Arnaud de San-Remo a bien voulu nous communiquer, et c'est de lui que nous empruntons ce que nous aurons à en dire.

Ces accidens sont plus fréquens sur les Cédrats et les Limons que sur les autres Espèces et Variétés. Le *Citrus fructu sulcato* (Pl. 33, fig. 2) nous est indiqué comme très-susceptible de faciliter la naissance de ces sortes de monstruosités; une grande partie des Limoniers présente des fruits plus ou moins irréguliers; c'est parmi ces derniers que nous avons rangé ceux des *Planches* 23 *et* 27, ayant reconnu en eux les qualités qui distinguent les Limons.

Les fruits monstrueux, dit M. Arnaud, affectent le plus souvent la forme de doigts de la main, qui sortiraient d'un centre commun, ordinairement peu développés, ressemblance qui leur a valu le nom de *Limoni Dietti.* — *Limoni Digitati.* Mais les caprices de la nature, ou les accidens extérieurs auxquels ces fruits sont exposés, donnent aussi naissance à des monstruosités différentes par l'arrangement singulier des parties qui concourent à leur formation; car il en est qui ressemblent à des Cornes, d'autres ont la forme d'une Couronne, d'autres représentent des Ergots. On en trouve souvent qui sont formés de deux fruits bien arrondis (Pl. 30, fig. 1 et 2), unis l'un à l'autre par la moitié de leur grosseur, se séparant ensuite, et dont l'intervalle est occupé par une excroissance longue et arrondie.

La saison la plus propice au développement de ces fruits monstrueux, est sans contredit le printems; aussi les voit-on accompagner fréquemment les *Limons de première fleur.* La tendance de ces fruits à un surcroît de végétation est quelquefois très-remarquable dans ceux même qui sont à pistil permanent; ce pistil devient charnu, son stigmate, qui s'arrondit en forme de champignon, forme une sorte de tête qui surmonte le fruit : le même pistil, dans d'autres, est partagé en deux portions qui imitent assez les cornes d'un Bélier (*V. Pl.* 23, *fig.* 5). Aussi l'appelle-t-on *Bicorné.*

Peut-être qu'une espèce de superfétation, ou une plus forte quantité des poussières fécondantes, qu'un des sexes fournit pour la fructification, est la cause de ce phénomène, singulièrement favorisé par l'état de vigueur dont l'arbre jouit dans la saison pendant laquelle il se présente plus fréquemment.

M. Loquez voit la cause de ces méthamorphoses dans les dégâts et ravages que font les Insectes en piquant le pistil peu après l'épanouissement de la fleur, époque où la trompe de ces animaux pourrait la percer facilement. Par l'effet de la piqûre, il y a extravasation des fluides et épuisement de ce côté, d'où il résulte que les loges se trouvant déchirées et leurs vaisseaux détruits, elles ne peuvent ni végéter ni s'étendre. L'écorce ne souffre pas autant, parce que, n'étant piquée que d'un côté, elle continue à croître de l'autre, où le système vasculaire n'a souffert aucun dérangement. Lorsque les Limons offrent ces espèces de mains ou de doigts, c'est une marque qu'ils ont été piqués plusieurs fois, et que de ces piqûres est provenu un certain nombre de divisions. Cela ne doit pas étonner, en réfléchissant qu'après les déchirures il reste autant de portions, dont chacune conserve une suite de vaisseaux dans lesquels la circulation des fluides s'entretient et cause l'accroissement de ces parties qui, réunies à la base, présentent ensuite des systèmes isolés, et différens les unes des autres; les proportions de ces corps dépendent du nombre des vaisseaux qui ont concouru à leur formation et à la quantité des sucs qui en ont facilité le développement

La piqûre des insectes n'est pas la seule cause qui donne naissance à de pareilles monstruosités. Ces irrégularités ne se font guère remarquer dans l'intérieur des loges, les cloisons membraneuses y suivent les mêmes loix qu'ailleurs; mais au dehors, la conformité est interrompue par l'impulsion de certaines loges, qui, recevant plus de sucs que les autres, poussent l'écorce plus ou moins, en raison directe de la force agissante; dans ce cas, si la loge qui dilate ainsi l'écorce ne se prolonge que fort peu, la partie excédante ne prend pas beaucoup d'extension; mais si ses vaisseaux se prolongent davantage, alors le fruit croît en proportion. Ces écarts de nature ont toujours des dimensions relatives à l'énergie de la cause qui les produit.

dix loges pleines d'un suc acide. Ses graines sont anguleuses, terminées par une petite pointe crochue, et peu nombreuses.

Var. 21. *Citrus Limonium Sancti-Remi.*

C. *Limonium, foliis ovato-lanceolatis; fructu ovato-oblongo; apice grossè mamillato; cortice luteo, tuberculato, subcrasso; carne acidulâ.*

Limon Ligusticus Sancti-Remi. Ferr. Hesp. p. 195. tab. 197.

Limonier de San-Remo.

Ce Limonier est cultivé dans la Rivière de Gênes, et particulièrement à San-Remo. Il n'a guères d'autres qualités que celle d'être très-productif. Son fruit, très-alongé et terminé par un mamelon, se colore en jaune. Son écorce est rugueuse et tuberculée, d'un arôme très-faible. La pulpe, qu'elle recouvre, est lâche; son jus n'est pas moins agréable que celui des autres variétés; mais, au premier abord, il présente un goût acidule. Cette pulpe est distribuée en onze loges, dans quelques-unes desquelles on aperçoit des graines.

Var. 22. *Citrus Limonium Imperiale.*

C. *Limonium, foliis ovato-oblongis, acutis; fructu ovato, basi attenuato; apice mamillato; cortice crasso, flavescente, gratè amaro; carne succosâ, acidulâ.*

Limon Imperialis. Ferr. Hesp. p. 221. tab. 225.

Limonium cucurbitinum imperiale. Limon Zuccheta imperiale. Volc. tab. 138. b. fig. exter.

Limon Impérial en Gourde.

Nous avons déjà décrit un Cédrat en forme de gourde; celui-ci peut avoir quelque ressemblance, car il a, comme lui, une écorce épaisse, et ses fruits sont ovales, en général un peu alongés, mamelonés à leur sommet, renflés dans leur milieu et retrécis vers leur base. L'arbre parvient à une grande hauteur. Sa tige est droite, garnie de piquans aigus, semblables à des épines. Ses feuilles sont minces, lâches, dentées en scie. L'écorce du fruit est flavescente, d'une amertume agréable, comme dans les Citrons. Sa pulpe est très-juteuse, aigrelette et blanchâtre. La figure que Ferrarius en donne la présente comme divisée en sept loges, avec peu de graines, et celle de Volcamerius en présente neuf à dix.

Var. 23. *Citrus Limonium racemosum.*

C. *Limonium, foliis ovato-oblongis; fructibus ovato-oblongis, sæpè apice incurvo, in racemum coalitis; cortice crassissimo, ex flavo pallidè virescente; carne vix succosâ, acidâ.*

Limon cui à racemo nomen. Ferr. p. 239. tab. 243.

Limonier à fruits en grappes.

Ferrarius, qui a donné, dans ses Hespérides, une figure de ces fruits, assure les avoir cultivés à Rome, et qu'ils sont ordinairement reunis en grappes de trois, quatre, jusqu'à cinq, sortant tous de la même aisselle, et portés sur un pédicule commun. Leur volume et leur poids sont considérables. La forme en est très-alongée. Ils sont renflés dans le milieu et terminés par un prolongement cortical et souvent recourbé. Ces fruits sont très-multipliés sur leurs différentes tiges, auxquelles ils sont attachés comme des grappes de raisins. Ils sont de couleur verte foncée, et passent à une teinte jaune-claire en approchant de leur maturité. Une écorce très-épaisse couvre une pulpe presque nulle et qui ne contient aucune graine. Le peu de suc qu'elle renferme est acide.

Var. 24. *Citrus Limonium Bimamillatum.* pl. 27. fig. 1.

C. *Limonium, foliis ovato-oblongis; fructu ovato-oblongo; basi et apice mamillato; cortice tenui, ex luteo virescente; carne gratè acidâ.*

Limon qui vulgò nominatur à Rio, id est, à Rivo. FERR. Hesp. p. 213. tab. 215.
Limonier à double mamelon.

Les Limons sont en général des fruits alongés, souvent mamelonés. Celui dont il est ici question a deux mamelons parfaitement conformés. L'un, qui est à sa base et qui reçoit le pédoncule, est obtus et arrondi, celui du sommet est plus petit et entouré de petites bosses saillantes. Le fruit est renflé dans le milieu et va en diminuant également du sommet à la base. Sa couleur est d'un jaune verdâtre. Son écorce est assez mince, surtout dans les individus des premières fleurs, un peu plus épaisse dans ceux de la seconde fleuraison, plus encore dans la troisième. Elle est adhérente à la pulpe intérieure et divisée en neuf à dix loges, pleines d'un suc dont l'acidité est agréable.

Var. 25. *Citrus Limonium Lauræ.*

C. *Limonium, foliis ovato-oblongis, dentatis; fructu maximo, ovato-oblongo, rugoso, sulphureo; cortice crassissimo; carne acidá.*

Limon Lauræ. FERR. Hesp. p. 217. tab. 219.

Limon à Laura. VOLC. Hesp. part. 2. p. 80. tab. 82.

Limon Laure.

Cette belle variété est due à une dame de Naples, nommée LAURE, qui l'a obtenue et cultivée la première. Elle s'était fait un devoir de la communiquer et de la répandre. FERRARIUS et VOLCAMERIUS en ont donné, l'un et l'autre, une figure, mais qui offrent des différences dans leur forme. Dans la figure du premier, le fruit est ovale, alongé, pointu à son sommet, relevé et verruqueux. Son écorce, de couleur de soufre, est très-épaisse. La pulpe, divisée en neuf loges, contient un suc d'une acidité agréable. Le fruit figuré par VOLCAMERIUS est plus petit. Il est terminé par un mamelon pointu. Son écorce assez unie, de même couleur soufre, couvre une pulpe lâche, divisée en neuf loges pleines d'un suc acide et agréable. Il reconnaît l'identité des deux fruits, il en attribue la différence à la température du climat de Padoue où il cultivait, à celui de Naples où le fruit de FERRARIUS a pris naissance.

Var. 26. *Citrus Limonium Paradisi.*

C. *Limonium, foliis oblongis; fructu magno, ovato-oblongo; cortice crassissimo, lævi, dilutè luteo; carne subnullá, modicè-acidá.*

Pomum Paradisi. FERR. Hesp. p. 305. tab. 307.

Limonia fructu magno, longo, acuminato; crassiore cortice. Limon de Grenade. Pomme de Paradis. Limon de Provence. LE BERR. l. c. vol. 4. p. 122.

Limon Pomme de Paradis.

L'arbre qui porte ce fruit se garnit de nombreux rameaux, dont les feuilles sont longues, étroites et d'un beau vert. Les fleurs, semblables à celles du Limonier ordinaire, ont moins de parfum. La forme du fruit n'est pas toujours constante, sa grosseur même n'est pas égale dans tous; il est assez ordinairement alongé, un peu renflé à son sommet, qui se termine en cône : on en voit qui sont arrondis, d'autres qui acquièrent la grosseur des Cédrats. Sa hauteur est de près de cinq pouces et son écorce d'environ deux pouces. Cette écorce est de couleur jaune-doré, très-épaisse, lisse, légèrement granulée; la pulpe intérieure est presque nulle, divisée pourtant en six faibles parties en forme d'épis, crépues, mais si artistement arrangées qu'elles semblent plutôt l'effet de l'art que de la nature; elles contiennent un suc légèrement acide. Deux ou trois graines sont renfermées dans cette espèce de chair.

Var. 27. *Citrus Limonium Rheginorum.*

C. *Limonium, foliis ovato-subrotundis; fructu magno, ovato-oblongo; apice grossè mamillato; cortice crasso, tuberculato; carne subacerbá.*

Limon Spatafora Rheginus. Ferr. Hesp. p. 239. tab. 241.
Spadafora Rhegina. Volc. Hesp. p. 129. tab. 130.
Limonier Rhegino.

Le nom de *Spadafora Rheginorum* que cette variété porte, doit être rapporté à celui du pays où il a dû être cultivé en premier, et aux forts aiguillons dont ses rameaux sont chargés à l'aisselle des feuilles. Le fruit est ovale-oblong, d'un jaune-verdâtre. Son écorce est légèrement rugueuse, couverte de petits points, ayant par intervalle quelques tubercules; un mamelon arrondi couronne sa sommité. La pulpe, que cette écorce couvre, est partagée en douze loges pleines d'un jus très-acide; elle contient des semences nombreuses, arrondies et amères.

Var. 28. *Citrus Limonium Amalphitanum.*
C. *Limonium, foliis ovato-lanceolatis; fructu ovato-oblongo; apice grossè mamillato; cortice subcrasso, rugoso; carne gratè acidá.*
Limon Amalphitanus. Ferr. Hesp. p. 203. tab. 207.
Limonier d'Amalphi.

Très-voisin du Limonier de Gaette (var. 20), celui-ci, qui a pris son nom du pays où il est le plus cultivé, porte des gros fruits et des petits. Sa forme est oblongue, surmontée d'un fort mamelon. Sa peau est rude au toucher, sans être verruqueuse. Son écorce est assez épaisse, d'un jaune-blanchâtre, peu odorante, agréable à manger. La pulpe intérieure se divise en huit ou neuf loges pleines d'un suc aigrelet et agréable. Les semences, que cette pulpe contient, sont oblongues.

Var. 29. *Citrus Limonium Ferrarii.*
C. *Limonium foliis ovato-oblongis, fructu magno, ovato-oblongo, basi attenuato, verrucoso; cortice saturatè luteo, crasso; carne acidulá.*
Limonier de Ferrarius.

Nous ne trouvons dans aucun auteur de description positive et expresse de cette variété, et nous présumons que M. Risso, qui nous a si bien guidé dans la classification des arbres du genre Citronier, a cru ne pouvoir mieux terminer les variétés des Limoniers à fruits acides que d'en dédier une à Ferrarius, qui le premier a décrit ces espèces, suivant l'état de la science à l'époque où il vivait.

Nous ne doutons pas que sa description ne soit faite sur le fruit même. Il le dit gros, oblong, étroit à sa naissance, raboteux, verruqueux, d'une couleur jaune foncé, terminé quelquefois par un long mamelon pointu. Son écorce est compacte, d'un goût agréable, épaisse, adhérente à la pulpe intérieure, qui se divise en huit à dix loges pleines d'un suc acidule, et renfermant des semences oblongues.

Var. 30. *Citrus Limonium Pomum Adami.* Tab. 29.
C. *Limonium, foliis magnis, subcrispis; petiolis vix alatis; fructu magno, sphærico, sulphureo, punctato; cortice crassissimo, spongioso, amaro; carne parùm succidá et amarissimá.*
Pomum Adami. Ferr. Hesp. p. 309. tab. 311, 313, 315.
Aurantia magno fructu, acido; cortice carni adhærente. Le Berr. l. c. p. 115.
Limonier Pomme d'Adam.

C'est sous le nom de Pomme d'Adam que ce fruit nous a été envoyé par M. Boccardi. Ses caractères extérieurs pourraient le faire présumer être un Pompelmous, mais son écorce ponctuée, épaisse, sèche, très-adhérente à la chair, le placent naturellement parmi les Limoniers : on aperçoit sur quelques-uns de ces fruits l'impression de la cicatrice d'une morsure.

Dans les différens pays où les arbres du genre Citronier sont cultivés, les fruits dits *Pomme d'Adam* varient dans leurs formes et même dans leurs feuilles à peine ailées ou même sans aucune apparence d'ailes; parmi ces fruits, les uns sont oblongs, surmontés d'un mamelon applati; on en voit de fœtifères et qui, par la déchirure qu'occasionne à l'écorce le développement, laissent entrevoir les fruits formés dans l'intérieur.

La variété que nous décrivons ne présente aucun caractère particulier, son fruit est d'une forme parfaitement sphérique, un peu comprimé à sa base et à son sommet. Sa peau est d'un jaune de soufre, parsemée d'une quantité innombrable de points d'un vert clair. L'écorce est très-épaisse, formée d'une espèce de pulpe très-blanche, comme spongieuse, d'un goût amer très-prononcé. La chair contenue dans cette pulpe corticale est peu abondante, pleine d'un suc acide et très-amer. Cette chair est distribuée dans une vingtaine de loges qui contiennent chacune un ou deux pepins oblongs, arrondis et comprimés. Chaque pepin est recouvert d'une tunique particulière, ridée; la tunique propre est lisse, mince; elle enveloppe les deux lobes d'une amande très-blanche, douce et sans aucune amertume. Le centre du fruit est occupé par une partie pulpeuse, blanche comme celle qui est immédiatement sous la peau. Cette partie, dans la coupe transversale du fruit, a quinze lignes de long, sur six à sept de large.

Var. 31. *Citrus Limonium ollulæforme.* tab. 38.

C. *Limonium, foliis ovato-oblongis; fructu maximo, subpyramidato; cortice luteo, crassissimo, spongioso, dulci; carne succosá, acidá.*

Limon qui dicitur Lumia, vulgò giarretta. Ferr. Hesp. p. 318. lin. 7.

Lumia ollulæ aspectu. Ferr. Hesp. tab. 327.

Limonia fructu majore, ollulæ formá. Limon Jarrette. Le Berr. vol. 4. pag. 125.

Limon à forme de Jarre. Pompelmous Potiron. Riss. M^{ss}.

Si nous nous décidons à placer ce fruit parmi ceux du Limonier, c'est à raison de ses feuilles qui sont très-grandes, faiblement ailées et non cordiformes comme dans ceux de la sixième espèce; nous nous appuyons de l'autorité de Ferrarius et de feu M. Le Berryais qui l'ont rangé parmi les Limoniers. M. Boccardi qui nous l'a envoyé, nous le distingue par le nom de *Porstmouth* qu'on lui donne à San-Remo, et de *Pompelmous* qu'il porte à la Guyane-Française. Il nous dit que ce fruit ne se conserve pas aisément et est sujet à moisir promptement. Nous avons été assez heureux pour recevoir bien sain un des deux qu'il nous a envoyés, et nous avons pu en faire la description sur la nature même et le faire figurer.

Ce fruit est gros, il a quatre pouces et demi de hauteur, sur quatre pouces une ou deux lignes dans son plus grand diamètre; il est bien arrondi à son sommet et beaucoup plus gros de ce côté que vers la base, où il se rétrécit sensiblement, ce qui lui donne un peu la forme d'une Pyramide. Sa peau est d'un jaune médiocrement foncé, peu unie, épaisse de près d'un pouce et formée intérieurement d'une pulpe très-blanche, assez coriace et d'une saveur douce qui n'est pas désagréable. L'intérieur du fruit est partagé en douze ou treize loges qui, au lieu de chair, ne contiennent que des vesicules alongées, renflées dans leur milieu, pleines d'un suc acide, très-distinctes les unes des autres, rétrécies à leurs extrémités; ces petites vessies sont très-nombreuses dans chaque loge, placées les unes au dessus des autres et de côté, tenant par un filet court à la pulpe corticale, et se dirigeant horizontalement vers l'axe du fruit, autour duquel sont de nombreux pepins rangés longitudinalement sur les parois des loges et sur leurs bords internes.

Nous en avons compté dans chaque loge quatorze à quinze bien conformés et bien nourris ; ils sont d'ailleurs très-rapprochés les uns des autres et ne sont point, comme dans la plupart des fruits de ce genre, au milieu de la pulpe succulente ; au contraire, la pointe des vesicules les touche à peine. Il y a souvent un peu d'intervalle entre cette pointe et le gros bout du pepin. Les vesicules sont contiguës et serrées les unes contre les autres par leur partie renflée, mais elles ne sont d'ailleurs nullement adhérentes.

Ces détails pourraient donner à ce fruit un caractère d'espèce distincte et séparée.

*** * Fruits oblongs, à suc doux.*

Var. 32. *Citrus Limonium dulce.* tab. 35. fig. 6.

C. *Limonium, foliis oblongis ; fructu ovato-oblongo ; apice mamillato ; cortice luteo, subcrasso ; carne dulci et gratâ.*

Limon Olyssiponensis dulci medullâ vulgari. Ferr. Hesp. p. 227. tab. 229.

Limonium Lusitanum dulci medullâ. Limon da Portugal dolce. Volc. Hesp. p. 131. tab. 132. b.

Limon dulcis vulgaris. Limon dolce ordinario. Volc. Hesp. p. 157. tab. 158. b.

Lima dulcis. Lima dolce. Volc. Hesp. p. 165. tab. 166.

Limonier à fruit doux.

C'est avec raison que nous indiquons comme variété particulière le Limonier à fruit doux ; il a été souvent confondu avec le *Limettier Limoniforme,* ou avec l'*Oranger à forme de Limon.* Il diffère du premier par la forme des feuilles, des fleurs et des fruits, et s'écarte du second par sa grosseur, la nature de son écorce et sa saveur douce et agréable. Le Limon doux forme une branche de commerce aussi considérable, à peu de chose près, que les Oranges. Ce sont les Espagnols et les Portugais qui, les premiers, les ont portés en Italie et en Provence, où, malgré les soins qu'on en prend et qu'on leur prodigue, ils ne peuvent parvenir à atteindre ni la supériorité, ni même à égaler ceux d'Espagne et de Portugal. Ce fruit devient, et est ordinairement assez gros, son extrémité est pointue. Son écorce, de moyenne épaisseur, est d'un beau jaune. L'arome qu'elle contient est des plus suaves. Sa pulpe est, à peu près, comme celle de l'Orange, tirant un peu sur le rouge. Son suc est doux et agréable ; il est contenu dans onze loges. Son usage est recommandé aux malades qui ont besoin de rétablir et de réparer leurs forces exténuées. Ce n'est guère qu'en novembre ou décembre que le fruit, qui a noué l'année précédente, est à sa parfaite maturité ; si néanmoins la chaleur de l'été a été plus considérable que de coutume, l'époque de sa maturité est plus accélérée.

L'arbre se prête à toutes les formes que l'on veut lui donner. Il se plait moins en caisse qu'en pleine terre ; là les fruits sont plus gros et en plus grande quantité.

4. CITRUS Aurantium. tab. 35. fig. 3.   CITRONIER Oranger. Pl. 35. fig. 3.

C. *foliis ovatis, acutis ; petiolis alatis ; floribus albis ; fructibus globosis ; carne dulci.*   C. à feuilles ovales, aiguës ; à pétioles ailés ; à fleurs blanches ; à fruits globuleux ; à chair douce.

CITRUS *Aurantium.* Lin. Sp. 1100. Willd. Sp. 3. p. 1427. Lam. Dict Enc. 4. p. 578.

Aurantium vulgare, medullâ dulci. Ferr. Hesp. p. 337.

Aurantium vulgare, fructu dulci. Aranzo dolce. Volc. Hesp. 187 et 188.

Aurantium dulci medullâ. Tournef. Inst. 620.

Mala Aurantia major. C. Bauh. Pin. 436.

Aurantia. Black. Herb. t. 349.

Tige droite, cylindrique, recouverte d'une écorce d'un gris-brun, divisée en rameaux nombreux, épineux, formant, dans leur ensemble, une tête arrondie ou un peu pyramidale, ayant leurs jeunes pousses anguleuses et d'un vert tendre. Feuilles ovales-oblongues, aiguës, lisses, luisantes, d'un vert foncé, légèrement crénelées en leurs bords, portées sur des pétioles assez longs, un peu ailés. Fleurs axillaires, courtement pédiculées, réunies deux à six ensemble sur un petit pédoncule commun, et formant une sorte de petite grappe; quelquefois elles sont isolées et solitaires. Chaque fleur est composée d'un calice à divisions ovales-oblongues, d'un vert pâle; de cinq pétales oblongs, terminés en pointe, d'un beau blanc; de vingt à vingt-quatre étamines, à filamens inégaux, réunis par leur base; d'un pistil dont l'ovaire est sensiblement strié, surmonté d'un style cylindrique et d'un blanc verdâtre, terminé par un stigmate arrondi, un peu sillonné, couvert de petits tubercules. Fruits arrondis, plus ou moins globuleux, quelquefois légèrement comprimés, quelquefois aussi un peu oblongs, recouverts d'une peau lisse, en général plus mince qu'épaisse, d'un beau jaune doré, contenant une pulpe divisée en huit ou dix loges, et formée de l'assemblage de petites vésicules d'un jaune clair, contenant un suc doux et sucré. Graines arrondies ou oblongues, terminées, à chaque bout, par une petite pointe obtuse.

L'Oranger est un arbre majestueux qui s'élève de vingt à quarante pieds. Le parfum que ses fleurs exhalent embaume l'air à une grande distance; mais il n'est pas comparable à celui des Citroniers proprement dits. La grosseur, la couleur, le goût et le parfum des Oranges dépendent de la variété, de la nature du sol, de l'exposition et surtout du climat.

Var. 1. *Citrus Aurantium Lusitanicum.*
C. *Aurantium, foliis ovato-elongatis, acutis; fructu magno, globoso, glabro, lucido; cortice subtenui, saturaté luteo; carne dulcissimá et saccharatissimá.*
Aurantium Lusitanum. Pomo da Portugal. Volc. Hesp. p. 193. tab. 194. b.
Aurantia fructu dulciori, cortice tenui. Le Berr. vol. 4. p. 108.
Oranger de Portugal.

Cette première variété est celle qui se rapproche le plus de la souche primitive; c'est un arbre de grandeur moyenne, dont la tige est droite, divisée en rameaux courts, armés à leur base d'épines qui disparaissent à mesure que les rameaux s'alongent. Les feuilles sont épaisses et luisantes; les fleurs, d'une odeur suave, sont composées de cinq grands pétales blancs, chargés, en dehors, de petites glandes verdâtres. Les fruits sont globuleux, lisses, luisans, fortement colorés, recouverts d'une écorce peu épaisse, qui se détache facilement de la chair divisée en huit à dix loges, pleines d'un suc très-doux et très-sucré. Cette variété est moins cultivée que d'autres, parce qu'elle est moins productive; mais cependant elle présente un avantage, celui de la maturité de ses fruits, qui est plus précoce, et qui se conservent plus long-tems.

Var. 2. *Citrus Aurantium Sinense.* tab. 35. fig. 5.
C. *Aurantium, foliis ovato-oblongis; fructu rotundato, sœpé depresso; cortice tenuissimo, glaberrimo, aurato; carne succosissimá, dulci.*
Aurantium Olysiponense. Ferr. Hesp. p. 425. tab. 427.
Aurantium Sinense. Aranzo da Sina. Volc. Hesp. p. 185. tab. 186. b.
Aurantia fructu oblongo, dulcissimo; cortice tenui; Sinensis. Le Berr. vol. 4. p. 109.
Oranger de la Chine.

Ferrarius, dans ses Hespérides, nomme cette variété Orange de Portugal. La dénomination de Volcamérius qui l'appele Orange de la Chine, n'est point une contradiction, parce que ce sont les Portugais qui, l'ayant apporté de la Chine, l'ont fait connaître en Italie et en Provence où il est essentiellement connu sous son nom d'Orange de la Chine.

Sa tige, comme dans tous les Orangers, prend une belle tête arrondie. Les fruits qu'elle porte changent insensiblement de couleur, en passant du vert au jaune couleur d'or, lors de sa parfaite maturité. Son écorce est tendre, très-mince et très-parfumée. Le peu d'amertume qu'elle contient aiguise les sensations du palais. Le suc que sa pulpe contient est doux et abondant. Elle se divise en neuf loges dans lesquelles sont des graines oblongues, canelées à leur pointe. Les fruits sont moins sensibles au froid que ceux de plusieurs autres variétés, a cause du tissu serré de leur écorce. Sa reproduction par la voie des semis est la plus assurée pour en perpétuer l'espèce.

Var. 3. *Citrus Aurantium Nicense.* tab. 33. fig. 2.
C. *Aurantium, foliis ovatis, acutis; fructu medio, globoso, basi et apice depresso; cortice tenui, granulato, saturatè luteo; carne dulci.*
Oranger de Nice.

Cet Oranger, par l'abondance de ses fleurs et de ses fruits, forme une des productions les plus avantageuses pour les habitans de Nice. La partie supérieure de sa tige se divise en plusieurs branches lisses, unies, garnies de rameaux touffus. Des aisselles des feuilles sortent, dans les mois de mars et avril, de petits bourgeons qui se garnissent d'une grande quantité de fleurs. Les fruits sont ronds, souvent déprimés à la base et au sommet, d'une belle couleur jaune foncée. Leur écorce est grainue en dehors, peu épaisse. Leur pulpe est divisée en dix à douze loges pleines d'un suc doux. Chacune de ces loges contient une ou deux graines oblongues, pointues. Cette variété est une des plus cultivées sur le littoral de la Méditerranée.

Var. 4. *Citrus Aurantium Genuense.*
C. *Aurantium, floribus sæpè tripetalis; fructu medio, subgloboso; cortice subtenui, pulchrè luteo, uno latere sæpè sulcato; carne dulci.*
Aranzo dolce da Genova. Volc. Hesp. part. 2. pag. 186. tab. 187.
Oranger de Gênes.

L'Oranger de Gênes se divise en rameaux nombreux, touffus, qui lui forment une tête arrondie. Les pousses de chaque année sont très-petites et fort courtes. Les fleurs ne sont quelquefois composées que de trois pétales. Les fruits sont arrondis, souvent oblongs, marqués ordinairement, sur l'un des côtés, d'un petit sillon qui prend son origine à l'insertion du pédoncule, et qui s'étend jusques au milieu du fruit. L'écorce est peu épaisse, d'un beau jaune. La pulpe est divisée en dix loges, pleines d'un suc doux, et contenant des semences jaunâtres.

Var. 5. *Citrus Aurantium crassum.* tab. 33. fig. 4.
C. *Aurantium, foliis ovato-lanceolatis, sæpè plicatis et fastigiatis; fructu magno, subgloboso; cortice crasso, granulato, saturatè luteo; carne parùm sapidá et vix dulci.*
Aurantium sicciori medullá. Ferr. Hesp. p. 374. tab. 379.
Oranger à écorce épaisse.

Le feuillage de l'Oranger à écorce épaisse est toujours d'un beau vert, et ses feuilles sont quelquefois plissées et ramassées en touffes au sommet des branches. Ses fleurs sont très-grandes. Les fruits sont gros, arrondis et mous. L'écorce est grainue à l'extérieur, d'un jaune foncé, spongieuse, peu adhérente à la pulpe qui est partagée en dix loges, dont quelques-unes renferment une petite graine. Le suc de ces fruits est doux et peu aqueux; ce qui fait qu'ils ne se conservent pas aussi long-tems que ceux de plusieurs autres variétés. Sa conduite en espalier est préférable au plein vent.

Var. 6. *Citrus Aurantium microcarpum.*

C. *Aurantium, foliis ovato-oblongis; petiolis subalatis; fructu parvo, globoso, glabro; cortice subcrasso, croceo; carne dulci.*

Oranger à petit fruit.

Plusieurs jardiniers sont dans l'opinion que cette variété est une de celles le plus anciennement acclimatées, car on en trouve des pieds extrèmement vieux. Ses feuilles et ses fleurs très-petites la font aisément distinguer. Son fruit, petit, mou, arrondi, quelquefois déprimé, terminé par des espèces de nervures peu sensibles, est de couleur jaune foncée. L'écorce en est épaisse, faiblement adhérente à la pulpe qui se divise de dix à onze loges, contenant un suc douceâtre, néanmoins un peu aigrelet.

Var. 7. *Citrus Aurantium gibbosum.*

C. *Aurantium, foliis oblongis, rugosis; fructu inæqualiter rotundato; cortice croceo, gibboso; carne parùm sapidâ et subdulci.*

Oranger Bossu; en italien *Aranzo scabroso.*

L'arbre qui donne cette singulière variété n'est pas très-commun ni beaucoup cultivé. M. Risso nous assure n'en avoir rencontré qu'un seul pied dans le terroir de Nice. Il n'avait que six pieds de hauteur; sa forme était celle d'un buisson. Ses fleurs étaient très-odorantes, parsemées de petites glandes. Ses fruits étaient arrondis, d'un jaune rougeâtre, le plus souvent couvert de gros mamelons ou espèces de bosses qui le rendaient difforme à la vue. Le jus de sa pulpe, même dans son extrême maturité, n'avait jamais cette saveur douce qui appartient à l'Oranger.

Var. 8. *Citrus Aurantium flore duplici.*

C. *Aurantium, foliis ovato oblongis; flore duplici; fructu globoso, subcompresso; cortice tenui; carne subacidâ et subamarâ.*

Aurantium fœmina, seu fœtiferum. Ferr. Hesp. p. 403. tab. 405.

Aurantium flore pleno. Aranzo confior doppio. Volc. Hesp. p. 403. tab. 405.

Oranger à fleurs doubles et fétifère.

Cette variété ne se distingue des autres que par une quantité de pétales, qui agrandissent les fleurs aux dépens des parties sexuelles, dont elles manquent; il est rare pourtant de voir des fleurs parfaitement doubles. Elle se distingue aussi par une espèce de mamelon ou couronne qui est auprès du pédoncule. Le bourgeon à fleurs est plus gros et plus fort que dans les autres Orangers, et se distingue facilement de celui qui est à fleurs simples. Cet arbre n'est pas constant pour la production de ses fleurs, car rarement il les porte simples ou doubles deux années de suite. Le fruit qu'il donne est rond, un peu comprimé. Son écorce est mince, son jus abondant, sa saveur aigrelette, mêlée d'un peu d'amertume. Les fruits comme les fleurs, sont sujets aux mêmes variations : leur intérieur ne présente d'autres différences que d'avoir une pulpe disposée inégalement et irrégulièrement dans leur écorce. Il ne paraît pas qu'il contienne de graines.

Volcamerius a figuré le fruit d'un autre Oranger à fleurs doubles, qui est également rond. La partie extérieure et apparente présente sept élévations inégales. Le fruit, coupé transversalement, offre dix divisions de grandeur différente, dans deux desquelles est une scissure; au centre sont trois divisions inégales et plus petites, dans une desquelles se trouve une seule graine. Son écorce est assez mince.

Var. 9. *Citrus Aurantium corniculatum.*

C. *Aurantium, foliis ovatis; fructu ovato, sæpè sulcato et rugoso, corniculato; cortice subcrasso; carne vix dulci.*

Oranger à fruit corniculé.

Les fruits corniculés ont une si grande ressemblance entre eux, quelle que soit l'espèce à laquelle ils appartiennent, qu'on ne peut y trouver d'autre différence que dans la couleur de leurs écorces, et en ce qu'ils sont plus ou moins corniculés ou difformes. Chacun d'eux doit son existence à des causes qui ne sont pas inhérentes à une variété exclusive; et pour éviter de tomber dans quelque erreur, en désignant les fruits difformes que nous avons cru devoir faire figurer, nous nous sommes bornés à en développer les causes dans les détails physiologiques que nous avons donnés page 85. Le fruit que nous décrivons est oblong, quelquefois arrondi et déprimé, traversé longitudinalement par des sillons, des protubérences en forme de doigts ou de cornes, qui partent de la base du pédoncule et souvent d'ailleurs. Leur écorce est peu épaisse, fort adhérente à la pulpe qui est divisée en seize petites loges inégales, pleines d'un suc qui a peu de douceur.

Var. 10. *Citrus Aurantium Hierocunthicum.* Pl. 37. fig. 1.

C. *Aurantium, foliis ovatis; petiolis subalatis; fructu medio, globoso; cortice tenui, lucido, ex luteo rubescente; carne sanguineá rubescente, graté dulci.*

Aurantium Indicum, in insulis Philippinis, quartum. Ferr. Hesp. p. 429.

Aurantium Philippinum, fructu medio, medullá dulci, purpureá quintum. id. l. c.

Aurantia fructu dulciori, cortice et carne rubris. Le Berr. l. c. vol. 4. p. 109.

Aurantium cruentum. Aurantium Melitense. Loq. Mss. n. 55. En italien, *Aranzo sanguigno.*

Orange rouge. Orange grenade. Orange de Malte.

La peau et la chair de cette Orange, teinte de rouge et de jaune, contiennent un suc très-doux et très-agréable au goût. L'arbre qui porte ces fruits ne s'élève guère à plus de dix à quinze pieds. Les fruits sont sphériques, médiocres, glabres, luisans, d'un rouge sanguin dans leur maturité. Leur écorce est peu épaisse, peu adhérente à la pulpe qui se divise en neuf à onze loges, pleines de vésicules rouges contenant un suc abondant et d'une douceur agréable. Semences souvent avortées.

Var. 11. *Citrus Aurantium Grassense.* tab. 33. fig. 1.

C. *Aurantium, fructu magno, globoso; apice depresso; basi excavato et costato; cortice croceo; carne gratá sed parùm dulci.*

Aurantia fructu majori, globoso, dulci. Le Berr. l. c. vol. 4. p. 108.

Orange de Grasse.

Ce beau fruit, que nous avons fait peindre sur un individu que nous avons reçu de Grasse même, a souvent plus de trois pouces de diamètre; il est assez ordinairement déprimé du côté de la tête, et souvent il est exactement rond. Sa queue s'implante dans une petite cavité peu profonde et peu évasée, souvent bordée de côtes assez saillantes, qui s'étendent sur la longueur du fruit. Cette marque extérieure pourrait le faire ranger parmi les Oranges striées ou canaliculées. Son écorce est d'un jaune très-vif, souvent boutonnée, surtout vers la queue. Sa pulpe, divisée en douze à quinze loges, contient un suc abondant et agréable, quoiqu'il ne soit pas très-doux. Ses semences sont grosses et bien nourries.

Var. 12. *Citrus Aurantium minutissimum.*

C. *Aurantium, foliis ovato-oblongis, acutis; fructu minimo, globoso; cortice tenui, glabro, aurato; carne graté dulci.*

Aurantium Indicum ex insulis Philippinis, primum. Ferr. Hesp. p. 429.

Aranzo nano, garbo. Pomin di dama. Volc. Hesp. part. 2. tab. 206.

Oranger à fruit très-petit.

Ne serait-ce pas à cette variété qu'on pourrait rapporter l'espèce que Kaempfer, dans ses *Aménités,* désigne par la dénomination de *Kin-Kan,* et que, dans sa description, M. l'Abbé Loquez dit être un véritable pygmée dans les jardins où il est cultivé et où il porte un fruit de la grosseur, tout au plus, d'une Cerise? Ferrarius ne l'a point figuré, et la description qu'il en a faite l'annonce très-petit, couvert d'une écorce d'un jaune doré, contenant une pulpe d'une douceur agréable. C'est de la Chine que ce joli petit arbrisseau a été transplanté pour augmenter le charme des jardins du Midi de la France.

Les fruits de cette variété sont excellens en confitures. On les emploie beaucoup en Amérique, avec une espèce de petite Limette, pour accompagner les Cédrats et les Ananas confits.

Var. 13. *Citrus Aurantium Ilicifolium.*
C. *Aurantium, foliis ovato-subrotundis, sinuatis, undulatis; fructu ovato, sulcato, glabro; cortice crasso; carne dulci.*
Oranger à feuilles de Houx.

Cette variété ne se distingue guère que par ses feuilles, qui, semblables à celles du Houx, sont ovales-arrondies, ondulées, crépues, épaisses et d'un beau vert, très-luisantes en dessus, très-pâles en dessous. Ses fruits sont oblongs, arrondis, lisses, d'un jaune foncé, terminés quelquefois par un très-petit mamelon obtus, creusé surtout au milieu. L'écorce en est assez épaisse, d'un jaune foncé, adhérente à la pulpe intérieure divisée en cinq à dix loges pleines d'un suc doux et abondant. Les graines que cette pulpe renferme sont avortées et souvent nulles.

Var. 14. *Citrus Aurantium auratum.*
C. *Aurantium, caule pumilo, spinoso; foliis elongatis, dentatis; corollá candidissimá; fructu ovato, aurato, apice mamillato; cortice tenui; carne grate dulci.*
Oranger à fruit doré.

La tige peu élevée de cet Oranger doit le faire regarder comme un arbisseau plutôt que comme un arbre, car elle n'atteint presque jamais au delà de six à huit pieds de hauteur; et si on en cultive quelques pieds dans le Midi de la France, c'est essentiellement pour diversifier l'agrément des jardins. Le fruit que cet arbre porte est d'un jaune doré, arrondi et terminé par un petit mamelon pointu et très-lisse; il a un parfum agréable. Son écorce est assez mince, peu adhérente à la pulpe divisée en dix à douze loges contenant un suc doux et agréable.

Var. 15. *Citrus Aurantium Olivæforme.*
C. *Aurantium, foliis ovatis, exiguis; fructu minimo, ovato, magnitudine olivæ; carne grate dulci.*
Oranger à fruit Oliviforme.

Nous pouvons présumer que l'arbre qui porte un fruit aussi petit n'est guère connu que de quelques amateurs; qu'il est encore rare, et que peu d'Européens se seront occupés de son acclimatation hors de la Chine, son pays natal. M. Galesio, dans son *Traité du Citrus*, dit que l'Oranger nain, *Oliviforme*, est une variété exclusive à la Chine, que son fruit n'est pas plus gros qu'une Olive d'Espagne, dont il a la forme. Au reste ce végétal ne peut jamais être qu'un objet de luxe; tout y est en miniature. Les feuilles suivent, dans leur volume, les dimensions des fruits. Les fleurs sont à quatre pétales, l'écorce et la pulpe des fruits sont également douces et fort agréables. Ferrarius en parle, mais comme d'un fruit inconnu de son tems.

Var. 16. *Citrus Aurantium Citratum.*
C. *Aurantium, foliis ovato-oblongis; petiolo vix alato; fructu magno, globoso, paululùm depresso; cortice crassissimo, costato et verrucoso, diluté luteo; carne parùm sapidá.*
Aurantium Citratum. Ferr. Hesp. p. 422. tab. 423.
Orange Cédrat.

Si nous n'avions à décrire, dans le cours de cet ouvrage, une variété de Bigaradier, connue sous le nom de *Fruit de la Bizarrerie*, nous aurions placé parmi eux l'*Orange Cédrat* que nous décrivons, et si nous la conservons parmi les variétés de l'Oranger c'est que Ferrarius lui-même l'a regardée comme telle. Le fruit dont il donne la figure est rond, un peu déprimé, forme assez ordinaire de l'Orange. En examinant la structure de ce fruit dans sa partie supérieure, on y retrouve les apparences d'un Limon. Les bosses et protubérances qui couvrent son écorce le rangeraient parmi les Cédrats. Sa couleur, d'un jaune pâle, le rapproche encore des Limons. Son écorce est épaisse; la pulpe qu'elle couvre, quoiqu'un peu fade, a néanmoins une partie de la douceur du suc de l'Orange. Cette écorce est peu adhérente à la pulpe divisée en douze loges qui se détachent entre elles avec la même facilité que l'écorce. Les graines qu'elles contiennent sont rondes, peu nombreuses et on n'en trouve pas dans toutes les loges.

Var. 17. *Citrus Aurantium Limoniforme rugosum.* tab. 26. fig. 4.

C. *Aurantium, foliis ovato-oblongis; fructu medio, ovato-oblongo, apice mamillato; cortice verrucoso, croceo, subtenui; carne lutescente, subdulci.*

Aurantium Limonis effigie. Ferr. Hesp. tab. 385.

Aurantium Limonis effigie. Aranzo Limonato. Volc. Hesp. p. 201. tab. 202. a.

Oranger à forme de Limon. En italien, *Limone Aranciato.*

Les feuilles et les fleurs de cet Oranger ne présentent d'autres différences que d'être plus petites et plus vertes. C'est à la forme alongée qu'est due sa dénomination d'*Orange à aspect de Limon.* Le fruit n'est jamais bien gros, il est assez ordinairement verruqueux, de couleur d'Orange; on en voit qui sont arrondis. Son écorce est peu épaisse, agréable à manger. La pulpe est d'un jaune-safran comme celle de l'Orange; elle est pleine d'un suc douceâtre. Il y en a une variété indiquée dépourvue de semences. Les figures qu'en ont données les deux auteurs que nous citons ne s'accordent pas pour le nombre de divisions intérieures; le premier n'en présente que cinq, et le second en offre neuf; et au lieu d'un petit mamelon aigu, il donne à son fruit un mamelon large et applati en forme de calotte.

Var. 18. *Citrus Aurantium nobile.*

C. *Aurantium, foliis lanceolatis; fructu magno, subgloboso et subdepresso; cortice crasso, tuberculato, eduli; carne purpurascente, gratissimá.*

Citrus nobilis. Loureir. Coch.

Oranger noble.

Le *Citrus nobilis*, rare à la Chine et très-abondant à la Cochinchine, forme un arbre de moyenne grandeur. Ses rameaux épars sont dépourvus d'épines. Ses feuilles, linéaires et lancéolées, sont entières, brillantes, d'un vert obscur et d'une odeur forte. Les fleurs, toujours en grappes terminales, à cinq pétales, d'une blancheur éclatante, sont très-parfumées. Le fruit, arrondi, est gros, un peu comprimé, à neuf loges rouges en dedans et en dehors. Il est couvert de tubercules inégaux. La pulpe en est délicieuse à manger.

Var. 19. *Citrus Aurantium multiflorum.*

C. *Aurantium, foliis ellypticis, acutis; floribus agglomeratis; fructu medio, subgloboso; cortice tenui, glabro, pulchré luteo; carne dulcissimá.*

Aurantia plurimo fructu dulci et flore ditissimo. Le Ber. vol. 4. pag. 110.

Oranger Riche Dépouille.

L'Oranger *multiflore* se distingue par ses fleurs nombreuses, réunies en bouquets dans un calice à cinq dents profondes. Les bourgeons étant très-garnis d'yeux, il en résulte une grande quantité de fleurs. Ses fruits sont médiocres, arrondis, très-glabres, d'un beau jaune, terminés au sommet par un point brun enfoncé. Leur écorce est mince, adhérente à la pulpe, qui se divise en neuf à dix loges pleines d'un suc douceâtre et agréable, contenant des semences presque arrondies. Il n'y a aucun arbre de ce genre, dont la dépouille soit aussi riche : aussi l'appelle-t-on *Riche Dépouille*.

Cet Oranger est souvent confondu avec le *Bouquetier* dont il ne s'éloigne guère, les fruits étant aussi rapprochés les uns des autres que le sont les fleurs. On en cultive un superbe individu au Jardin du Roi, et celui que l'on admire dans le Jardin des Tuileries est peut-être plus beau qu'aucun de ceux que l'on cultive en Provence et dans la Rivière de Gênes, d'où l'on peut conclure que sa culture en caisse peut être préférable à celle de pleine terre, et que le climat de Paris, tempéré par le séjour que font ces arbres dans l'Orangerie, lui convient autant que celui de Provence ou d'Italie.

Var. 20. *Citrus Aurantium latifolium.*
C. *Aurantium, foliis ovato-oblongis, latioribus, acutis; fructu magno globoso; cortice tenui, glabro, pulchrè luteo; carne dulcissimá.*
Oranger à larges feuilles.

Des feuilles ovales-oblongues, très-larges, pointues, d'un beau vert, ondulées, crénelées sur leurs bords, portées sur des pétioles ailés, font distinguer cette variété qui a des fleurs très-grandes, disposées en pyramides. La dimension de ses feuilles, beaucoup plus larges que dans aucune autre espèce de ce genre, rapproche beaucoup ce fruit de ceux qui sont striés et canaliculés; la forme en est sphérique; il est assez gros, glabre, d'un beau jaune. L'écorce est mince, assez adhérente à la pulpe, qui se divise en neuf à onze loges renfermant un suc très-doux.

Var. 21. *Citrus Aurantium variabile.*
C. *Aurantium, foliis ovatis, angustis, maculatis; petiolis alatis, et non alatis; fructu ovato-oblongo; apice mamillato; cortice crasso, lutescente, lineis virescentibus variegato; carne vix dulci, subamará.*
Oranger à fruit changeant.

Si cet arbre n'a pas un port aussi beau que plusieurs autres Orangers, son aspect n'en est pas moins agréable par la bigarrure et la variété des feuilles, qui sont ovales, étroites, liserées et tachetées de jaunâtre, situées sur de longs pétioles ailés et non ailés. Ses fleurs sont disposées de trois à huit sur le même pédicelle. Ses fruits sont oblongs, terminés par un mamelon obtus, d'une couleur jaunâtre, rayés de plusieurs bandes vertes et longitudinales. Ces fruits varient dans leur forme; on en voit qui sont sphériques, d'autres arrondis ou en cône, tous de couleur jaune-rougeâtre lors de leur maturité. Leur écorce est épaisse, cotonneuse, peu adhérente à la pulpe intérieure, qui se divise en huit à dix loges pleines d'un suc douceâtre, qui prend ensuite l'amertume du fruit de la Bigarade. Les graines sont longues et striées.

Var. 22. *Citrus Aurantium fructu variegato.* tab. 26. fig. 1.
C. *Aurantium, foliis ovato-oblongis, exluteo variegatis; fructu globoso; cortice sub-crasso, lineis subrubris virescentibus, albidis, et subluteo variegatis; carne subdulci.*
Aurantium virgatum et striatum. Ferr. Hesp. p. 397. tab. 399 et 401.
Aurantium striis aureis et argenteis variegatis. Volo. Hesp. p. 197. tab. 199. *Aranzo fiamato.* Id. p. 195. tab 196.
Citrus discolor. Loq. M². n°. 14.

Vulgairement Culotte de Suisse; en Italien, *Calzoni di Cane;* en Provence et à Nice, *Brayo de Can;* à San-Remo, *Arlecchino* (1).

Oranger Turc, à feuilles et à fruits panachés. GALES. *Trait. du Citrus.* p. 167. n. 40.

Voici un arbre singulier, dit M. l'Abbé LOQUEZ dans la description qu'il en fait : *L'Oranger Culotte de Chien* s'élève beaucoup et offre des caractères particuliers qui le distinguent des autres variétés, ensorte qu'il ne ressemble en rien, ni à l'Oranger, ni au Citronier. D'abord ses feuilles, à longs pétioles ailés, sont étroites, lancéolées aux deux extrémités, une partie est d'un vert foncé, l'autre est jaune et blanchâtre ; ses fleurs, qui sont blanches, pédonculées, ont des pétales courts, tronqués au sommet et presque égaux au calice. Le fruit est arrondi, oblong, jaunâtre, rayé et liséré de différentes couleurs, rouge, jaune, blanc et vert. Ces différentes rayures le traversent longitudinalement. Sa pulpe est divisée en neuf loges pleines d'un suc acide, un peu amer, et en général peu agréable.

Cet arbre se plaît dans les bas fonds : les terrains trop élevés ne lui conviennent pas. On peut le cultiver en caisses.

Var. 23. *Citrus Aurantium acuminatum.*

C. *Aurantium, foliis ovato-lanceolatis; fructu subgloboso; apice acuté mamillato; cortice subcrasso, pulchré aurato; carne subacidá.*

Aranzo acuminato. VOLC. HESP. part. 2. tab. 205.

Oranger à fruit acuminé.

Le fruit que VOLCAMERIUS a fait figurer et que nous citons est rond, lisse, surmonté ou terminé par un petit mamelon pointu. L'écorce qui le couvre est d'un beau jaune doré; elle est compacte, assez épaisse, d'un goût fade mêlé d'amertume, adhérente à la pulpe intérieure, qui se divise en douze loges pleines de vésicules jaunes, contenant un suc acidule, douceâtre, mêlé d'un peu d'amertume, mais différente de celle qui caractérise les Bigarades, dont nous allons nous occuper. Les graines sont presque triangulaires, petites et souvent nulles.

L'arbre acquiert une belle hauteur; ses feuilles, très-rapprochées ainsi que les rameaux, lui permettent de se former une belle tête arrondie. Les fruits, placés le long des rameaux, sont peu rapprochés. Leur dimension est de deux pouces en tous sens, non compris la pointe de la sommité.

Var. 24. *Citrus Aurantium Bergamium.* tab. 26. fig. 3.

C. *Bergamium, foliis ovato-lanceolatis, elongatis; fructu medio, globoso; apice acuminato; cortice lœvi, pallidè luteo; carne succosissimá et graté odoratá.*

Aurantia fructu dulci, rotundo, glabro; sapore et odore gratissimo. LE BERR. l. c. Vol. 4. p. 110.

Oranger Bergamotte.

Les feuilles de cet Oranger sont alongées, étroites, très-arrondies du côté de la queue, leurs ailes sont fort petites. Le fruit est bien arrondi; il conserve le style de la fleur, planté sur une petite élévation. Son diamètre est d'environ deux pouces et demi, et sa hauteur un peu moindre. La peau est lisse, très-unie, d'un jaune clair; souvent l'écorce a plus d'une ligne d'épaisseur. La chair, divisée en dix ou douze loges, contient rarement des pepins, mais beaucoup de jus d'un goût et d'un parfum particulier à ce fruit.

En terminant les descriptions de cette quatrième espèce et de ses variétés, et avant de commencer la cinquième, qui a tant d'affinité avec la précédente, nous croyons devoir en faire connaître les nuances, telles qu'on peut les diviser entre elles. La première nous présentera le type commun, l'Oranger sauvage, *Aurantium sylvestre.* La seconde sera l'Oranger à fruit acide, *Aurantium pomi acidiferax.* La troisième

---

(1) C'est sous le nom d'Arlecchino que M. BOCCARDI, qui nous l'a envoyé, nous l'a désigné.

division s'appliquera à l'Oranger qui donne un fruit acide-doux, *Aurantium fructu saporis medii dulcacido.* Nous rangerons à la quatrième classe l'Oranger à fruit doux, *Aurantium fructu dulci.* Les fruits de la première classe sont le résultat des semis de graines d'Oranger. Les arbres que ces graines procurent ont besoin d'être greffés jeunes pour porter des fruits, comme nous le dirons ci-après, autrement il faudrait les attendre plus long-tems, si on les laissait dans leur état primitif. Les fruits de la deuxième classe ne s'obtiennent que par la greffe, et ne sont pas moins abondans que dans la première. L'absence des épines, sur les rameaux, offre une différence; les fruits en sont plus gros, et l'odeur bien plus agréable. Ce sont les Bigarades dont nous avons formé notre cinquième espèce. La troisième diffère des deux précédentes par sa douceur mêlée d'une acidité bien moins sensible que dans les Limons; l'écorce aussi a moins d'amertume. Les fruits de la quatrième classe nous ont fourni notre quatrième espèce, *Oranges à fruits doux*, dont en général les fruits ne deviennent pas très-gros, et si l'écorce présente un peu d'amertume, elle est bien corrigée par la douceur de sa pulpe intérieure.

5. CITRUS Bigarradia.

C. ramis spinosis; foliis ellipticis, acutis; petiolis alatis; floribus candidissimis; fructu globoso, glabro, interdùm scabro; carne acri et amara.

CITRONIER Bigaradier.

C. à rameaux épineux; à feuilles elliptiques, aiguës, portées sur des pétioles ailés; à fruit globuleux, glabre ou quelquefois un peu rude; à chair âcre et amère.

Aurantium vulgare, acre; primum. FERR. Hesp. p. 374.

Aurantium vulgare. Aranzo silvestre. VOLC. p. 187. tab. 188.

Aurantium sylvestre, medullá acri. TOURNEF. Inst. 620.

Malus Aurantia sylvestris. J. BAUH. Hist. 1. p. 99.

En italien, *Citrone silvatico;* en Provence et à Nice, *Citroun fer* ou *Soouvagi.*
Bigaradier.

Tige droite, couverte d'une écorce grisâtre, divisée, dans sa partie supérieure, en rameaux touffus, garnis d'aiguillons, dont les jeunes pousses sont anguleuses, d'un beau vert. Feuilles elliptiques, aiguës, d'un vert gai, portées sur des pétioles ailés. Calice anguleux, d'un blanc sale. Corolle composée de cinq pétales ovales-oblongs, d'un beau blanc, étalés, même réfléchis, très-odorans. Étamines au nombre de trente à trente-quatre, à filamens applatis, inégaux, adhérens par leur base. Pistil droit, strié. Fruits globuleux, lisses, rarement raboteux, d'une couleur jaune-rougeâtre, divisés intérieurement en douze à quatorze loges contenant de longues vésicules jaunâtres, pleines d'un suc un peu acide et légèrement amer. Chaque loge contient deux graines ou plus, oblongues, arrondies à une extrémité, aiguës de l'autre, et d'une couleur jaunâtre.

Var. 1. *Citrus Bigarradia corniculata.* pl. 30. fig. 4 et 5.

C. *Bigarradia, foliis ovato-lanceolatis; petiolo glabro; fructu magno, rotundato, sub-depresso, corniculato; cortice subcrasso, corniculato, croceo; carne acidulá et subamará.*

Aurantium Hermaphroditum, sive corniculatum. FERR. Hesp. tab. 409.

Aranzo cornuto, è Hermaphrodito. VOLC. Hesp. tab. 191. a et b.

Aurantia fructu acido, et corniculato. LE BERR. l. c. Vol. 4. pag. 123.

Bigaradier à fruit corniculé.

FERRARIUS est le premier qui ait désigné cette variété de Bigarades par la dénomination d'*Hermaphrodite.* Dans les environs du lac de Garda on appelle cette variété *Aranzo di Dio,* Orange de Dieu. COMMELYN, dans ses Hespérides, a dénommé ce fruit *Aurantium Cornigerum.* Dans la Belgique cette Bigarade est connue sous le nom de *Malum Cœnobiale.* L'arbre exige beaucoup de soins; mais ses récoltes abondantes dédommagent amplement le cultivateur. Cette espèce d'Agrumes aime beaucoup les terrains chauds, et une bonne exposition. L'arbre qui constitue cette variété parvient à quinze ou vingt pieds d'élévation. Ses fruits sont arrondis, quelque-fois un peu déprimés ; ils sont recouverts d'une écorce un peu épaisse, d'un rouge jaunâtre, chargés de protubérances en crête, en lance ou en cornet ; ils ont trente-deux à trente-trois lignes de diamètre, sur vingt-huit à trente de hauteur. Cette écorce contient une pulpe abondante, d'un jaune clair, partagée en plusieurs loges d'une forme irrégulière, placées sans ordre ; la même chair est également dans l'excroissance en forme de corne. Ses vésicules sont pleines d'une eau légèrement acide, mêlée d'un peu d'amertume. Chaque loge contient un ou plusieurs pepins bien nourris.

Var. 2. *Citrus Bigarradia sulcata.* tab. 33. fig. 3.
C. *Bigarradia, foliis ovato-lanceolatis ; petiolo vix alato ; fructu globoso, sulcato et cos-tato ; cortice aurato, subcrasso ; carne acidulá, vix amará.*
Aurantium canaliculatum. Aranzo incanellato. Volc. Hesp. tab. 194. a.
Bigaradier à fruit silloné.

La différence qui existe entre ce fruit et le précédent, consiste en ce qu'il est strié et re-levé de côtes saillantes, tandis que l'autre a, indépendamment des stries très-prononcées, une espèce d'excroissance qui ressemble à une corne. Les côtes de celui-ci ressemblent à celles du Melon. L'arbre s'élève assez haut et produit un bel effet dans les jardins où il est cultivé. Ses feuilles sont plus petites et plus minces que dans le général des Orangers. Les fleurs nouent facilement et promptement. Le fruit n'est pas gros ; sa couleur est jaune doré ; son écorce porte avec elle une légère amertume. La pulpe intérieure a ordinairement un goût plus agréable que celui des Bigarades ; elle est di-visée en sept à huit loges assez régulières. On en rencontre qui en ont jusques à douze.

Var. 3. *Citrus Bigarradia crispa.* pl. 32. fig. 1.
C. *Bigarradia, foliis ovatis, crispis ; fructu submagno, globoso ; basi et apice com-presso ; cortice subrugoso, croceo ; carne acidulá et subamará.*
Aurantium crispofolio. Ferr. Hesp. p. 387. tab. 389.
Aurantium folio crispo. Aranzo con foglia rizza. Volc. Hesp. p. 189. tab. 190. b.
Vulgairement Bouquetier.

Le *Bouquetier* devient un grand arbre dont le port est majestueux. Ce qui contribue le plus à lui former une belle tête, ce sont ses branches courtes, droites, touffues, et ses bourgeons fort rapprochés les uns des autres. Les feuilles ne fixent pas moins l'at-tention ; elles sont ovoïdes, concaves au milieu, latéralement divisées par des sinuo-sités horizontales, qui décroissent à mesure qu'elles se rétrécissent. Ce curieux phénomène provient de la moindre longueur de la nervure intermédiaire, et de celle des bords qui nécessitent aussi le repliement de la concavité des feuilles qui couvrent les branches de tous côtés, et les bourgeons rapprochés donnent au *Bouquetier* la forme d'un cône arrondi et pointu. Les fleurs axillaires paraissent couvrir les rameaux et présentent des bouquets agréables ; c'est de cette disposition surtout que l'arbre a pris son nom. Ses fleurs ont quatre pétales, rarement cinq. Le fruit, applati aux deux bouts, est moyen, un peu rugueux, d'un jaune rougeâtre, portant un parfum délicieux. Sa pulpe est divisée en dix ou douze loges pleines d'un suc acide, légèrement amer. Les graines qu'elle renferme sont oblongues.

Nous avons décrit, dans la quatrième espèce (Var. 19) l'*Oranger multiflore*, qui appartient essentiellement aux Orangers, tandis que le fruit qui nous occupe est une véritable Bigarade à suc acide, avec un peu d'amertume, ce qui le différencie de l'autre, dont le jus est un peu douceâtre.

Var. 4. *Citrus Bigarradia flore duplici.*

C. *Bigarradia, foliis ovato-oblongis, crassiusculis; flore duplici; fructu medio, globoso, vel subovoideo; cortice crasso; carne amarâ.*

Aurantium flore duplici. Ferr. Hesp. p. 387.

Arantium flore pleno. Aranzo con fior doppio. Volc. Hesp. p. 201. tab. 202. b.

Bigaradier à fleur double.

La différence entre le Bigaradier et l'Oranger à fleurs doubles est trop peu sensible pour entrer dans des longs détails de comparaison, et nous nous bornons à dire que le fruit de cette variété est d'une grosseur médiocre, sujet à varier dans ses formes, et contenant souvent une pulpe divisée en deux rangs de loges, dont l'une intérieure occupe le centre, et est enveloppée par celle qui touche à l'écorce. On fait peu d'usage de ces fruits; on se borne à en recueillir la fleur pour les parfumeurs qui en tirent un grand parti par l'usage qu'ils en font.

Var. 5. *Citrus Bigarradia violacea.* tab 34.

C. *Bigarradia, foliis ovatis; fructibus mediis, globosis; junioribus violaceis, luteis, è viridi variegatis; cortice subtenui; carne vix acidâ.*

Aurantia fructu acido; foliorum, florum et fructuum aliis violaceis, aliis alius coloris.

Le Berr. l. c. vol. 4. p. 112 (1).

Bigarade violette.

Nous ne pouvons donner une description plus exacte de cet arbre et de son fruit, qu'en empruntant celle de M. Le Berryais lui-même: « L'arbre, dit-il, n'est pas fort « touffu; le vert de ses feuilles est foncé; une partie de ses branches produit des « bourgeons, des feuilles, des fleurs et des fruits de même couleur que l'Oranger « commun. L'autre partie pousse des bourgeons dont les feuilles naissantes sont « teintes de violet; des boutons et des fleurs lavées en dehors de violet clair. Des jeunes « fruits, les uns sont entièrement violets, d'autres sont rayés de violet et de jaune « qui dégénèrent ensuite en vert. A mesure que les fruits grossissent, ces couleurs se « fondent, de sorte que le violet devient presque noir; enfin, lorsqu'ils approchent de « leur maturité, ces couleurs dispa raissent, et se changent en jaune assez foncé. Le « fruit est d'une belle grosseur, de forme sphérique, applatie par les extrémités; sa « peau est unie; son écorce est épaisse d'une ligne; sa chair, partagée en huit ou « neuf loges, contient un jus d'un acide fort tempéré ».

« Si l'on multiplie cet arbre, continue M. Le Berryais, il faut prendre les greffes « sur les bourgeons dont les productions sont violettes. En les taillant, il faut aussi « conserver plus de bourgeons violets que de verts; car si l'une des deux espèces, et « surtout la verte, domine, elle emporte l'arbre, qui devient tout Bigarade commune, « ou Bigarade violette ».

Au reste le Bigaradier à fruit violet est une variété singulière qui est très-peu répandue. Elle est mentionnée dans le *Tableau de l'École* du Jardin du Roi, où on en trouve un individu assez beau. Ni Ferrarius, ni Volcamerius n'en ont fait mention.

Var. 6. *Citrus Bigarradia Hispanica.* tab. 30. fig. 3.

C. *Bigarradia, fructu medio, subgloboso; apice depresso; cortice crasso, scabro, croceo; carne dulci, parùm sapidâ.*

Bigarade d'Espagne.

---

(1) Ce Bigaradier est cultivé au Jardin du Roi, et chez des amateurs à Paris, où il n'a pas encore fleuri. M. Galesio, dans son *Traité du Citrus*, dit ne l'avoir jamais vu en fleurs en Italie; mais il a reconnu l'exactitude du dessin que je lui ai ai montré, et qui avait été peint par M. Le Berryais, qu'il avait destiné pour la suite du *Traité des Arbres Fruitiers* de *Duhamel*, à la perfection duquel il avait tant contribué. C'est le même dessin que j'ai fait copier, n'ayant pu me procurer le sujet en nature.　　E. M.

La Bigarade douce a une forme presque globuleuse, avec une dépression très-marquée à son sommet. Sa hauteur est de vingt-sept à vingt-huit lignes, et sa largeur de trente-deux à trente-trois lignes. Sa peau est extérieurement de couleur jaune safrané, blanche intérieurement, épaisse de trois à quatre lignes, et comme spongieuse. Sa chair est médiocrement abondante, d'un jaune clair, formée de vésicules oblongues, renflées par un bout, amincies par l'autre, se séparant facilement les unes des autres, sans se crever. Leur intérieur contient une eau douceâtre, d'une saveur peu relevée. Ses pepins sont sensiblement anguleux.

Var. 7. *Citrus Bigarradia racemosa.*
C. *Bigarradia, foliis ovato-lanceolatis; fructibus parvis, globosis, in racemum coalitis; cortice subtenui, glabro, pallidè luteo; carne acidulâ et subamarâ.*
Bigaradier à fruits en grappe.

Les différentes variétés de Bigaradier se chargent d'une plus grande quantité de fleurs que les arbres de ce genre. Il n'est pas étonnant d'en distinguer dont la beauté consiste en un plus grand nombre de fruits. Celui-ci charme les regards par la disposition de ses fruits, pendans en grappe, qui sont petits, fermes, arrondis, presque glabres, et d'un jaune pâle. Son écorce est peu épaisse, compacte pourtant, assez adhérente à la pulpe qui se divise en huit à neuf loges pleines d'un suc acidule, légèrement amer. Les graines sont nombreuses.

Var. 8. *Citrus Bigarradia Sinensis.* tab. 25.
C. *Bigarradia, foliis ovato-lanceolatis; petiolo vix alato; fructu parvo, globoso, paululùm depresso; cortice dilutè luteo, glabro, tenui; carne acidâ.*
Aurantium Sinense. Ferr. Hesp. p. 430. tab. 433. *fig. inf.*
Aurantium Sinense pumilum. Aranzo nanino da China. Volc. Hesp. tab. 207.
Aurantia nana, fructu acido, Sinensis. Le Bern. l. c. vol. 4. p. 114.
Vulgairement Petit Chinois. En italien, *Chinotti* (1).

Il ne paraît pas que les auteurs soient parfaitement d'accord si c'est ici véritablement le fruit qu'ils appellent *Orange de la Chine.* Nous en avons déjà décrit un fruit d'un volume bien plus considérable. Celui dont nous parlons n'est guère mentionné par les voyageurs naturalistes qui ont parcouru la Chine, tandis qu'on le trouve très-multiplié dans les environs de Goa.

Le Bigaradier de la Chine orne les jardins; cet arbuste charme les regards. Tiges, branches, feuilles, fleurs, fruits, tout y est en petit. Ses rameaux sinueux sont recouverts d'inégalités; ce qui lui donne une tête élégante. Ses feuilles sont petites, pétiolées, ovales, lancéolées, glabres, d'un vert éclatant, et très-rapprochées. Les fleurs, qui sont toujours axillaires et très-odorantes, font un grand effet au milieu de ce feuillage touffu. Elles ont quatre pétales, rarement cinq. Le fruit est le plus ordinairement sphérique, ayant neuf à dix lignes de diamètre, sur huit à neuf de hauteur. La peau est d'un jaune gai, unie, presque lisse. L'écorce est mince; le peu d'amertume qu'elle contient ne

---

(1) On cultive, mais d'une manière plus bornée, deux espèces de petit Chinois, que l'on nomme dans le pays *Chinotti.* Les fruits qu'elles portent sont très petits, et ont tous les caractères des Bigaradiers. La plante qui les produit ne s'élève guère qu'à la hauteur d'un arbuste. Les bourgeons qui couvrent ses branches sont très-rapprochés et rangés autour d'elles, de manière à les dérober à la vue, et à former des bouquets arrangés des mains de la nature, dont l'œil et l'odorat sont également flattés, lorsque l'arbre est en pleine fleur.

Ces espèces sont sans épines; la roideur de leurs branches s'oppose à ce qu'on les ploie pour les mettre en espalier dans les jardins. Leur fleur est d'une blancheur éblouissante, et, à la petitesse près, ressemble beaucoup à celle du Bigaradier. Le vert de leurs feuilles, plus foncé que dans les autres espèces ou variétés, relève singulièrement la blancheur des fleurs. Leur culture ne demande aucun soin particulier. Les fruits, qui doivent toujours leur naissance aux fleurs que le printems fait éclore, ont une saveur caustique et amère lorsqu'on les goûte tels que la nature nous les présente; mais quand on les mange confits au sucre, ils sont délicieux. Beaucoup de personnes en relèvent le goût, et en rajeunissent le parfum et l'arome, en les conservant ainsi confits, ou en y mêlant de l'eau-de-vie dans le syrop.

déplaît pas. La pulpe est divisée en sept à huit loges très-pleines d'un suc acide fort tempéré. On y trouve rarement des pepins.

Ces fruits, passés simplement au sucre, font d'excellentes confitures. On les cueille en juillet et août, pour soulager plus promptement l'arbre et lui conserver les sucs nourriciers qui doivent servir à la fructification de l'année suivante; aussi les cueille-t-on encore verts. Cet arbrisseau paraît se plaire davantage en caisse qu'en pleine terre. Cette variété présente une sous-variété qui se distingue par ses feuilles panachées de jaune.

On cultive aussi à San-Rémo, sous le nom de *Bigaradier Bignetta*, une variété dont les fruits ont la peau lisse, médiocrement luisante, une écorce amère, peu épaisse, très-cotonneuse, dont le jus, peu abondant, est aigrelet, légèrement amer; les vésicules qui le contiennent sont bien développées, charnues, se détachent facilement les unes des autres, et tiennent fortement à la membrane commune par un filament dur et blanchâtre.

Une autre variété se présente, dont les fruits par superfétation sont monstrueux, probablement aussi parce qu'il naissent de fleurs semi-doubles, qui sont déjà monstrueuses par elles-mêmes.

Var. 9. *Citrus Bigarradia Myrtifolia.*

C. *Bigarradia, foliis parvulis, ovato-lanceolatis; fructu minimo, globoso; cortice pallidè luteo, tenui; carne acidulá et subamará.*

Oranger nain, à feuilles de Mirte. *Vulgairement* Chinois nain. En italien, *Nanino da China.*

FERRARIUS fait mention d'un Oranger à feuilles de Myrte, dont il ne donne pas la figure; il le dit exclusivement cultivé dans la Chine. Depuis que sa culture a été introduite en Europe, on l'a beaucoup multiplié en Toscane et dans la Ligurie. Désirant completter leur collection, les pépiniéristes les multiplient pour leur commerce des plantes. Il y en a un bel individu cultivé au Jardin du Roi. Ce Bigaradier ne diffère de ses congénères que par ses feuilles plus pointues et très-petites. On le prendrait de loin pour un Myrte. Son fruit est très-petit, arrondi, glabre, d'un jaune pâle, ayant une écorce mince, adhérente à la pulpe intérieure qui se divise en plusieurs loges contenant un suc acidule mêlé d'amertume.

Var. 10. *Citrus Bigarradia rosea.* tab. 43. fig. 2.

C. *Bigarradia, foliis ovato-lanceolatis; fructu submedio et subrotundo, paululùm depresso; apice mamillato et stellato; cortice subcrasso, pallidè luteo; carne vix amará et subdulci.*

Aurantium roseum et stellatum. FERR. Hesp. p. 393. tab. 395.

Bigarrade Méla-Rosa.

Cinq petits tubercules rangés comme les rayons d'une étoile, et qui sont les restes des divisions du calice, au milieu desquelles s'implante la queue de cette Bigarade, sont le caractère qui la distinguent. Ce fruit est arrondi, légèrement comprimé, surmonté d'un mamelon obtus, un peu élargi, formé par sept à huit petites côtes en forme de Rose. Son écorce est assez épaisse, d'un jaune pâle, contenant une pulpe dont le jus a un peu de douceur, ce qui rapprocherait ce fruit de l'Orange; le peu d'amertume qui l'accompagne le place parmi les Bigarades.

Dans presque toutes les espèces du genre Citronier, on trouve des fruits qu'on appelle également *Mela-Rosa*, dénomination qui est due sans doute à un léger parfum qui approche de celui de la Rose, et qu'on retrouve en en froissant les feuilles entre les doigts.

Var. 11. *Citrus Bigarradia acuminata* tab. 24. fig. 3.

C. *Bigarradia, fructu submagno, ovato; apice mamillato; cortice aureo, non crasso; carne succosissimá, subacidá, subamará et subpiperatá.*

Bigarade à mamelon pointu.

Cette Bigarade est ovoïde, surmontée d'un gros mamelon qui se termine en un pointe mousse. Elle a trois pouces et demi de hauteur, sur trente-trois lignes de largeur dans son plus grand diamètre qui est du côté du sommet. Son écorce est d'un beau jaune doré, épaisse d'une ligne et demie. La chair est d'un jaune un peu plus clair que l'écorce, très-abondante en eau aigrelette, un peu amère, et qui laisse dans la bouche un saveur tant soit peu poivrée. Ses pepins sont blancs et la plupart avortés.

Var. 12. *Citrus Bigarradia mamillatá.* tab. 35. fig. 4.

    C. *Bigarradia, fructu parvo, subrotundo, apice mamillato; cortice aureo, lævi; carne amará.*

Cette variété a beaucoup de rapports avec le Limettier, et l'on pourrait la dénommer Limettiforme. La couleur de son écorce est un peu plus claire que celle du Limettier, dont il ne diffère que par son jus qui a la petite amertume qui fait distinguer la Bigarade.

Var. 13. *Citrus Bigarradia prolifera et callosa.* tab. 32. fig. 2 et 3.

C. *Bigarradia, fructu subrotundo, medio, corniculato, vel tuberculato, calloso et lunato ex uno latere, è basi ad apicem circumdato; cortice rugoso, viridi lutescente; carne subamará.*

Aurantium Hermaphroditum, seu corniculatum. Ferr. Hesp. p. 407. tab. 409.

Aurantium callosum multiforme. Ferr. Hesp. p. 407. tab. 411.

Bigaradier à fruit prolifère. En italien, *Margaritino doppio, ò semi doppio.*

Les deux fruits figurés dans cette planche nous ont été envoyés par M. Boccardi. Ils étaient desséchés, et par conséquent leur forme était rétrécie, et ils n'avaient plus cette belle couleur jaune-doré qui les distingue ordinairement. N'ayant pu en faire la description sur la nature même, nous empruntons celle de Ferrarius. Les causes qui concourent à la formation de ces fruits prolifères ne sont pas différentes de celles dont nous avons déjà parlé.

Quant à la Bigarade Calleuse ou Multiforme, ainsi que Ferrarius la présente, c'est un fruit rond, de même forme, grandeur et couleur que la Bigarade. Une excroissance calleuse, en forme de demi-lune, enveloppe, du haut jusqu'à la base, le tiers environ de sa capacité. Cette callosité, beaucoup plus forte dans le dessin de Ferrarius, est formée de la même substance blanche qui enveloppe la chair du fruit, qui ne s'étend pas elle-même au delà des bornes du fruit parfait. Elle est très-rugueuse, formée de tubercules très-rapprochées, de couleur jaune-verdàtre. Cette chair est blanche, son amertume n'a rien de désagréable.

Var. 14. *Citrus Bigarradia Bizarria.* tab. 36 et 37. fig. 2.

C. *Bizarria, foliis elongatis, dentatis, subalatis; fructibus mixtis et diversiformibus; illis rotundatis, ad Bigarradiam pertinentibus; istis ovatis acuminatis; tertiis mammosis et tuberculatis, in more Citri Medicæ; deniquè alteris 3-4 partitis, carnem et succum uniuscujusque speciei in variis loculis continentibus.*

Bizarriæ genus multiplex. Volc. Hesp. p. 171. tab. 172. a b c d.

Bigaradier de la Bizarrerie (1).

N'ayant pu nous procurer des fruits de cette singulière variété, nous avons été

---

(1) Frappé d'étonnement et d'admiration, en voyant le fruit dont l'Histoire nous occupe, j'ai fait tous mes efforts pour obtenir la solution des effets du phénomène que *le fruit de la Bizarrerie* présente, par la connaissance de la cause. Différentes notes m'ont été envoyées et communiquées; mais, je l'avoue, aucune ne m'a paru assez satisfaisante pour indiquer, comme certain et assuré, le procédé par lequel on peut obtenir de pareils fruits que j'appellerais volontiers *Compliqués.*

Avant de présenter des opinions modernes, il me paraît que je dois citer d'abord ce que les Anciens en ont dit. M. Risso, à qui je dois beaucoup de reconnaissance, pour les soins qu'il a bien voulu donner à la classification et à des détails intéressans, pont j'ai profité, et que je ferai connaître dans le cours de ce traité, M. Risso a eu la complaisance de m'envoyer le manuscrit de la dissertation du célèbre Docteur Pietro Nato, de Florence, lue en 1674, à l'Académie de Pise, sur les fruits vulgairement appelés *Frutti della Bizarria.* M. Galesio, dans son Traité du Citrus, publié à Paris en 1811, dit qu'on 1644, un jardinier de assez heureux de trouver, parmi les dessins de M. Le Berryais, celui que nous avons fait copier et graver. M. Galesio, qui l'a vu chez nous, nous a assurés de son exactitude, et nous sommes persuadés que nos Lecteurs nous sauront gré de le leur faire connaître. C'est la description qu'en a faite M. Galesio que nous leur présentons.

« La Bizarrerie, dit-il, est un Bigaradier qui porte tout à la fois des Biga-
» rades, des Limons, des Cédrats de Florence et des fruits mélangés. L'arbre a le
» port du Bigaradier; ses feuilles, tantôt de la forme de celles du Citronier et
» tantôt affectant celles de l'Oranger, réunissent souvent quelque chose de tous les
» deux. Il y en a de longues, de rayées et de coquillées; la plupart ont le pétiole
» ailé comme celles de l'Oranger. Les fleurs poussent au printems et en automne;
» elles ont, ainsi que les feuilles, des figures différentes : les unes ont les pétales
» blancs à l'intérieur, et à l'extérieur nuancés de rouge, et se nouent en Cédrats;
» d'autres, d'un blanc pâle, ont la corolle plus grande et plus prononcée, et pro-
» duisent un fruit mélangé; d'autres, dont la corolle est tout-à-fait blanche, ne
» produisent que des Bigarades : il y en a aussi qui n'ont point de pistil et
» qui coulent.

» Le fruit suit les caprices du reste de l'arbre. On en voit qui présentent une Bigarade
» en forme de Limon; d'autres, mêlés de Limon et d'Orange, sont, tantôt ronds, tantôt
» mamelonés à leur sommet; d'autres ont l'écorce comme les Oranges et la pulpe
» comme les Cédrats. Cet arbre porte aussi des Cédrats de plusieurs formes, dont
» quelques-uns participent du Cédrat et de l'Orange; on en voit enfin d'autres dont
» la disposition intérieure ou extérieure présente quatre portions à peu près égales,
» dont deux de Citron et deux d'Orange, et à côté de ceux-ci, des Oranges tout-à-fait
» simples, sans le moindre mélange. Il faut remarquer que l'Orange y est toujours
» à jus aigre, et que le Cédrat a les caractères du Cédrat de Florence.

» La Bizarrerie a été d'abord multipliée par le moyen de la greffe. On a observé
» ensuite que les bourgeons, dont il était difficile de distinguer la nature, ne déve-
» loppaient que de simples Oranges et des Cédrats. C'est encore un des caprices
» les plus singuliers de cette variété, que de voir le Cédrat venir d'un bourgeon

Florence avait obtenu de semences un Arbre de cette variété, greffé dans le principe, mais dont la greffe avait péri; que l'arbre, déjà adulte, poussa des sauvageons qui furent oubliés ou négligés; que néanmoins ces tiges sauvages, ou présumées telles, produisirent ces fruits merveilleux; que le jardinier ayant fait l'aveu de son origine au Docteur Pietro Nato, celui-ci rédigea une dissertation à ce sujet. M Galesio dit posséder de pareils Arbres qui donnent des fruits semblables. Ayant reconnu l'identité du dessin que j'avais de M. Le Berryais, j'ai dû être enhardi pour le faire peindre. S'il n'y a pas d'erreur dans ce que M. Galesio expose, je crois pouvoir dire : *Experto crede Roberto*, et son opinion ne serait point en contradiction avec ce que nous voyons tous les jours, pour la conservation des espèces, et surtout des primitives, d'avoir recours aux Marcotes.

Volcamerius, qui a donné, dans ses Hespérides, les figures séparées de trois de ces fruits, dit : que c'est par la réunion et jonction bien exactes des yeux de trois ou quatre espèces différentes, portés et placés artistement sur les branches que l'on veut greffer, que ces arbres peuvent donner naissance à de pareils fruits. Un cultivateur, dont on ne me donne pas le nom, prétend qu'en réunissant les graines de différentes espèces de fruits de ce genre, il peut en naître qui, par suite de ce mariage souterrain, concourent à la formation d'une tige portant en elle les élémens d'une production qui participe de toutes les qualités de chacune des parties constituantes.

Je suis véritablement affligé de ne pouvoir donner à mes Lecteurs une connaissance aussi complette que je l'aurais désiré des moyens propres pour procurer, aux cultivateurs d'Orangers, des fruits semblables. Je n'ai rien négligé pour y parvenir. M. Galesio dit n'en avoir vu que chez M. De Durazzo, à Gênes, et dans ses propriétés à Savone.

Je serais fondé à croire que c'est plutôt à la Nature et à de certaines circonstances que ces fruits doivent leur naissance, qu'à l'art du cultivateur, car le Docteur Pietro Nato dit expressément. que tous les moyens qui sont suggérés sont aisés à concevoir, mais d'une pratique difficile, et, qu'avec des cultivateurs expérimentés, il aime mieux les regarder comme illusoires, que d'en faire l'expérience inutile.

Le Docteur pouvait être découragé dans ses travaux; mais il eût dû au moins faire connaître ses essais et leurs résultats.

Ce qu'il y a de positif, c'est que de pareils fruits ont existé, et il en existe. J'en ai vu à Paris, envoyés de Florence. Un de mes souscripteurs, dans cette ville, m'a assuré en avoir cultivé, et en cultiver encore un nombre de pieds, mais je n'ai pu obtenir de lui, ni de son jardinier, les notions qu'il m'eût été si agréable de faire connaître à nos Lecteurs, et de crainte d'erreur, j'ai préféré leur présenter la description rédigée par M. Galesio, qui ne désapprouvera pas que je la fasse connaître, d'après son intéressant ouvrage.　　　Étienne Michel.

» qui sort de l'aisselle d'une feuille d'Oranger, et, réciproquement, l'Orange d'un
» bourgeon dont la feuille est de Cédrat. Ce phénomène trompait souvent les
» jardiniers, qui n'obtenaient de leurs greffes que des plantes à simple Cédrat ou à
» simple Orange ; ainsi on a eu recours aux marcotes : c'est de cette manière
» seulement que l'on peut multiplier cette belle race avec tous ses caprices, qui
» n'est cultivée que par des amateurs et qui est très-commune en Toscane. »

Extrait du Traité du Citrus par M. Galesio, de Savone.

Par une note, qui accompagne cette portion de notre travail, nous avons fait
connaître combien il eût été satisfaisant pour nous d'avoir pu parler affirmativement
sur les moyens propres à procurer des fruits de *la Bizarrerie*. Nous sommes persuadés que, même les personnes les mieux intentionnées pour nous aider dans nos
recherches, n'ont pu obtenir les renseignemens positifs qu'elles nous eussent trans-
mis avec plaisir. On sait que les jardiniers et cultivateurs, possesseurs de certains
secrets ou procédés, se refusent souvent à les communiquer ; quelquefois même il
peut y en avoir qui indiquent le contraire, et induisent en erreur.

Les expériences réitérées, et les succès obtenus au Jardin du Roi, nous ont fait
présumer qu'en employant *la Greffe par approche*, il serait peut-être possible d'obtenir le résultat que nous cherchons. M. Bosc, dans le Cours d'Agriculture, a fait connaître, avec beaucoup de clarté et de précision, les différentes manières de greffer ;
il dit que *la Greffe par approche* peut avoir lieu sur les racines, les tiges, les
branches, les feuilles, les fleurs et les fruits ; nous pensons, d'après cela, qu'un jardinier, bien adroit et bien exercé dans l'art de greffer, pourrait au moins faire l'essai de
ce qui nous paraît possible, et pour y parvenir, il prendrait trois jeunes sujets d'égale
hauteur et surtout de grosseur ; l'un serait Limonier, le second appartiendrait au
Cedratier, et le troisième au Bigaradier. Chacun de ces sujets serait coupé dans sa
longueur et le plus également possible, de manière à lui enlever les deux tiers de son
bois et de son écorce, en sorte que le tiers restant présentât un triangle de 120
degrés, et allât jusques à la moëlle. Les bords, du côté de l'écorce, et en général les
surfaces des deux côtés du triangle, doivent être coupés aussi net que possible. Les
coupes seront ménagées de manière à laisser, du côté de l'écorce et à la base de la
tige, une racine la plus entière que possible. Les trois sujets étant ainsi préparés, on les
rapprocherait étroitement les uns des autres, en faisant toucher les écorces et les
parties planes du bois, taillées comme il a été dit ; on les tiendrait exactement réunies
par un fil de laine ou de coton, ou avec l'écorce d'un Osier que l'on roulerait en spirale, depuis le bas de la tige, jusques à son sommet, en laissant à découvert seulement
quelques parties des écorces non entamées, et celles où se trouveraient des yeux.
Enfin on recouvrirait la ligature avec le mastic de terre glaise, dont on se sert ordinairement pour envelopper les Greffes, ayant toujours la précaution de laisser passer
plusieurs yeux.

Les Jardiniers greffent, quelquefois, plusieurs espèces ou variétés sur le même
arbre, mais ils emploient des Greffes d'espèces différentes pour les placer sur différens rameaux ; dans ce cas, chaque partie de l'arbre ne porte absolument que le
fruit propre à l'Ecusson dont il est sorti ; mais dans la Greffe dont nous venons de
donner le détail, si elle a bien réussi, la tige doit se trouver formée de trois espèces
absolument distinctes, et il est bien possible que, par cette réunion, les rameaux qui
en sortent se trouvent mi-partis de plusieurs espèces, et donnent par conséquent
des fleurs et des fruits qui participent de la nature mélangée de deux ou de trois espèces.

Nous désirons que, si quelque amateur veut faire l'essai de notre idée, s'il en

obtient le résultat que nous croyons pouvoir en attendre, il veuille bien nous en
instruire. Un pareil essai pourrait être fait sur des Poiriers, Pommiers et autres
arbres fruitiers; et nous croyons que le moment le plus favorable doit être celui où
ces arbres ont leur sève dans un mouvement égal, pour ne pas laisser la plus forte
attirer à elle les sucs qui doivent nourrir également les parties ainsi réunies.

6. CITRUS Decumana.   CITRONIER Pampelmouse.

C. *foliis ovatis, obtusis, emarginatis; pe-*   C. à feuilles ovales, obtuses, échancrées, à
tiolis alatis; fructu globoso, maximo.   pétioles ailés; à fruit globuleux, trés-gros.

Citrus Decumana. Lin. Syst. Veget. 580. Wild. Sp. 3. p. 1428. Lam. Dict. Enc. 4. p. 579.
Citrus Aurantium, Var. γ. Lin. Sp. 1101.
Aurantium Indicum maximum, vulgò Pompelmoes. Volcam. Hesper. p. 189 et 190.
Lemo Decumanus, Pompelmoes. Rumph. Amb. 2. p. 96. t. 24. f. 2.
Malus Aurantia, fructu rotundo, maximo, pallescente, caput humanum excedente. Sloan.
   Jam. 212. Hist. 1. p. 41. t. 2. f. 23.
Pumpelmus. Meist. Itin. 84.
Vulgairement Pompelmouse, Chaddock, ou Schaddeck.

L'arbre qui constitue cette sixième espèce n'est pas assez connu pour pouvoir
décider si nous eussions dû placer son fruit parmi les Oranges ou les Limons. Les
Auteurs ne sont pas même bien d'accord sur l'application de l'épithète *Decumana*,
qu'ils donnent à une espèce du genre Citronier. Les uns l'appliquent au fruit
dénommé *Pomum Adami*; d'autres le désignent par le mot *Chadok*, ou *Schadeck*,
du nom du Capitaine qui, suivant Plukenet, fut le premier qui l'apporta des Grandes
Indes en Amérique. Rumphius, dans son Herbier d'Amboine, le dénomme *Lemon
Decumanus.* Ferrarius se borne à l'indiquer et le figurer sous le nom d'*Aurantium
maximum.* Volcamérius paraît avoir adopté la dénomination de *Pompelmoes*,
que les Belges donnent au fruit appelé *Thoe* par les Chinois, et *Jamboa* par
les Portugais, et il le range comme espèce adoptive des Orangers. Mlle. Sybille
de Merian, dans son Histoire des Insectes de Surinam, a fait figurer un de ces
fruits, et dit qu'on en cultive une variété dont la différence réside dans la pâleur
de l'écorce et la grosseur du fruit.

M. Galesio, qui a enrichi son *Traité du Citrus* de recherches très-précieuses et savantes, dit n'avoir jamais rencontré ce fruit dans aucun des jardins d'Europe qu'il a
parcourus, et n'en avoir jamais vu qu'un individu apporté de l'Amérique, et que l'on
conserve, dans de l'Esprit-de-Vin, au Muséum royal d'Histoire naturelle de Paris.
Ce fruit, à l'extérieur, a la belle couleur d'or propre aux Oranges. Cela paraît faire
présumer que ce fruit serait véritablement une Orange; et l'acidité de son jus
le placerait naturellement parmi les Limons. Ce fruit, se reproduisant lui-même
par ses semences, peut donc former une espèce distincte qui a ses variétés propres,
dont les unes sont à jus aigre, d'autres à suc doux. Les écorces varient de même
dans leurs couleurs, du jaune pâle à la teinte du beau jaune-doré. La description que Volcamérius en fait, d'après Neuhosius, dans son Histoire de la Chine,
porte que cet arbre a la tige et les rameaux très-épineux, comme la plupart
des Citroniers et des Limoniers; que ses feuilles sont dentées, ovales, alongées
et ayant un pétiole largement ailé, cordiforme, bien échancré. Ses fleurs sont très-
odorantes, plus blanches que celles du Limonier. On en extrait une eau suave
par la distillation, ou au Bain-Marie. Son fruit est d'une grosseur extraordinaire, surpassant quelquefois celle de la tête d'un homme. La couleur de son
écorce est assez pareille à celle de l'Orange. L'acidité de sa pulpe n'a rien de

désagréable ; on y trouve un petit filet de douceur qui la corrige. Ce jus peut être comparé à celui du Raisin qui n'est pas parvenu à sa maturité complète ; et il est employé pour assaisonner les alimens. Les semences qu'il contient sont jaunâtres et comme teintes de rouille. Le fruit figuré par Volcamérius a cinq pouces dix lignes de hauteur, sept pouces de large ; son écorce de six lignes d'épaisseur, couvre une pulpe de six pouces, divisée en quinze à dix-huit loges.

7. CITRUS Histrix. tab. 39. fig. 1.
C. *foliis ovatis, vix petiolo laté alato majoribus ; ramis spinosissimis ; fructu pyriformi.*

CITRONIER Hérisson. pl. 39. fig. 1.
C. à feuilles ovales, à peine plus grande que le pétiole qui est largement ailé ; à rameaux très-épineux ; à fruit pyriforme.

CITRUS *Histrix*. Decand. Catal. Hort. Monsp.

Cette espèce forme un grand arbrisseau, ou un arbre médiocre, dont les rameaux sont armés d'épines nombreuses, longues, dures et piquantes. Ses feuilles sont remarquables parce qu'elles paraissent être formées de deux folioles articulées l'une au dessus de l'autre. La supérieure, qui est la feuille proprement dite, est ovale, à peine dentée, et l'inférieure, qui est le pétiole bordé d'une aile de chaque côté, a presque la même forme et la même grandeur que la feuille elle-même. Les fleurs sont solitaires le long des jeunes rameaux, et le fruit, de la grosseur d'un petit Citron, a presque la forme d'une poire. Son écorce est épaisse, d'un jaune pâle, bosselée, avec des cavités profondes. La chair est excellente, très-parfumée. Les pepins sont petits.

Cette espèce est cultivée à l'Ile-de-France, où l'on en fait des haies qui sont de bonne défense. On emploie le fruit à faire des confitures délicieuses.

Il y a une vingtaine d'années que cet arbre a été introduit en France par un amateur qui en avait conservé un seul fruit qu'il donna à son neveu M. Rolland Complan, de Nismes, qui en sema les graines. Celles-ci levèrent toutes assez bien ; mais le jeune plant fut long-tems sans produire de fleurs, puisque un seul sujet n'a fleuri que douze ou quinze ans après.

C'est de M. Audibert, de Tonelle près de Tarascon, qui possède aujourd'hui ce même arbre qui n'a pas refleuri depuis cinq ans, que nous tenons les détails que nous publions ici. On en cultive un pied au Jardin du Roi ; il y a été envoyé par M. Audibert.

8. CITRUS trifoliata.
C. *foliis ternatis ; floribus axillaribus, solitariis.*

CITRONIER trifolié.
C. à feuilles ternées ; à fleurs axillaires, solitaires.

CITRUS *trifoliata*. Lin. Sp. 1101. Willd. Sp. 3. p. 1428. Lam. Dict. Enc. 4. p. 582. Isi, *seu* Karatas. Kæmpf. Amœn. 801. t. 802.

Le Citronier trifolié n'est qu'un arbuste dont les rameaux sont épars, tortueux. Ses feuilles sont ternées, dentées en scie. Sa fleur, semblable à celle du Néflier, selon Kæmpfer, est axillaire, solitaire, à cinq pétales ovales, terminés par une sorte d'onglet linéaire ; elle contient vingt à vingt-cinq étamines. Son fruit ressemble à une Orange par la forme et la couleur ; il est partagé intérieurement en sept loges qui contiennent une pulpe glutineuse et désagréable au goût.

Cette espèce croît naturellement au Japon, où elle est employée à faire des haies vives qui sont impénétrables par leur épaisseur et leurs épines.

9. CITRUS Margarita.

CITRONIER Perle.

C. *ramis ascendentibus , aculeatis ; foliis lanceolatis ; petiolis linearibus ; fructu oblongo, 5-loculari.*

C. à rameaux redressés, épineux ; à feuilles lancéolées, portées sur des pétioles linéaires ; à fruit oblong, à cinq loges.

CITRUS *Margarita.* Lour. Fl. Cochin. 570. n°. 5. Lam. Dict. Enc. 4. p. 581.

Ce Citronier est un petit arbrisseau, dont la tige, divisée en rameaux droits, épineux, ne s'élève pas à plus de quatre pieds de hauteur. Ses feuilles sont lancéolées, très-entières, portées par des pétioles linéaires. Ses fleurs odorantes, à cinq pétales blancs, sont réunies en petit nombre sur des pédoncules épars sur les rameaux. Son fruit est une baie ovale-oblongue, d'un jaune-rougeâtre, longue de huit lignes tout au plus, divisée en cinq loges, et contenant, sous une écorce très-mince, une chair douce et agréable. Cette espèce se trouve à la Chine, et surtout aux environs de Canton.

10. CITRUS angulata.

CITRONIER anguleux.

C. *petiolis nudis ; foliis ovatis, acutis ; spinis binis, stipularibus ; fructibus angulosis.*

C. à feuilles ovales, aiguës, portées sur des pétioles nus ; à épines deux à deux, stipulaires ; à fruits anguleux.

CITRUS *angulata.* Wild. Sp. 3. p. 1426.

Limonellus angulosus. Rumph. Amb. 2. p. 110. t. 32.

La tige de cette espèce est de la grosseur du bras, et elle se divise en branches courbées et noueuses. Les feuilles, portées sur un pétiole simple, sont alternativement placées entre deux épines, ou accompagnées d'une seule épine. Les fleurs sont blanches, solitaires et formées de cinq pétales. Les fruits sont petits, aplatis sur les côtés, à quatre ou cinq angles ; ils restent long-tems verts et deviennent à peine jaunes, à l'époque de leur maturité. L'écorce qui les recouvre est très-mince ; leur chair visqueuse n'est pas mangeable.

Ce Citronier croît à Amboine, où il se trouve dans les lieux marécageux.

11. CITRUS Auraria.

CITRONIER d'Orfévre.

C. *foliis vix petiolo latè alato majoribus ; floribus racemosis, terminalibus ; fructu globoso, parvo ; cortice tenuissimo.*

C. à feuilles à peine plus grandes que le pétiole, qui est largement ailé ; à fleurs en grappes terminales ; à fruit globuleux, très-petit, revêtu d'une écorce très-mince.

Limomellus Aurarius. Rumph. Herb. Amb. cap. 40.

La tige de cette espèce est élevée. Ses feuilles sont d'un vert foncé, panachées, portées sur des pétioles, dont les ailes ont presque autant de largeur que la feuille elle-même. Ses fleurs sont très-petites, terminales, disposées en grappes semblables à celles de l'Olivier. Ses fruits sont gros comme une Cerise, mamelonés, jaunâtres, recouverts d'une pellicule mince, n'ayant point l'arome ordinaire aux autres fruits de ce genre ; leur chair est pleine d'un jus abondant et acide.

Le fruit de ce Citronier est appelé *Aurarius* à Amboine, parce que les Orfévres se servent de son suc pour nettoyer leurs ouvrages en or.

12. CITRUS ventricosa.

CITRONIER ventru.

C. *foliis vix petiolo latè alato majoribus ; floribus tetrapetalis, racemosis, terminalibus ; fructu tuberculato.*

C. à feuilles à peine plus grandes que le pétiole, qui est largement ailé ; à fleurs disposées en grappes terminales et composées de quatre pétales ; à fruit tuberculeux.

Lemon ventricosus. Rumph. Herb. Amb. cap. 37.

Les ailes qui garnissent les pétioles des feuilles de cette espèce sont si prononcées, que cela paraît comme deux feuilles disposées l'une au dessus de l'autre. Ses fleurs, d'une petitesse extrême, ne sont formées que de quatre pétales, et disposées en grappe, à l'extrémité des rameaux. L'écorce du fruit est odorante, presque verte, à peine nuancée d'une légère teinte de jaune, et recouverte par beaucoup de petits boutons de la même forme, de la même grandeur, et disposés régulièrement. Sa chair est granuleuse, verte et très-acide.

Cet arbre croît à Amboine.

13. CITRUS Madurensis.

C. *foliis ovatis, acutiusculis; petiolis linea-ribus; floribus subsolitariis et subtermina-libus; fructu globoso, lœvi, exiguo.*

CITRONIER de Madure.

C. à feuilles ovales, un peu aiguës, portées sur des pétioles linéaires; à fleurs presque soli-taires et presque terminales; à fruit globu-leux, lisse, très-petit.

CITRUS *Madurensis.* Lour. Fl. Coch. 570. Lam. Dict. Enc. 4. p. 581.

Limonellus Madurensis. Rumph. Herb. Amb. 2. p. 110. t. 31.

La tige de ce Citronier n'a pas plus de deux pieds de hauteur; elle se divise en rameaux anguleux, comprimés, étalés, tortueux, et très-souvent dépourvus d'épines. Ses feuilles sont ovales, un peu aiguës, presque entières, très-glabres, portées par des pétioles linéaires et sans ailes. Les fleurs sont à cinq pétales, d'une odeur très-agréable, et elles naissent presque solitaires, vers l'extrémité des rameaux. Les fruits sont lisses, globuleux, de la grosseur d'une petite Cerise, d'un vert jaunâtre, et partagés en huit à neuf loges remplies d'une pulpe vési-culeuse et amère.

Cette espèce croît dans la Chine et dans la Cochinchine, où elle est cultivée à cause de sa beauté.

14. CITRUS Nipis.

C. *ramis apice aculeatis; foliorum petiolis alatis; floribus axillaribus et solitariis; fructu globoso, apice mamillato et acutis-simo.*

CITRONIER Nipis.

C. à rameaux épineux à leur extrémité; à pétio-les des feuilles ailés; à fleurs axillaires et soli-taires; à fruit globuleux, mameloné au sommet, et terminé en pointe trés-aiguë.

Limonellus: Lemon Nipis. Rumph. Herb. Amb. cap. 39.

La tige de cette espèce est très-petite. Ses rameaux se terminent par une pointe aiguë qui a la forme d'une épine. Les feuilles sont portées sur un pétiole ailé. Les fleurs sont blanches, odorantes, axillaires et solitaires. Le fruit est jaunâtre, de la forme et de la grosseur d'un Abricot, terminé par un mamelon alongé et très-pointu. Son écorce est très-mince, d'un parfum très-agréable, et elle couvre une pulpe blanche, pleine d'un jus abondant et acide. Ce Citronier est commun dans l'Inde, et particulièrement au Malabar et dans l'Ile d'Amboine.

15. CITRUS mammosa.

C. *foliorum petiolis linearibus; floribus axil-laribus, subsolitariis; fructu subconico.*

CITRONIER mamelonné.

C. à feuilles portées sur des pétioles linéaires; à fleurs axillaires, le plus souvent solitaires; à fruit presque conique.

Malum Citreum: Lemon Sussu: Lemon mammosus. Rumph. Herb. Amb. cap. 35.

D'après les observations de Rumphius, cette espèce n'est qu'un arbuste. Elle paraît avoir quelques rapports avec le Citronier Limonier, mais elle en diffère essentiellement par ses fleurs axillaires, souvent solitaires, quelquefois au nombre de deux ou de trois, mais jamais portées sur un pédoncule commun. Son fruit est oblong, un peu conique, recouvert d'une écorce inégale, jaunâtre, insipide, et contenant une chair blanchâtre et acidule.

Ce Citronier croît dans les Indes.

16. CITRUS fusca.

C. *foliis ovato-oblongis ; petiolis alato-cor-*
datis; floribus racemosis, subterminalibus ;
fructu globoso , scabro.

CITRUS *fusca.* Loureiro. Fl. Cochin. 571.
Aurantium acidum , Lemon Itan. Rumph. Herb. Amb. 2. cap. 41. t. 33.

CITRONIER brun.

C. à feuilles ovales-oblongues , portées sur
des pétioles ailés en cœur; à fleurs en grappes,
presque terminales ; à fruit globuleux , rude.

Cette espèce forme un arbre qui s'élève, à Amboine , à une grande hauteur.
Ses rameaux sont anguleux, tortueux, munis de grandes et fortes épines. Ses
feuilles sont ovales-alongées, d'un vert obscur, portées sur des pétioles ailés en
cœur Les fleurs sont blanches, peu odorantes, disposées en grappes peu garnies
et presque terminales. Le fruit est globuleux, rude, d'un vert brun , divisé en
huit à neuf loges, et contenant une pulpe amère et d'un goût désagréable.

Cet arbre est très-commun à la Cochinchine. (1)

Recherches historiques, Culture, Usages et Propriétés.

Il est étonnant que, depuis tant de siècles que l'Oranger est cultivé en France, en
Italie, en Espagne, en Portugal, on ne lui ait pas encore donné le rang distingué qu'il
mérite dans la classification des Plantes. Les végétaux des régions éloignées ont eu
un sort plus heureux : à peine ont-ils été découverts, qu'on s'est empressé à en faire
connaître les espèces et les variétés. L'Oranger, à qui rien ne manque pour inspirer le
plus grand intérêt aux Naturalistes, l'Oranger, qui est devenu si commun, et qui présente à la fois l'utile et l'agréable, l'Oranger, disons-nous, a été négligé jusques
à ce jour.

L'immortel Linné, en classant cet arbre, n'établit que trois espèces; ainsi, malgré
tous ses charmes et les services importans qu'il rend à la société, l'Oranger ne brille
pas encore dans les Fastes de la Botanique.

Plusieurs Auteurs, qui ont donné des nomenclatures sans description et sans examen , ont copié littéralement, et par conséquent perpétué les erreurs les uns des
autres ; les espèces et les variétés ont toujours été indistinctement confondues. La
classification de Cupani, dans son *Hortus Catholicus*, rapportée par Sestini, (2)
présente des erreurs qui proviennent de ce que cet Auteur n'a pas assez examiné ni
cherché à pénétrer les secrets de la nature, dont la marche est constamment la même,
toutes choses égales : aussi les espèces primitives n'ont pu varier, et si l'on a cru en
reconnaître de nouvelles , on a dû les classer comme variétés les unes des autres. De
tems immémorial, les arbres du genre Citronier sont cultivés en Provence, et dans le
littoral de la Méditerranée. Les variétés ne s'y sont pas multipliées, comme l'ont
prétendu quelques Auteurs qui ont cru en donner le motif, en disant que le mélange
de la poussière des étamines, charriée par les Abeilles, a dû concourir à cette augmentation de variétés. Il est un fait constant : la poussière des Orangers, des Limoniers,
des Méla-Rosa, des Chinottiers, des Bergamottiers, des Cédratiers, a été portée sur le
Citronier, et il est démontré que , si les variétés devaient leur naissance à un pareil
mélange, leur nombre se serait accru prodigieusement et s'accroîtrait tous les jours;
car le plus ou le moins de ces diverses poussières, leurs différentes combinaisons ,

---

(1) Ayant eu intention de compléter , autant qu'il nous serait possible, le genre du Citronier, nous avons cru devoir
faire connaître à nos Lecteurs non-seulement les espèces et variétés cultivées en France , mais encore celles qui , cultivées
dans leur pays natal, n'attendent que le moment où elles pourront, comme leurs congénères, végéter sur cette terre hospi-
talière et embellir les jardins. Les Éditeurs.

(2) *Lettere del Signor Abbatte* Sestini, *scritte dalla Sicilia, ò dalla Turchia, à diversi suoi Amici in Toscana.*

donneraient lieu continuellement à des variétés nouvelles, et cela ne peut être. La graine du Citronier ne donne que des Citroniers.

D'où viennent, dira-t-on, toutes les variétés que nous admirons dans nos jardins? Chaque climat, ayant une influence particulière sur les arbres, leur a fait subir des modifications différentes; la couleur, les dimensions, la bonté des fruits, sont dues aux divers degrés de température; par exemple, on a beau transplanter ailleurs l'Oranger de Malte, on ne parviendra jamais à avoir des Oranges d'une écorce aussi mince, qui aient un goût aussi agréable et autant de parfum, que celle que cette île produit. Elles conservent, même ailleurs, assez de leurs qualités naturelles, pour les faire distinguer des autres, et établir une variété constante. Si on possède, dans le Midi de la France et les pays qui l'avoisinent, le nombre de variétés qu'on y cultive, ce n'a été qu'en se procurant des plants; et si on les y a perpétuées, ce n'a été que par le moyen de la greffe; tous les autres essais ont été infructueux.

L'Oranger est, avec raison, regardé comme le plus bel arbre d'Europe; sa taille majestueuse, sa forme régulière, son vert éclatant, ses fleurs, ses fruits, fixent l'attention de l'Observateur, et le frappent d'étonnement; en effet, cet arbre est toujours paré de son magnifique feuillage; il étale, même pendant la saison des frimats, le luxe ravissant de la fécondité.

Ancien autant que la végétation en Asie, l'Oranger s'y perpétue de lui-même en plusieurs contrées. C'est de là qu'on l'a conduit à habiter des terres qui lui étaient inconnues. Il est également indigène en Amérique, où il se multiplie en épaisses forêts, sans le secours de l'homme. La Sicile, la Sardaigne l'admirent de même dans son état sauvage. Là il ignore les lois symétriques que lui prescrit le Continent, et, soumis uniquement à celles de la nature, en revendiquant ses droits originaires, il y jouit de toute sa liberté, et forme des forêts très-étendues.

On est fondé à croire que le Limonier a été le premier de ce genre qui a été introduit en Europe. Théophraste, et après lui Pline, parlent d'un fruit connu sous le nom de *Pomme de Perse*, ou *de Médie*. La description que Théophraste en a faite est trop analogue à ce qui se passe sous nos yeux, pour ne pas présumer que les phalanges victorieuses d'Alexandre, conduites en Asie, n'aient pu y connaître l'arbre et le fruit dont l'histoire nous occupe. Pline nous dit qu'il existe un fruit nommé *Pomme de Perse*, ou *de Médie*, que les Grecs appellent *Kitrias* l'arbre, et *Kitrion* le fruit. Les Romains en connaissaient les qualités bienfaisantes; Virgile, dans ses Géorgiques, faisant mention des heureux effets que produit l'usage de la Pomme de Médie, s'exprime ainsi :

. . . . . . Animos et olentia Medi
Ora fovent illo, et senibus medicantur anhelis.   Virg. Georg. Lib. 2.

M. Delisle a traduit ainsi les vers de Virgile :

Et son suc, du vieillard qui respire avec peine,
Raffermit les poulmons, et parfume l'haleine.

Il est certain que le Citronier croît naturellement dans toute l'étendue de la Zône-Torride: c'est là son ancienne patrie, c'est de là qu'on l'a transporté dans les autres régions.

Macrisi, Auteur Arabe, prétend que le Citron rond, ou Orange, fut apporté de l'Inde dans les contrées occidentales de l'Asie, et de là en Égypte, postérieurement à l'an 300 de l'hégire; mais il règne beaucoup d'obscurité dans ce rapport; car, soit que par Citrons ronds on entende le fruit du Citronier, ou celui du Limonier, l'un et l'autre diffèrent essentiellement de l'Orange, et par conséquent, en les confondant, on laisse le Lecteur incertain sur l'arbre qui fut apporté à cette époque.

Ce que nous avons dit succinctement sur la connaissance qu'ont eue les Romains de l'existence en Asie de l'arbre qu'ils ont appelé Pomme de Perse ou de Médie , nous porte naturellement à rechercher l'époque à laquelle on peut rapporter son introduction en France. La première qui nous fixe, et qui est au moins présumable, si elle n'est exacte, pourrait être celle où les Phocéens fondèrent la Ville de Marseille, et habitèrent le littoral de la Méditerranée. On peut et l'on doit au moins présumer que ces peuples, venus de l'Asie, auront cherché à enrichir les différens pays qu'ils venaient habiter, des plantes et des végétaux qui croissaient spontanément chez eux, et que dès-lors les Citroniers et les Limoniers ont pu être plantés et cultivés en Provence.

Il est aussi possible que, pendant les tems de barbarie qui ont enveloppé plusieurs générations qui se sont succédées, cet arbre ait été négligé, et même l'espèce perdue. On n'en retrouve des traces dans aucun Auteur. Ferrarius et, un demi siècle après lui, Tanara ont décrit un Oranger planté en 1200 par Saint Dominique, dans le jardin du Couvent de Sainte-Sabine à Rome. S'il faut en croire la tradition, le pied qui existe aujourd'hui est encore le même. Il est pourtant présumable qu'il ait été rajeuni, de tems à autre, par les rejetons qu'il pousse annuellement. Ses fruits sont à jus aigre ; ils ne diffèrent en rien de nos Bigarades ; aussi les appelle-t-on à Rome *Melangoli forti*. Nous nous bornons à fixer à l'époque des Croisades celle de l'introduction de l'Oranger en Provence. On n'ignore pas que les embarcations pour cette guerre sainte avaient lieu au port d'Hières ; et il est à présumer que c'est de ce pays que ces arbres se sont répandus sur toutes les parties de la côte de la Méditerranée où il était possible de les acclimater et de les cultiver. On lit dans Abel Jovan, qui avait fait imprimer en 1566 le Voyage de Charles, neuvième de ce nom, alors régnant, le passage suivant : « Le roi fit son entrée dans la Ville d'Hières ; autour d'icelle Ville » il y a si grande abondance d'Orangers et de Palmiers et de Poivriers et autres arbres » qui portent le Coton , qu'ils sont comme forêts «. D'où il résulte qu'à cette époque les Orangers étaient déjà très-multipliés en Provence. On trouve dans l'Histoire du Dauphiné : que le Dauphin Humbert, revenant de Naples en 1336, fit acheter à Nice vingt plants d'Orangers.

Quelle que soit l'époque à laquelle on doit fixer celle de l'introduction du Citronier en France, il est très-constant que cet arbre ne fut d'abord qu'un objet de luxe et d'agrément ; il dut avoir au commencement plus d'admirateurs que de cultivateurs , à cause de la rareté des plants. L'art de le multiplier n'était pas encore connu, et l'on dut rester long-tems avant de le découvrir ; cependant, trouvant un climat analogue à sa constitution physique, il dut y prospérer, ce qui dut inspirer le desir ardent de le naturaliser et d'en augmenter le nombre. Chacun s'empressa de l'avoir et de lui prodiguer ses soins, mais on se borna à en avoir très-peu. Les propriétaires qui purent s'en procurer les placèrent au devant de leurs habitations rustiques. L'Oranger vivait alors solitaire, ou en société peu nombreuse ; mais dès que ses fruits exquis furent connus dans les pays éloignés, et que le commerce en facilita le transport et le débouché, on n'envisagea plus cet arbre comme un objet de pur agrément, on en reconnut toute l'importance , et l'on commença à s'occuper sérieusement de sa culture. Les pépinières s'établirent de tous côtés ; on accorda à cet arbre magnifique les terres les plus fertiles et les mieux exposées ; les plaines furent préférées , et l'on ne tarda pas à le multiplier. De proche en proche, on fit de nouvelles plantations et l'on augmenta les anciennes.

Les premiers arbres de ce genre qui furent acclimatés et qui se multiplièrent, furent les plus agréables et les plus utiles ; ceux-là frappèrent d'abord les regards de l'observateur par leur magnificence, et l'expérience apprit aussi qu'ils étaient d'un plus grand rapport. Ainsi donc, l'Oranger, le Limonier, le Citronier, durent être cultivés de préférence, car les charmes de leur végétation, le bienfait de leur fécondité, sont bien propres à captiver l'attention, non-seulement du cultivateur, mais du simple amateur. Ce fut donc à ces espèces que les premiers soins furent prodigués, et cela par une raison bien naturelle, qui est celle que les objets qui assurent un produit certain sont toujours recherchés, de préférence à ceux qui exigent les mêmes dépenses, et ne servent communément qu'à flatter l'orgueil. Ainsi le Chinois, le Pompelmous, le Bergamottier, ne furent introduits dans nos contrées que long-tems après, et même on ne les y accueillit que pour diversifier le spectacle des jardins. Les espèces principales obtinrent toute préférence, et l'on continua à les multiplier avec le même zèle.

Quoique l'Oranger ne soit qu'une espèce dans le genre Citronier, cesera néanmoins sous son nom, qui est plus généralement connu, que nous désignerons les soins que les arbres de ce genre exigent.

L'Art de multiplier les Orangers était à peine connu, chacun cherchait et voulait avoir des plants. Les Génois, dans nos Contrées méridionales, furent les premiers qui s'adonnèrent à cette multiplication. Attentifs et éclairés dans leur industrie, ils ouvrirent les yeux et s'approprièrent exclusivement cette branche de commerce. Ils commencèrent par marcoter, et se procurèrent ainsi une immense quantité de plants ; ils eurent ensuite recours aux semences, et reconnurent que c'était la meilleure méthode pour les multiplier à l'infini. Ces deux moyens leur avaient si bien réusssi, qu'on chargea des bâtimens en entier de ces jeunes plantes, pour être envoyées dans les pays où le débit et le profit les attiraient de préférence. Ce sont des pépinières de Gênes que sont sortis les arbres le plus anciennement naturalisés et acclimatés sur le littoral de la Méditerranée, depuis leur transplantation en Provence.

L'Art de multiplier les Orangers a cessé d'être un secret reservé à l'industrie Ligurienne. Dans chaque Pays où les arbres de ce genre sont cultivés, chacun a cherché les moyens d'augmenter sa propriété; chacun a fait des essais sur les moyens de propagation ; on a étudié les soins que ces arbres exigeaient, suivant la localité, la nature des terrains, l'exposition, les labours, les engrais qui leur convenaient le mieux, et l'on s'est convaincu que l'Oranger ne pouvait guère être cultivé à plus de quatre lieues en deçà de la mer, et cessait d'être productif à cent-cinquante toises au dessus du niveau de la mer.

Dans le général de la France, l'Oranger ne peut être placé au rang des arbres de pleine terre ; mais y acquérant, dans quelques contrées, la même magnificence que dans son pays natal, il doit nécessairement occuper une place distinguée parmi les arbres cultivés en pleine terre en France, et par conséquent traité dans le plus grand détail, et nous ne nous dispenserons pas de parler des soins qu'il exige dans l'orangerie.

Dans les Provinces méridionales de la France, où l'Oranger croît en liberté et est cultivé en pleine terre, ainsi que dans le pays connu sous la dénomination de *Rivière de Gênes*, le but des cultivateurs est d'avoir beaucoup de plants. Nous avons dit que les Génois avaient commencé à les multiplier par le moyen des marcotes; nous avons à nous occuper de leur propagation par la voie des semis. Un des points essentiels doit être nécessairement le choix des graines parmi les espèces qui doivent les fournir de préférence.

Les graines de l'Oranger, proprement dit, ne sont pas absolument préférées pour les semis ; elles ne sont pourtant pas à rejeter, car elles procurent des plants qui ne laissent pas d'avoir leurs avantages. Ce sont elles qui produisent l'Oranger Sauvage, qui, parvenu au dégré où il doit porter du fruit, charge considérablement.

Son fruit, qui a une écorce assez mince, contient plus de suc que les autres ; son goût est plus délicat, plus parfumé ; il devance la maturité des autres. Malgré ces avantages, les graines du Citronier obtiennent la préférence, parce qu'étant ordinairement plus grosses et plus nourries, elles germent plutôt, et les plants qui en proviennent sont pour l'ordinaire beaucoup plus vigoureux.

Les graines de l'Oranger Sauvage présentent un autre avantage pour être semées ; c'est que si elles restent plus long-tems à se développer, les arbres qui en proviennent, après avoir été greffés, étant en plein rapport, assurent des récoltes plus abondantes. Leurs fruits sont plus recherchés, plus exquis que ceux greffés sur le Bigaradier ; ils résistent mieux à l'intensité du froid, souffrent moins, en général, de la sécheresse de l'été, et vivent plus long-tems. L'Oranger Sauvage est l'espèce que l'on peut, avec le moins d'inconvénient, propager hors des limites où les Citroniers cessent d'être cultivés en pleine terre ; il est d'ailleurs susceptible d'être acclimaté, par gradation, à une température inférieure à celle du midi de la France.

Les graines du Citronier étant, comme nous l'avons dit, plus généralement adoptées pour former des semis, il convient de choisir, autant que possible, de très-beaux Citrons, qu'on a soin de laisser mûrir complètement sur l'arbre, d'où on ne les détache qu'au moment ou l'on veut employer la graine pour être mise en terre. Si on ne veut pas la semer de suite, on doit conserver les graines, détachées du fruit, dans un endroit où ni les vents ni la chaleur ne puissent concourir à leur dessication, ce qui nuirait ou au moins retarderait leur vertu germinative. Quoique la graine du Citronier soit préférée pour les semis, elle ne doit pas l'être indifféremment pour tous les terrains, car il paraît que, dans ceux de Nice, Menton, San-Remo, La Bordighièra, Vintimille, on donne la préférence à la graine du Bigaradier Sauvage, et qu'on ne l'y sème pas aussitôt que celle du Citronier. Les graines, retirées du fruit parvenu à sa parfaite maturité, sont mises en tas, dans un endroit exposé au soleil, pour les laisser fermenter pendant huit à dix jours ; on les jette ensuite dans un réservoir d'eau ; après quelques heures de macération, on sépare les graines, en choisissant les plus belles et les mieux nourries. On doit toujours supprimer celles qui surnagent. Les graines ainsi choisies sont semées dans des pots, des caisses, ou en pleine terre, dans un terrain uni, bien labouré, nouvellement fumé, et on les recouvre d'un peu de terre légère et sabloneuse qu'il faut arroser de tems en tems, s'il règne trop de sécheresse. Une température de dix à quinze degrés, au thermomètre de Reaumur, et une atmosphère un peu humide, suffisent ordinairement pour faire germer les semences en moins de quinze jours. Les semis faits en terrine ou en caisse méritent quelque préférence, en ce que les graines n'y sont point exposées à être détruites par les Courtilières qui attaquent les jeunes racines ; d'un autre côté, on a la facilité de les rentrer s'il survient quelque vent froid inattendu qui exposerait le jeune plant à ses ravages ; ils sont alors si sensibles, que le moindre vent glacial suffirait pour les détruire, ou désorganiser tellement le système vasculaire, qu'il leur serait impossible de végéter heureusement par la suite.

Tanara conseille de semer de préférence la graine du Citron Pomme d'Adam ; il assure que les plants qui en proviennent sont greffés avec plus de succès, et que les fruits en sont aussi plus gros.

Il ne nous paraît pas inutile d'indiquer ici aux cultivateurs qui desirent semer chez eux des graines d'Oranger, les précautions qu'ils doivent exiger des personnes auxquelles ils adresseront leurs demandes. Si la distance n'est pas considérable, on doit demander des fruits bien mûrs, dont la semence puisse se perfectionner pendant le trajet ; si par contraire on est trop éloigné, les graines doivent être mises dans un flacon bien bouché, pour les garantir de toute espèce d'humidité intérieure et de leur altération.

Nous avons dit qu'à une température de dix à quinze degrés, les semences du Citronier mises en terre, toutes choses égales, doivent commencer à germer ; nous reviendrons sur les soins qu'elles exigent , en parlant de ceux que les boutures, autre et second moyen de multiplication, ont droit d'attendre avec la même libéralité que le jeune plant. Ces jeunes plantes, destinées à changer trois ou quatre fois de domicile avant d'être soumises aux différentes opérations qui doivent concourir à leur donner tous les charmes et la magnificence dont elles doivent jouir , exigent des soins attentifs , et que rien ne soit négligé.

Après avoir indiqué le premier moyen de se procurer des plants par la voie des semences , nous avons à nous occuper de celui que présentent les Boutures. Elles offrent une manière prompte et avantageuse pour en augmenter le nombre. Cette pratique est presque la seule en usage à Hières. C'est celle que l'on emploie en Sicile où les Orangers sont tellement multipliés et féconds, qu'ils produisent chaque année des sommes immenses dans le pays. Sestini, que nous avons déjà cité, nous confirme ce fait, et dit qu'il est certaines variétés, telles que le *Poncire*, qu'on ne peut pas se procurer par d'autres moyens.

La facilité qu'ont eue les propriétaires de se procurer des plants tout formés, les avait rendus négligens ; les boutures avaient cessé d'être en usage ; mais on n'a pas tardé à reconnaître la bonté de cette méthode, et l'on s'y applique, n'y en ayant pas de plus prompte , pour donner des plants.

Pour assurer le succès de sa plantation, il faut choisir une portion de bonne terre, y mettre beaucoup de fumier bien consommé, labourer profondément; y ouvrir autant de sillons qu'il est nécessaire pour y placer la quantité de boutures que l'on a. Quoique les racines et les branches soient propres à cet usage, on préfère, avec raison, les longs bourgeons que les Orangers poussent en été, et que le prudent jardinier ne néglige jamais de retrancher au commencement de l'automne. En les employant ainsi , on met à profit ce qui n'aurait été d'aucune utilité, et l'on convertit en plants précieux des bourgeons qui se seraient appropriés les sucs de l'arbre en pure perte. Pour faciliter à ces bourgeons une prompte végétation, et qu'ils s'enracinent facilement, il convient de les couper sur le vieux bois, d'enlever tout ce qui est grêle et faible au sommet; les mettre profondément en terre, pour mieux les garantir de la sécheresse, et faciliter en même tems la sortie d'un plus grand nombre de racines. Il est essentiel que les boutures ne sortent pas beaucoup au dessus de la terre , cela les exposerait à la dessication : il suffit qu'il y en ait une petite partie en dehors, qui contienne les germes nécessaires au développement des branches. L'attention du jardinier, en les plantant, doit être de ne pas les rapprocher trop , ni de les trop séparer. Trop rapprochées, elles se nuisent en s'appropriant des sucs, dont la distribution, n'étant pas égale , rend la végétation de celles qui en sont privées lente et languisante. Trop éloignées les unes des autres, elles occupent plus d'espace qu'il ne leur en faut. Un juste milieu est nécessaire, pour ne pas endommager les racines lorsqu'on voudra les transplanter ailleurs.

Les boutures, ainsi plantées, exigent d'autres soins, et l'on doit être attentif à sarcler et biner souvent, pour arracher et détruire les mauvaises herbes qui vivent à leurs dépens. Cette pépinière demande tous les soins de l'enfance ; les individus qu'on y loge n'ont point de racines , ils périssent facilement, pour peu qu'on les néglige. Cette réflexion démontre naturellement combien les arrosemens de l'été y sont nécessaires , et combien les efforts de l'art doivent seconder ceux de la nature. Il est certain que les boutures ont besoin d'être arrosées souvent, parce qu'elles souffrent beaucoup par l'évaporation qu'elles subissent pendant les fortes chaleurs. Ces déperditions exigent donc qu'on les arrose au moins tous les soirs, ou le matin avant le lever du soleil.

Par le moyen des boutures, on est assuré d'avoir des plants robustes que l'on n'est pas obligé de greffer, ce qui ne laisse pas d'avoir un avantage assez important, parce que la bouture, plantée de la manière que nous l'avons dit, conserve toutes les propriétés identiques de l'arbre auquel elle appartenait; elle est en tout semblable à lui, et, sans altérer les espèces ou les variétés, on ne fait que multiplier les individus. Voilà comment les boutures, sans exiger de fortes dépenses, fournissent en peu d'années tous les arbres nécessaires à la plantation des jardins. M. Loquez, de qui nous empruntons ces détails, regarde le moyen de multiplication par les boutures, comme le plus prompt et le plus assuré pour augmenter le nombre de ces arbres précieux, et les avoir tels qu'on les désire.

L'art de marcoter est connu de tous les Jardiniers; ainsi nous aurons peu de chose à en dire, relativement à l'Oranger. L'immense quantité de plants de toute espèce, que les semences et les boutures procurent, ne permet pas, dans les pays où l'Oranger est cultivé en grand, de recourir à un usage réservé aux serres et aux orangeries; néanmoins on l'emploie quelquefois pour se procurer des espèces rares et précieuses, qu'on ne peut obtenir que par ce moyen. Ce procédé est aussi très-utile pour retirer, des vieux arbres, de beaux rejetons qu'ils auraient poussés dans leur caducité. Ces motifs sont suffisans pour ne pas exclure l'usage des marcotes dans la grande culture des Orangers.

Quoique nous disions que, dans les pays où l'Oranger est cultivé en grand, on ne fait guère usage des marcotes, il nous paraît utile d'indiquer un moyen pour augmenter le nombre des plants qu'on désire. En marcotant, on peut arriver à ce but, et l'on peut même d'avance disposer des sujets propres à cette opération; pour y parvenir, il faut avoir greffé très-près de la racine. La tige étant bien formée, et l'arbre ayant acquis toute la force et vigueur nécessaires, on en coupe le tronc à six pouces environ au dessus de la greffe, et on laisse venir tous les jets qui naissent autour. Un an ou deux après, toutes ces jeunes pousses ont dû prendre assez de consistance; alors on fait une ligature à chacune d'elles, on leur forme un encaissement de cinq ou six pouces, en bonne terre d'Oranger, au dessus du tronc qu'on a laissé. La ligature arrête la sève descendante, et donne naissance à un bourrelet d'où doivent sortir les racines; et lorsque ce jet est ainsi enraciné, on le coupe entre deux terres, et aussi profondément que possible; on le met dans un pot ou dans une caisse proportionnée à sa force, ou on le transplante dans la pépinière.

Les Cultivateurs et les Amateurs liront, avec intérêt sans doute, la note ci-dessous, relative à une manière de multiplier les Orangers par leurs feuilles; manière qui a existé, qui a été probablement oubliée ou négligée, et qui a été renouvelée avec succès (1).

---

(1) Parmi les moyens de multiplication des arbres du genre Citronier qui sont communs à tous les arbres et plantes connus, c'est-à-dire, les semis, les boutures, les marcotes, il en est un qui a été essayé, et qui a parfaitement réussi à Mme. la Marquise de Grimaldi, à Gênes; qui a été répété par une dame de Paris, dont le nom et les talens ont acquis une célébrité peu ordinaire, et qui a bien voulu me le faire connaître. Je l'ai essayé; mais je n'ai pu en voir les effets, par des circonstances indépendantes de ma volonté. Le fait est que, dans le courant de mai 1814, j'ai mis en terre six feuilles d'Oranger, au pied d'un de ceux que j'avais en caisse dans mon jardin; j'ai eu soin de couper la feuille tenant à une faible partie du bois d'où elle partait; mais n'ayant ni serres chaudes, ni couches, ni rien de ce qui m'aurait été nécessaire pour donner à ces feuilles le degré de chaleur qui eût pu leur convenir, je me suis borné à les mettre sous une

Le développement des jeunes Citroniers s'opère d'abord avec lenteur ; ce n'est que deux ans après leur germination, qu'ils ont pris assez de force pour être transplantés ; et c'est au printems qu'on fait cette opération. En plantant ces jeunes arbres, on doit éviter de les placer trop près les uns des autres, ce qui empêcherait chaque individu de s'étendre et d'acquérir en peu de tems assez de force pour être transplantés en pépinière. On aura soin de les visiter souvent pour arracher les mauvaises herbes ; on binera à chaque saison ; on arrosera souvent, plutôt deux fois qu'une, si les chaleurs sont trop fortes.

A la fin de la troisième année, les plants qui se sont bien développés, et dont les tiges sont très-nourries, sont transplantés dans la pépinière ; on leur donne un pied de distance de l'un à l'autre. Assez ordinairement, on les plante en quinconce. En faisant cette transplantation, on doit être attentif à couper toutes les branches qui ne croissent pas dans une direction perpendiculaire. Un an après, ou au commencement de la cinquième année, à compter de l'époque où ils ont été semés, on les greffe. Les jeunes plants, élevés dans des vases ou des caisses, exigent que l'on s'occupe d'eux d'une manière particulière, et que l'on songe à leur brillante destinée. Deux choses doivent intéresser le Cultivateur et attirer toute son attention : leur prompt accroissement et l'élégance de leur tige. Pour

cloche de verre. Le 28 Octobre suivant, mon jardinier emporta mes Orangers dans sa serre, et négligea de suivre le résultat de mes feuilles mises en terre. Tout ce que je puis en dire, c'est que ces feuilles qui, avant de sortir de mon jardin, avaient passé près de cinq mois en terre, étaient parfaitement vertes, comme celles de l'arbre au pied duquel elles étaient plantées.

La fraicheur que mes feuilles avaient conservée m'a frappé, et, occupé à me rendre compte de ce que je pourrais presque nommer un phénomène, j'ai été assez heureux pour trouver, dans le Continuateur de Volcamérius, écrit en allemand, une planche qui consacre ce fait ; ce qui prouve au moins que les essais et les succès qu'a faits et obtenus Mme. De Grimaldi ont pu exister et avoir été oubliés ou négligés. Je me suis empressé de me faire traduire ce que le Continuateur dit ; c'est donc sur son assertion que je transmets à nos Lecteurs le fait, et les observations qu'il y a ajoutées ; voici ce qu'il rapporte :

« En 1710, un Jardinier d'Ausbourg mit en terre différentes feuilles d'Oranger ; il les plaça dans des pots, les enfonça dans une couche de chaleur, telle que l'Oranger l'exige. Il fut fort étonné de voir, peu de tems après, que ces feuilles avaient poussé des racines, les unes perpendiculaires, d'autres divergentes. A une de ces feuilles (plan. 39. lett. A.) la racine partait exactement de l'extrémité du pédicule, et du même point sortait la tige ; la feuille était repliée sur elle-même. A la naissance de la racine et de la tige est une espèce de division, dont une portion tend à s'alonger sous terre, et l'autre à jouir des bienfaits de la végétation à l'air libre. La seconde feuille (lett. B.) parait avoir conservé sa forme entière, et n'avoir poussé que des racines. La troisième (lett. C.) a quelque chose de plus satisfaisant ; car, d'une scissure qui a eu lieu dans la longueur de la nervure, à deux tiers de son prolongement, sort une tige bien conformée, et, à la profondeur d'environ un pouce en terre, on voit un tubercule rond, de la grosseur d'une Noisette, lié à la feuille par la portion des racines qu'elle a poussées, et de sa partie inférieure, on voit sortir une racine ramifiée. L'auteur ajoute que, cinq mois après avoir été mises en terre, les feuilles avaient déjà racines et tige, et pouvaient avoir une coudée d'élévation. Il ajoute que ces feuilles sont devenues coriaces, et que leur couleur verte a pris celle de la tige d'un jeune Citronier, et autant de solidité que celle d'un jeune Oranger provenu de graines ».

Cette tige ligneuse a pu recevoir la greffe trois ans après, et s'est mise à porter des fruits, à la sixième année. Il cite Bergius, et dit avoir reçu du jardinier d'Ausbourg de pareils sujets, et les avoir communiqués à différentes personnes. Il dit aussi avoir répété l'expérience à Nuremberg, et qu'elle lui a toujours réussi.

Il observe et dit que l'on aura de la peine à croire à l'existence de ce fait ; mais il reste convaincu, quant à lui, que si l'on considère que le pédicule et la nervure de la feuille sont une matiere molle et succulente, qui ne demande que la dilatation des principes nourriciers qui, étant toute l'année en mouvement dans les arbres de cette famille, peuvent très-bien se développer en terre, et avoir le même résultat pour se reproduire. Il ajoute avoir enlevé légèrement l'épiderme d'une forte feuille de Citronier, s'être convaincu que la nervure était susceptible de prolongation, et il dit qu'il n'est pas étonnant que la scissure que l'on voit dans la feuille (lett. C.) ait donné naissance à la petite branche que l'on aperçoit. Ayant examiné attentivement la feuille, il l'a reconnue ligneuse et flexible, telle qu'on la reconnaît dans un jeune plant venu de graines.

La singularité de ce moyen de multiplication, oublié probablement, m'a décidé à le faire figurer dans un ouvrage où il ne suffit pas de répéter tout ce que chacun connaît, mais dans lequel j'ai cherché à réunir les observations de ceux qui ont pratiqué ; et je m'estimerai heureux, si mes Lecteurs trouvent autant de connaissances que j'ai tâché d'en réunir pour rendre cette édition de DUHAMEL aussi instructive que j'ai dessein de la présenter.

Nota. Avant de livrer à l'impression cette note, lisant le BON JARDINIER de feu Mr. Mordant Delaunay (année 1813), je trouve qu'il indique, comme moyen de propagation des Orangers, les feuilles mises en terre, qui, avec des soins et de la chaleur, poussent souvent des racines.

Pour s'assurer un succès plus certain de cette expérience, je pense qu'on devrait laisser à la feuille une petite portion du vieux bois et de l'écorce, de laquelle le pétiole sort.   ÉTIENNE MICHEL.

activer leur végétation, rien ne paraît plus propre que de retrancher de bonne heure tout ce qui est inutile et qui peut les retarder. Ainsi, au printems, sans attendre d'avantage, on coupera aux jeunes Orangers les rameaux qu'ils auront poussés jusques à cette époque, et on ne leur laissera que la seule tige. Par cette opération, les sucs n'auront plus qu'une même direction, et devant nourrir moins de parties, le développement, plus rapide de celles qui resteront, se fera plus promptement; au surplus, en laissant subsister ces tendres rameaux, la tige s'élèverait moins; plus il y aurait de rameaux à nourrir, moins ils se nourriraient, et cela ralentirait nécessairement les progrès de la végétation.

Dès que ces jeunes végétaux seront délivrés du poids et de l'entretien de ces rameaux inutiles, on doit veiller à les fortifier et à leur procurer une grande énergie. C'est alors qu'à mesure qu'ils transpirent, il importe de remplacer les fluides qui s'évaporent, en les arrosant souvent et à propos. On doit éviter de les arroser pendant la chaleur brûlante du jour, ce qui serait les exposer à la *brûlure* et à un désordre organique. On ne les arrosera qu'avant le lever, ou mieux après le coucher du soleil, parce que, dans la nuit, l'eau a le tems nécessaire pour s'introduire dans les plantes, pour remplir leurs vaisseaux et les rendre vigoureuses; ainsi, lorsque le soleil reviendra pour ranimer le mécanisme de la sève ascendante, ni par ses absorptions, ni par les combinaisons diverses qu'il cause, il ne parviendra jamais à affaiblir les jeunes Orangers ni à les épuiser.

Nous avons détaillé les soins que le jeune Oranger, provenu de semis, et encore mieux de Boutures, exigeait; il faut nous occuper actuellement de ceux qu'ils demandent pour leur transplantation dans la pépinière, en attendant qu'il change encore de place, pour être planté à demeure dans le jardin, ou destiné à voyager. C'est donc cette seconde transplantation qui exige de nouveaux soins.

L'exposition de la pépinière n'est point à négliger; elle a trop d'influence sur le règne végétal, pour ne pas choisir la meilleure; celle du midi mérite la préférence. L'endroit destiné à ces plants précieux doit être abrité des vents froids, éloigné des grands arbres, dont la présence seule épuiserait les jeunes Orangers; leurs racines trop fortes ne leur nuiraient pas moins, par l'absorption des sucs alimentaires, que le sol leur fournirait en moins, et dont ces jeunes plantes seraient privées dans le moment où elles auraient le plus grand besoin de les recevoir tous.

Quelque bonne que soit la terre que l'on destine pour recevoir le jeune plant, il est de toute nécessité, avant de le lui confier, de la labourer bien profondément, d'en arracher avec soin les mauvaises herbes qui peuvent s'y rencontrer, et qu'il faut détruire bien exactement, surtout celles qui, comme le Chien-dent, poussent facilement des racines, quelle que soit la partie qui reste en terre, et qui peut échapper à la vue.

Comme il s'agit d'activer la végétation dans la pépinière que l'on forme, l'art doit venir au secours du sol, et le préparer à sa haute destinée. Quoiqu'il puisse être bon naturellement, on doit chercher encore à le rendre meilleur et à lui donner toute la fertilité possible; à cet effet, outre les profonds labours qui sont indispensables, il sera à propos d'y mêler du fumier bien consommé, que l'on aura entassé plusieurs mois auparavant et recouvert avec soin pour empêcher la volatilisation de ses principes. Une main prudente y répandra aussi une quantité modérée de crotin de Brebis et de fiente de Pigeons. Après cela, pour combiner ces diverses substances, on donnera encore un labour, qui sera le dernier, et qui servira à rendre la terre plus divisée, et propre à mettre à découvert les élémens nourriciers. Les racines ne rencontreront aucune résistance pour s'étendre, s'enfoncer, et pomper de tous côtés des sucs abondans. Ces opérations bien dirigées garantissent l'heureux succès de la pépinière.

Avant d'enlever le jeune plant, ou après l'avoir déposé dans la pépinière, il faut retrancher quelques rameaux superflus, s'il y en a, qui retarderaient le prolongement de la tige. Il est beaucoup mieux de faire ce retranchement avant de l'arracher, ayant bien soin de ces tendres individus, on les voit croître rapidement. A la quatrième année, ils sont assez gros et robustes pour être greffés.

Il est tems que la pépinière disparaisse. Une vaste enceinte attend ces êtres précieux qui, en l'embellissant, enrichissent le propriétaire. Il faut beaucoup d'adresse pour arracher le jeune plant. L'excavation doit être faite circulairement avec la bêche, pour l'enlever avec facilité, et avec autant de terre qu'il est possible, pour ne pas blesser les racines; les jeunes plants sont transportés au lieu qui leur est destiné, pour ne pas les secouer, ni déranger la terre qui les enveloppe et qui conserve l'ordre des racines.

Avant d'indiquer les différentes méthodes que l'on emploie pour greffer les Orangers, il n'est pas inutile d'examiner l'âge qu'ils doivent avoir, et l'époque où ils doivent l'être dans les climats heureux où cet arbre intéresssant est cultivé en pleine terre.

Doit-on greffer avant ou après leur transplantation? Il n'y a aucune raison habituelle qui oblige à les greffer dans la pépinière, d'où plusieurs sortent dans leur état sauvage, et sont greffés ensuite. Cette méthode n'est pas due au hasard, mais à l'expérience éclairée; car, en les greffant dans la pépinière, on ne peut les transplanter que l'année suivante, ce qui oblige les jeunes plants à demeurer encore pendant ce tems à l'étroit et dans une proximité qui recule l'époque de leur essor végétal. Les plants destinés à voyager doivent être greffés dans la pépinière, parce que dans les pays où l'on veut les envoyer, il serait difficile souvent d'avoir des greffes des espèces ou variétés que l'on désire, et il est nécessaire de greffer au moins un an avant le départ.

On ne suit pas de méthode différente pour greffer l'Oranger que pour tous les autres arbres. On emploie peu la greffe en couronne, dans le midi de la France, attendu certains vents impétueux (*le Mistral*) qui y règnent, et qui peuvent détacher la greffe; on préfère donc greffer en écusson et à œil dormant. L'écusson étant placé, pour obtenir le rapprochement des bords de l'écorce du sujet, on le lie avec un fil de laine; aussitôt que l'on s'aperçoit que la greffe a bien pris, on lâche un peu le nœud de la ligature que l'on a faite pour fixer l'écusson, et l'on coupe le sujet sauvage à six pouces en dessus de la greffe. Si, un mois après, la jeune pousse a pris assez d'accroissement, on coupe de nouveau le sauvageon à un pouce au dessus de la greffe, et on a soin de détruire exactement tous les petits bourgeons qui peuvent percer la tige, soit en dessus, soit en dessous de la greffe; parce que, sans cette précaution, toutes les pousses qui sortiraient de ces bourgeons absorberaient la sève, et celle de la greffe resterait languissante, et périrait même. Cette méthode, comme l'on voit, est la même pour tous les arbres fruitiers, ou doit leur convenir.

Les Gênois emploient une méthode particulière qui leur réussit; elle consiste à placer l'écusson sens dessus dessous, c'est-à-dire l'œil en bas, de manière que la nouvelle pousse, en se développant, est forcée de se tourner sur elle-même, pour prendre une direction verticale, et laisser ainsi, entre le sujet et la pousse,

un espace, que l'on croit nécessaire, pour avoir des arbres d'un plus beau port,
et mieux arrondis.

Une troisième manière de greffer en écusson est indiquée comme un moyen
propre à procurer des fruits participant à la fois de plusieurs espèces, sans appartenir proprement à aucune. Ce procédé consiste à couper en deux parties, par
le milieu de l'œil, deux écussons tirés des deux arbres différens que l'on désire
d'amalgamer ; on joint, avec beaucoup de soin, la moitié de l'un avec la moitié
de l'autre, et l'on applique cet écusson *composé*, comme à l'ordinaire. Cette opération exige beaucoup d'adresse et d'attention ; elle réussit assez rarement; néanmoins M. Risso, d'après lequel nous la détaillons, nous dit que plusieurs jardiniers,
à Nice, l'ont essayée, et qu'elle leur a réussi.

La greffe en écusson se place à différentes hauteurs sur les sujets, suivant les
variétés que l'on greffe et la plantation à laquelle ils sont destinés. Celle du
Chinettier ou du *Cédratier de Florence* se fait à neuf ou dix pouces au dessus
du collet de la racine, et à un pied celle des *Orangers*, des *Bigaradiers*, des
Limettiers et des *Limoniers*, qu'on destine à être plantés en espalier. Si ces derniers
doivent être mis en contre-espalier, ainsi que le *Rayé*, le *Bergamottier* et le
Pommier d'Adam, on les greffe à deux pieds au moins. Quelques cultivateurs
attendent que les sujets aient développé plusieurs branches, pour greffer sur toutes
à-la-fois ; ils sont persuadés que les Limoniers ainsi greffés se chargent chaque
année d'une plus grande quantité de fruits.

C'est ordinairement la première ou la seconde année après la greffe qu'on
transplante à demeure les Citroniers ou les Orangers. En arrachant les arbres
de la pépinière, on est dans l'usage de les enlever, autant que possible, avec la motte de
terre qui couvre leurs racines, et s'il y en a quelques-unes qui dépassent les autres
en longueur, on les coupe avec un instrument bien tranchant.

La profondeur à laquelle on les plante est d'un pied à quinze pouces. Dans
la plupart des plantations en plein vent, on dispose les arbres en quinconce, dans
la direction du nord au midi, et de manière qu'il y ait entre chaque arbre une
distance de dix à douze pieds. Si on les plante en espalier, on les espace moins
et on ne laisse guère que huit pieds de l'un à l'autre.

L'époque la plus favorable pour les plantations est le milieu de mars; les Orangers
commencent alors une nouvelle végétation, surtout dans les bons terrains ; cependant
dans les endroits secs et graveleux, il est préférable de transplanter en automne.

Ce que nous venons de dire ne regarde que les Orangers isolés et en plein champ ;
nous allons nous occuper de leur plantation et de leur conduite en espalier; là ils doivent former des murs verdoyans à l'entour ou au travers des jardins. On ne peut fixer de
distance bien régulière pour chacun de ces arbres ; le coup-d'œil du cultivateur peut
mieux que des préceptes la fixer ; trop écartés, on ne les voit qu'isolément, et le but
est manqué ; troprapprochés, ils se nuisent les uns aux autres ; si au contraire on les
espace convenablement, alors on voit les arbres qui forment l'espalier devenir vigoureux, se rapprocher les uns des autres, se joindre agréablement, former une
longue suite et un ensemble qui ne paraît qu'un même tout.

Il y a deux sortes d'espaliers; la première présente des Orangers, que le fer du
jardinier tourmente sans cesse pour les tenir bas et en égales dimensions. Le caprice
y est l'arbitre des formes, et la nature est forcée d'obéir aux lois cruelles de l'art ;
mais les autres espaliers, où les arbres jouissent de leur liberté, sont plus attrayans :
c'est un mur élevé qu'ils présentent, et l'œil, les suivant du haut en bas, y admire

une vigueur qui captive, et une fécondité prodigieuse qui annonce combien cette disposition est faite pour favoriser les efforts de la végétation.

On destine à être plantés et cultivés en buisson les Mela-Rosa, les Chinois, les Pompelmous; quelquefois on y admet les Orangers et les Limoniers; on les voit isolés, placés par intervalles et toujours arrondis. Ces individus, d'une moindre taille, font un beau contraste avec les arbres qui s'élèvent majestueusement et servent à rompre la monotonie des jardins, en en variant le tableau.

Tous les fruits du genre Citronier sont plus ou moins sensibles à l'intensité du froid. Les Cédrats, les Limons et leurs variétés se décomposent au degré de la glace. Les Bergamottes, les Limettes, les Pommes d'Adam et les Chinois craignent un peu moins. Les Rayés, les Dorés, les Bigarades résistent encore plus, et les Oranges, surtout celles à écorce fine et à tissu serré, ne gèlent qu'à quatre degrés au dessous de zéro au thermomètre de Réaumur.

Ne vivant point dans un état sauvage, ni dans son climat originaire, l'Oranger exige les soins du cultivateur, et, dans quelqu'endroit qu'il se trouve planté, les labours lui sont indispensables. Si on le laisse dans une terre en friche, sa physionomie triste et languissante fait bientôt connaître les fautes que l'on commet en le négligeant; ainsi, de quelque nature que soit le terrain, qui doit nécessairement être fertile, il y croît de mauvaises herbes qui y pompent tous les sucs alimentaires, et paralysent par ce moyen les germes affaiblis de la végétation et de la fécondité. Au moyen des labours, et en enterrant profondément les mauvaises herbes, on délivre les jardins de ces êtres voraces; on les convertit en fumiers utiles, et l'on a l'agrément d'avoir tiré un parti excellent de ce qui était nuisible aux arbres. Les avantages des labours sont incalculables; par le mélange de diverses couches de terre rapprochant les principes qui les composent, ils donnent lieu aux plus fertiles combinaisons. Ces arbres exigent que le sol sur lequel ils sont plantés soit remué souvent, autrement ils ne prospèrent point; car tout le monde sait que le sol se durcit, devient imperméable aux arrosemens et aux eaux pluviales quand on néglige de le remuer. Pour faciliter l'infiltration des eaux, il n'y a qu'à labourer et diviser le terrain en tous sens.

En considérant qu'on ne saurait faire assez pour ces arbres précieux et importans, il faut labourer la terre au moins deux fois l'an, au printems et à l'automne. Les labours du printems seront moins profonds que ceux de l'automne; ils doivent néanmoins l'être assez pour enfouir les mauvaises herbes, qu'on recouvrira de beaucoup de terre pour les faire périr. On ôtera soigneusement toutes les racines de celles qui n'auront pas été bien enterrées. Il y en a plusieurs qui ont des germes vigoureux, dont le développement occasionne la reproduction de ces mêmes plantes. On doit faire une attention particulière aux *Arum*, à la Renoncule des Champs, à la Bourrache surtout; il faut donc, en labourant un jardin où le jeune plant a été destiné à vivre, être très-attentif et ne rien négliger.

Les labours de l'automne doivent être plus profonds; ils ont des avantages particuliers, tels que celui de détruire encore les mauvaises herbes qui auront poussé pendant l'été, qui usurpent des fluides précieux qui doivent être réservés aux Orangers. Ces labours fendent le sol pour le disposer à recevoir plus facilement les premières pluies qui ont lieu dans cette saison et qui, trouvant un libre passage, vont désaltérer les racines. Si on laissait à cette époque le terrain sans labours, les eaux pluviales se fixeraient sur la surface de la terre, occasionneraient les désagrémens et les maladies auxquels sont sujets les jardins trop humides. Les labours de l'automne ont encore l'avantage de détruire les petites racines et le chevelu qui en été poussent trop près de la surface, et dout l'existence exposerait les Orangers aux ravages d'un froid trop rigoureux, et aux effets destructeurs de la carie ; enfin la terre soulevée reçoit plus aisément les influences des rayons du soleil et les principes aériens ; les arbres se nourrissent, s'échauffent et continuent à végéter heureusement. Les terres légères demandent des labours superficiels ; si on les donnait trop profonds, les arbres seraient exposés à la sécheresse, car trop multiplier les surfaces, serait exposer les terres à une trop grande exsiccation.

Avant de parler de l'ensemble des élaguemens, il est nécessaire de fixer les idées sur le moment ou l'époque à laquelle ils doivent avoir lieu ; car l'opinion n'est pas la même parmi tous les cultivateurs. Plusieurs ne se font pas un scrupule d'élaguer pendant la fleuraison ; mais, qu'on suppose toute l'adresse possible au jardinier, il est difficile qu'il ne casse pas des rameaux, qu'il ne les froisse pas, qu'il ne détache ou ne brise pas une quantité de fleurs, au préjudice de la fécondité. Pendant que tout est fleuri, il arrive rarement qu'on ne coupe pas des boutons fructifères, et qu'on puisse vraiment reconnaître ce qui est inutile. L'éblouissant spectacle des fleurs, qui promet une récolte abondante, fait tant d'illusion et reveille tant de flatteuses espérances, que, dans cette opération, le jardinier dirige le fer d'une main tremblante, de sorte que, craignant d'élaguer trop, il élague trop peu. N'élaguer qu'après la fleuraison, c'est tomber à-peu-près dans le même inconvénient ; alors tout est tendre et cassant ; l'on ne saurait monter sur un Oranger, ni passer d'une branche à l'autre, sans y faire de grands dégâts ; la moindre secousse, le moindre choc suffisent alors pour causer des préjudices, blesser des bourgeons ou abattre des fruits. Au surplus, les coupes que l'on fait à cette époque sont dangereuses, attendu que l'arbre étant alors en pleine sève, il subit une forte extravasation des fluides, et les brûlantes chaleurs qui surviennent pourraient dessécher leurs valves parenchymateuses, et rendre la cicatrisation très-difficile.

Le tems le plus favorable pour élaguer est d'abord après la grande récolte, avant que la sève ne devienne trop abondante ; on peut alors, sans crainte, débarrasser l'Oranger des rameaux superflus, ce qui facilite le prolongement des bourgeons qui doivent fructifier l'année suivante. On doit éviter d'élaguer après la pluie, ou par un tems humide.

Dans les plantations en pleine terre, on n'est pas obligé d'élaguer tous les ans. Jouissant de tous les avantages du climat et de la culture, les Orangers poussent fort peu de bourgeous stériles, et la végétation ne semble y exister que pour s'occuper des merveilles de la fructification.

Sur les côtes de Barbarie, on n'élague point l'Oranger, dit M. le Professeur Desfontaines, on le laisse croître en pleine liberté, il y rapporte des fruits excellens et en quantité ; ajoutez à cela qu'il ignore les souffrances de la greffe, et que, dans son état sauvage, il doit s'y développer avec plus d'énergie.

Le soin du jardinier chargé des élaguemens doit se borner à retrancher tout ce qu'il y a de sec ou qui choque la vue, passer à l'examen des bourgeons inutiles, qui portent coup à l'accroissement des autres ; enfin les rameaux que l'on reconnaît être frappés d'une stérilité perpétuelle doivent être retranchés sans ménagement ; alors l'Oranger bien nourri déploiera une brillante végétation et une fécondité ravissante. L'art d'élaguer unit l'utile à l'agréable ; en ôtant les rameaux tortueux, infirmes ou languissans, le reste produira abondamment, charmera la vue par son beau vert et son étonnant essor ; car il est hors de doute qu'en coupant les rameaux qui sont faibles, les autres se nourrissent mieux, se renforcent, végètent heureusement, et l'on a la satisfaction d'augmenter le nombre des bourgeons fructifères, et de voir que rien ne s'oppose plus aux heureux succès de la fécondité.

L'expérience apprend que les jeunes Orangers poussent chaque année une infinité de rameaux ; que, pour porter ces arbres à croître beaucoup et être bientôt féconds, on n'a qu'à les bien éclaircir et enlever tout ce qui empêche le développement des branches principales. Là on ne doit pas craindre de couper trop ; l'énergie avec laquelle s'y opèrent les fonctions physiologiques répare bientôt tout ce qu'on lui a supprimé. Dans les arbres vigoureux, la végétation a une marche rapide, et pour peu qu'on les soigne, on les voit s'élever d'abord et annoncer dans toutes leurs opérations une activité prodigieuse ; éclaircissez-les donc tous les ans, et vous les verrez croître beaucoup, et répondre à vos espérances.

En exerçant son intelligence et son adresse à élaguer sans pitié le jeune Oranger, le jardinier doit respecter la vieillesse. Avancé en âge, cet arbre exige des égards ; le peu de sève qu'il attire alors, et la lenteur de ses sécrétions ne lui permettent plus d'étaler le luxe de la végétation, comme dans ses premières années. Dans ses plus grands efforts, il ne pousse plus que de faibles bourgeons ; respectez-le, pensez qu'à cet âge il redoute le fer ; quelque courts que soient les rameaux, on doit les laisser subsister, en réfléchissant qu'il pourrait difficilement les remplacer.

S'épuisant en rameaux et en fruits, l'Oranger a besoin du secours de l'homme, autrement il tombe dans l'abattement, et plongé dans l'inertie, il se couvre de tristesse et de stérilité ; en effet, rien n'est plus hideux que cet arbre, si un propriétaire ingrat l'abandonne à sa malheureuse destinée ; il a donc besoin d'être nourri pour croître et pour produire. L'art a trouvé le moyen de lui fournir les alimens nécessaires. L'expérience nous a appris qu'en lui donnant les engrais convenables, cet arbre prend un essor majestueux, et qu'il languit si on les lui refuse ; il importe donc de connaître ceux qui lui fournissent le plus d'élémens nourriciers et impriment en même tems plus de mouvement à ses fluides.

Il est difficile d'indiquer bien exactement les engrais et leurs différentes combinaisons. Chaque amateur et cultivateur a sa méthode plus ou moins compliquée ; chacun croit suivre la meilleure. Si on ne dispose l'engrais que par un mélange de terreau, de vieilles couches et de terre franche, celle-ci devient trop perméable à l'eau qui, en s'écoulant, entraîne les matériaux de la sève. Des jardiniers font un mélange de parties égales de fumier de cheval, de bouse de vache, de crotin de brebis et de terre franche. Le tout bien mêlé ensemble, ammoncelé pendant un an ou deux, passé de tems en tems à la claie, doit donner une combinaison très-bonne pour les Orangers. Le mélange pourtant le plus substantiel et que nous indiquons ailleurs, est celui des balayures des rues, des marchés où séjournent les bestiaux, les matières de voirie, même des excrémens humains unis à une bonne terre végétale, amoncelés pendant deux ou trois ans dans des fosses qu'on entretient humides, après avoir fait passer, de tems en tems, cette terre à la claie, pour en bien diviser et combiner toutes les parties. Un pareil fumier ne peut être trop vieux, ni assez souvent passé à la claie.

Des cultivateurs conseillent de former la terre pour les Orangers avec des gazonnées extraites d'anciennes prairies qui ont été souvent inondées et sur lesquelles les eaux ont déposé un limon qui a acquis, par les débris annuels des végétaux et des animaux, la souplesse nécessaire à la combinaison d'une bonne terre végétale. Tous ces engrais sont excellens pour les Orangers que l'on veut cultiver en caisse, et ne sont pas nuisibles à ceux de pleine terre.

Dans les engrais, on doit chercher ce qui influe le plus sur la végétation de l'Oranger et la rend plus brillante. L'âge de l'arbre et la nature du sol annoncent ceux auxquels on doit donner la préférence. Dans les jardins nouvellement formés , où l'Oranger a toute l'énergie du jeune âge, il faut des engrais qui le secondent et qui concourent à son prompt développement ; c'est-là que les engrais, susceptibles d'une fermentation énergique, riches en principes alimentaires , s'emploient à propos ; et pour accélérer la marche de la végétation, on enfouira les rognures de corne et les découpures des cordonniers, les chiffons de laine , les débris des boucheries, la fiente de pigeon , des excrémens humains, si on n'a pas de la poudrette. Ces diverses substances opèrent des prodiges et démontrent leur étonnante influence sur le rapide et énergique accroissement de l'Oranger. Les jardins ainsi fumés prospèrent plus que les autres ; les arbres y déploient une force et une activité qu'on n'admire jamais ailleurs.

Il faut d'autres engrais à l'Oranger touffu et parvenu à une certaine élévation. Les engrais trop fermentatifs entretiennent une sève extraordinaire en dedans, et une humidité considérable au milieu des branches , ce qui est la source fatale de la plupart des maladies qui désolent cet arbre ; en effet, on remarque sur les Orangers auxquels on donne des engrais trop chauds, des feuilles très-volumineuses, très-épaisses et d'un vert plus foncé ; les bourgeons très-vigoureux et rapprochés y ont un parenchyme extrêmement dilaté et rempli de sucs ; delà le facile développement des forêts microscopiques, dont nous parlerons dans la suite, et les heureux succès des entreprises funestes des insectes. Ayant toujours une sève abondante, ces arbres se ressentent davantage des hivers rigoureux , pendant que les autres les bravent.

Les Orangers plantés dans un terrain sabloneux ne demandent pas des engrais trop chauds qui excitent une chaleur dessicative, propre à épuiser l'arbre, à le frapper même de stérilité. Les fruits qu'ils peuvent porter restent petits, peu succulens et sont sujets à tomber avant le tems. Dans les terres fortes, au contraire, où l'on ne redoute pas autant les effets funestes d'une excessive évaporation, on peut les employer avec succès , mais toujours mêlés avec d'autres engrais moins susceptibles d'une grande fermentation.

Si le terrain dans lequel les Orangers sont plantés est humide, les engrais dont nous venons de parler ne peuvent lui convenir ; les meilleurs sont les substances absorbantes , les autres lui sont plus nuisibles qu'utiles. C'est dans un sol qui retient trop l'humidité qu'il convient de faire usage de la chaux pulvérisée, du plâtre, du sel muriatique ; par ce moyen on donne de l'impulsion à la sève languissante , on facilite l'absorption de l'eau superflue qui est dans leurs fluides, qui rallentit le cours des fonctions physiologiques ; on est certain alors de voir briller les merveilles de l'accroissement et de la fructification.

Quoi qu'il en soit, tous les engrais sont bons pour l'Oranger ; mais l'expérience, qui est la meilleure règle en agriculture, doit apprendre quels sont ceux auxquels on doit donner la préférence ; et si on ne l'a pas, il faut tâcher d'étudier la nature du terrain et l'exposition ; avec ces lumières, on ne manquera pas de choisir les plus utiles.

Tout cela ne suffit pas encore pour que cet arbre prospère autant qu'on le désire. Ayant besoin de croître et de se mettre à fruit, on lui destinera une portion d'engrais qui sera toute pour lui. Cette opération peut avoir lieu au printems, mais elle est mieux en automne, et à cet effet, on creuse autour du pied de l'arbre une fosse, dans laquelle on met une quantité d'engrais proportionnée à la force et à la grandeur de l'arbre, et l'on recouvre de terre ; par ce moyen tout le chevelu prend simultanément l'aliment qui est à sa portée ; ces différentes succions arrivent à la fois, elles font que l'arbre se renforce en moins de tems ; recevant dans tous les sens une abondante nourriture, il étale les merveilles enchanteresses de l'accroissement et de la fécondité.

Après avoir parlé des différens engrais qui conviennent aux Orangers, suivant la nature du terrain, il convient de nous occuper des arrosemens. L'eau étant le véhicule des principes alimentaires, sans l'eau, les meilleurs engrais sont nuls et deviennent nuisibles ; ce dissolvant s'en approprie les parties salines et huileuses, s'introduit avec elles dans le chevelu qui l'attire, en vertu de la force qu'exercent les feuilles pendant la chaleur du jour. On n'ignore pas que l'Oranger transpire beaucoup ; l'atmosphère aride qui l'enveloppe en été, l'absorption des rayons du soleil lui enlèvent une grande quantité de sucs ; on le voit alors changer de physionomie, annoncer dans ses traits les pertes qu'il a faites et les tourmens qu'il endure. Sans les arrosemens, il souffre excessivement pendant les fortes chaleurs. Les terres arides, lorsque la disette de l'eau s'y fait sentir, présentent l'Oranger dans un état horrible, ses feuilles se fanent, se recoquillent ; les fruits jaunissent avant le tems, ne croissent plus, se dessèchent et se détachent des rameaux. Si les arrosemens ne viennent à son secours et n'aident à reparer ses pertes, ses vaisseaux se resserrent, s'obstruent, et à la longue ses fonctions physiologiques cessent entièrement.

Les arrosemens doivent être proportionnés à la nature du sol et de l'exposition. La plupart des cultivateurs croient qu'il faut arroser beaucoup et souvent ; c'est une erreur : tous les excès sont nuisibles à l'Oranger, le trop d'humidité lui fait un tort considérable. Pour bien arroser, il faut calculer l'eau qu'on lui donne le soir avec celle qu'il a perdue pendant le jour, tâcher de le désaltérer au point qu'il ne souffre pas jusqu'au moment où on l'arrosera de nouveau. Si l'arbre ne peut pas analyser toute l'eau, et si la chaleur ne suffit pas pour en absorber la portion superflue, il en résulte que les sécrétions se font mal et que cet excès empêche les sucs propres de se former et de s'élaborer avec la dernière précision. Le même inconvénient a lieu si l'eau séjourne sous l'Oranger et y est stagnante. L'arbre se ressent alors des maux que lui causent à l'intérieur des sucs indigestes et impurs ; ceux que l'humidité produit à l'extérieur ne sont pas moins alarmans.

Pour arroser à propos il faut avoir une exacte connaissance des terres. Si on arrosait dans toutes avec la même profusion, on causerait des maux irréparables à l'Oranger. N'épargnez point l'eau pendant les fortes chaleurs, quand il s'agit d'arroser des terres sablonneuses et naturellement arides.

On doit arroser moins dans les terres argileuses et tenaces ; elles absorbent moins, retiennent l'eau plus long-tems et l'évaporation s'y effectue plus difficilement ; aussi les Orangers y sont moins exposés aux rigueurs de la soif ; un bon arrosage les empêche de souffrir pendant plusieurs jours, surtout dans les plaines. Sur les collines aérées, où les vents chauds emportent au loin l'humidité, les arbres ont le plus grand besoin d'être arrosés souvent, parce que l'ardeur des rayons du soleil y occasionne une dessiccation extraordinaire. Il faut s'y ménager des réservoirs d'eau considérables et abondans ; là ni les insectes ni les plantes parasites n'osent s'y placer impunément.

C'est dans les lieux bien abrités que les arrosemens fréquens et généreux sont nécessaires. La chaleur extraordinaire, qui y règne sans interruption, affaiblit extrêmement les Orangers par les sucs qu'elle leur enlève et qui, sans le secours des eaux, les réduiraient à une prostration de leurs forces et les laisseraient dans une inaction totale. Dans ces lieux privilégiés l'hiver n'a point d'énergie et les fonctions physiologiques n'y sont jamais suspendues.

Les Orangers plantés dans des vallons resserrés ne demandent pas autant d'arrosemens ; dans ces profonds asiles les rayons du soleil n'ont jamais autant de force, n'y restant pas aussi long-tems qu'ailleurs. Au surplus la fraîcheur des nuits et les rosées abondantes y réparent les torts et les absorptions du jour; ainsi l'évaporation n'y étant pas aussi sensible, les Orangers souffrent moins, ont moins besoin d'arrosemens qu'ailleurs, où ils sont sujets à une transpiration extraordinaire. Il est de principe général que, quelle que soit l'exposition de l'Oranger, il demande à être arrosé; pour l'empêcher de souffrir, il suffit de prévenir le besoin et d'éviter en même tems les suites fâcheuses d'une humidité stagnante. Dans tous les cas, il vaut mieux arroser plus souvent et peu à la fois, que rarement et avec profusion. Les eaux destinées à l'arrosement doivent être claires, limpides et échauffées par les rayons du soleil dans des réservoirs construits pour cet usage.

Quelques auteurs, qui peuvent n'avoir vu des Orangers que dans des rapports inexacts, prétendent qu'on voit toute l'année sur ces arbres des fleurs, des fruits naissans, des fruits noués et des fruits mûrs. Il y a erreur, l'Oranger ne présente point ce ravissant tableau; on ne l'admire que sur le Limonier et la Lime douce; eux seuls ont le privilége merveilleux de fleurir toute l'année et d'avoir des fruits de tout âge. La végétation y est continuelle; il semble qu'il n'y ait point d'hiver pour eux, et que pour eux le printems soit éternel, car dans la saison où la nature paraît frappée d'inertie ou de mort, ces arbres enchanteurs sont parés de fleurs en boutons, d'autres qui, déjà épanouies, exhalent leur doux parfum, et leurs rameaux présentent, dans le spectacle des fruits, la suite de leurs diverses nuances et le degré progressif de leur grandeur, depuis qu'ils sont noués jusqu'à leur maturité parfaite. Sensible et obéissant à la moindre chaleur, leur sève agit sans cesse et le repos est inconnu à ces arbres étonnans. Dans les pays voisins de la Provence, où le Limonier embellit les plaines et les côteaux, on y fait tous les mois la récolte de ses fruits. Ces fleuraisons et fructifications perpétuelles sont cause qu'aucun arbre du genre Citronier n'est aussi fécond que le Limonier, et l'on a vu à San-Remo des arbres, rares à la vérité, donner jusques à six ou sept mille fruits.

Le Bigaradier ainsi que l'Oranger ne donnent des fleurs que dans le printems, circonstance qui les différencie singulièrement du Limonier et du Citronier, dont l'un fleurit presque toute l'année et l'autre ne fleurit que pendant l'hiver.

Il est impossible de fixer l'époque à laquelle l'Oranger est en état de porter du fruit, il est des contrées où il doit fructifier plutôt et dans d'autres plus tard ; il est incontestable que, pour porter des fruits, il lui faut une vigueur qu'il ne peut acquérir aussitôt partout. L'accroissement dépend du climat et des soins qu'on lui donne; dans les pays où règne une température douce, et où cet arbre est mieux cultivé, il doit être plutôt en état de produire des fruits. Quoique des auteurs très-estimables aient dit que l'Oranger venu de graines ne se montre fécond qu'à sa quinzième année ou environ, M. Loquez, en nous exprimant sa surprise d'une pareille assertion, nous dit qu'à Nice et dans la Ligurie, où cet arbre étale plutôt les charmes de la fécondité, il jouit de ce bonheur à sa septième année et quelquefois avant; c'est ce dont conviennent d'un commun accord les plus habiles pépiniéristes de Nice, où la plupart des plaines sont partagées en jardins. On y sait de tems immémorial qu'une plantation d'Orangers doit charmer par son accroissement en six à sept ans, et produire beaucoup, et que lorsque cela n'arrive pas, c'est une preuve incontestable qu'il y a un vice essentiel dans le sol ou dans la culture.

Le fruit de l'Oranger est premièrement d'un vert foncé ; cette couleur s'éclaircit toujours davantage à mesure que le fruit grossit, elle ne disparaît totalement qu'à l'approche de la maturité. Ces diverses nuances proviennent de la dilatation successive des vaisseaux corticaux et de la nature des sucs qui y circulent.

Les Oranges mûrissent plutôt quand l'exposition les favorise ; là, toutes choses égales, les fluides s'élaborent mieux et en moins de tems ; aussi se teignent-elles avant les autres de leur belle couleur dorée ; elles tardent moins à perdre leur acidité et à acquérir leur douceur agréable. Ainsi, plus le sol est frais, plus ces arbres sont garantis des rayons brûlans du soleil, et moins les fruits achèvent avec rapidité l'ouvrage de leur maturité. Voilà pourquoi les Oranges des collines jaunissent et ont acquis un goût sucré, lorsque celles des plaines sont encore vertes et fort aigres.

Si la quantité de fruits dont un Oranger se charge est un spectacle ravissant, on ne peut se le promettre annuellement, mais on est dédommagé dans cet alternat par la plus grande perfection du fruit, à chaque année de la moindre récolte. En général les plus beaux fruits se font remarquer sur les jeunes Orangers ; la vigueur de l'âge est cause que les fonctions végétales s'y font avec plus de succès ; ils attirent alors plus de sucs, qu'ils épurent en moins de tems ; les bourgeons, les feuilles même, acquièrent plus de dimension. Les grosses Oranges ne se rencontrent point sur les arbres qui en sont surchargés, c'est-à-dire, dans l'année de leur grande récolte ; il y en a tant alors qu'il est impossible que l'arbre ait assez de sucs pour les nourrir toutes avec la même abondance, et pour qu'elles croissent beaucoup. Par contraire, dans les années de moindre récolte, le nombre étant plus petit, les fruits acquièrent un volume extraordinaire, parce que les fluides s'y sont portés sans cesse, et l'arbre, n'ayant travaillé que pour eux, y a toujours entretenu l'abondance des alimens et la précision des opérations analytiques. La bonté du sol, les arrosemens de l'été, les engrais, les élaguemens, les labours concourent ensemble à la grosseur des fruits, à leur bonté et à leur perfection.

Il n'est pas nécessaire d'ouvrir les fruits pour en connaître la bonté, la meilleure qualité se fait remarquer par une écorce luisante et unie ; l'architecture organique y est très-serrée et toutes les portions y suivent une conformité invariable. Tels sont les fruits que l'on expédie pour tous les pays, même les plus éloignés. Des réglemens locaux en désignent les proportions et dimensions ; il n'est pas permis de s'en écarter. Les fruits qui n'ont pas les dimensions, qui par conséquent sont moins volumineux, sont entassés dans des bâtimens destinés au petit cabotage.

Les mêmes réglemens sont observés pour les Limons que l'on expédie et dont les récoltes et expéditions ont lieu toute l'année.

.Quand un hiver rigoureux atteint les fruits, tout n'est pas perdu ; à mesure que les Oranges se détachent de l'arbre, on les cueille, on en rape l'écorce, on en retire par la distillation un arome très-estimé. On en tire également parti d'une manière avantageuse, qui consiste à partager l'écorce en quatre lobes ou en deux ; on l'expose au soleil afin qu'elle se dessèche, et on l'envoie ainsi au dehors. Cette opération ne lui fait rien perdre de son arome naturel. Arrivées à leur destination, les écorces ainsi préparées sont humectées, on les distille, ou l'on en fait des confitures agréables. Ce sont là les moyens que l'on emploie pour tirer parti des fruits fendus, ou abattus par le vent.

Lorsque les fruits ont pris tout leur accroissement, il règne dans les jardins une activité prodigieuse. On voit des hommes adroits et expérimentés monter sur les arbres, en cueillir les fruits avec une facilité et une adresse inconcevables.

Ils ont des paniers suspendus à une branche ; ces paniers sont doublés de toile intérieurement. Pour ne pas blesser les fruits, ils ne font que casser le pédoncule ; l'habitude leur rend cette opération très-aisée.

Lorsque les paniers sont pleins, on va les vider dans un coin du jardin. Avant la nuit, les mêmes hommes coupent avec une serpette le pédoncule au dessous du calice, et des femmes transportent, dans de grandes corbeilles, au magasin les fruits ainsi préparés ; là, on les enveloppe avec du papier gris et on les met de suite dans les caisses.

Les Oranges que l'on expédie sont cueillies et envoyées vertes, depuis le commencement d'octobre jusqu'à la fin de décembre. Si on les envoyait mûres, elles pourriraient en route. Celles qui, à cette époque, approchent trop de leur maturité sont expédiées sur des bâtimens pour Marseille et le Languedoc ; d'autres sont transportées sur des chariots et envoyées dans le Piémont.

Pour conserver les Limons destinés aux voyages de long cours, on était en usage de les saler, avant les guerres sur mer, et voici la manière dont on s'y prenait : on mettait les Limons dans de grands tonneaux qu'on remplissait avec de l'eau de mer, pour ne laisser aucun vide entre les fruits. La première eau n'y restait que vingt-quatre heures. L'opération de renouveler l'eau se répétait pendant trois ou quatre jours, et après elle y restait deux jours consécutifs ; on la laissait ensuite séjourner plus long-tems sans la changer. Lorsque l'on avait tenu, l'espace de quarante jours, les Limons dans cette eau de mer, les tonneaux étaient vidés et les fruits étaient complettement salés. L'expérience a appris aux habitans du Nord, où ces tonneaux étaient envoyés, que ces fruits étaient excellens pour être confits, après avoir été débarrassés par plusieurs lotions du sel muriatique qui les enveloppait, et dont l'écorce était imprégnée. La quantité de pareils tonneaux, expédiés chaque année, était considérable.

A l'exception des écorces épaisses et du corps ligneux, dans lesquels l'arome est peu sensible, on le rencontre dans toutes les parties de l'Oranger. Les feuilles le renferment dans leurs vésicules, plus ou moins abondant, plus ou moins suave. En les froissant, les particules qui s'en exhalent affectent agréablement l'odorat. La distillation, l'infusion la décèlent aussi, mais les grands réservoirs du fluide parfumé existent dans l'écorce des fruits. Là, placés partout à l'extérieur de leur surface, ils sont plus ou moins relevés ; enfoncés ou rapprochés, ils ne sont séparés les uns des autres que par des cloisons fibreuses dont la finesse de l'architecture étonne l'œil de l'observateur. Il suffit d'être exercé dans ce genre d'observations pour les découvrir sans le secours des loupes.

Les divers aromes ne proviennent que des différentes espèces ; c'est là seulement que leurs caractères sont tranchans. Il est difficile de les distinguer dans les variétés d'une même espèce, car leur différence est tout-à-fait imperceptible. Toutes les Oranges, quels que soient leur volume, leur couleur, l'épaisseur de l'écorce et les autres modifications, ont le même parfum et n'offrent que le même arome. Il en est de même des Limoniers, des Citroniers et des autres espèces ; ainsi l'arome dans les variétés n'a rien de particulier qui le caractérise d'une manière sensible ; mais en changeant d'espèces, on reconnaît aisément que l'arome n'est plus le même ; on y trouve un parfum toujours agréable et toujours différent ; en effet, en flairant une Bergamote, ou une Orange, ou un Limon, qui ne conviendra pas être frappé de la diversité de leurs aromes ? Cependant l'odeur des fruits différens a quelque chose de commun dans les espèces même les plus éloignées entr'elles ; toutes ont un parfum qui annonce les propriétés et usages du genre ; les mêmes principes différemment combinés, ou en diverses proportions, constituent la différence des aromes.

Nous avons dit, au commencement du traité des arbres du genre Citronier, que M. Risso de Nice, membre de plusieurs Sociétés savantes, avait bien voulu nous diriger pour la classification exacte des espèces et variétés entre elles. Son désir de nous être utile ne s'est pas borné à cette partie seule ; il a bien voulu nous laisser prendre copie d'un mémoire parfaitement bien conçu qu'il a soumis à l'Institut de France, aujourd'hui Académie royale des sciences, et qui en a ordonné l'impression parmi les *Mémoires des Savans Étrangers*. C'est donc le travail de M. Risso que nous présentons à nos lecteurs.

« Les propriétés économiques des Citroniers se composent du bois, des feuilles, des fleurs et des fruits.

« L'Oranger dont la tige atteint ordinairement, en Provence et à Nice, vingt-cinq à trente pieds d'élévation, sur deux à trois pieds de circonférence, offre un bois compacte, serré, à grains fins, très-dur, susceptible d'un beau poli, légèrement veiné, dont on se sert pour la marqueterie.

« Les feuilles, infusées dans l'eau, lui communiquent une faible teinte de jaune-verdâtre, avec un goût légèrement amer ; cette infusion est employée par quelques praticiens comme antispasmodique. Les feuilles, séchées à l'ombre et pulvérisées, sont un spécifique contre l'épilepsie ; digérées dans un alkool de trente-deux degrés, elles donnent une résine végétale verte ; en les distillant, on en retire une huile essentielle aromatique, fade et limpide, connue dans le commerce sous le nom de *petit grain*. Enfin par incinération, elles produisent différens sels neutres.

Les feuilles de l'Oranger ont des agrémens et des avantages. Importans organes des fonctions physiologiques, elles charment les regards par leur présence dans toutes les saisons de l'année et rendent à l'arbre des services étonnans. Ces feuilles ont des dimensions, une couleur et des qualités particulières dans leurs diverses espèces ; elles renferment aussi un arome dans leurs vésicules. On les distille dans les pays où l'Oranger n'est cultivé qu'en serres et l'on donne à la faible essence qu'on en retire le nom d'*eau de feuille*. Le peu de parfum qu'elles ont vient du moins d'huile essentielle qu'elles contiennent et des autres principes dont on n'a pu les dégager par la distillation. On se sert de cette eau comme d'un vermifuge pour les enfans. L'eau des feuilles provenant d'une infusion théiforme est agréable au goût et antispasmodique. Il y a des personnes qui en prennent une ou deux tasses après le dîner et s'en trouvent bien ; mais cette boisson, malgré son parfum et les qualités qu'on lui attribue, ne remplacera jamais le café après le repas.

« Les fleurs sont non-seulement inappréciables par la suavité de leurs aromes, mais encore par l'efficacité de leurs propriétés cordiales, céphaliques et vermifuges.

« Les pharmaciens les convertissent en conserves, en tablettes et en teinture. Les liquoristes en aromatisent leurs ratafiats, leurs sirops et leurs liqueurs. Les parfumeurs en composent leurs pommades, leurs poudres, leurs huiles.... Plusieurs négocians les mettent dans des tonneaux par stratification avec du sel marin, et les expédient dans le nord. Dans nos départemens, on les distille pour en retirer cette eau opaque, d'une odeur agréable, approchant, par son parfum, de la Canelle de la Chine, ainsi que cette huile essentielle, légère, d'une couleur orangée, qui entre dans la composition d'un si grand nombre de préparations, et dissoluble dans un alkool de trente-six degrés.

« Pour obtenir l'*eau de fleur d'Orange*, on cueille dans la belle saison les fleurs, que l'on prive seulement de leurs pédoncules ; on les laisse pendant quelque tems exposées à l'air, étendues sur des linges blancs et propres, après quoi on les mêle avec dix fois autant d'eau de source ou de rivière, et on laisse ce mélange jusqu'à ce que la fleur commence visiblement à s'altérer ; alors on procède à la distillation et l'on retire seulement la moitié de la liqueur que l'on a soumise à l'opération. Pour faire l'eau double, l'on ne met en eau que cinq fois le poids des fleurs, dont on ne retire également que la moitié.

« Les petits fruits verts qui tombent pendant les fortes chaleurs de l'été sont ramassés avec soin, séchés à l'ombre et conservés pour mettre dans les cautères.

« Les Oranges de moyenne grosseur sont peu estimées ; elles n'entrent point dans le commerce, mais on fait usage des écorces, que l'on divise longitudinalement en quatre parties pour les détacher plus facilement du fruit ; on les fait sécher pour les employer ensuite à différens usages.

« La culture du Bigaradier n'a été connue en Europe que vers le dixième siècle. Cet arbre prend le même accroissement que l'Oranger ; son bois est préféré à celui-ci par les ébénistes, à cause de son tissu qui est plus dense et plus serré. Les feuilles, froissées dans les doigts, répandent une odeur fort agréable ; distillées, elles donnent une eau amère, aromatique, connue en Languedoc sous le nom d'*Eau de Naples*. On en retire, par la même opération, une huile essentielle ou *Petit Grain*, de meilleure qualité que celle qui provient des feuilles d'Oranger.

« Dès le tems d'Avicenne, on combinait déjà l'arome de ses fleurs avec l'eau par la distillation. Cette eau porte aujourd'hui le nom d'*Eau de Bigarade amère*, Eau de fleur d'Orange double, triple etc., et forme une des branches du commerce des distillateurs du midi de la France. On connaît plusieurs procédés pour la préparation de cette eau. Celui qui paraît préférable consiste à faire cueillir les fleurs avant leur entier épanouissement, une heure après le lever du soleil ; à les mettre dans une cucurbite avec un poids égal d'eau, et à les distiller, en tenant l'eau du réfrigérant au degré le plus rapproché possible de la température extérieure. La liqueur que l'on obtient a une odeur excellente, une amertume fort agréable. Ses vertus cordiales, céphaliques et vermifuges, ainsi que ses qualités aromatiques, sont trop connues et trop étendues pour les rappeler ici. Toutes choses à-peu-près égales, deux cents livres de fleurs, récemment cueillies et distillées de suite, donnent quatre-vingt livres d'eau double, vingt livres de simple et un gros d'huile essentielle, d'un goût très-amer, piquant, à parfum suave, d'une couleur dorée, passant en vieillissant à un rouge-clair. Cette essence est une des plus estimées de toutes les espèces et variétés du genre Citronier, parce qu'on la fait entrer dans un nombre infini de préparations de parfumerie. Les caractères qui servent à distinguer cette essence de celle qui se trouve frélatée dans le commerce, sont un bouquet naturel, une odeur suave, agréable et aromatique.

« Les fruits du Bigaradier qui tombent et que l'on fait sécher sont plus estimés que ceux de l'Oranger et servent aux mêmes usages. Parvenus à leur dernier développement, on en fait sécher l'écorce pour être envoyée dans le nord, pour servir à la préparation de la liqueur connue sous le nom de *Curassow*, des élixirs sthomachiques et des confitures. On en fait un grand usage pour assaisonner le poisson et les viandes, et le cuisinier en relève avec elle le goût des sauces, des crêmes et de différentes préparations d'office. La première cueillette se fait ordinairement en septembre, la seconde en novembre et la troisième en février et en mars. Les graines servent aux semis des pépinières.

« Les fruits du Limonier forment une branche d'industrie et de commerce, dans les terroirs où cet arbre est cultivé en grand. Le bois en est plus dur, il a ses fibres plus resserrées que dans les deux espèces précédentes. Les distillateurs obtiennent, des feuilles et des petits fruits rayés, une huile essentielle qui, redistillée sur les fleurs d'Orange ou de Bigarade, en prend l'arome, sans rien perdre cependant de son propre parfum.

« Le jus des Limons sert à composer une boisson fort agréable, très-rafraîchissante et connue sous le nom de *Limonade*. La médecine l'emploie avec avantage dans différentes maladies.

« Les Limoniers fleurissent depuis le commencement du printems jusqu'à la fin de l'automne. Les fleurs qui épanouissent en mars et avril et les fruits qui en proviennent prennent le nom de *fruit de première fleur*, et dans ce pays, on le distingue par le mot local *Marsenco*. La fleuraison qui a lieu en mai et en juin ne donne ses fruits que dix mois après. Cette seconde récolte se nomme *fruit de seconde fleur*. Les fruits de cette fleuraison sont très-estimés, mais d'une qualité inférieure aux précédens. Dans les années où les premiers fruits manquent, ceux-ci les remplacent. Les fleurs de juillet et d'août ne donnent des fruits qu'après l'année révolue, ils sont connus, dans le pays, sous le nom d'*Aousten*. Leur couleur est d'un vert-pâle, leur écorce est épaisse et elle contient peu de sucs. Si après les pluies des mois de septembre et d'octobre, il survient de belles journées, ces arbres poussent de nouvelles fleurs qui sont disposées en corymbe ; celles qui sont fécondées donnent des Limons raboteux, à écorce très-épaisse, contenant peu de sucs ; on les appelle *Settembrini*, c'est-à-dire fruits du mois de septembre.

« L'écorce du Limon contient beaucoup d'essence aromatique, très-légère, d'une odeur forte et pénétrante, limpide, d'un goût piquant et amer, ne se dissolvant que très-difficilement dans l'alkool le mieux rectifié ; elle entre dans la composition de l'*Eau* dite *des Carmes*, de plusieurs liqueurs de table ; elle est recommandée pour provoquer les sueurs. On retire cette essence par expression et par distillation. Celle que l'on obtient par le premier moyen a une odeur agréable, se conserve long-tems et est employée dans diverses préparations de parfumerie ; celle que l'on obtient par la distillation donne cette essence dont on se sert pour enlever les taches huileuses faites sur toutes sortes d'étoffes ».

Nous avons dit que rien n'était négligé dans les heureux pays où les arbres du genre Citronier sont cultivés ; il n'est pas inutile de faire connaître aussi le parti que l'on tire des fruits trop avancés pour être expédiés, et de ceux dont la petitesse et la conformation ne permettent pas le transport et dont on veut extraire le jus.

On prend les Limons, dont on enlève les deux bouts ; ensuite, en six coups de couteau, on enlève l'écorce que l'on met de côté ; l'œil suit difficilement la prestesse de cette opération. Dégagés de leurs écorces, ces fruits sont mis dans des cabas à-peu-près semblables à ceux dont on se sert pour les Olives, chacun desquels peut contenir six cents fruits ; on en emploie dix ordinairement. Ces cabas, ainsi remplis de fruits, sont mis sous une presse perpendiculaire les uns sur les autres ; on les comprime fortement, le jus s'écoule en même tems dans un vase, d'où on le fait passer dans un second. Lorsque le jus a acquis toute la limpidité désirable, on le décante pour le mettre dans des tonneaux sur lesquels on met un peu d'huile pour les garantir de toute communication avec l'air extérieur, dont l'oxigène pourrait nuire à ce liquide.

Nous n'avons indiqué, d'après M. Risso, que deux manières d'extraire les essences contenues dans les écorces du Limon, savoir, l'expression et la distillation. Les Siciliens, selon l'Abbé Sestini, que nous avons déjà cité, ont un procédé qu'il est bon de connaître. C'est dans l'écorce des Limons que réside l'huile essentielle et aromatique de ces fruits. En Sicile, des hommes ou des femmes habitués à pareille opération prennent d'une main un morceau d'écorce qu'ils compriment avec deux doigts, de l'autre main on tient un morceau d'éponge près de l'écorce, d'où il sort un jet de suc qui s'introduit dans l'éponge et s'y accumule. Dans les opérations réitérées de l'expression, le suc ne s'élançant pas entièrement des pores cutanés de l'écorce dans l'éponge, mais restant en partie sur l'écorce, on a soin de passer souvent l'éponge afin d'enlever entièrement cet arome ; lorsqu'elle en est bien imbibée, on l'exprime dans un vase destiné à recevoir cet arome. Ce procédé paraîtrait long à des personnes qui n'y sont pas habituées ; néanmoins il est plus prompt et plus avantageux que par la distillation, puisque Sestini assure que le même poids d'écorces distillées a donné trois milliers pesant d'arome, tandis que l'autre en a donné quatre milliers.

M. Risso ajoute : « On remplit de ces sucs et de ces aromes des barriques qui sont expédiées aux Limonadiers du Nord.

» On est parvenu à conserver de ces fruits, en bon état, pendant plusieurs années, par le moyen du muriate de soude.

» Les semences sont mises en usage par quelques praticiens. Les cultivateurs en font des semis pour avoir des Limoniers sauvages qui durent plus long-tems et résistent d'avantage aux intempéries de l'atmosphère.

» Les Cédratiers ne réussissent pas également bien partout. Leur bois est dur, d'un tissu serré et blanchâtre. Les feuilles, répandues dans le linge, lui donnent une odeur agréable ; elles préservent le drap des teignes.

» Dans les cantons où ces fruits sont abondans, on retire des zestes une huile essentielle, limpide, un peu moins légère que celle des Limons. Elle joint à un arome, *sui generis*, la suavité de la rose. On en sature l'alkool qu'on fait entrer dans la composition des liqueurs fines et des élixirs cordiaux.

» Le Chinettier n'a qu'une tige noueuse et rabougrie, qui n'est d'aucune utilité dans les arts. Ses feuilles sont employées dans la distillation comme celles du Bigaradier. Ses fleurs, que l'on distille également, donnent une eau légère, d'un goût agréable, quoique amer, qui approche un peu de celle de l'Oranger. Elles contiennent une quantité considérable d'huile essentielle, limpide, légère ; son odeur a quelque analogie avec celle du Bigaradier, mais elle est moins piquante et plus suave.

» La première cueillette des Chinois se fait dans le mois d'août; la seconde un mois après, avant qu'ils ne jaunissent, et on les expédie tels dans le Nord. Pour les confire, on ôte la superficie de leurs écorces ; on les met dans l'eau, qu'il est nécessaire de renouveler pendant quatre à cinq jours ; on les blanchit ensuite au feu ; après les avoir fait bien égouter, on les jette dans le sirop qu'on a confectionné suivant les procédés ordinaires, selon qu'on veut les avoir secs, liquides, glacés ou candis. Ces fruits, ainsi préparés, donnent une des confitures les plus agréables et les plus sthomachiques.

» Les Bergamottiers, sans être rares, sont moins cultivés. La cueillette de leurs fruits a lieu depuis novembre jusques en avril. Les écorces séchées avec soin sont employées à doubler des bonbonnières ; si on enlève les zestes par les moyens ordinaires, on en retire une huile essentielle, des plus agréables, qui est d'abord d'une couleur verdâtre, devient ensuite limpide, et en vieillissant, se change en jaune-paille. Cette essence, qu'il faut changer souvent de flacon, afin qu'elle ne rancisse pas, est d'un très-grand usage dans les parfumeries ; elle est plus pesante que les autres du même genre, mais elle perd plus facilement son arome ; elle est la seule qui se dissolve dans un alkool de vingt-huit degrés.

» Le Pommier d'Adam est cultivé plus par agrément que pour son utilité. On le propage pourtant, parce que ses fruits, peu propres à être exportés, servent dans le pays à faire une confiture des plus agréables. Les pépiniéristes emploient ses graines pour avoir de beaux plants, sur lesquels on greffe toutes les variétés du genre qui, selon Tanara, poussent avec plus de facilité. Les fleurs, quoique d'une odeur qui approche de celle du Jasmin d'Arabie (*Mogorium Sambac*), ne sont d'aucun usage; les fruits ont un parfum qui joint à la suavité du Bigaradier celle de l'Oranger et du Limettier; ils servent aux mêmes usages qu'eux, avec la différence que leur confiture est plus exquise.

La Sicile excelle pour les confitures des fruits du genre qui nous occupe ; elles se font à sec ; on en expédie des quantités considérables pour le Nord. On en prépare d'une autre manière, qui est très-estimée et que l'on nomme dans le pays *Pietra fendola*; elle se fait en rapant l'écorce, dont on n'enlève, par cette opération, que les vésicules remplies d'arome et qu'on mêle avec du sucre.

» Les Limettiers, ainsi que leurs variétés, ne sont presque d'aucun usage dans la parfumerie ; on retire cependant quelquefois des écorces de leurs fruits une essence douce et volatile, qu'on fait entrer dans les compositions pour la toilette et dans les liqueurs. Ces mêmes écorces, séchées et pulvérisées, entrent dans les poudres de senteur. Leur pulpe est d'un doux fade ; elle est consommée ordinairement dans le pays. Les glaces que l'on fait avec les Limettes sont plus parfumées et plus agréables que celles faites avec les autres fruits du genre.

» Les Citroniers rayés et les dorés ne sont cultivés que par quelques amateurs, et sont si peu répandus dans les jardins, que je n'ai pas encore pu retirer ni leurs eaux ni leurs essences. Leurs fleurs ont un goût légèrement amer. Le parfum du Doré approche de celui de l'Oranger, du Limonier et du Bigaradier. Les fruits du Rayé, dans leur parfaite maturité, ont un suc douceâtre, assez agréable ; ceux du Doré ont un petit goût acide et sont fort peu employés ».

TABLEAU des Espèces et Variétés du Citronier, dont les différentes parties sont en usage dans les Arts et dans l'Économie Domestique.

FEUILLES	Qui servent à la distillation, pour en retirer une eau, et une huile aromatique; celles	du Bigaradier Sauvage. du Bigaradier Riche Dépouille. de l'Oranger de Provence. de l'Oranger de Nice. de l'Oranger de Gênes. de l'Oranger de la Chine.
FLEURS	Qui servent à distiller, pour avoir des eaux aromatiques, des huiles essentielles, et à parfumer les graisses et les esprits ; celles	du Bigaradier et ses Variétés. de l'Oranger et ses Variétés. du Chinois et ses Variétés.
FRUITS	Dont l'écorce est séchée, pour divers usages dans les Teintures ; celle	du Bergamotier et ses Variétés. du Limonier et ses Variétés. du Bigaradier et ses Variétés. du Limettier et ses Variétés. de l'Oranger et ses Variétés. du Rayé et ses Variétés.
	Dont l'écorce est rapée, pour obtenir, des zestes, une huile essentielle ; celle	du Cédratier et ses Variétés. du Limonier et ses Variétés. du Bergamotier et ses Variétés. du Bigaradier et ses Variétés. de l'Oranger et ses Variétés.
	Dont l'écorce est distillée, pour en obtenir l'huile essentielle ; celle	du Limonier et ses Variétés. du Bigaradier Doré. du Bigaradier et ses Variétés.
	Dont l'écorce se prépare et se confit avec le sucre ; celle	du Cédratier et ses Variétés. du Chinois et ses Variétés. de la Pomme d'Adam et ses Variétés. du Bergamotier à fruit étoilé. du Rayé changeant.
	Dont le suc est employé en médecine et dans l'économie domestique ; celui	de l'Oranger et ses Variétés. du Bigaradier et ses Variétés. du Limonier et ses Variétés. du Limettier Limoniforme.

Nous avons tâché de réunir dans un seul tableau les propriétés détaillées des feuilles, des fleurs et des fruits du genre Citronier ; nous ne pouvons mieux le terminer qu'en empruntant du Dictionnaire d'Histoire naturelle, publié par M. Déterville, ce que M. Dutour, membre de la Société d'agriculture de Saint-Domingue, a inséré dans l'article de l'Oranger qu'il a rédigé. Ce savant dit : que, depuis nombre d'années, on a composé à la Martinique du *Vin d'Orange.* Il donne le détail de la fabrication relative à une quantité de quarante bouteilles, et il indique le moyen d'augmenter ou de diminuer les doses, suivant la quantité qu'on veut en faire. Pour celle qui lui sert de base, il dit de prendre quarante livres de sucreterré, le plus blanc que l'on puisse trouver, parce que le sucre de qualité inférieure donne un goût de grappe fermentée au *Vin d'Orange.* On clarifie ce sucre avec des blancs d'œufs dans huit pots d'eau très-pure, mesure de Paris, et l'on en forme un sirop.

On pelle avec soin quarante Oranges, dont on met la peau très-fine bouillir dans huit autres pots de la même eau, jusqu'à ce qu'elle en soit chargée ; on ajoute à cette eau, ainsi colorée par la décoction, huit pots de jus d'Oranges douces, ou à défaut quatre pots de jus de celles-ci et quatre pots du jus d'Oranges sures ; ensuite on y mêle le sirop produit par les quarante livres de sucre clarifié. Lorsque le tout est refroidi, on met la liqueur dans un baril proportionné, dont on laisse la bonde ouverte, ayant soin de conserver un peu de la liqueur pour *ouiller* pendant les six semaines que le vin doit fermenter dans le baril.

Ce terme expiré, on ferme la bonde que l'on glutine avec une terre grasse à laquelle on mêle un peu de sel ; puis on pose le baril dans un lieu frais ; il y demeure ainsi pendant deux mois, durant lesquels la liqueur se clarifie.

Deux jours avant de mettre ce vin en bouteille, on y ajoute une poignée de fleurs d'Orange, après quoi on le tire et on le bouche bien, en recouvrant le bouchon ou avec de la cire ou du bray.

Il faut couper les Oranges avec des couteaux de bois. Si on les coupe avec du fer ou de l'acier, le vin sera trouble et aura à peine le caractère vineux.

Le *Vin d'Orange* se conserve long-tems et s'améliore même quand on le garde ; il supporte parfaitement le transport, même par mer. En vieillissant, il prend le goût de la Malvoisie de Madère.

L'Oranger cultivé en pleine terre, et auquel on donne des soins éclairés, n'est presque jamais malade ; s'il le devient, il n'est pas difficile d'en découvrir la cause et de lui porter un prompt secours.

Les principales causes de ses maladies sont divers phénomènes atmosphériques, plusieurs animaux, des plantes parasites et quelquefois aussi la négligence ou l'ignorance du cultivateur.

Les phénomènes atmosphériques sont : le froid, la neige, la grêle, les vents froids, certains vents chauds, la chaleur, la sécheresse, la rosée, l'humidité.

Toutes choses égales dans l'exposition et la nature du sol, l'intensité du froid n'agit pas d'une manière uniforme sur toutes les espèces et variétés du genre Citronier. Celles qui ont toujours leur sève en mouvement, comme les Cédratiers et les Limoniers, sont plus sensibles au froid que les Bergamotiers et Pommiers d'Adam ; ceux-ci y sont plus sensibles que les Limettiers, les Chinettiers, les Rayés, les Dorés ; enfin les Orangers et les Bigaradiers sont ceux qui ont le moins à craindre de l'influence du froid. Cette progression se fait également remarquer sur les différentes parties de chaque arbre en particulier. La sommité des jeunes pousses est plus endommagée par le froid que les fleurs. La chute de celles-ci précède la désorganisation des fruits, qui est suivie elle-même de celle des feuilles, des branches, de la tige et des racines. Depuis 1637 on compte dix-neuf époques qui ont nui à ces arbres, et la plus terrible a été celle de l'hiver de 1709. Cet hiver, qui fut si rigoureux dans toute l'Europe, fit périr sur les côtes de Gènes, à Nice, à Hières, toutes les plantations d'Orangers; quelques pieds, vivans encore aujourd'hui, résistèrent pourtant à ce fléau. La mortalité ne fut pas aussi générale pendant l'hiver de 1788, quoique le thermomètre fût descendu à Gènes à six degrés au dessous de la glace.

En contemplant les Orangers gigantesques qu'on admire dans nos régions méridionales, il est étonnant qu'ils aient pu lutter heureusement, pendant des siècles, contre les vicissitudes cruelles de tant d'hivers. Cela prouve que dès que ces arbres ont pu y résister quelques années, ils deviennent alors assez forts pour triompher dans la suite de la rigueur des saisons; ainsi ce n'est que la jeunesse qui court de grands dangers; passé cet âge critique, ces arbres ne craignent plus rien, le jardin des Hespérides est en sûreté du côté des vents du nord, et des fortes gelées qui en sont la suite.

L'effet du froid se fait sentir également sur toutes les parties de l'Oranger, les feuilles se recoquillent, se roulent, se dessèchent; les branches se crevassent, se courbent, brunissent; les fruits perdent leurs charmes, changent leur goût sucré en un goût amer, tombent en putréfaction peu de tems après. Les froids les plus dangereux sont ceux qui arrivent à contre-saison et qui trouvent les arbres trop en sève.

La neige n'est pernicieuse aux Orangers que lorsque le ciel s'éclaircit et que le soleil paraît aussitôt après. Dans ce cas, la méthode d'établir de distance en distance, dans les jardins, de petits tas de paille humide, auxquels on met le feu afin d'interposer la fumée entre les rayons solaires et l'arbre, a été couronnée des plus heureux succès; mais si, après la chute de la neige, l'atmosphère reste couverte, ou seulement parsemée de gros nuages, quoique le thermomètre soit au dessous de zéro, on ne doit rien craindre ni pour les arbres ni pour les fruits.

Pour réparer les dommages que l'intensité du froid a occasionnés aux arbres, il faut avoir recours au fer, couper jusques au vif. Par ce moyen, on aura des rejetons vigoureux, si on a dû couper la tige, ou des bourgeons prospères, si elle subsiste encore, et qui, en croissant, ne tarderont pas à réparer les ravages du froid.

Les désastres que le froid amenne avec lui ne sont pas toujours aussi sensibles. Souvent le désordre organique ne se montre que dans le sommet des bourgeons qui, plus tendres et plus succulens que le reste, se dessèchent, se fanent et périssent. Le mal ne s'arrête que là où l'épaisseur de l'écorce préserve les fluides de l'action du froid.

La grêle endommage beaucoup les fruits; la meurtrissure qu'elle produit sur eux est quelquefois si dangereuse, qu'elle les fait passer, peu de tems après, à la fermentation putride.

Les vents de N. O. d'O. N. O. et d'E. N. E. causent de très-grands ravages aux Orangers. Toutes les sommités qui sont exposées à leur courant sont immédiatement desséchées; les pieds même de quelques-uns, tels que le Bigaradier cornu, le Limonier rayé, se fendent longitudinalement, soit à cause de la contexture de leur bois, soit par l'effet de la dilatation des fluides intérieurs. Les vents du sud n'agissent que par leur impétuosité; ils brisent en éclats tous les arbres qui ne peuvent résister à leur force. Le seul moyen de remédier à ces accidens est de couper jusqu'au vif et au dessus d'un œil toutes les branches sèches ou brisées, afin que les nouveaux bourgeons, qui attirent la sève, puissent cicatriser les plaies. L'œil est souvent trompé, en voyant les fruits après un vent du nord; s'ils paraissent avoir été épargnés, il n'en est pourtant pas ainsi, et pour s'en convaincre, il faut couper transversalement plusieurs Oranges dans le quelles on voit le désordre dans le système vasculaire des loges ; ce qui prouve incontestablement que l'action du vent froid s'y est fait sentir.

Dans les années de sécheresse, les chaleurs trop fortes et trop absorbantes, en augmentant la transpiration, font rouler sur elles-mêmes les feuilles qui, faute d'humidité, tombent, à la longue, ainsi que les fruits.

C'est aux rosées trop abondantes et dissipées avec trop de promptitude par un soleil trop ardent, que l'on doit attribuer l'affection qui couvre les feuilles des Citroniers d'une sorte de *rouille* qui n'est dangereuse qu'autant qu'elle est très-multipliée. C'est encore aux fortes rosées du printems et aux brouillards produits par les vents du midi, qu'est due la maladie connue, dans le terroir de Nice, sous le nom de *Pétéca*. Elle se manifeste sur les fruits par une tache roussâtre, qui rembrunit en s'élargissant et finit par désorganiser la pulpe et la faire tomber en pourriture.

Un terrain trop humide, dans lequel les eaux restent stagnantes, est très-nuisible aux Orangers. C'est là que des canaux d'écoulement sont indispensablement nécessaires, et on doit en conseiller l'ouverture ; les propriétaires qui les entretiennent avec soin en connaissent les bons effets. L'humidité trop abondante cause la pourriture des racines ; elle rend les tiges languissantes, occasionne aux feuilles une teinte jaune-pâle, et les fruits ne prennent aucun accroissement. L'humidité est encore préjudiciable aux Orangers parce qu'elle favorise la propagation et la végétation des Cryptogames parasites dont il sera question ci-après.

C'est à la transition subite de la chaleur au froid qu'est due la maladie appelée la Colle (*Gomma Colla.*). (1) Les arbres de ce genre, dont la sève est sans cesse en mouvement par l'effet d'une continuelle végétation, sont les plus sujets à cette maladie, et pour peu que le froid ait une certaine intensité, cela suffit pour faire refluer la matière de la transpiration dans la masse de la sève, qui se trouve alors forcée de se faire un passage à travers l'écorce et de laisser transuder cette espèce de gomme d'une couleur jaune-succin, qui, en se condensant à l'air, devient friable, prend une saveur mucilagineuse, un peu amère et se comporte au feu, dans l'alkool et dans l'eau, comme la Gomme Arabique. Le bois, au travers duquel la gomme passe, se fend, se dessèche et tombe par morceaux.

Les animaux qui nuisent aux Citroniers sont quelques petits quadrupèdes, des oiseaux, des vers, des mollusques et plusieurs insectes.

Parmi les quadrupèdes, le Rat campagnol et le Rat domestique attaquent les semis et les fruits. Les oiseaux qui viennent becqueter les fruits sont les Fringilles, les Fauvettes, les Mésanges, les Charbonniers, etc. etc. ; mais ils ne sont véritablement nuisibles que lorsqu'ils sont en trop grande quantité.

Plusieurs mollusques, tels que la Limace tachetée, la Limace agreste, l'Helice Ruban et l'Helice variable, dévorent pendant la nuit les jeunes plants des Citroniers. Il serait convenable, pour les détruire, d'étendre une planche humide, ou de jeter de la paille auprès des vases dans lesquels les jeunes Citroniers sont plantés ; les mollusques ne manquent pas de venir s'y cacher pendant le jour, l'on en fait alors facilement la recherche, et l'on parvient à les détruire.

---

(1) M. Loquez assure que la Gomme ne se rencontre que bien rarement sur les arbres du genre Citronier ; il dit n'en avoir jamais vu sur aucun d'eux, malgré ses nombreuses recherches, excepté pourtant sur quelques vieux Limoniers ; mais que cette maladie n'a rien de fâcheux, puisque l'arbre qui en est atteint continue à végéter et à porter des fruits, comme ceux qui ne sont point attaqués par la Gomme : ce qui prouve démonstrativement qu'elle n'affecte qu'une petite portion du parenchyme ou des sucs qui en sortent, et qu'elle n'est pas d'un sinistre présage, comme dans la plupart des Arbres fruitiers, où elle provient de la viciation totale des fluides.

Les êtres organisés les plus pernicieux aux Citroniers, sont les insectes qui attaquent indifféremment les racines, les tiges, les fleurs, les fruits, et causent souvent, par leur multiplication extraordinaire, de grands ravages à ces arbres. Nous ne parlerons pas de ceux qui ne leur portent qu'une légère atteinte, tels que les Chenilles de l'Orithie Nasicorne, de la Prione obscure, qu'on trouve quelquefois aux racines. La Courtilière commune fait beaucoup de dégâts, surtout dans les semis ; la Coccinelle sans pustules, celle à vingt-deux points, qui se promènent sur ces arbres odoriférans ; le Kermès des Hespérides (*Coccus Hesperidum*), qui s'attache au sommet des tiges touffues ; la Casside de l'Oranger, que l'on voit immobile sur la nervure des feuilles ; la Trichie noble (*Trichius nobilis.*) ; la Cétoine fastueuse, qu'on trouve au milieu des fleurs ; les Guêpes, les Anthribes, les Crabrons (*Crabrones.* Lam.), les Abeilles, qui butinent le pollen des étamines et qui, en rongeant quelquefois le pistil, occasionnent aux fruits ces monstruosités bizarres que nous avons dénommées *écarts de la nature*, et qui ont jeté dans de grandes méprises quelques auteurs, qui les ont prises pour des marques certaines et constantes de variétés, et indiquées comme telles. Ces insectes sont ceux qui causent le plus de dégâts et sont les plus nuisibles.

Le plus grand fléau des Citroniers, et en particulier des Limoniers, est une espèce de Dorthésie, connue sous le nom de Morfée, dont on doit les premières notions à M. l'Abbé Loquez (1). Cet Hémiptère, que M⁎ Risso appelle Dorthesie du Citronier, *Dorthesia Citri* (2), a le corps ovale-oblong, bombé en dessus, un peu renflé en dessous ; il est de couleur gris-cendré, passant au jaunâtre-pâle, composé de six petits segmens luisans, garni en ses bords par autant de petits filets blanchâtres qui dépassent son corps. Ses antennes sont médiocres, à huit articles ; les pattes sont petites, au nombre de six, les postérieures plus longues que les antérieures. L'insecte mâle diffère par deux ailes longues, transparentes, qui débordent son corps ; ses antennes sont un peu plus longues, plus déliées et il a les pattes plus courtes. Cet insecte est assez rare et ne fait pas beaucoup de mal aux Orangers. La femelle au contraire se couvre d'une matière blanche, cotoneuse, qu'elle étend sur les feuilles et les fruits et, avec le tems, elle en recouvre les sommités des rameaux. C'est au milieu de ce duvet qu'elle pond de cent cinquante à quatre cents œufs jaunâtres. Lorsque ces œufs sont éclos, les petits insectes qui en sortent choisissent les parties les plus tendres pour y sucer leur nourriture. Les pontes n'ont point d'époques fixes ; elles se succèdent pendant toutes les saisons de l'année, avec cette différence pourtant qu'elles sont plus abondantes pendant les chaleurs et que le froid les retarde considérablement.

La propagation facile de ces insectes et leur grande multiplication causent d'énormes dégâts et occasionnent souvent la ruine des arbres qui en sont atteints. Depuis un certain nombre d'années, plusieurs jardins du terroir de Menton en sont tellement infectés, que les Limoniers, principale ressource du pays, ne produisent plus que des récoltes fort médiocres.

On a successivement employé plusieurs moyens pour détruire les Dorthésies ;

---

(1) M. l'abbé Loquez, très-savant physiologiste, amateur et cultivateur passionné des arbres du genre Citronier, a fait imprimer, à Nice en 1806, un ouvrage qu'il a intitulé : *Histoire Naturelle de la Morfée*, ou *de l'Infection de la Famille des Orangers*, in-8⁰. de 208 pages. Je regrette que le plan du Nouveau Duhamel ne me permette pas d'en faire l'analyse ; mais l'acquisition en devient indispensable aux amateurs et aux cultivateurs des arbres de ce genre.

(2) MM. Risso, Loquez et Arnaud, ayant eu la complaisance, les uns et les autres, de me faciliter les moyens de présenter à nos lecteurs un travail qui pût les satisfaire, sur les maladies et les remèdes qui sont propres à diminuer le mal ou à le faire cesser, j'ai cru devoir réunir leurs opinions et les mêler au travail méthodique de M. Risso, lu à l'Institut Royal et dont j'ai déjà parlé. C'est du manuscrit, qu'il a eu la complaisance de me prêter, que j'ai extrait et que j'extrairai encore une partie de ce qui me reste à dire sur les maladies des Orangers.   Étienne Michel.

on a pratiqué des incisions (1) pour procurer une libre issue aux sucs exor-
bitans des arbres ; on a fait des fumigations de souffre, des frictions de vinaigre,
d'eaux de chaux et de décoction de tabac; aucun de ces moyens n'a parfaitement
réussi (2). Les pluies d'été, lorsqu'elles tombent surtout par grosses gouttes,
détachent cette matière blanche et cotoneuse, à l'abri de laquelle les jeunes insectes
se développent, et en détruisent beaucoup ; mais lorsque ces animalcules, dégagés
de leur enveloppe cotoneuse, se sont répandus sur les différentes parties des
Citroniers et principalement sur la surface des fruits, les pluies ne présentent
plus le même avantage.

Les feuilles des Orangers et des Limoniers sont quelquefois marquées en dessous
d'une grande tache jaunâtre et concave ; c'est le signe certain de l'existence d'un petit
Gall-Insecte qui s'établit dans cette concavité ; nous le nommons Kermès rouge (*Ker-
mes coccineus*. Risso.). Son corps est bombé, d'un rouge vif; on y remarque deux
yeux très-petits, deux antennes assez longues, très-mobiles, et six pattes blanches. Cet
insecte passe sa vie sur les feuilles, où il pond dix à quinze petits œufs, qui donnent
naissance à autant de petits individus d'un blanc nacré, ne prenant leur couleur rouge
que dans leur dernier accroissement. Ils ont alors un quart ou un cinquième de ligne
de longueur, se meuvent avec une rapidité extrême autour de leur demeure, où
ils s'établissent en petites familles. En se propageant, ils se répandent sur toutes les
feuilles, qui, ne pouvant plus alors, par suite des succions trop multipliées et l'extravasation des fluides, les élaborer convenablement pour la vie des arbres, ceux-ci en souffrent et deviennent languissans. Pour détruire ces animaux et remédier au mal qu'ils
causent, il faut cueillir, pendant l'été, toutes les feuilles qui en seront atteintes, et
les brûler.

Les Citroniers éprouvent encore un très-grand dommage par les plantes parasites
qui s'attachent à eux. La plus commune est le *Dematium monophyllum*. Risso,
qui attaque indifféremment les tiges, les feuilles et les fruits. Cette plante ressemble à une poussière noire, dont les particules réunies s'étendent horizontalement
et forment une espèce de croûte très-mince qui finit par couvrir l'arbre entier.
De cette croûte on voit s'élever perpendiculairement un nombre infini de petits
filets, ou tiges d'une demi-ligne de hauteur, portant chacun à leur sommet une
petite coiffe arrondie, noirâtre, renfermant une poussière seminifère. Cette Cryptogame, quoique peu adhérente sur les parties du Citronier, s'y multiplie avec
une rapidité inconcevable, surtout dans les jardins où l'humidité favorise beaucoup
sa propagation.

Une autre Cryptogame parasite qui fait encore beaucoup de tort aux Citroniers, est
une substance peu épaisse, d'un gris blanchâtre, couverte de petites proéminences
qui ne sont autre chose que les organes de leur fructification. Nous lui donnons le
nom de Lichen des Orangers (*Lichen Aurantii*. Risso.). Cette plante est réelle-

---

(1) M. Loquez , qui conseille de même ces incisions, dit que le cultivateur éclairé par l'expérience en fait usage
pour détruire de pareilles infections sur les Figuiers qui en sont atteints; il ajoute qu'elles ne doivent se faire qu'à
l'approche de l'automne, lorsqu'on ne redoute plus les fortes absorptions et que l'époque du développement de la Morfée
est imminente. Ces incisions doivent traverser le tissu cortical et aboutir à l'aubier; une seule doit suffire pour un Oranger
de moyenne grandeur ; on peut en faire deux sur les arbres plus forts, mais assez distantes l'une de l'autre, de crainte
que l'écorce intermédiaire ne vienne ensuite à se détacher.

(2) M. Le docteur Arnaud nous fait part des moyens qu'a tentés et qui ont réussi à Mme. De Borea, épouse du maire
du Bua Ramo. Cette dame a observé que ces mêmes insectes se nourrissent sur le Réséda ; elle en fait semer aux pieds
de ses arbres, qui sont garantis, par ce moyen, d'une grande partie du ravage que ces animaux leur occasionnent.

M. Risso se borne dans son mémoire à dire qu'aucun de ces remèdes n'a réussi complettement, mais qu'étant occupé
d'un travail sur les êtres organiques, nuisibles aux arbres du midi de la France, il s'empressera de le rendre public,
aussitôt que ses expériences lui permettront d'en constater la réussite et le succès.

ment plus nuisible que la précédente, à cause de la ténacité avec laquelle elle s'attache aux différentes parties des Citroniers, mais elle est heureusement plus rare.

Les moyens les plus convenables pour détruire les plantes qui paralysent les fonctions analytiques dans la sève des arbres en extravasant leurs sucs, et les rendent ainsi incapables de porter leurs récoltes ordinaires, est de les élaguer beaucoup afin que les vents, l'air, la lumière et les rayons du soleil puissent y circuler librement.

M. Loquez, dans son *Histoire de la Morfée*, conseille, pour porter coup aux insectes et moisissures, de diminuer le nombre des Orangers plantés trop près les uns des autres, surtout dans les plaines humides, attendu que les branches mutuellement croisées ou trop rapprochées ne formant qu'une forêt serrée, l'humidité s'y maintient toujours et la Morfée s'y étend en proportion. Si on ne veut pas supprimer un nombre d'arbres, il faut les élaguer sans ménagement et les éclaircir autant qu'il est possible ; car sans la volatilisation de l'humidité le mal ne peut être guéri. Si la diminution dans le nombre des arbres est trop sensible pour le cultivateur ou le propriétaire, il faut au moins supprimer les branches trop basses et pendantes à terre ; car il est nécessaire que l'air circule librement à l'entour, et qu'il y ait le même accès en dedans et en dessous. Les rameaux nombreux et touffus, qui croissent et s'entrelacent, offrent une retraite paisible et heureuse à la Morfée.

Les arbres qui ont été atteints et débarrassés heureusement de l'infection ne doivent plus être arrosés fréquemment ; il ne faut leur donner de l'eau qu'au pied et par pure nécessité ; il suffit de les empêcher de souffrir. Voulant détruire des forêts incalculables de plantes, des populations immenses d'insectes, qui, les unes et les autres, vivent au dépens de l'arbre, il importe de le mettre dans l'impossibilité de les nourrir, et cela, en diminuant autant qu'on le peut les sucs qui y circulent.

Dans les lieux où l'infection fait ses ravages, on doit supprimer aussi les fumiers trop susceptibles de fermentation, parce qu'il s'en exhale une quantité plus ou moins grande de particules salino-huileuses qui, combinées avec les vapeurs, vont se fixer aux mêmes endroits, rendent les écorces plus tendres, et elles sont percées avec plus de facilité par les trompes de ces insectes. Les moisissures retiennent les sucs plus copieux et jouissent en même tems de ceux qui, non moins abondans ou moins exquis, flottent dans les basses régions de l'atmosphère.

Nous avons dit, au commencement de cet article, que les maladies qui attaquaient les arbres du genre Citronier, devaient souvent leurs causes à la négligence et l'ignorance des cultivateurs ; c'est effectivement à la maladresse, avec laquelle ils taillent les arbres, à la négligence qu'ils mettent à couvrir leurs plaies avec les compositions connues et en usage en pareil cas, qu'il faut attribuer la cause des ulcères et de toutes les caries que l'on remarque souvent sur plusieurs, dont ils abandonnent mal-à-propos la guérison à la nature. Les plaies doivent être recouvertes avec un mélange de terre franche et de bouse de vache.

Depuis l'impression des espèces et variétés des fruits du genre Citronier, nous avons reçu partie de ceux que nous avions eu l'intention de faire figurer ; les ayant décrits à leur place, nous nous bornons à les indiquer : tel est le Limonier à grappe (23e. var. de la 3e. espèce.). Nous avons cru devoir faire figurer un second fruit de la Pomme d'Adam (*Pomum Adami Citratum*), à raison de la singularité qu'il présente, ayant un fruit rond et rugueux et un second très-alongé, comme un Limon ordinaire.

C'est par la greffe du Citronier sur le Limonier qu'on obtient assez ordinai-

rement ce Limon Cédrat. C'est le Limonier du Portugal qu'on choisit de préférence pour avoir des fruits plus beaux, si surtout le terrain lui est convenable;
il a l'avantage d'être peu sensible aux variations de l'atmosphère. Chacun des fruits
a une écorce propre aux types des deux espèces; le fruit arrondi se rapproche
un peu de la couleur de l'Orange, tandis que celui qui est alongé conserve plus
celle du Limon. Leur pulpe diffère également; dans le premier, elle est d'un jaune
tirant un peu sur l'Orange, et dans le second elle est tant soit peu plus verdâtre.

En décrivant la sixième espèce (*Citrus Decumana*), nous n'avions pas le fruit
que nous désirions figurer; mais ayant été dans la possibilité de nous le procurer,
nous le présentons à nos lecteurs comme le véritable Pompelmous; et la description que nous en avons donnée paraît lui convenir.

Les nombreux détails, minutieux peut-être, mais nécessaires, dans lesquels
nous avons cru devoir entrer relativement aux arbres du genre Citronier cultivés
en pleine terre dans quelques parties de la France méridionale, peuvent être
appliqués à plusieurs autres de nos arbres fruitiers. Nous croyons devoir terminer ce
traité particulier du Citronier par quelques détails, non moins intéressans, sur la
conduite et culture de ceux plus communément et plus généralement cultivés dans
les serres ou orangeries.

Le nom d'Orangerie se donne indifféremment à la portion des parterres dans
laquelle les caisses d'Orangers sont disposées avec ordre et symétrie; on le donne
aussi aux bâtimens dans lesquels on les rentre, pour être mis à l'abri pendant l'hiver.

Les allées des parterres n'ont besoin d'aucun ornement particulier; les Orangers qui les forment les embellissent assez. A Versailles, le bâtiment destiné à
recevoir les Orangers pendant l'hiver, est un des plus beaux monumens qui existent en ce genre, et les étrangers ne se lassent pas de l'admirer. Des allées bien
terrassées reçoivent les caisses au sortir de l'orangerie; des carrés bordés de fleurs
et diversement dessinés rompent la monotonie que la verdure seule y occasionnerait.
Au château royal de Fontainebleau, les allées d'Orangers sont couvertes de fleurs.
Dans le jardin des Tuileries, les caisses d'Orangers forment une allée prolongée
du côté de la terrasse dite des Feuillans; (n'est-il pas à craindre que la proximité des grands arbres qui ombragent cette partie ne nuise à leur essor végétal?)
d'autres caisses sont répandues dans le parterre ou ornent les différentes terrasses. C'est
dans l'orangerie de Versailles que l'on voit et admire l'Oranger nommé le *Grand-
Bourbon* (1) qui fut apporté à Fontainebleau en 1532, âgé alors d'environ 110 ans;

---

(1) Je consigne ici avec reconnaissance la communication que M. Lemoine, jardinier en chef de l'orangerie, du
parc et jardins du Roi à Versailles, a eu la complaisance de me faire sur l'admirable et unique Oranger, connu sous le
nom de Grand-Bourbon.

Dans sa lettre du 1er juillet de cette année (1816) il me marque : « Cet arbre existe toujours; il est magnifique;
» sa végétation est des plus vigoureuses; il donne exactement, chaque année, fleurs et fruits abondamment. Il est Sauvageon
» du Bigaradier; sa hauteur en caisse est de vingt-deux pieds; la circonférence de sa tête est de quarante-cinq pieds; son
» tronc, qui se divise en cinq branches ou tiges au dessus de terre, a quatre pieds et demi de circonférence. La caisse
» qui le contient a quatre pieds neuf pouces de diamètre sur chaque face; sa hauteur est de quatre pieds trois pouces.
» Le poids brut de ce merveilleux Oranger est de de onze à douze milliers.

» Il est originaire de Pampelune, où il a été semé dans les jardins d'une reine de Navarre en 1421; il a appartenu
» par suite au Connétable de Bourbon, d'où lui vient le nom de Grand-Bourbon.

» Après la mort du Connétable, sous le règne de François Premier, cet Oranger fut transporté, par ordre du monarque
» en 1532, de Moulins, en Bourbonnais, au château royal de Fontainebleau, d'où Louis XIV le fit venir à l'orangerie
» de Versailles en 1684 ».

J'ai pensé que mes lecteurs trouveraient quelque intérêt à connaître l'histoire de ce magnifique et mémorable Oranger,
dont l'existence pourrait paraître fabuleuse à des personnes moins pénétrées que moi de la longévité des Orangers. Celui
dont j'ai parlé, et qu'on assure avoir été planté par Saint-Dominique à Rome en 1200, ne présente plus rien d'extraordinaire, si le Grand Bourbon, cultivé en caisse depuis 400 ans, y végète avec autant de vigueur. Je suis allé exprès
à Versailles pour le voir.   Etienne Michel.

il y vint augmenter le nombre des beaux arbres de ce genre, que l'on y cultivait sous le règne de François Premier.

Les soins que les Orangers exigent dans la serre, et lorsqu'ils en sont dehors, se bornent à leur faire une bonne préparation de terre; à les mettre dans des caisses proportionnées à leur grosseur; à leur former une tête régulière; à les placer, dans la belle saison, à une exposition favorable; les mettre, en hiver, à l'abri dans une orangerie suffisamment aérée, là où la gelée ne puisse pas pénétrer; à les arroser avec ménagement; à les rencaisser au besoin, et à ne les pas trop enterrer; les rétablir des maladies ou accidens qui leur surviennent; enfin à les garantir des insectes nuisibles.

On est obligé, dans les pays des serres ou orangeries, où la terre naturelle est souvent trop froide, d'en corriger la lenteur par une composition qui lui donne, ou à-peu-près, ce que l'Oranger trouve dans des climats plus chauds. La terre franche lui convient assez, mais comme elle est très-sujette à se refroidir, en retenant trop les arrosemens, il est à propos de la rendre meuble, ou de l'alléger, afin que les eaux filtrent mieux au travers. Une terre de chenevière, de pré, ou de grand chemins, en bons fonds et servant d'égouts à de bonnes terres plus élevées, est la meilleure; on peut néanmoins y ajouter du crotin sec de mouton, réduit en poudre ou en terreau; à son défaut, du terreau de vieilles couches bien consommé, le terreau des feuilles pourries (excepté pourtant celles des Noyers), les balayures des rues, des marchés où séjournent les bestiaux, quand elles ont été mêlées, puis exposées en tas, pendant un an, sont non-seulement très-favorables à l'Oranger, mais à toutes sortes d'arbres et de plantes. Le mélange se fera par moitié, et si l'on ne peut l'employer aussitôt qu'il est fait, il faut le garantir de la pluie, qui, en s'écoulant, en emporterait la sève et la vertu, et pour cela, le mettre dans une fosse carrée, creusée à cet effet et à portée, à l'exposition du nord de préférence, la recouvrir de gazon, pour y avoir recours, aux époques des encaissemens et des demi-encaissemens. On est en usage, en Provence, d'avoir de pareilles fosses à l'extrémité des propriétés, quand elles bordent surtout les chemins vicinaux par lesquels les bestiaux passent journellement. Là, on place dans la terre des pavés disposés en ligne diagonale à travers les chemins; ce sont tout autant de marches spacieuses qui reçoivent les eaux pluviales et les écoulemens des terres supérieures. Ces eaux viennent se réunir à une ouverture pratiquée dans la partie la plus élevée de la fosse, où elles séjournent et portent un nouveau sel aux terres déjà préparées. Ces espèces d'échelons ont un autre avantage, celui de concourir à la conservation des chemins, qui souvent seraient détruits par l'impétuosité des eaux.

M. Thouin, dont les connaissances en agriculture sont si bien justifiées, conseille de former une terre particulière pour les Orangers cultivés en caisse; il la compose d'un tiers de terre franche, d'un sixième de terreau de couche, d'un sixième de fumier de vache, d'un douzième de terre de potager, d'un sixième de terreau de bruyère et d'un douzième de poudrette (excrémens humains desséchés et pulvérisés). M. Lemoine, chargé de l'Orangerie de Versailles, à qui j'ai communiqué mon travail, m'a dit qu'il composait ses terres à Orangers de cette manière.

Une des premières opérations que doivent subir les Orangers en sortant de la serre, étant ou un encaissement complet ou un demi-encaissement, il est à-propos de dire quelque chose sur les caisses qui doivent les recevoir.

Tout le monde sait qu'elles doivent être d'une grandeur proportionnée à l'arbre qu'elles contiendront. Il faut qu'elles soient solidement établies, en bois de Chêne, à guichets si elles sont grandes, bien garnies d'équerres, peintes en dehors à trois couches d'huile, à deux couches en dedans, et mieux encore goudronnées. Le fonds doit être fait de planches fort épaisses, soutenues par de bonnes barres bien attachées. La forme cubique qu'on leur donne ordinairement est la plus agréable à la vue; néanmoins il serait peut-être plus avantageux de leur donner un peu plus de largeur que de profondeur, attendu que les racines s'étendent beaucoup moins vers le fond, où rarement elles percent la motte, parce que les arrosemens y pénètrent difficilement, et la chaleur du soleil s'y fait peu sentir, tandis que les côtés en jouissent ainsi que du bienfait des arrosemens; cette forme d'ailleurs présente une base plus solide et plus capable de préserver l'arbre du risque qu'il court d'être renversé par les grands vents.

Peu de tems après que les Orangers sont sortis de la serre, il faut examiner ceux qui ont besoin d'être rencaissés, soit parce que leurs caisses sont trop petites, ou usées, ou rompues, soit parce que la petitesse, le jaune, ou la chute des feuilles, la noirceur ou le dépérissement de l'extrémité de leurs branches, la ténacité et la maigreur de leurs écorces, le peu de progrès, ou la cessation de leurs pousses, en un mot, leur langueur et leur mauvais état, montrent qu'ils manquent de nourriture. Cette opération doit être précédée, la veille, par une ample mouillure, afin que la terre des mottes soit solide et adhérente aux racines

La petitesse et le mauvais état des caisses sont les causes les plus décisives du rencaissement. Un demi-encaissement est ordinairement suffisant aux arbres qui peuvent encore subsister quelques années dans leurs caisses, pourvu qu'on leur fournisse de la nourriture et qu'on renouvelle leurs provisions épuisées. Un demi-encaissement est un retranchement des vieilles terres et une substitution de nouvelles sur les côtés et le dessus des caisses, sans déranger la motte, et l'on ne touche aux racines que pour rafraîchir celles qui peuvent avoir été endommagées avec l'instrument dont on s'est servi pour retirer les terres, et celles qui se sont arrêtées, repliées, rebroussées contre la caisse. Il vaut mieux faire les demi-encaissemens moindres et les répéter souvent, dit M. Le Berryais, que d'exposer les arbres à se dépouiller de leurs feuilles et à souffrir du remède plus que du mal.

Les encaissemens et demi-encaissemens doivent se faire au mois de mai, avant la grande pousse. Cette opération ne doit jamais être renvoyée à l'automne, qui est une saison trop voisine de l'hiver; par le rencaissement à cette époque, l'Oranger aurait trop à souffrir, tandis qu'au mois de mai, qui est le tems le plus favorable, les arbres nouvellement encaissés se rétablissent plutôt, étant à l'air pendant l'été, qu'ils ne pourraient le faire dans l'orangerie.

La grosseur et la force des arbres indiquent l'étendue des suppressions qu'ils doivent subir dans leurs racines. On doit avoir la plus grande attention à couper net tout ce qui est brisé ou écorché.

Les premières caisses dans lesquelles on met les Orangers, doivent avoir environ un pied carré, et les plus grandes ne doivent pas excéder quatre pieds, elles peuvent être suffisantes pour contenir des arbres assez gros et destinés à vivre à l'étroit. L'opinion assez générale, parmi les Orangistes, est que l'Oranger a besoin d'avoir ses racines resserrées, afin que la tête de l'arbre se fortifie et devienne plus belle. Ce ne devrait être que par suite d'une expérience bien constatée et bien assurée que l'on pourrait avancer une semblable opinion; car, si elle était au moins plausible, ce serait dire que l'Oranger en pleine terre y serait plus mal placé que dans une caisse.

Après avoir retranché tout ce qui était inutile, superflu, brisé ou écorché dans les racines de l'Oranger, il n'est plus question que de le placer bien droit dans sa nouvelle caisse, bien garni de sa motte. On y entasse ensuite, de tous les côtés, de la terre composée ; on doit la plomber avec soin, pour bien affermir les tiges, les garantir contre les secousses du vent, et pour amener exactement la terre autour des racines, en égales proportions. On doit tenir l'arbre assez élevé, afin que les racines ne portent et n'appuient pas jusqu'au fond, qu'on aura soin de garnir de tuileaux, de plâtre ou d'autres corps qui ne soient pas spongieux et qui facilitent l'écoulement des eaux, lors des arrosemens. Il est à propos que la terre nouvelle excède un peu les bords de la caisse, de manière que l'on puisse voir la naissance des grosses racines, parce que, dans la suite, le poids de l'arbre et le travail des racines abaisseront peu-à-peu la motte, qui par ce moyen se trouvera à fleur de la caisse. Si, par suite de cet affaissement, les racines principales restaient trop à découvert, pour les garantir, on pourrait les recouvrir de terre, on la soutiendrait par le moyen d'un petit encaissement fait autour du pied. J'ai vu, dans l'orangerie de Versailles, que la naissance des racines principales excédait les bords des caisses, et que, pour recevoir et contenir la quantité d'eau qui était nécessaire, on avait élevé des bourrelets de terre de trois à quatre pouces, et les racines ressortaient dans cette cavité.

Après l'encaissement, il faut arroser l'arbre légèrement, s'assurer qu'il a reçu une quantité d'eau suffisante, par la filtration qui a lieu au dessous de la caisse. L'eau de rivière est préférable à toute autre, mais à son défaut, on emploie l'eau que l'on a dans son jardin, en observant de la laisser plusieurs jours exposée au soleil dans des tonneaux.

Les Orangers doivent être sortis de la serre du premier au quinze mai, ou aussitôt que la température le permet. Les arbres seront rangés dans le parterre, chacun à leur place ; on leur donnera aussitôt une bonne mouillure, après laquelle il sera bien de mettre environ l'épaisseur de quatre doigts de bon terreau bien consommé, pour empêcher la terre de se fendre et de trop se dessécher. Si quelques jours après cet arrosement, on verse au pied des arbres, surtout des gros, un seau ou environ de jus de fumier, composé de deux tiers de crotin de cheval et un tiers de bouse de vache fermentés et remués pendant huit jours dans des tonneaux, on les voit bientôt aussi beaux, aussi frais et aussi verts qu'ils puissent l'être. On peut remplacer l'eau que l'on a retirée du tonneau en jus de fumier, par une eau nouvelle qu'on mélange et fait fermenter de même.

Les arrosemens, pendant les fortes chaleurs, doivent avoir lieu deux fois par semaine, sur les cinq à six heures du soir ; ils seront faits plutôt et une fois seulement par semaine, pendant les mois de septembre et d'octobre, avant de les rentrer.

La taille des Orangers, comme celle de tous les arbres fruitiers, a deux objets, la beauté et la fécondité. La beauté consiste dans une forme globuleuse ou un peu ovoïde, aussi régulière que possible, et sans affectation, bien pleine et garnie extérieurement sans confusion ; il faut aussi que toutes les branches soient saines, disposées avec symétrie, sans se croiser, sans se pencher vers la terre, garnies de grandes feuilles étoffées, et d'un beau vert, de belles et grandes fleurs, dans la saison, et d'un nombre suffisant de fruits. La fécondité de l'arbre sera une suite de la taille et des soins qu'on lui aura donnés. La taille doit se faire à la sortie de la serre ; elle consiste à retrancher toutes les branches mortes ou usées ; tous les bourgeons faibles, les petits bourgeons courts qui n'ont point de feuilles, qui promettent un grand nombre de fleurs, mais dont la plupart tombent souvent sans s'épanouir. On doit tailler courts, et sur un bon œil, les bourgeons bien placés et nécessaires ; tailler à une longueur convenable, ceux dont l'extrémité est faible. Les autres bourgeons doivent être taillés suivant leur force; ceux qui sont forts, qui produisent de grandes feuilles, de belles fleurs et de béaux fruits, doivent être conservés. Il ne faut pas alonger trop la taille, de peur d'occasionner des vides ; pour ne pas donner trop d'étendue à la tête de l'Oranger, il est bon de faire successivement des ravallemens afin de rajeunir le bois et le contenir dans les bornes convenables à un arbre en caisse.

Les arbres récemment encaissés, ayant perdu par les retranchemens faits aux racines une grande partie de leurs pourvoyeuses, le nombre et la longueur des branches doivent être proportionnés à la quantité des vivres, de peur qu'elles ne tombent dans la disette et le dépérissement. Il faut donc décharger la tête de toutes les branches faibles et moyennes, et même ravaler les grosses, si la langueur de l'arbre et l'état des racines l'exigent, car les unes et les autres doivent être en proportion.

Depuis la mi-juin jusque vers la fin d'août, il faut, de trois en trois semaines, et même plus souvent, visiter les Orangers et les décharger de toutes les pousses inutiles ou mauvaises qu'ils font. Depuis la fin d'août jusques à la taille qui aura lieu au mois de mai suivant, on ne fait plus de retranchemens.

Les Orangers des serres ne donnent leurs fleurs qu'en juin ou juillet. On doit avoir soin, en les cueillant, de conserver celles qui sont sur les plus fortes branches, pour en avoir des fruits ; mais on ne doit pas en laisser trop, cela ferait tort à l'arbre et même aux fruits. Quand on a parlé de l'immense quantité de fleurs et de fruits qu'on laisse à ces arbres en pleine terre, on n'ose pas avouer la petite quantité d'une cinquantaine, que l'on conseille de laisser sur un Oranger en caisse. Ne créant ni le précepte, ni le conseil, nous nous contentons de l'indiquer, d'après un mémoire d'un de nos agronomes les plus recommandables, dont le travail avait été revu par feu M. Mordant Delaunay, qui avait bien voulu me communiquer ce qui était relatif aux orangeries, et d'après lequel j'ai rédigé ce que je présente sur cette partie. L'auteur recommande pourtant de laisser un peu plus de fleurs, parce qu'il en tombe; de choisir de préférence les plus alongées, dont le pédicule est le plus épais, et qui sont disposées dans le milieu des branches, où les fruits se soutiennent mieux ; il recommande aussi de supprimer attentivement celles qui naissent aux extrémités des branches.

C'est sur les cinq à six heures du soir qu'on cueille les fleurs de l'Oranger cultivé en caisse ; on choisit celles qui, étant encore fermées, sont prêtes à s'épanouir. On doit en couper le pédoncule dans son milieu, avec l'ongle du pouce, en observant de ne pas tirer à soi les branches, et surtout de ne pas les casser. Les fleurs ne doivent jamais être cueillies pendant la pluie, ni immédiatement après.

C'est vers le quinze d'octobre, et lorsque les nuits commencent à être fraîches et souvent froides, qu'il faut rentrer les Orangers dans la serre. On doit y disposer les arbres en allées assez espacées, afin que les branches ne touchent pas aux murs, et que le jardinier, avec son échelle, puisse les voir tout autour et y circuler à son aise. Les arbres les plus bas, suivant leur gradation, seront mis entre deux et sous ceux qui sont les plus forts et les plus élevés, pour donner, par cet arrangement, un coup-d'œil plus agréable.

Aussitôt après leur rentrée dans la serre, les Orangers exigent une bonne mouillure, qui servira à raffermir les mottes qui ont pu souffrir par le transport. La personne chargée de soigner et de surveiller l'orangerie recommandera d'ouvrir les fenêtres et de donner de l'air tous les jours, jusques aux premières gelées, et de continuer tout l'hiver, toutes les fois que le tems sera beau et point humide; c'est aussi le moyen de ressuyer les terres et d'endurcir les Orangers.

Si la température devient trop froide, on en augmente la chaleur par le moyen des poëles, qui doivent être en faïence ou de terre cuite, et dont les tuyaux, de même terre, doivent traverser la longueur de la serre; néanmoins cette chaleur artificielle, poussée trop loin, peut nuire aux arbres en leur donnant une transpiration trop considérable et qui, se volatilisant, retombe en rosée dans la serre, s'attache aux branches et aux feuilles, ce qui peut leur occasionner la même rouille dont nous avons parlé, qui, par suite de certaines rosées qui n'ont pas le tems d'être dissipées, l'occasionnent aux arbres de pleine terre (1).

Quoique les Orangers dans les serres soient soignés de plus près que ceux en plein air, ils n'éprouvent pas moins certaines maladies qui leur sont communes, mais qui n'occasionnent jamais les mêmes ravages, à moins qu'on ne les calcule sur les proportions. Les remèdes à appliquer aux uns leur sont aussi efficaces que pour les autres.

Nous n'avons rien dit des Fourmis, qui ne laissent pas de faire des ravages sur les Orangers en pleine terre et en caisse; elles y sont attirées par les Gall-insectes, dont elles mangent les œufs et les excrémens, et qui butinent également sur la sève extravasée. Pour s'en garantir, du moins en grande partie, on pourrait disposer autour du pied plusieurs rangs d'épis de bled barbu, la pointe en bas; cela empêche l'animal de parvenir au sommet. Pour en affranchir les arbres en caisse, il est bien de mettre des terrines d'eau à leurs pieds; les fourmis ne peuvent alors y arriver. Ce moyen a un double avantage, celui de préserver la tête de l'arbre de leurs excursions, et celui de les empêcher d'établir leur domicile dans la terre même de la caisse. A force d'aller et de venir, de fouiller, de creuser des galeries, elles mettent des racines à découvert, facilitent des issues trop libres à l'eau des arrosemens; en un mot, l'arbre est exposé à périr, si on ne détruit cette cause du mal.

Nous avons dit, en traitant des Orangers de pleine terre, que les jeunes plants destinés à voyager doivent être greffés dans la pépinière. Les Génois et les Provençaux sont en usage de les transporter tels dans le nord de la France et plus loin encore. Il n'est pas inutile, en finissant ce traité, de donner quelques idées nécessaires sur le choix du plant que l'on achète et la manière d'en assurer la reprise.

Ces plants sont envoyés ordinairement dans des caisses; les uns sont enveloppés de terre, d'autres avec de la mousse, et d'autres à racines nues. On ne peut assurer que tous soient susceptibles de résister aux inconvéniens qui les entourent; il est donc nécessaire de connaître les moyens pour être exposé le moins possible au danger des mauvais choix, et nous supposons que le sujet offert ou acheté est tel qu'il est annoncé. Celui qui le premier a l'œil sur les jeunes plants doit choisir de préférence ceux qui sont à racines découvertes, quoique ce ne soit pas l'opinion générale, parce que les plants enveloppés dans des mottes, qui souvent même

---

(1) Pour augmenter, dans les serres ou orangeries, la chaleur qui peut leur être nécessaire et retarder d'autant le besoin de les échauffer par le moyen des poëles, ne devrait-on pas construire les bâtimens qu'on destine à recevoir ces arbres d'une manière différente, surtout quand ils sont isolés. Il me paraît qu'on pourrait atteindre à ce but, si, au lieu de faire la couverture plate ou en voûte, on construisait son orangerie bien en face du midi, que les fenêtres fussent montées sur des chassis vitrés, divisés en deux ou trois parties, qu'on élèverait perpendiculairement dans des coulisses, par le moyen de cordes et de poulies, à l'aide de bobines et d'une manivelle à chaque vitrage. On pourrait aussi disposer les vitrages dans des coulisses horizontales et pousser les chassis, montés sur de petits rouleaux inférieurs qui faciliteraient leur usage. Ce qui me séduit le plus, en soumettant cette idée aux amateurs, ce serait que le toit, ou couverture, fût très-élevé du côté du midi, qu'il eût sa pente du coté du nord, et qu'il formât un angle de 45 degrés. Par ce moyen, je crois que les rayons du soleil porteraient dans la serre, tant que cet astre serait sur l'horizon; et toutes les caisses en recevraient le bienfait, et il n'y aurait d'ombre que celle des murs ou des chassis. Si la température restait froide, on couvrirait les vitrages avec des paillassons, et de la manière accoutumée.   Etienne Michel.

ne sont pas naturelles, peuvent avoir leurs racines écartées, entassées, et être entou-
rées d'une terre desséchée qui les comprime, être chancies, forcées et cassées ;
en achetant de tels sujets, on n'en aperçoit pas les défauts, et encore moins si
on les plante avec cette motte ; il y aura donc plus de confiance à prendre dans son
achat, si on a vu la racine à découvert. Dans le choix que l'on fait, il faut préférer
les pieds qui ont deux bons écussons, attendu que ceux qui n'en ont qu'un forment
rarement une tête régulière. Les tiges doivent être bien droites, les branches fraîches,
cassantes, et non flexibles et fanées ; il faut qu'elles soient couvertes d'une écorce pleine
et vive, d'un vert-grisâtre. Ces jeunes arbres, ayant voyagé pendant long-tems emballés
dans des caisses, sont ordinairement desséchés ; pour les ranimer, on doit les mettre
jusqu'à mi-tige dans l'eau, où il faut les laisser pendant deux ou trois jours, selon
qu'on les verra se gonfler. Il faudra ensuite nétoyer leurs racines de la moisissure,
retrancher celles qui sont sèches, rompues ou meurtries ; rafraîchir celles qui sont
saines ; ôter tout le chevelu qui doit être desséché. On doit laisser ces jeunes plantes
se ressuyer avant de les mettre en terre, frotter les tiges avec une brosse et ensuite
avec un morceau de drap plus doux, enfin couper les branches à six pouces environ
de la tige, les mettre dans des pots avec de la bonne terre, comme nous l'avons
indiqué plus haut ; on plongera ces pots dans une couche de l'année, d'une chaleur
modérée, on arrosera largement pour affermir la terre autour des racines ; on répé-
tera les arrosemens aussi souvent que la saison l'exigera, et on les garantira de
la trop grande ardeur du soleil.

Si dans le mois de juin ce jeune plant a poussé des rejetons vigoureux, il faudra
dès-lors les arrêter pour les aider à se former une belle tête, et surtout leur donner beaucoup d'air, les mettre à une exposition chaude, mais à l'abri du grand soleil et encore
plus des vents froids. Il est à propos de les rentrer de bonne heure dans l'orangerie, de les placer dans l'endroit le plus chaud, du côté des fenêtres où le soleil
donne le plus. On arrosera, mais bien légèrement, on ne discontinuera ces arrosemens que dans les tems humides et pendant celui des gelées.

Par tout ce que nous avons dit sur les arbres intéressans du genre Citronier,
on peut se convaincre de la vérité et de l'exactitude de ce qu'a dit M. Daubenton,
le subdélégué, que l'Oranger est plus aisé à multiplier, à élever et à cultiver
qu'on ne l'imagine communément. Tous les jardiniers y mettent beaucoup de mys-
tère, dit-il ; et, faisant croire qu'il faut un grand art, ils prétendent que cet arbre
exige une infinité de préparations, de soins et de précautions. Nous croyons les
avoir tous indiqués, car tels ont été notre plan et notre but. Les détails dans lesquels
nous sommes entrés peuvent être applicables à nombre d'arbres de pleine terre,
et surtout à plusieurs arbres fruitiers.

EXPLICATION DES PLANCHES.

Erratum. pag. 86. omis à la 23ᵉ. var. de la 3ᵉ. esp. d'indiquer tab. 41.
Pag. 88. omis d'ajouter à la 30ᵉ. var. de la 3ᵉ. esp. tab. 40.
Pag. 103. 10ᵉ. var. 5ᵉ. esp. tab. 43, *lisez* 31.
Pag. 107. omis d'indiquer à la 6ᵉ. esp. tab. 42.

---

(1) Voir ce que nous avons dit de ce fruit extraordinaire, page 140.

QUERCUS ilex.   CHÊNE Yeuse.

P. Bessa pinx.   Jarry sculp.

Fig.1. **QUERCUS** Prasina. **CHÊNE** Prase.

Fig.2. **QUERCUS** ilex. **CHÊNE** Yeuse.

QUERCUS Suber.

CHÊNE Liège.

P. Bessa pinx.

Jarry sculp.

QUERCUS coccifera. CHÊNE au Kermès.

P. Bessa pinx. Gabriel sculp.

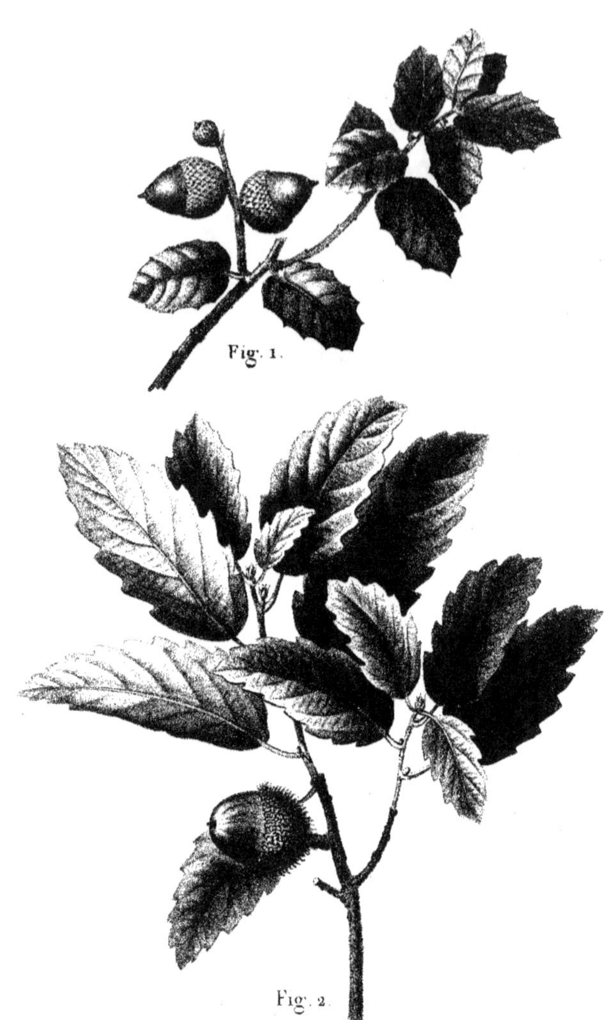

Fig. 1. QUERCUS pseudo-coccifera.   CHÊNE faux-Kermès.
Fig. 2. QUERCUS pseudo-suber.   CHÊNE faux-Liége.

P. Bessa pinx.   Jarry sculp.

QUERCUS Banisteri.   **CHÊNE** de Banister.

P. Bessa pinx.   Jarry sculp.

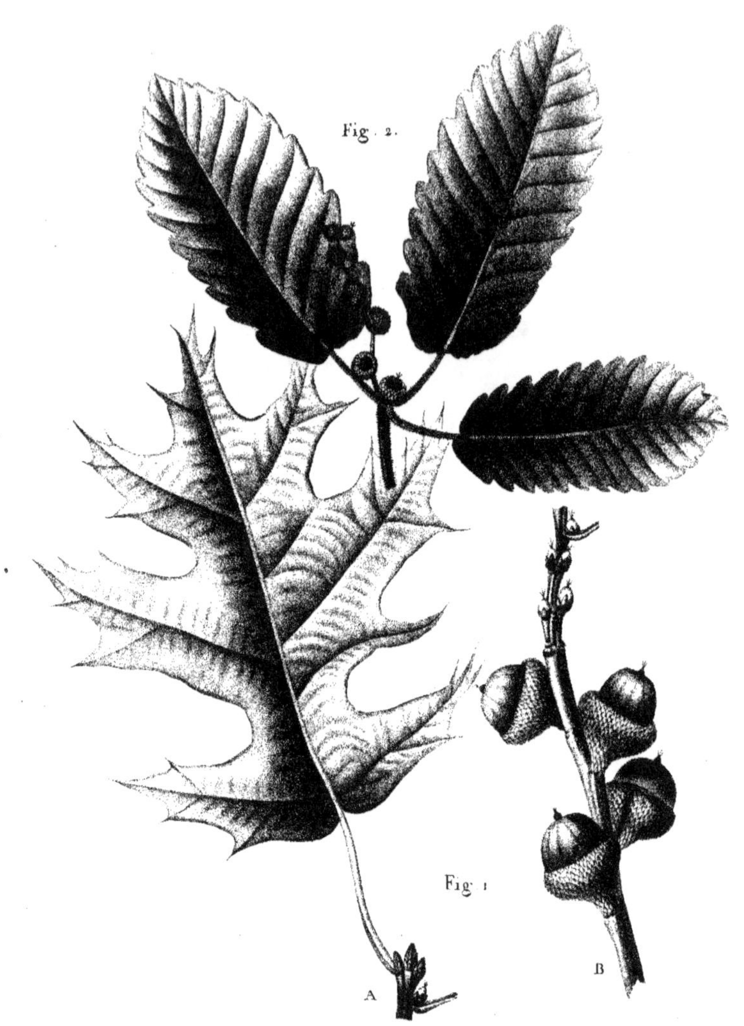

Fig. 1. **QUERCUS** tinctoria.   **CHÊNE** Quercitron

Fig. 2. **QUERCUS** montana.   **CHÊNE** de montagne

P. Bessa pinx.   Jarry sculp.

Fig. 1. **QUERCUS** infectoria. **CHÊNE** des Teinturiers.
Fig. 2. **QUERCUS** Libani. **CHÊNE** du Liban.

QUERCUS Ægylops.   **CHÈNE Vélani.**

QUERCUS Robur. CHÊNE Rouvre.

P. Bessa pinx. Gabriel sculp.

QUERCUS racemosa.   CHÊNE à grappes.

P. Bessa pinx.   Gabriel sculp.

QUERCUS fastigiata.   **CHÊNE** pyramidal.

P. Bessa pinx.   Legrand fils sculp

QUERCUS Apennina. CHÊNE de l'Apennin.

P. Bessa *pinx*. Legrand *fils sculp*.

QUERCUS Pyrenaica. CHÊNE du Pyrénées.

P. Bessa pinx. Gabriel sculp.

QUERCUS cerris.   CHÊNE chevelu.

P. Bessa pinx.   Gabriel sculp.

QUERCUS.　　　CHÊNE.

QUERCUS. Lin. Classe XXI. *Monoécie.* Ordre VII. *Polyandrie.*

QUERCUS. Juss. Classe XV. *Dicotylédones apétales, étamines séparées du pistil.* Ordre IV. Les Amentacées.

GENRE.

Fleurs mâles disposées en chatons menus, lâches et linéaires.

CALICE.	Monophylle, membraneux, partagé plus ou moins profondément en cinq divisions.
COROLLE.	Nulle.
ÉTAMINES.	Au nombre de quatre à dix, à filamens menus, insérés au fond du calice, plus longs que ses divisions, et portant des anthères assez grosses, didymes.

Fleurs femelles sessiles dans les aisselles des feuilles, ou portées plusieurs ensemble le long d'un pédoncule commun.

CALICE.	Monophylle, hémisphérique, persistant et croissant avec le fruit, revêtu extérieurement d'écailles embriquées.
COROLLE.	Nulle.
PISTIL.	Un seul ovaire caché en entier dans le calice resserré à son orifice, couronné par cinq ou six petites dents seulement visibles à la loupe (calice très-petit, à six dents, selon Gærtner), surmonté de trois à cinq styles charnus, plus ou moins adhérens dans une partie de leur étendue, et terminés chacun par un stigmate creusé en gouttière. L'ovaire est à trois loges qui contiennent chacune deux ovules; mais un seul se développe et les autres avortent constamment.
PÉRICARPE.	Une seule noix monosperme, globuleuse ou ovoïde, coriace, lisse, ne s'ouvrant point, nommée Gland, fixée par toute sa base, et plus ou moins enveloppée par le calice entier en son bord, persistant, ayant pris de l'accroissement, revêtu extérieurement d'écailles nombreuses, embriquées, de forme variable, le plus souvent étroitement appliquées les unes sur les autres, quelquefois prolongées en pointe subulée et réfléchie en dehors; ce calice est connu sous le nom de Cupule.

Caractère essentiel. Fleurs monoïques. Dans les mâles disposées en chaton : calice membraneux, 5-fide; quatre à dix étamines. Dans les femelles : calice hémisphérique, persistant, revêtu d'écailles extérieurement, contenant un ovaire couronné par six petites dents et terminé par trois à cinq styles; une noix globuleuse ou ovoïde, monosperme, fixée par sa base dans une cupule qui est formée par le calice persistant.

Rapports naturels. Avec les genres *Fagus* et *Corylus*, qui en diffèrent, le premier par ses fleurs mâles et femelles réunies sur les mêmes chatons, et par son calice entièrement fermé, recouvrant le fruit en totalité, et s'ouvrant en quatre valves lors de la maturité; le second se distingue du Chêne par ses fleurs mâles ayant pour calice une écaille à trois lobes, et par ses fleurs femelles, dont le calice est composé de deux folioles déchiquetées.

ÉTYMOLOGIE. Quelques auteurs font dériver le mot *Quercus* du grec ηχω, *exaspero*, parce que l'écorce de cet arbre est rude au toucher ; quoi qu'il en soit, les Grecs donnaient au Chêne le nom de δρυς.

ESPÈCES.

* *Feuilles très-entières.*

1. QUERCUS Phellos.

Q. *foliis deciduis, lineari-lanceolatis, utrinquè attenuatis, integerrimis, glabris, mucronatis ; glandibus subrotundis.*

CHÊNE Saule.

C. à feuilles caduques, linéaires-lancéolées, rétrécies à chacune de leurs extrémités, très-entières, glabres, mucronées ; à glands arrondis.

QUERCUS *Phellos.* LIN. Sp. 1412. WILLD. Sp. 4. p. 423. MICH. Fl. Boreal. Amer. 2. p. 197. MICH. Fil. Arb. Amer. 2. p. 74. t. 12.

QUERCUS *Phellos sylvatica.* MICH. Hist. des Chênes. n°. 7. t. 12.

Cet arbre s'élève de cinquante à soixante pieds de hauteur, et son tronc, qui acquiert vingt à vingt-quatre pouces de diamètre, est revêtu d'une écorce qui reste unie, ou devient à peine crevassée dans l'âge adulte. Ses feuilles sont étroites-lancéolées, lisses, luisantes, d'un vert foncé, très-entières, longues de deux à trois pouces, aiguës par les deux bouts, portées sur de très-courts pétioles. Dans les jeunes individus elles sont souvent à trois, cinq ou sept lobes, ou au moins bordées de dents écartées, terminées en pointe sétacée. Les fleurs mâles ont quatre ou cinq étamines ; les fleurs femelles sont réunies deux ensemble sur un pédoncule très-court ; il leur succède autant de glands assez petits, arrondis, enveloppés à leur base et presque jusques à moitié dans une cupule mince.

Cet arbre croît dans les lieux humides de l'Amérique septentrionale, et surtout dans la Virginie, les deux Carolines et la Géorgie. Il est cultivé depuis long-tems en France ; on en voit un très-grand individu dans le jardin royal de Trianon, près de Versailles.

2. QUERCUS maritima.

Q. *foliis perennantibus, coriaceis, lanceolatis, integerrimis, glabris, basi attenuatis, apice acutis, mucronatis ; glandibus subrotundis.*

CHÊNE maritime.

C. à feuilles persistantes, coriaces, lancéolées, très-entières, glabres, rétrécies par leur base, aiguës à leur sommet et mucronées ; à glands arrondis.

QUERCUS *maritima.* WILD. Sp. 4. p. 424. Bosc. Mem. sur les Chênes. p. 41.

QUERCUS *Phellos maritima.* MICH. Hist. des Chênes. N°. 7. Var. 2. t. 13. fig. 3.

QUERCUS *folio Salicis nonnunquàm hieme miti non deciduo.* Clayt. N°. 780.

Cette espèce diffère de la précédente en ce que ses feuilles ne sont point caduques, et parce qu'elles sont plus courtes, lancéolées.

Elle croît dans les lieux maritimes de la Caroline, dans les États-Unis d'Amérique.

3. QUERCUS sericea.

Q. *foliis deciduis, lanceolatis, integerrimis, basi obtusis, apice acuminatis, subtùs sericeis ; glandibus subrotundis, subsessilibus.*

CHÊNE soyeux.

C. à feuilles caduques, lancéolées, très-entières, obtuses à leur base, acuminées à leur sommet et soyeuses en dessous ; à glands arrondis, presque sessiles.

QUERCUS *sericea.* WILLD. Sp. 4. p. 424.

Q. *Phellos pumila.* MICH. Hist. des Chênes. N°. 7. var. 3. t. 13. fig. 1 et 2. Bosc. Mem. p. 41.

QUERCUS *pumila.* MICH. Fil. Arb. Amer. 2. p. 84. t. 15.

Cette espèce s'élève rarement au delà d'un pied. Ses racines tracent beaucoup et produisent de nouvelles tiges très-rapprochées les unes des autres, de sorte que deux à trois cents tiges proviennent souvent d'un même pied. Ses feuilles sont oblongues-lancéolées ; elles paraissent glauques ; mais, en les examinant avec attention, on voit qu'elles sont soyeuses. Les dindons sauvages sont très-avides de ses glands, de sorte qu'il est rare d'en trouver à maturité parfaite.

Cet arbrisseau croît dans la Caroline et la Géorgie, où les habitans le désignent sous le nom de *Runing oak*, Chêne traçant.

4. QUERCUS Myrtifolia.　　　　CHÊNE à feuilles de Myrte.
Q. *foliis perennantibus, coriaceis, oblongis,*　　C. à feuilles persistantes, coriaces, oblongues,
integerrimis, glabris, utrinquè acutis.　　　très-entières, glabres, aiguës à leur base et
　　　　　　　　　　　　à leur sommet.

QUERCUS *Myrtifolia* Willd. Sp. 4. p. 424.

Les rameaux de ce Chêne sont bruns, cylindriques. Ses feuilles sont courtement pétiolées, de la grandeur d'un pouce ou à peine davantage, coriaces, oblongues, aiguës à leur base, très-entières et peu roulées en leurs bords, luisantes en dessus, ternes et glabres en dessous, enfin presque semblables, pour la forme, à celles du Myrte commun à grandes feuilles. Jusqu'à présent on n'a point encore observé ni ses fleurs ni ses fruits.

Cette espèce croît dans la Caroline.

5. QUERCUS virens.　　　　CHÊNE verdoyant.
Q. *foliis perennantibus, coriaceis, ovato-*　　C. à feuilles persistantes, coriaces, ovales-
oblongis, subtùs pubescentibus : junioribus　　oblongues, pubescentes en dessous : les plus
dentatis, adultioribus integerrimis ; cupu-　　jeunes dentées, les adultes très-entières ; à
læ turbinatæ squamulis abbreviatis ; glan-　　cupule turbinée, ayant des écailles courtes ;
dibus oblongis, pedunculatis.　　　à glands oblongs, pédonculés.

QUERCUS *virens*. Ait. Hort. Kew. 3. p. 356. Mich. Hist. des Ch. N°. 6. t. 10, 11. Willd. Sp. 4. p. 425. Mich. Fil. Arb. Amer. 2. p. 67. t. 11. Bosc. Mem. p. 38.
QUERCUS *Phellos β*. Lin. Sp. 1412.

Le Chêne verdoyant s'élève à quarante ou quarante-cinq pieds de hauteur, et son tronc, qui acquiert communément quatre à six pieds de circonférence, est revêtu d'une écorce brune ou noirâtre, peu gercée. Ses feuilles sont persistantes, coriaces, courtement pétiolées, ovales ou oblongues et un peu obtuses, soyeuses dans leur jeunesse, puis d'un vert assez foncé et légèrement velues en dessous, entières dans les individus adultes, bordées de dents écartées, ou comme lobées, dans les jeunes arbres. Les fleurs mâles ont quatre à cinq étamines, et les fleurs femelles sont longuement pédonculées. Il succède à celles-ci des glands oblongs, dont la cupule est turbinée, assez unie, à écailles racourcies.

Cet arbre croît dans l'Amérique septentrionale, depuis la Basse-Virginie jusqu'à la Floride et la Basse-Louisianne, dans les terrains voisins du rivage de la mer. Il est connu dans le pays sous le nom de *Live oak*, Chêne vert. Nous l'avons vu chez M. Noisette.

6. QUERCUS cinerea.　　　　CHÊNE cendré.
Q. *foliis perennantibus, coriaceis, lanceola-*　　C. à feuilles persistantes, coriaces, lancéolées,
tis, integerrimis, margine revolutis, basi　　très-entières, roulées en leur bord, rétrécies
attenuatis, apice obtusiusculis, mucrona-　　par leur base, obtuses à leur sommet, mucro-
tis ; subtùs cinereo-pubescentibus ; glandi-　　nées, cendrées et pubescentes en dessous ; à
bus subrotundis, subsessilibus.　　　glands arrondis, presque sessiles.

QUERCUS *cinerea*. Mich. Hist. des Ch. N°. 8. t. 14. Willd. Sp. 4. p. 425. Bosc. Mém. p. 14. Mich. Fil. Arb. Amer. 2. p. 81. t. 14.

Le Chêne cendré n'acquiert pas de fortes dimensions ; la plus grande hauteur à laquelle il atteint est de quinze à vingt pieds, sur un tronc dont la base a douze à quinze pouces de circonférence. Ses feuilles, portées sur d'assez courts pétioles, sont lancéolées, aiguës, d'un vert un peu obscur en dessus, cotonneuses et d'un vert cendré en dessous, entières dans les arbres adultes; dans les jeunes individus elles sont élargies, comme tronquées à leur sommet avec trois pointes mucronées. Les fleurs mâles ont quatre étamines. Les glands sont arrondis, presque sessiles, à cupule en soucoupe peu profonde; ils restent deux ans sur l'arbre.

Cette espèce croît dans les terrains secs et arides et sur les bords de la mer de la partie basse des deux Carolines et de la Géorgie, où elle est connue sous le nom de *Upland Willow-oak*, Chêne Saule des terres élevées. On le cultive au jardin du Roi.

7. QUERCUS microphylla.
Q. *foliis lanceolatis, integerrimis, mucronatis, villosis, subtùs tomentosis; glandibus subrotundis, sessilibus in calice villoso.*

CHÊNE à petites feuilles.
C. à feuilles lancéolées, très-entières, mucronées, velues, cotonneuses en dessous; à glands arrondis, sessiles dans une cupule velue.

QUERCUS *microphylla.* Née, in Annal. Scient. Natur. 3. p. 264. Willd. Sp. 4. p. 426.

Cette espèce ne forme qu'un arbrisseau de trois à cinq pieds de hauteur, revêtu d'une écorce rude et cendrée. Ses feuilles sont très-courtement pétiolées, éparses, rapprochées et opposées dans la partie supérieure des rameaux, veinées, roulées en leurs bords, d'un rougeâtre cendré, velues en dessus, très-cotonneuses, en dessous, à peine larges de deux lignes, longues de quatre à six, et mucronées à leur sommet; elles sont munies à leur base de stipules subulées qui tombent vers la fin de l'été. Les glands sont ovales, de la grosseur d'un gros pois, sessiles, géminés dans les aisselles des feuilles, vers l'extrémité des rameaux, et enveloppés jusqu'à moitié dans une cupule velue, à écailles inégales.

Ce petit Chêne croît sur les monts Arambaro, dans la Nouvelle-Espagne.

8. QUERCUS Salicifolia.
Q. *foliis oblongo-lanceolatis, integerrimis, glabris; nervulorum axillis subtùs fusco-villosis; glandibus oblongis, subsessilibus.*

CHÊNE à feuilles de Saule.
C. à feuilles oblongues-lancéolées, très-entières, glabres en dessus, ayant les aisselles de leurs nervures postérieures garnies de poils bruns; à glands oblongs, presque sessiles.

QUERCUS *Salicifolia.* Née, in Annal. Scient. Natur. 3. p. 265. Willd. Sp. 4. p. 426.

Le Chêne à feuilles de Saule est un arbre de vingt-cinq à trente pieds de hauteur, dont les rameaux sont striés, velus et d'un rouge-brun dans leur jeunesse. Ses feuilles sont longues de cinq à sept pouces, étroites, larges seulement d'un pouce, éparses, courtement pétiolées, mucronées, ondulées, très-entières, un peu coriaces, vertes, glabres, et réticulées en dessus, jaunâtres en dessous, et chargées dans les aisselles de leur nervure d'un faisceau de poils bruns. Les glands sont presque sessiles, géminés, axillaires, pubescens, de la grosseur d'une noisette, à moitié enfoncés dans une cupule hémisphérique, cendrée, velue, formée d'écailles très-menues.

Cette espèce est indigène au Méxique, dans les environs d'Acapulco.

9. QUERCUS glabra.
Q. *foliis lanceolato-oblongis, acuminatis, glabris, basi attenuatis, subtùs flavescentibus.*

CHÊNE glabre.
C. à feuilles oblongues-lancéolées, acuminées, glabres, rétrécies à leur base, jaunâtres en dessous.

QUERCUS *glabra.* Thunb. Fl. Jap. 175. Willd. Sp. 4. p. 427.

La tige de cet arbre se divise en rameaux ternés ou géminés, un peu noueux et ridés, à demi redressés et à demi étalés. Ses feuilles sont pétiolées, alternes, oblongues-lancéolées, rétrécies à leur base, cuspidées, très-entières, glabres sur leurs deux faces, luisantes en dessus, jaunâtres en dessous et chargées de nervures parallèles. Ses fleurs sont disposées en deux ou trois épis cotonneux qui terminent les rameaux.

Ce Chêne croît au Japon.

10. QUERCUS concentrica.	CHÊNE concentrique.
Q. *foliis ellipticis, utrinquè acutis, falcatis, integerrimis ; fructuum calicibus laxis, brevissimis, circulis concentricis excavatis.*	C. à feuilles elliptiques, aiguës par leurs deux extrémités, très-entières, courbées en faulx; à fruits ayant leurs calices lâches, très-courts, marqués de cercles concentriques.

QUERCUS *concentrica.* Loureiro. Fl. Coch. 2. p. 572. Willd. Sp. 4. p. 427.

Ce Chêne forme un arbre élevé, dont le tronc se divise en rameaux redressés garnis de feuilles éparses, pétiolées, ovales-lancéolées, aiguës, très-entières, glabres des deux côtés. Les fleurs mâles sont disposées sur des chatons droits, linéaires, réunis plusieurs ensemble au sommet des rameaux. Les fleurs femelles sont pédonculées, placées au dessous des mâles. Les glands sont ovales-oblongs, acuminés, roussâtres, contenus à leur base dans une cupule lâche, courte, creusée circulairement de plusieurs lignes concentriques.

Cet arbre croît à la Cochinchine, dans les forêts.

11. QUERCUS Molucca.	CHÊNE des Moluques.
Q. *foliis ovato-lanceolatis, integerrimis, utrinquè acutis, perennantibus, glabris; glandibus subrotundis, sulcatis.*	C. à feuilles ovales-lancéolées, très-entières, aiguës par leurs deux extrémités, persistantes, glabres; à glands arrondis, sillonés.

QUERCUS *Molucca.* Rumph. Herb. Amb. 3. p. 85. tab. 56. Lin. Sp. 1412. Willd Sp. 4. p. 427.

Cette espèce est un arbre élevé, dont le tronc est droit, divisé en branches redressées, revêtues d'une écorce grisâtre. Ses feuilles sont courtement pétiolées, alternes, ovales-lancéolées, très-entières. Les glands sont gros, arrondis, sillonés, à cupule un peu tuberculeuse.

Ce Chêne croît dans l'île Celèbes et dans celle de Formose.

12. QUERCUS Laurifolia.	CHÊNE à feuilles de Laurier.
Q. *foliis oblongis, basi attenuatis, integerrimis, glabris; glandibus subrotundis, lævibus, sessilibus.*	C. à feuilles oblongues, rétrécies à leur base, très-entières, glabres; à glands arrondis, lisses, sessiles.

QUERCUS *Laurifolia.* Mich. Hist. des Ch. N°. 10. Willd. Sp. 4. p. 427.
α. QUERCUS *Laurifolia* (*acutifolia*). Mich. l. c. t. 17.
β. QUERCUS *Laurifolia* (*obtusifolia*). Mich l. c. t. 18.

Le Chêne Laurier s'élève à la hauteur de cinquante à soixante pieds. Son tronc, revêtu d'une écorce unie, se divise en rameaux redressés. Ses feuilles sont presque sessiles, ovales-lancéolées, longues de trois à quatre pouces, rétrécies inférieurement en angle très-aigu, entières, glabres et luisantes, aiguës à leur sommet dans la première variété, et obtuses dans la seconde. Ses glands sont presque globuleux, sessiles, lisses, à cupule un peu turbinée.

Cet arbre croît sur le bord des ruisseaux, dans les sables arides de la Caroline et de la Géorgie, où on le nomme *Swamp's willow oack.*

13. QUERCUS imbricaria.

Q. *foliis oblongis, acutis, mucronatis, integerrimis, subtùs pubescentibus; glandibus subrotundis, sessilibus.*

CHÊNE à lattes.

C. à feuilles oblongues, aiguës, mucronées, très-entières, pubescentes en dessous; à glands arrondis, sessiles.

QUERCUS *imbricaria*. Mich. Hist. des Ch. n°. 9. t. 15 et 16. Mich. Fil. Arb. Amer. 2. p. 78. t. 13. Willd. Sp. 4. p. 428.

Cet arbre s'élève à la hauteur de quarante à cinquante pieds, et son tronc, revêtu d'une écorce grise, peu gercée, acquiert trois à quatre pieds de circonférence. Ses feuilles sont très-rapprochées les unes des autres, lancéolées, longues de trois à quatre pouces, toujours entières, luisantes et d'un vert gai en dessus, pubescentes en dessous. Les glands sont arrondis, sessiles, ayant les écailles de leur cupule assez grandes.

Le Chêne à lattes croît dans la Pensylvanie et dans le pays des Illinois, où il est désigné sous les noms *Jack oack*, *Black oack*, et quelquefois sous celui de *Laurel oack*.

14. QUERCUS elliptica.

Q. *foliis oblongis, coriaceis, integerrimis, utrinquè rotundatis, subtùs scabriusculis.*

CHÊNE elliptique.

C. à feuilles oblongues, coriaces, très-entières, arrondies à leurs deux extrémités, un peu rudes en dessous.

QUERCUS *elliptica*. Née, in Annal. Scient. Natur. 3. p. 278. Willd. Sp. 4. p. 428.

Le tronc de cette espèce est épais, couvert d'une écorce cendrée. Ses branches principales sont étalées horizontalement, divisées en rameaux redressés, garnis d'un grand nombre de feuilles courtement pétiolées, longues de trois pouces, larges d'un demi-pouce, très-entières, arrondies à leurs deux extrémités, coriaces, glabres en dessus, un peu rudes en dessous, légèrement roulées en leurs bords, et chargées en dessous de veines bifides. Les fleurs et les fruits de ce Chêne ne sont point encore connus.

Il croît dans le royaume du Mexique, sur les bords du fleuve Azul.

15. QUERCUS acuta.

Q. *foliis oblongis, cuspidatis, junioribus tomentosis.*

CHÊNE à feuilles aiguës.

C. à feuilles oblongues, cuspidées, cotonneuses dans leur jeunesse.

QUERCUS *acuta*. Thunb. Fl. Jap. p. 175. Willd. Sp. 4. p. 429.

Les rameaux de ce Chêne sont un peu noueux, cendrés, glabres dans une partie de leur étendue, cotonneux à leur sommet, parsemés de points blanchâtres. Ses feuilles sont alternes, pétiolées, oblongues, arrondies et cuspidées à leur base, entières, glabres dans leur parfait développement, couvertes en dessous, pendant leur jeunesse, d'un duvet ferrugineux. Les chatons des fleurs sont axillaires, couverts d'un duvet de la même couleur que celui des jeunes feuilles.

Cet arbre est indigène du Japon.

16. QUERCUS Magnoliæfolia.

Q. *foliis ovato-oblongis, integerrimis, subemarginatis, suprà nitidis, subtùs tomentosis; fructibus axillaribus, racemosis.*

CHÊNE à feuilles de Magnolier.

C. à feuilles ovales-oblongues, très-entières, un peu échancrées, luisantes en dessus, cotonneuses en dessous; à fruits disposés en grappes axillaires.

QUERCUS *Magnoliæfolia*. Née, in Annal. Scient. Natur. 3. p. 268. Willd. Sp. 4. p. 429.

Le Chêne à feuilles de Magnolier forme un arbre élégant, revêtu d'une écorce

peu gercée, divisé en branches étalées horizontalement, et s'élevant à la hauteur
de vingt pieds et plus. Ses plus petits rameaux sont sillonés, parsemés de points
blanchâtres et chargés de feuilles très-courtement pétiolées, ovales, roides, quelquefois échancrées à leur base, longues de six à huit pouces, larges de trois,
vertes et parfaitement glabres en dessus, cotonneuses en dessous et chargées en
cette partie de veines, dont les plus considérables sont proéminentes, et les plus
petites réticulées. Les fleurs femelles sont disposées sur des grappes solitaires,
axillaires, longues de deux pouces; les inférieures alternes et les supérieurs opposées. Les glands sont ovales, petits, du volume d'un gros pois, enveloppés à moitié
dans une cupule hémisphérique à écailles à peine embriquées.

   Ce Chêne croît au Mexique, dans le pays qui est entre Chilpancingo et
Tixtala, et dans celui qu'arrose le fleuve Azul.

17. QUERCUS lutea.

CHÊNE jaune.

Q. *foliis obovatis, integerrimis, subcordatis,
   supra nitidis, subtùs flavo-tomentosis; fructibus racemosis.*

C. à feuilles ovales-renversées, très-entières,
   presque en cœur, luisantes en dessus, cotonneuses et jaunâtres en dessous; à fruits en
   grappe.

QUERCUS *lutea*. Née, in Annal. Scient. Natur. 3. p. 269., Willd. Sp. 4. p. 429.

   Ce Chêne ressemble beaucoup au précédent par sa manière de croître, par son
mode de fructification, et peut-être n'en est-il qu'une variété, quoique ses feuilles
aient une forme-très différente; en effet celles-ci sont beaucoup plus grandes, rétrécies du côté inférieur, plus profondément échancrées à leur base, plus larges à
leur sommet, et d'un jaune d'ochre en leur surface inférieure.

   Cet arbre est indigène du Mexique.

** *Feuilles dentées.*

18. QUERCUS serrata.

CHÊNE à feuilles en scie.

Q. *foliis oblongis, serratis, paralello-veno-
   sis, villosis tomentosisque.*

C. à feuilles oblongues, dentées en scie, velues et cotonneuses, chargées de veines parallèles.

QUERCUS *serrata*. Thunb. Fl. Jap. 176. Willd. Sp. 4. p. 431.

   La tige de cet arbre se divise en branches et en rameaux alternes, étalés, un
peu noueux, glabres, d'une couleur cendrée, et parsemés de points blanchâtres.
Ses feuilles sont alternes, longues d'un à trois pouces, acuminées, garnies en
leurs bords de dents aiguës et toutes égales, vertes en dessus, plus pâles en dessous,
soyeuses et cotonneuses dans leur jeunesse, légèrement velues dans l'âge adulte,
et chargées de nervures parallèles.

   Ce Chêne croît sur les montagnes du Japon.

19. QUERCUS diversifolia.

CHÊNE à feuilles variables.

Q. *foliis ovatis, indivisis dentatisque, subtùs flavo-tomentosis; glandibus globosis,
   racemosis.*

C. à feuilles ovales, entières ou dentées, cotonneuses et jaunâtres en dessous; à glands
   globuleux, disposés en grappe.

QUERCUS *diversifolia*. Née, in Annal. Scient. Natur. 3. p. 270. Willd. Sp. 4. p. 431.

   Cette espèce ne forme qu'un arbrisseau de dix à quinze pieds de hauteur, dont
le tronc, rarement droit, est revêtu d'une écorce gercée et divisée en rameaux
alternes. Ses feuilles sont à peine pétiolées, glabres et luisantes en dessus, cotonneuses en dessous et d'un jaune sale; les unes ovales, très-entières, longues d'un

pouce et demi ; les autres profondément dentées et longues de deux à deux pouces et demi. Les glands sont très-petits, de la grosseur d'un pois ordinaire, à peine saillans d'une ligne hors de leur cupule, portés, quatre à cinq ensemble, sur un pédoncule filiforme, axillaire et long de deux pouces.

Ce Chêne croît à la Nouvelle-Espagne, du côté de Chalma et de Santa-Rosa.

20. QUERCUS Agrifolia.

Q. *foliis subrotundo-ovatis, subcordatis, utrinquè glabris, spinoso-dentatis ; glandibus ovatis, axillaribus, sessilibus.*

CHÊNE à feuilles de Houx.

C. à feuilles ovales-arrondies, glabres des deux côtés, dentées et épineuses en leurs bords ; à glands ovoïdes, axillaires, sessiles.

QUERCUS *Agrifolia.* Née, in Annal. Scient. Natur. 3. p. 271. Willd. Sp. 4. p. 431.

Les rameaux de cette espèce sont glabres cendrés. Ses feuilles sont longues de deux pouces, presque larges d'autant, glabres en dessus et en dessous, veinées presque en cœur, bordées de dents épineuses et écartées. Les fleurs mâles sont disposées en chatons longs d'un pouce, et ayant leur calice plus court que les étamines, au nombre de cinq. Les fleurs femelles sont axillaires, sessiles et le plus souvent géminées. Il leur succède des glands ovales-aigus, trois fois plus longs que leur cupule qui est hémisphérique, composée d'écailles lâches et d'un jaune-pâle.

Ce Chêne croît sur les bords de la mer, dans la partie orientale de l'Amérique septentrionale, près de Monterey et de Nootka.

21. QUERCUS Ilex. tab. 43 et tab. 44. fig. 2.

Q. *foliis perennantibus, ovato-oblongis, indivisis serratisque, subtùs incanis ; cortice integro ; glandibus ovatis, racemosis.*

CHÊNE Yeuse. pl. 43 et pl 44. fig. 2.

C. à feuilles persistantes, ovales-oblongues, entières ou dentées, blanchâtres en dessous ; à écorce unie ; à glands ovales, disposés en grappe.

QUERCUS *Ilex.* Lin. Sp. 1412. Willd. Sp. 4. p. 433. Lam. Dict. Enc. 1. p. 722.

QUERCUS *Ilex et Quercus Alzina.* Lapeyr. Fl. Pyren. 583, 584.

α. *Ilex oblongo serrato folio.* Bauh. Pin. 424. Duham. Arb. 1. p. 314.

β. *Ilex folio angusto non sinuato.* Bauh. Pin. 424. Duham. Arb. 1. p. 314.

γ. *Ilex folio rotundiore molli modicèque sinuato, sive Smilax Theophrasti.* Bauh. Pin. 425. Duham. Arb. 1. p. 314. n°. 3.

δ. *Ilex folio Agrifolii.* Tourn. Inst. 583. Duham. Arb. 1. p. 314. n°. 4.

ε. *Ilex folio utrinquè lanato, Monspeliaca.* Tourn. Inst. 583. Duham. Arb. 1. p. 314. n°. 5.

L'Yeuse ou Chêne vert est un arbre tortueux, très-branchu, qui ne croît que très-lentement et qui ne prend un grand accroissement qu'après de longues années. L'écorce de son tronc est assez unie, peu ou point crevassée, non subéreuse. Ses feuilles sont pétiolées, coriaces, persistantes, sujettes d'ailleurs à varier prodigieusement dans leur forme, selon l'âge des individus et selon la nature du sol ; tantôt on les trouve ovales-lancéolées, tantôt ovales-arrondies, et dans l'un et l'autre cas parfaitement entières ou bordées de dents plus ou moins nombreuses, piquantes et non piquantes ; toujours elles sont cotonneuses et blanchâtres en dessous, le plus souvent lisses et luisantes en dessus dans l'âge adulte, quelquefois aussi, mais plus rarement, elles restent toujours chargées d'une sorte de duvet en cette partie. Les fleurs mâles sont disposées en chatons longs d'un pouce et demi ou à-peu-près, placées une ou plusieurs ensemble dans les aisselles des feuilles de l'année précédente, et vers l'extrémité des rameaux. L'axe de chaque chaton est nu dans son quart inférieur, garni dans le reste de son étendue de fleurs nombreuses presque opposées. Chaque fleur sessile sur l'axe est munie à sa base d'une petite écaille ovale-oblongue, plus grande que les divisions du calice. Celui-ci est campanulé,

1-phylle, profondément et inégalement divisé en six découpures frangées ou ci-liées, d'un vert clair, un peu roussâtre; il contient six étamines à filamens subulés, deux fois plus longs que les divisions calicinales, et terminés par des anthères ovales-arrondies, à deux loges: quelquefois on ne trouve que cinq étamines, d'autres fois il y en a sept. Les fleurs femelles, au nombre de quatre à huit, sessiles et écartées les unes des autres sur un pédoncule commun, sont disposées en grappes simples, longues d'un à deux pouces, et placées dans les aisselles des jeunes feuilles. Il leur succède des glands ovales, lisses, enfermés au tiers ou à moitié dans une cupule à écailles très-menues, embriquées très-serré et cotonneuses: souvent il ne mûrit qu'un ou deux de ces fruits, et le reste de la grappe de fleurs avorte. Certains arbres donnent des glands doux et mangeables; d'autres n'en produisent que d'acerbes; les uns et les autres se trouvent même quelquefois sur le même arbre, et cette différence essentielle dans la saveur ne peut nullement se distinguer par les formes extérieures; mais les glands des Yeuses sont en général d'autant plus doux, selon l'observation de M. De Lapeyrouse, que les arbres croissent à une exposition plus chaude.

Le Chêne verd croît dans les parties méridionales de l'Europe et dans le nord de l'Afrique; on le trouve spontanée en France jusqu'aux environs de Nantes et d'Angers.

22. QUERCUS Ballota.

CHÊNE Ballote.

Q. *foliis ellipticis, perennantibus, integris denticulatisve, subtùs tomentosis; glandibus longissimis.*

C. à feuilles elliptiques, persistantes, entières ou denticulées, cotonneuses en dessous; à glands très-longs.

QUERCUS *Ballota.* Desf. Mem. Acad. Sc. Paris. 1790. fig. Fl. Atl. 2. p. 350. Willd. Sp. 4. p. 432. *Ilex major.* Clus. Hist. 23?

Le Chêne Ballotte s'élève à vingt ou trente pieds, et son tronc acquiert trois à six pieds de circonférence. Ses branches, revêtues d'une écorce sillonnée, d'un gris brun, sont disposées de manière à former une tête ovale ou quelquefois arrondie. Ses feuilles sont coriaces, persistantes, ellyptiques, courtement pétiolées, la plupart du tems arrondies à leur sommet, plus rarement aiguës, glabres en dessus, cotonneuses et blanchâtres en dessous, entières ou denticulées en leurs bords. Les chatons mâles sont nombreux, grêles, cotonneux, pendans, solitaires ou réunis plusieurs ensemble dans les aisselles des feuilles; chacun d'eux porte plusieurs fleurs sessiles, composées d'un petit calice membraneux, découpé en cinq à six divisions obtuses, inégales, et ordinairement de sept étamines, à filamens capillaires, et plus longs que les divisions calicinales. Les fleurs femelles sont solitaires ou réunies plusieurs ensemble dans les aisselles des feuilles des jeunes rameaux. Les glands qui leur succèdent sont sessiles ou très-courtement pédonculés, longs de huit à vingt lignes, larges de quatre à six, entourés à leur base par une cupule hémis-phérique couverte d'écailles obtuses, cotonneuses, nombreuses et embriquées très-serré.

Ce Chêne croît en Barbarie. Il a beaucoup de rapports avec le *Quercus Ilex*, mais il en diffère par ses feuilles blanches et cotoneuses en dessous, et surtout par son gland presque une fois plus long, ayant une saveur douce et agréable. La forme et la saveur de ses fruits le rendent différent du Liége, dont il diffère d'ailleurs amplement par son écorce non fongueuse. Il est sujet à varier, selon l'âge et selon la nature du sol. Dans certains individus les feuilles sont petites et orbiculaires, dans d'autres, elliptiques; quelquefois elles sont lancéolées et aiguës. Il fleurit en mai et porte ses fruits mûrs en automne.

23. QUERCUS rotundifolia.

CHÊNE à feuilles rondes.

Q. *foliis perennantibus, ovato-subrotundis, dentato-spinosis, basi cordatis, suprà glabris, subtùs pubescentibus.*

C. à feuilles persistantes, ovales-arrondies, dentées, épineuses, en cœur à leur base, glabres en dessus, pubescentes en dessous.

QUERCUS *rotundifolia.* Lam. Dict. Enc. 1. p. 723. Willd. Sp. 4. p. 434.

Ce Chêne n'est encore qu'imparfaitement connu, puisque MM. De Lamarck et Willdenow ne l'ont vu qu'en feuilles et qu'aucun naturaliste n'a encore observé ses fruits qui, dit-on, sont doux et bons à manger. Il croit en Espagne et a été cultivé dans le jardin de M. Cels le père. Il y en a encore un individu vivant dans l'École de Botanique du Jardin du Roi, mais il est trop jeune pour rapporter des fruits. D'après son feuillage, il m'a paru avoir de grands rapports avec le Chêne Yeuse.

24. QUERCUS Gramuntia.

CHÊNE de Grammont.

Q. *foliis subrotunde-ovatis, cordatis, subsessilibus, spinoso-dentatis, undulatis, subtùs tomentosis ; glandibus pedunculatis.*

C. à feuilles ovales-arrondies, presque sessiles, en cœur, dentées-épineuses et ondulées en leurs bords, cotonneuses en dessous ; à glands pédonculés.

QUERCUS *Gramuntia.* Lin. Sp. 1413. Willd. Sp. 4. p. 432.

Cette espèce a été indiquée par Linné aux environs de Montpellier, mais M. Decandolle assure qu'elle ne s'y trouve pas, et il paraît croire qu'elle se rapporte au *Quercus rotundifolia.* Lam. Dict. Enc. 1. p. 723 ; mais M. Lamarck, en établissant cette dernière espèce, ne l'avait faite que sur un individu encore fort jeune, cultivé dans le jardin de M. Cels, et qui n'avait rapporté ni fleurs ni fruits ; de sorte que l'on ne peut d'une part rapporter avec aucune sorte de certitude le *Q. Gramuntia.* L. au *Q. rotundifolia.* Lam. ; mais encore l'une et l'autre espèce peuvent être regardée comme fort douteuses et pourraient bien n'être que des variétés du *Quercus Ilex.*

25. QUERCUS calicina.

CHÊNE à longue cupule.

Q. *foliis elliptico-ovatis, subintegris, subtùs lutescente-tomentosis ; glandibus ovato-oblongis, cupulis pubescentibus, elongatis.*

C. à feuilles ovales-elliptiques, cotonneuses et jaunâtres en dessous ; à glands ovales-oblongs, ayant leur cupule alongée, pubescente.

QUERCUS *calicina.* Poir. Dict. Enc. Suppl. 2. p. 216.

Ce Chêne, selon M. Poirret, ressemble beaucoup à l'Yeuse ; c'est un arbre d'une médiocre grandeur, dont les rameaux sont nombreux, inégaux, couverts dans leur jeunesse d'un duvet cendré. Ses feuilles sont coriaces, longues d'un pouce, ovales, presque elliptiques, un peu aiguës, entières ou pourvues de quelques petites dents rares, glabres et luisantes en dessus, excepté dans leur jeunesse, cotonneuses et un peu jaunâtres en dessous, ainsi que les pétioles. Ses glands sont ovales-alongés, presque solitaires, portés sur un pédoncule court, épais, axillaire, et enveloppés au moins jusqu'aux trois quarts de leur longueur par une cupule pubescente, très-profonde, longue de huit à neuf lignes, couverte d'écailles très-serrées, relevées en tubercules.

Cet arbre a été trouvé aux environs d'Orange, dans le département de Vaucluse, par M. de Bressieux, qui en a recueilli des échantillons qu'il a communiqués à M. Poirret.

26. QUERCUS expansa.

CHÊNE à large cupule.

Q. *foliis ovato-subrotundis, subdentatis, subtùs incano-tomentosis ; glandibus pedunculatis, ovatis ; cupulis amplis, campanulatis, pubescentibus.*

C. à feuilles ovales-arrondies, légèrement dentées, blanches et cotonneuses en dessous ; à glands ovales, pédonculés, ayant leurs cupules grandes, campanulées, pubescentes.

QUERCUS *expansa*. Poir. Dict. Enc. Suppl. 2. p. 217.
α. *Cupulis intùs marginatis.*
β. *Cupulis margine plicatis.*

Ce Chêne diffère du précédent, selon M. Poirret, par la forme de ses fruits et en partie par ses feuilles. Ses tiges s'élèvent à la hauteur de douze à quinze pieds et se divisent en rameaux diffus, inégaux, pubescens et cendrés dans leur jeunesse. Ses feuilles sont médiocrement pétiolées, courtes, ovales, quelquefois un peu arrondies, très-obtuses à leurs deux extrémités, glabres et luisantes en dessus, d'un blanc cendré et cotonneuses en dessous, munies en leurs bords de petites dents épineuses. Les glands sont ovales, un peu courts, réunis au nombre de deux à quatre ensemble à l'extrémité d'un pédoncule court, pubescent, épais, ayant leur cupule presque plane, campanulée, à rebords rentrans en forme de bourrelet dans la variété α; à rebords droits et plissés dans la variété β, couvertes d'écailles ovales, un peu obtuses, pubescentes, très-nombreuses et très-serrées.

Cette espèce croît aux environs d'Orange, dans le département de Vaucluse.

27. QUERCUS Suber. tab. 45.

Q. *foliis perennantibus, ovato-oblongis, indivisis, serratis, subtùs tomentosis; cortice rimoso, fungoso.*

CHÊNE Liége. pl. 45.

C. à feuilles persistantes, ovales-oblongues, non divisées, dentées en scie, cotonneuses en dessous; à écorce crevassée, spongieuse.

QUERCUS *Suber*. Lin. Sp. 1413. Willd. Sp. 4. p. 433. Lam. Dict. Enc. 1. p. 723.
α. *Suber latifolium perpetuò virens.* Bauh. Pin. 424. Duham. Arb. 2. p. 291. t. 80.
β. *Suber angustifolium non serratum.* Bauh. Pin. 424. Duham. Arb. 2. p. 291. t. 81.

Cet arbre a beaucoup de ressemblance avec le Chêne Yeuse, mais il en est bien distinct par son écorce épaisse, crevassée, spongieuse, que l'on connait sous le nom de Liége. C'est au développement considérable que prend le tissu cellulaire qu'est due l'épaisseur de cette écorce qui se fend, se détache d'elle-même, tous les sept à huit ans, lorsqu'on ne prend pas le soin de l'enlever, et qui est alors remplacée par une nouvelle écorce qui se forme en dessous.

Le Chêne Liége croît naturellement dans les parties méridionales de l'Europe et en Barbarie, etc. La variété α, qui a les feuilles ovales et dentées, se trouve en Provence, en Languedoc, en Roussillon et dans la Guyenne; la variété β, qui a les feuilles lancéolées et la plupart très-entières, croît en Italie.

28. QUERCUS glauca.

Q. *foliis oblongis, acuminatis, apice serratis, subtùs glaucis; glandibus oblongis.*

CHÊNE glauque.

C. à feuilles oblongues, acuminées, dentées au sommet, glauques en dessous; à glands oblongs.

QUERCUS *glauca*. Thunb. Fl. Jap. 175. Willd. Sp. 4. p. 430.
Kas no Ki. Bancks, Icon. Kæmpf. t. 17. Kæmpf. Amœn. 816.

Ce Chêne est un grand arbre qui, quant au port, paraît ressembler à l'Yeuse et au Liége, mais qui en diffère par ses feuilles plus larges, ovales-renversées, cuspidées, rétrécies et entières à leur base, glauques ou farineuses en dessous et non cotonneuses. Ses feuilles sont d'ailleurs pétiolées, dentées depuis leur milieu jusqu'à leur sommet, longues de deux à trois pouces, larges presque de deux, glabres et vertes en dessus, chargées en dessous de nervures parallèles.

Le Chêne glauque croît naturellement au Japon.

29. QUERCUS cuspidata.

Q. *foliis ovatis, cuspidatis, serratis, glabris; fructuum calicibus echinatis.*

CHÊNE cuspidé.

C. à feuilles ovales, cuspidées, dentées en scie, glabres; à cupules hérissées.

QUERCUS *cuspidata*. Thunb. Fl. Jap. 176. Willd. Sp. 4. p. 430.
Sui vulgò Sino Ki. Kæmpf. Amœn. 816.

Le Chêne cuspidé diffère de l'Yeuse et du Liége par ses feuilles glabres, du Chêne au Kermès par ses feuilles cuspidées, à dents non épineuses ; enfin il se distingue du Chêne glauque par ses feuilles ovales, très-glabres, plus petites, et par ses cupules hérissées. Ses fleurs femelles sont éparses sur les jeunes rameaux, solitaires et presque sessiles. Les glands ont la grosseur d'une Noisette ordinaire.

Cette espèce est naturelle au Japon.

30. QUERCUS Coccifera. tab. 46.

Q. *foliis perennantibus ; ovatis, plerumqué spinoso-dentatis, utrinqué glabris ; glandibus ovatis, pedunculatis ; cupulis echinatis squamis cuspidatis, patulis, subrecurvis.*

CHÊNE au Kermès. pl. 46.

C. à feuilles persistantes, ovales, bordées le plus souvent de dents épineuses, glabres des deux côtés ; à glands ovales, pédonculés ; à cupules hérissées d'écailles cuspidées, étalées et un peu recourbées.

QUERCUS *Coccifera*. Lin. Sp. 1413. Willd. Sp. 4. p. 433. Lam. Dict. Enc. 1. p. 724. *Ilex aculeata Cocciglandifera*. Bauh. Pin. 425. Garid. Aix. p. 245. t. 53. Durham. Arb. 1. p. 314. n°. 6. t. 125.

Le Chêne ou Kermès n'est qu'un arbrisseau dont le tronc, divisé en un grand nombre de rameaux tortueux et diffus, forme un buisson de quelques pieds de hauteur. Ses feuilles sont ovales, courtement pétiolées, coriaces, persistantes, luisantes en dessus, glabres des deux côtés, quelquefois très-entières en leur bord, le plus souvent bordées de dents écartées et épineuses, à-peu-près comme celles du Houx. Ses fleurs mâles sont sur des chatons réunis plusieurs ensemble en petites panicules, le long des rameaux d'un an. Les fleurs femelles sessiles, au nombre de trois à sept, le long d'un axe commun long de huit à quinze lignes, forment de petites grappes placées dans les aisselles des jeunes feuilles. Il leur succède un, deux ou trois glands au plus, ceux du sommet de la grappe avortant presque toujours. Ces glands prennent peu d'accroissement la première année, et ce n'est qu'au bout de la seconde qu'ils parviennent à leur maturité. Ils sont alors ovales, enfoncés à moitié dans une cupule hérissée d'écailles terminées en pointe roide, presque ligneuse, étalée et un peu recourbée.

Cette espèce croît dans le midi de l'Europe, dans le nord de l'Afrique et dans l'Orient ; on la trouve dans les lieux arides et pierreux des départemens méridionaux de la France.

31. QUERCUS pseudo-Coccifera. tab. 48. fig. 1.

Q. *foliis perennantibus, oblongis, spinoso-dentatis, glabris ; glandibus ovatis, pedunculatis ; cupulæ squamis rigidis, echinatis.*

CHÊNE faux Kermès. pl. 48. fig. 1.

C. à feuilles persistantes, oblongues, dentées-épineuses, glabres ; à glands ovales, pédonculés ; ayant les écailles de leur cupule roides et hérissées.

QUERCUS *pseudo-Coccifera*. Desf. Fl. Atl. 2. p. 349. Willd. Sp. 4. p. 434.

Cette espèce est un arbre de quinze à vingt pieds. Ses feuilles sont ovales ou elliptiques, roides, glabres, luisantes en dessus, légèrement pubescentes en dessous, très-courtement pétiolées, bordées de dents écartées et épineuses. Ses glands sont ovales, mucronés, portés deux ou trois ensemble le long d'un pédoncule commun, ayant les écailles de leur cupule embriquées et un peu lâches au sommet.

Ce Chêne a été découvert aux environs d'Alger et sur le mont Atlas par M. Desfontaines. Il paraît croître en Provence, car M. Robert nous en a envoyé des glands mêlés avec ceux de l'Yeuse, et les ayant semés, nous en avons obtenu des plants entièrement semblables aux échantillons de l'herbier de M. Desfontaines et à l'individu cultivé au jardin du Roi.

32. QUERCUS Prasina. tab. 44. fig. 1.

Q. *foliis perennantibus, ovato-oblongis, dentato-subpinosis, glaberrimis, glaucis; glandibus pedunculatis.*

CHÊNE Prase. pl. 44. fig. 1.

C. à feuilles persistantes, ovales-oblongues, dentées, un peu épineuses, très-glabres, glauques; à glands pédonculés.

QUERCUS *Prasina*. Pers. Synop. 2. p. 568. n. 29 *.
QUERCUS *glauca*. Bosc. Mem. sur les Chênes, p. 26.

Ce Chêne n'atteint point à une grande élévation; mais cependant il nous paraît qu'il doit être plutôt considéré comme un arbre que comme un arbrisseau. A en juger par l'individu que nous avons vu au jardin du Roi et qui n'a pas plus de dix à douze ans, il doit, quand il est parvenu à tout son accroissement, s'élever à quinze ou vingt pieds, peut-être plus. Ses branches sont étalées, divisées en rameaux nombreux, menus, parfaitement glabres. Ses feuilles sont pétiolées, ovales-oblongues, d'un vert glauque, très-glabres en dessus et en dessous, bordées de dents écartées et se terminant le plus souvent en pointe épineuse. Les fleurs femelles sont portées, deux ou trois ensemble vers l'extrémité des rameaux, sur un pédoncule long de six lignes ou environ; elles ont trois à cinq stigmates.

Ce Chêne passe pour être originaire du Portugal.

33. QUERCUS rigida.

Q. *foliis oblongis, indivisis, spinoso-serratis, glabris, subtùs glaucis, basi cordatis, petiolis apice barbatis; glandibus sessilibus; cupularum squamis rigidis, patentibus.*

CHÊNE roide.

C. à feuilles oblongues, entières, dentées-épineuses, glabres, glauques en dessous, en cœur par leur base; à glands presque sessiles, ayant leur cupule hérissée d'écailles roides et étalées.

QUERCUS *rigida*. Willd. Sp. 4. p. 434.
Ilex aculeata Cocciglandifera, glande maximâ, nunc cylindraceâ, nunc subrotundâ, cupulâ echinatâ. Tourn. Corol. 40.

Ce Chêne forme, selon Willdenow, une espèce très-distincte de ses autres congénères. Ses rameaux sont d'un brun pâle, ponctués. Ses feuilles sont oblongues, roides, luisantes et d'un vert foncé en dessus, glauques en dessous, bordées de dents épineuses, longues d'un pouce ou un peu plus, en cœur à leur base, portées sur des pétioles courts, glabres, mais munis de chaque côté, vers la naissance de la feuille, d'une rangée de poils brunâtres qui se prolongent jusque sur la nervure principale. Les glands sont sessiles, à cupules chargées d'écailles ligneuses, lancéolées, roides et étalées.

Ce Chêne croît dans la Caramanie, aux lieux voisins de la mer.

34. QUERCUS humilis.

Q. *foliis ovatis, apice dentato-spinosis, basi subcordatis, subtùs pubescentibus; glandibus oblongis; cupulâ planiusculâ.*

CHÊNE pygmée.

C. à feuilles ovales, dentées-épineuses à leur sommet, un peu en cœur à leur base, pubescentes en dessous; à glands oblongs, avec une cupule un peu plane.

QUERCUS *humilis*. Lam. Dict. Enc. 1. p. 719. Willd. Sp. 4. p. 435.
QUERCUS *pedem vix superans*. Bauh. Pin. 420. Tournef. Inst. 583.
Robur VII, sive Quercus pumila. Clus. Hist. 19.

Cette espèce n'est qu'un petit arbrisseau qui naturellement ne s'élève guère au-delà d'un pied, et qui, par les soins que l'on prend de lui en le cultivant, peut atteindre à trois ou quatre pieds au plus. Ses feuilles ont beaucoup de ressemblance avec celles de l'Yeuse; elles sont ovales ou ovales-oblongues, très-courtement pétiolées, glabres et luisantes en dessus, blanchâtres et pubescentes en dessous, chargées de nervures droites, parallèles, et de veines plus petites, réticulées, bordées de chaque côté par quatre à cinq dents écartées, très-aiguës et même épineuses. Les glands sont oblongs, sessiles, munis d'une cupule fort courte et un peu plane.

Le Chêne pygmée est commun en Portugal, dans les terrains sablonneux.

35. QUERCUS. Lusitanica.

Q. *foliis ellipticis, margine undulatis, mucronato-serratis, subtùs pubescentibus; glandibus oblongis, racemosis; cupulâ hemisphæricâ.*

CHÊNE de Portugal.

C. à feuilles elliptiques, ondulées en leurs bords, mucronées-dentées, pubescentes en dessous; à glands oblongs, disposés en grappe et ayant une cupule hémisphérique.

QUERCUS *Lusitanica.* Lam. Dict. Enc. 1. p. 719. Willd. Sp. 4. p. 435.

Les rameaux de ce Chêne sont blanchâtres, un peu brunâtres, ponctués. Ses feuilles sont courtement pétiolées, oblongues, ondulées, bordées de dents aiguës, glauques et luisantes en dessus, chargées en dessous de poils menus pressés les uns contre les autres, disposés en étoile, et qui les font paraître blanchâtres. Les fruits sont réunis plusieurs ensemble en une sorte de grappe.

Cette espèce croît en Portugal; on la cultive au jardin du Roi.

36. QUERCUS infectoria. tab. 49 fig. 1.

Q. *foliis oblongis, mucronato-dentatis, utrinquè glabris; glandibus elongatis, subsolitariis, breviter pedunculatis.*

CHÊNE des Teinturiers. pl. 49 fig. 1.

C. à feuilles oblongues, mucronées-dentées, glabres des deux côtés; à glands alongés, presque solitaires, courtement pédonculés.

QUERCUS *infectoria.* Oliv. Voy. dans l'Emp. Ottom. 1. p. 253. Pl. 14 et 15. Willd. Sp. 4. p. 436.

Ce Chêne est un arbrisseau tortueux qui s'élève à quatre ou cinq pieds, et qui se divise en rameaux nombreux, légèrement striés, cotonneux dans leur jeunesse. Ses feuilles sont portées sur des pétioles longs de six à huit lignes, longues elles-mêmes de dix-huit à trente lignes, ovales-obtuses et mucronées à leur sommet, arrondies et le plus souvent inégales à leur base, glabres, luisantes et d'un vert cendré en dessus, plus pâles et plus ou moins pubescentes en dessous, bordées de chaque côté de plusieurs dents mucronées. Ses glands sont alongés, sessiles ou portés sur de courts pédoncules.

Cet arbrisseau est indigène de l'Asie mineure, où il a été trouvé par Olivier.

37. QUERCUS mucronata.

Q. *foliis oblongo-lanceolatis, mucronato-serratis, subcordatis, subtùs tomentosis.*

CHÊNE mucroné.

C. à feuilles oblongues-lancéolées, mucronées-dentées, un peu en cœur, cotonneuses en dessous.

QUERCUS *mucronata.* Willd. Sp. 4. p. 436.
QUERCUS *Castanea.* Née, in Annal. Scient. Nat. 3. p. 276.

Le Chêne mucroné est un arbre dont le tronc, revêtu d'une écorce fragile, de couleur obscure, s'élève à douze pieds de hauteur. Ses feuilles, larges d'un pouce, longues de trois, sont aiguës, tronquées à leur base et un peu échancrées en cœur, portées sur de très-courts pétioles, vertes et glabres en dessus, couvertes en dessous d'un léger duvet jaunâtre, bordées de dents terminées en pointe aiguë et très-fine. Les fleurs et les fruits n'ont point encore été observés.

Cette espèce croît à la Nouvelle-Espagne, entre Ixmiquilpan et Cimapan.

38. QUERCUS tomentosa.

Q. *foliis oblongo-ovatis , crenato-dentatis ,
    subtùs tomentosis; glandibus globosis, ra-
    cemosis, in cupulá subreconditis.*

CHÊNE cotonneux.

C. à feuilles oblongues-ovales , crénelées-den-
    tées, cotonneuses en dessous; à glands glo-
    buleux, disposés en grappe et presque cachés
    dans leur cupule.

QUERCUS *tomentosa*. WILLD. Sp. 4. p. 437.
QUERCUS *peduncularis*. NÉE, in Annal. Scient. Natur. 3. p. 270.

Ce Chêne est un arbre de vingt pieds de hauteur, dont le tronc, droit, revêtu
d'une écorce cendrée et fragile, se divise en rameaux nombreux, recouverts d'une
laine épaisse et rougeâtre. Ses feuilles sont portées sur un pétiole très-court et
cotonneux, rapprochées les unes des autres , longues de cinq pouces, à peine larges
de deux , obtuses à leur base, acuminées à leur sommet , vertes et glabres en
dessus, cotonneuses en dessous et chargées de veines proéminentes, crénelées et
dentées en leurs bords. Les fleurs femelles sont disposées en grappe sur un pédoncule axillaire long de trois à quatre pouces. Les glands, à peine plus gros qu'un
grain de poivre ordinaire , sont presque entièrement enveloppés par une cupule
écailleuse et couverte d'un duvet rougeâtre.

Le Chêne cotonneux a été trouvé dans la Nouvelle-Espagne , près de la rivière
Mescala, sur le chemin de Mexico à Acapulco.

39. QUERCUS obtecta.

Q. *foliis subovatis, vix dentatis, glaberrimis,
    lucidis; glandibus subsolitariis, pedun-
    culatis, cupulá obtectis.*

CHÊNE à glands couverts.

C. à feuilles presque ovales, à peine dentées,
    très-glabres, luisantes; à glands pédonculés,
    presque solitaires , cachés dans la cupule.

QUERCUS *obtecta*. POIR. Dict. Enc. suppl. 2. p. 218.

Les rameaux de cette espèce sont lisses, glabres, d'une couleur cendrée. Ses
feuilles sont pétiolées, longues d'un pouce ou davantage, ovales ou lancéolées , obtuses ou aiguës , coriaces, glabres et luisantes en dessus et en dessous , entières
ou bordées de quelques dents épineuses. Les fleurs femelles sont axillaires, solitaires ou géminées, portées sur des pédoncules qui deviennent épais et ligneux
en même tems que l'accroissement du fruit. Les glands sont entièrement renfermés
dans une cupule hémisphérique, un peu ouverte à son sommet, chargée d'écailles
nombreuses, roides, imbriquées, lancéolées, aiguës ; les supérieures libres et un
peu recourbées à leur sommet.

Ce Chêne a été recueilli aux environs de Tingis par Broussonnet.

40. QUERCUS circinata.

Q. *foliis ovatis , utrinqué acutis, crenatis ,
    undulatis, subtùs pubescentibus; glandi-
    bus subsessilibus.*

CHÊNE frangé.

C. à feuilles ovales , aiguës à leurs deux extré-
    mités, crénelées, ondulées, pubescentes en
    dessous; à glands presque sessiles.

QUERCUS *circinata*. NÉE, in Annal. Scient. Natur. 3. p. 272. WILLD. Sp. 4. p. 437.

Le Chêne frangé est un arbre de vingt à ving-cinq pieds de hauteur, dont le
tronc, droit, recouvert d'une écorce cendrée et fragile, se divise en branches horizontales, dont les jeunes rameaux sont redressés , velus et sillonnés. Ses feuilles sont
longues de cinq à sept pouces, larges de trois , vertes et luisantes en dessus, plus
ou moins pubescentes et d'une couleur rouge-brune en dessous, ondulées et crénelées en leurs bords. Les glands sont du volume d'un très-gros pois , portés plusieurs
ensemble sur un pédoncule fort court, et à peine plus grands que leur cupule, dont
les écailles sont aiguës au sommet.

Ce Chêne croît à la Nouvelle-Espagne , entre Tixtala et Chilpancingo.

41. QUERCUS splendens.

Q. *foliis oblongo-ovatis , dentatis, pubescentibus, subtùs sericeo-tomentosis*

CHÊNE luisant.

C. à feuilles oblongues-ovales, dentées, pubescentes, soyeuses et cotonneuses en dessous.

QUERCUS *splendens*. Née, in Annal. Scient. Natur. 3. p. 275. Willd. Sp. 4. p. 438.

Le Chêne luisant est un arbre dont le tronc est droit, haut de quinze pieds ou environ, partagé d'abord en branches horizontales, et ensuite en rameaux nombreux, redressés, revêtus d'un duvet brillant et rougeâtre. Ses feuilles sont longues de trois pouces, larges de dix-huit lignes, rapprochées les unes des autres, verdâtres en dessus et revêtues d'un léger duvet, toutes couvertes en dessous d'un coton épais et brillant, bordées de dents inégales et obtuses. Leur pétiole est très-court, accompagné de chaque côté d'une stipule subulée et velue. Les fleurs et les fruits de cette espèce n'ont point encore été observés.

Elle croît dans la Nouvelle-Espagne, aux environs de Taxala.

42. QUERCUS rugosa.

Q. *foliis ovato-oblongis, cordatis, rugosis, apice dentatis, subtùs ferrugineis, pubescentibus ; floribus fœmineis racemosis.*

CHÊNE ridé.

C. à feuilles ovales-oblongues, ridées, en cœur à leur base, dentées vers leur sommet, pubescentes et ferrugineuses en dessous; à fleurs femelles disposées en grappe.

QUERCUS *rugosa*. Née, in Annal. Scient. Natur. 3. p. 275. Willd. Sp. 4. p 438.

Cette espèce ne forme qu'un arbre de hauteur médiocre, à rameaux nombreux, cylindriques, d'une couleur cendrée, et hérissés de petits points. Ses feuilles sont épaisses, coriaces, longues de trois pouces, à peine larges de deux, vertes, brillantes et ridées en dessus, pubescentes et brunes en dessous, échancrées en cœur à leur base, bordées de dents de chaque côté, depuis leur milieu jusqu'à leur sommet, portées sur un pétiole épais et long de deux lignes. Ses fleurs femelles sont disposées en grappes axillaires et écailleuses.

Ce Chêne croît dans les forêts de Huisquiluca et d'Ocuila , sur la route de Mexico à Santo-Christo-de-Chalma.

43. QUERCUS macrophylla.

Q. *foliis obovatis, crenatis, basi cordatis, subtùs pubescentibus ; floribus fœmineis racemosis.*

CHÊNE à grandes feuilles

C. à feuilles ovales-renversées, crénelées, en cœur par leur base, pubescentes en dessous ; à fleurs femelles disposées en grappe.

QUERCUS *macrophilla*. Née , in Annal. Scient. Natur. 3. p. 274. Willd. Sp. 4. p. 439.

Ce Chêne est un arbre dont le tronc est épais, droit, haut de trente pieds, terminé par une tête touffue, formée de branches horizontales, divisées en rameaux redressés, dont les plus jeunes sillonnés. Ses feuilles sont longues d'un pied, arrondies à leur sommet, larges de sept à huit pouces, sensiblement rétrécies vers leur base qui est échancrée en cœur et seulement large de quatre lignes, vertes et luisantes en dessus, jaunâtres en dessous et toutes couvertes d'un duvet très-fin, crénelées et ondulées en leurs bords, portées sur un pétiole épais et très-court. Les fleurs femelles sont sessiles, sur un pédoncule commun , entouré à sa base de bractées cotonneuses.

Cet arbre croît dans les montagnes de la Nouvelle-Espagne.

44. QUERCUS Prinus.

Q. *foliis ovatis, acutis, subtùs pubescentibus, grossè dentatis ; dentibus subæqualibus, dilatatis, apice callosis ; glandibus ovatis, pedunculatis.*

CHÊNE Prinus.

C. à feuilles ovales, aiguës, pubescentes en dessous, bordées de dents grandes, presque égales, dilatées, calleuses à leur sommet; à glands ovales, pédonculés

QUERCUS *Prinus*. Lin. Sp. 1413. Willd. Sp. 4. p. 439.
QUERCUS *Prinus palustris*. Mich. Hist. des Chên. n. 5. t. 6. Mich. Fil. Arb. Amer. 2. p. 51. t. 7.

Cette espèce forme un très-grand arbre qui acquiert quatre-vingts à quatre-vingt-dix pieds de hauteur, sur un diamètre proportionné à cette grande élévation, et qui se fait surtout remarquer par son tronc parfaitement droit, dégarni de branches, conservant souvent le même diamètre jusqu'à cinquante pieds de terre, et se terminant par une tête très-vaste et très-touffue. Le tronc est encore remarquable par l'écorce blanchâtre dont il est revêtu, et qui se détache par bandes longitudinales, lorsqu'elle est parvenue à un certain âge, à-peu-près comme dans le Platane. Ses feuilles, assez longuement pétiolées, sont ovales, élargies en leur partie supérieure, soyeuses au printems, glabres et glauques pendant l'été, d'un vert gai, quelquefois très-cotonneuses dans les vieux individus, bordées de dents grossières, presque égales, dilatées, calleuses à leur sommet. Les fleurs mâles ont cinq à dix étamines. Les glands sont gros, d'un vert brun, portés sur des pédoncules quelquefois fort courts, et contenus dans une cupule très-écailleuse, peu profonde; ils ont une saveur douce.

Ce Chêne croît dans les forêts humides et ombragées de la Floride, des Deux-Carolines, de la Géorgie, de la Virginie, de la Pensylvanie, où on le connaît sous les noms de *Chesnut white oak*, Chêne blanc Châtaignier, *Swamp's chesnut oak*, Chêne Châtaignier des marais, et encore sous celui de *White oak*, Chêne blanc. Nous l'avons vu dans le jardin de M. Noisette.

45. QUERCUS montana.	CHÊNE des montagnes.
Q. *foliis obovatis, acutis, subtùs albo-tomentosis, grossè dentatis; dentibus subæqualibus, dilatatis, apice callosis; glandibus ovatis, pedunculatis; cupulá turbinatá.*	C. à feuilles ovales-renversées, aiguës, blanches-cotonneuses en dessous, bordées de grandes dents, presque égales, dilatées, calleuses à leur sommet; à glands ovales, pédonculés, dans une cupule turbinée.

QUERCUS *montana*. Willd. Sp. 4. p. 440.
QUERCUS *Prinus monticola*. Mich. Hist. des Chên. n. 5. var. 2. t. 7. Mich. Fil Arb.
     Amer. 2. 55. t. 8.

Le Chêne des montagnes s'élève à plus de soixante pieds et il en acquiert quelquefois huit à neuf de circonférence, mais souvent il reste au dessous de ces dimensions. Ses feuilles, portées sur de courts pétioles, sont ovales, longues de cinq à six pouces, larges de trois à quatre, très-uniformément dentées dans leur contour, à dents arrondies à leur sommet, très-velues lorsqu'elles commencent à se développer, mais parfaitement glabres et blanchâtres en dessous lorsqu'elles ont acquis tout leur développement. Les fleurs mâles ont cinq à dix étamines. Les glands sont ovales-alongés, d'un vert-brunâtre, assez gros, contenus jusqu'au tiers de leur longueur dans des cupules turbinées, évasées et à écailles libres; ils ont une saveur douce.

Cette espèce croît sur les monts Alléghanis, dans la Pensylvanie, le Maryland, la Virginie, ainsi que sur les bords escarpés et rocailleux de la rivière d'Hudson et du lac Champelain; les habitans du pays la connaissent sous le nom de *Chesnut oak*, Chêne Châtaignier, et sous celui de *Rocky oak*, Chêne des rochers. Nous l'avons vu chez M. Noisette.

46. QUERCUS bicolor.	CHÊNE bicolore.
Q *foliis oblongo-ovatis, subtùs albo-tomentosis, grossè dentatis, basi integerrimis;*	C. à feuilles ovales-oblongues, blanches-cotonneuses en dessous, très-entières à leur

dentibus inæqualibus, dilatatis, apice cal-losis ; glandibus geminatis, longè pedun-culatis.

base, bordées de dents grandes, inégales, dilatées, calleuses à leur sommet ; à glands géminés, longuement pédonculés.

QUERCUS *bicolor.* Willd. Sp. 4. p. 440.
QUERCUS *Prinus tomentosa.* Mich. Hist. des Chên. n. 5. var. 5. t. 9. f. 2.
QUERCUS *Prinus discolor.* Mich. Fil. Arb. Amer. 2. p. 46. t. 6.

Le Chêne bicolore est un fort bel arbre, dont la végétation est vigoureuse, et qui s'élève à la hauteur de soixante à soixante-dix pieds. Son tronc est revêtu d'une écorce grise-blanchâtre et un peu lamelleuse. Ses feuilles, dans leur parfait développement, ont six à huit pouces de longueur sur quatre de largeur vers leur sommet ; elles sont lisses, d'un vert un peu sombre en dessus, très-sensiblement veloutées en dessous et d'une teinte plus claire. Dans les deux tiers supérieurs elles sont élargies et garnies de dents peu nombreuses, mais grandes et larges, tandis qu'elles en sont dépourvues à leur base, qui est cunéiforme. C'est par cette conformation, ainsi que par leur velouté très-sensible au toucher et beaucoup plus que dans aucune espèce analogue, qu'on peut reconnaître celle-ci dans sa jeunesse. Dans les arbres qui ont déjà acquis une certaine force, la partie inférieure des feuilles devient d'un blanc argentin, ce qui produit un contraste remarquable avec le beau vert de leur surface supérieure. Les glands sont ovales, assez gros, d'une saveur douce, d'une couleur brunâtre, contenus dans une cupule évasée, bordée de filamens courts et déliés, veloutée intérieurement et portée sur un pédicule d'un à deux pouces de longueur.

Cette espèce croît dans les États-Unis, où elle est répandue dans une grande étendue de pays, à l'exception de la partie basse et maritime de ces contrées. On lui donne le nom de *Swamp's white oak*, Chêne blanc des marais. Nous l'avons vu dans le jardin de M. Noisette.

47. QUERCUS Prinoides.   CHÊNE Chincapin.

Q. *foliis obovatis, obtusis, glabris, grossè dentatis ; dentibus subæqualibus, dilatatis, apice callosis ; glandibus ovatis, sessi-libus.*

C. à feuilles ovales-renversées, obtuses, glabres, bordées de dents grosses, presque égales, dilatées, calleuses à leur sommet ; à glands ovales, sessiles.

QUERCUS *Prinoides.* Willd. Sp. 4. p. 440.
QUERCUS *Prinus pumila.* Mich. Hist. des Chên. n. 5. var. 4. t. 9. f. 1.
QUERCUS *Chincapi...* Mich. Fil. Arb. Amer. 2. p. 64. t. 10.

Cette espèce ne forme qu'un arbrisseau de deux ou trois pieds de hauteur. Ses feuilles sont ovales, acuminées, d'un vert clair en dessus, plus pâles en dessous, assez régulièrement bordées de dents peu profondes. Les glands sont de moyenne grosseur, un peu alongés, également arrondis à leurs deux extrémités, très-doux au goût, et contenus jusqu'au tiers de leur longueur dans des cupules hémis-phériques, écailleuses et sessiles. Il semble que la nature ait voulu compenser la petitesse de ce Chêne par une fructification très-abondante ; elle est souvent telle, que les glands, pressés et serrés les uns contre les autres sur les tiges, les font courber jusqu'à terre, où elles restent couchées dans toute leur étendue ; il est vrai de dire que quelquefois ces tiges ont à peine la grosseur d'une plume à écrire.

Cet arbrisseau croît dans les lieux stériles de la Virginie, de la Pensylvanie, de l'état de New-Yorck, etc., où on lui donne le nom de *Small chesnut oak*, Chêne châtaignier-nain.

48. QUERCUS Castanea.

Q. *foliis oblongo-lanceolatis, acuminatis, subtùs tomentosis, dentatis; dentibus sub-æqualibus, acutis apice callosis; glandibus ovatis, sessilibus.*

CHÊNE Châtaignier.

C. à feuilles oblongues-lancéolées, acuminées, cotonneuses en dessous, bordées de dents presque égales, aiguës et calleuses à leur sommet; à glands ovales, sessiles.

QUERCUS *Castanea.* Willd. Sp. 4. p. 441.

QUERCUS *Prinus acuminata.* Mich. Hist. des Chên. n. 5. var. 3. t. 8. Mich. Fil. Arb. Amer. 2. p. 61. t. 9.

Le Chêne Châtaignier est un très-grand arbre qui s'élève à la hauteur de soixante-dix à quatre-vingts pieds, sur une circonférence d'environ six pieds. Son tronc est revêtu d'une écorce blanchâtre, peu crevassée et qui se divise souvent en feuillets. Ses branches ont plutôt une tendance à se rapprocher du centre qu'à s'en éloigner et à prendre une direction horizontale. Ses feuilles sont lancéolées, acuminées, très-uniformément dentées en leur contour, à dents très-aiguës, d'un vert clair en leur partie supérieure, blanchâtres en dessous, portées sur d'assez longs pétioles. Les fleurs mâles ont dix étamines, quelquefois moins. Les glands sont petits, d'une couleur brune, contenus jusqu'au tiers de leur longueur dans une cupule peu écailleuse, sessile ou presque sessile; ils ont une saveur plus douce que dans aucune autre espèce de Chêne des États-Unis.

Cette espèce croît dans les contrées fertiles des États-Unis d'Amérique, et principalement à l'ouest des monts Alléghanis; elle est disséminée dans une grande étendue de pays, sans être commune. On lui donne, aux environs de Lancaster, le nom de *Yellow oak*, Chêne jaune.

49 QUERCUS Libani. t. 49. fig. 2.

Q. *foliis oblongo-lanceolatis, petiolatis, glabris, lucidis, dentato-mucronatis; glandibus ovato-subrotundis, apice excavatis, cupulæ squamis strictè contiguis, vix imbricatis.*

CHÊNE du Liban. pl. 49. fig. 2.

C. à feuilles oblongues, lancéolées, pétiolées, glabres, luisantes, dentées mucronées; à glands ovales-arrondis, un peu creusés à leur sommet; à écailles des cupules très-contiguës, à peine embriquées.

QUERCUS *Libani.* Oliv. voy. pl. 42.

Les rameaux de cette espèce sont d'un rouge brun, parfaitement glabres. Ses feuilles sont lancéolées, portées sur des pétioles de quatre à huit lignes de longueur, longues elles-mêmes de deux pouces et demi à quatre pouces et demi, larges de douze à vingt lignes, parfaitement glabres des deux côtés, luisantes et d'un vert gai en dessus, bordées de dents assez écartées, régulières et terminées par une pointe particulière. Ses glands sont sessiles ou courtément pédonculés, ovoïdes, assez gros, déprimés et un peu creusés à leur sommet, enfoncés jusqu'à plus de moitié dans une cupule revêtue d'écailles étroitement appliquées et très-serrées les unes contre les autres : ces écailles sont plutôt soudées les unes à côté des autres qu'elles ne sont embriquées; leur pointe seule est un peu proéminente comme les écailles dans les cônes de certaines espèces de pins.

Ce Chêne croît en Syrie, sur le Mont Liban; nous en avons vu dans l'herbier de M. Desfontaines des échantillons rapportés par Olivier.

*** *Feuilles lobées au sommet.*

50. QUERCUS aquatica.

Q. *foliis cuneiformibus, glabris, apice obsoletè trilobis; lobo intermedio majore;*

CHÊNE aquatique.

C. à feuilles cunéiformes, glabres, obscurément divisées à leur sommet en trois lobes,

glandibus subrotundis, subsessilibus; cu-
pulá sublemisphæricá.

dont celui du milieu plus grand que les
autres; à glands arrondis, presque sessiles;
à cupule presque hémisphérique.

QUERCUS *aqualica.* Ait. Hort. Kew. 3. p. 357. Willd. Sp. 4. p. 441. Mich. Chênes. n. 11.
t. 19, 20 et 21. (*exclusâ fig.* 2. *tab.* 20.) Mich. Arb. Amer. 2, p. 89. t. 17.

La hauteur de ce Chêne excède rarement quarante à cinquante pieds, sur quatre
à cinq de circonférence. Son tronc est revêtu d'une écorce lisse ou très-peu fendillée, même dans les plus vieux individus. Ses feuilles sont portées sur de très-
courts pétioles, glabres, luisantes, d'un vert sombre, cunéiformes, aiguës à leur
base, un peu sinueuses ou diversement trilobées à leur sommet. Il n'est d'ailleurs
aucune espèce de Chêne qui, dans sa jeunesse, présente des feuilles dont les formes
soient aussi variées et si peu semblables à celles qu'elles doivent avoir lorsque
les arbres ont acquis tout leur accroissement. On trouve souvent sur un même
individu adolescent des feuilles obtuses et des feuilles aiguës, des feuilles lancéolées
et entières, mêlées avec d'autres qui sont sinuées ou dentées. Cette différence
dans la foliation a lieu également dans les rejetons des vieux arbres qui ont été
abattus, et sur les nouvelles pousses des grosses branches qui ont été coupées.
Les glands sont petits, un peu arrondis, de couleur brune, très-amers et contenus dans une cupule peu profonde et peu écailleuse, portés d'ailleurs sur de
très-courts pédoncules.

Cette espèce croît dans les États-Unis, depuis le Maryland jusqu'à la Floride,
où on la désigne sous le nom de *Water oak* , Chêne aquatique. Il est cultivé
au Jardin du Roi et chez M. Noisette.

51. QUERCUS nigra.

Q. *foliis cuneiformibus, glabris, basi sub-*
cordatis, apice subtrilobis; lobis divari-
catis, mucronatis, intermedio breviore;
glandibus subrotundis et sessilibus.

CHÊNE noir.

C. à feuilles cunéiformes, glabres, un peu en
cœur à leur base, presque partagées à leur
sommet en trois lobes écartés, mucronés,
dont celui du milieu plus court; à glands
arrondis et sessiles.

QUERCUS *nigra.* Lin. Sp. 1413. Willd. Sp. 4. p. 442. Mich. Chênes, n. 12. t. 22, 23.
QUERCUS *ferruginea.* Mich. Fil. Arb. Amer. 2. p. 92. t. 18.

Le Chêne noir s'élève quelquefois à trente pieds, sur deux à trois pieds de
circonférence; mais le plus souvent il ne parvient qu'à la moitié de ces dimensions. Son tronc, rarement droit, est couvert d'une écorce profondément crevassée, très-dure, très-épaisse et presque noire. Sa cime est fort élargie, disposition
qui paraît lui être naturelle, même lorsqu'il vient au milieu des bois. Ses feuilles
sont cunéiformes, coriaces, roussâtres et pulvérulentes en dessous, obtuses à
leur base, ou plus ou moins échancrées en cette partie, très-élargies en leur partie
supérieure. Ces feuilles, lors de leur développement, sont jaunâtres et pulvérulentes en dessus; lorsqu'elles ont acquis toute leur grandeur, elles sont d'un
vert obscur, et enfin elles prennent une teinte rougeâtre à l'automne. Les glands
sont arrondis, assez gros, sessiles, assez souvent deux l'un à côté de l'autre et renfermés jusqu'à la moitié dans des cupules très-écailleuses.

Cette espèce croît dans les terrains secs et sablonneux de la Pensylvanie, de
la Virginie, de la Caroline et de la Floride, où elle est connue sous le nom de
Barren's oak , Chêne des lieux stériles , et encore sous celui de *Black oak* ,
Chêne noir.

52. QUERCUS nana.

Q. *foliis cuneiformibus, glabris, apice trilobatis, basi subsinuatis; lobis divaricatis,
mucronatis, intermedio majore; axillis
venarum pubescentibus.*

CHÊNE nain.

C. à feuilles cunéiformes, glabres, un peu sinuées à leur base, partagées au sommet en
trois lobes divergens, mucronés, dont celui du milieu plus grand; à aisselles des
nervures pubescentes.

QUERCUS *nana.* Willd. Sp. 4.. p. 443.
QUERCUS *aquatica γ elongata.* Air. Hort. Kew. 3. p. 357.

Les feuilles de cette espèce ont un pouce et demi à deux pouces de longueur;
elles sont glabres des deux côtés, un peu sinuées à leur base, portées sur de
très-courts pétioles, ou presque sessiles, et l'aisselle de leurs nervures est munie
d'un faisceau de poils. Les glands sont ovales-arrondis, et leur cupule est un peu
plane à leur base.

Ce Chêne croît dans la Caroline.

**** *Feuilles sinuées, à lobes mucronés.*

53. QUERCUS hemisphærica.

Q. *foliis perennantibus, oblongo-lanceolatis, utrinquè glabris, indivisis, trilobatis sinuatisque; lobis mucronatis.*

CHÊNE hémisphérique.

C. à feuilles persistantes, oblongues-lancéolées,
glabres des deux côtés, entières, à trois
lobes ou sinuées; les lobes mucronés.

QUERCUS *hemisphærica.* Bartram. Itin. 320. Willd. Sp. 4. p. 443.
QUERCUS *aquatica varieta*s. Mich. Hist. des Chênes. t. 20. f. 2.

Cette espèce a beaucoup de rapports avec le Chêne aquatique; mais elle en est
bien distincte par ses feuilles sinuées et persistantes. Celles-ci sont d'ailleurs très-
sujettes à varier; le même rameau en porte de très-entières, de sinuées et de
trilobées. Les jeunes individus ont leurs feuilles linéaires-lancéolées, très-entières,
et tellement semblables à celles du Chêne Saule qu'il serait facile de les prendre
pour celui-ci.

Ce Chêne croît dans la Géorgie et la Floride.

54. QUERCUS falcata.

Q. *foliis trilobis sinuatisve, subtùs tomentosis, lobatis, subfalcatis, setaceo-mucronatis; terminali elongato; glandibus
ovato-subrotundis, subsessilibus.*

CHÊNE en faucille.

C. à feuilles trilobées ou sinuées, cotonneuses
en dessous; à lobes arqués en faulx, et mucronés-sétacés, le terminal plus alongé
que les autres; à glands ovales arrondis,
presque sessiles.

QUERCUS *falcata.* Mich. Hist. des Chênes. n. 16. t. 28. (*exclusis synonymis.*) Mich. Fil.
Arb. Amer. 2. p. 104. t. 21.
QUERCUS *elongata.* Willd. Sp. 4. p. 444.
β. QUERCUS *triloba.* Mich. Hist. des Chênes. n. 14. t. 26. Willd. Sp. 4. p. 443.

Le Chêne en faucille est un très-grand arbre qui parvient à plus de quatre-vingts
pieds d'élévation, sur quatre à cinq pieds de diamètre. Son tronc est revêtu d'une
écorce noirâtre, profondément crevassée. Ses feuilles se présentent sous des formes
très-différentes, selon l'âge et selon la hauteur des individus. Dans le New-Jersey,
selon l'observation de M. Michaux fils, où cet arbre ne s'élève qu'à trente pieds,
les feuilles sont seulement trilobées et non en faulx comme dans les grands individus
qu'on trouve plus au sud des États-Unis; ou du moins celles qui ont ce dernier
caractère sont en très-petit nombre et placées à l'extrême sommet des arbres. Dans

les jeunes plants elles présentent également la même configuration, ainsi que sur les branches inférieures des arbres les plus vigoureux qui croissent dans les lieux très-frais et très-ombragés, tandis que celles qui sont à la partie la plus élevée sont plus étroitement laciniées, et elles ont leurs lobes encore plus arqués que les feuilles représentées dans la figure donnée par M. Michaux fils, de qui nous empruntons ces observations. C'est cette différence aussi remarquable qui a trompé Michaux père, et lui a fait décrire sous le nom de *Quercus triloba* les individus dont le feuillage n'avait point encore acquis sa véritable forme. Quelquefois aussi les feuilles du Chêne en faucille ne sont, dans les rejetons des arbres coupés, ni trilobés ni en faulx, mais découpées ou dentées très-profondément à angles droits; elles ont toujours d'ailleurs pour caractère constant d'être lisses, luisantes, d'un vert gai en dessus, plus ou moins veloutées en dessous, ainsi que les jeunes pousses qui les portent. Les glands sont petits, arrondis, brunâtres, contenus dans des cupules légèrement écailleuses, peu profondes, et portés sur des pédicules d'environ une à deux lignes de longueur.

Cet arbre croit dans l'Amérique septentrionale, depuis le New-Jersey jusqu'à la Floride. Dans le Maryland, le Delaware et la Virginie, on le connaît sous le nom de *Spanish oak*, Chêne d'Espagne, tandis que dans les deux Carolines et la Géorgie on l'appelle *Red oak*, Chêne rouge. M. Noisette le cultive dans ses pépinières.

55. QUERCUS *Tinctoria*. Tab. 47. Fig. 1.   CHÊNE Quercitron. Pl. 47. Fg. 1.

Q. *foliis ovato-oblongis, sinuatis, subtùs pubescentibus; lobis angulosis, mucronatis; glandibus subrotundis, sessilibus.*   C. à feuilles ovales-oblongues, sinuées, pubescentes en dessous; à lobes anguleux, mucronés; à glands arrondis, sessiles.

QUERCUS *Tinctoria*. Bartram, Travels. p. 37. Mich. Hist. des Chênes, n. 13. t. 24 et 25 Mich. Fil. Arb. Amer. 2. p. 110. t. 22. Willd. Sp. 4. p. 444.

QUERCUS *discolor*. Willd. l. c. p. 44.

QUERCUS *velutina*. Lam. Dict. 1. p. 721.

Le Quercitron est un des plus grands arbres de l'Amérique du nord, car il acquiert quatre-vingts à quatre-vingt-dix pieds d'élévation, sur quatre à six pieds de diamètre et même plus. Son tronc est revêtu d'une écorce assez profondément crevassée, et constamment de couleur noire, ou du moins d'une teinte très-rembrunie. Ses feuilles sont pétiolées, grandes, ovales oblongues, d'un beau vert en dessus, légèrement pubescentes en dessous, plus ou moins sinuées ou même partagées en cinq lobes, dont la partie supérieure est incisée par des dents grandes, écartées et mucronées. Ces feuilles ont en général beaucoup de ressemblance avec celles du Chêne écarlate; mais elles en diffèrent, selon l'observation de M. Michaux fils, parce qu'elles sont moins luisantes, d'un vert plus mat, et encore parce qu'au printems, et pendant une partie de l'été, leur surface inférieure et les jeunes pousses sont légèrement rugueuses ou couvertes d'un grand nombre de petites glandes, très-sensibles à la vue et au toucher. Les fleurs mâles ont quatre étamines. Les glands sont arrondis, un peu déprimés à leur sommet, sessiles le long des rameaux, contenus à moitié dans une cupule presqu'en soucoupe et revêtue d'un grand nombre d'écailles peu adhérentes.

Cette espèce croit dans tous les États-Unis d'Amérique, excepté dans ceux qui sont le plus au nord. Les habitans du pays la désignent sous le nom de *Black oak*, Chêne noir. M. Noisette le cultive dans ses pépinières.

56. QUERCUS rubra.   CHÊNE rouge.

Q. *folis oblongis, longè petiolatis, glabris, 7-9 lobatis; lobis acutis, dentatis, setaceo-*   C. à feuilles oblongues, glabres, longuement pétiolées, partagées en 7 à 9 lobes aigus, *mucronatis; glandibus ovatis, sessilibus, in cupulá subtùs planá.*

chargés de dents mucronées-sétacées ; à glands ovales, sessiles, dans une cupule plane en dessous.

QUERCUS *rubra.* Lin. Sp. 1413. Willd. Sp. 4. p. 445. Lam. Dict. Enc. 1. p. 720. Mich. Hist. des Chênes. n. 20. t. 35, 36. Mich. Fil. Arb. Amer. 2. p. 126. t. 26.

Le Chêne rouge est un très-grand arbre, dont la cîme embrasse beaucoup d'espace, et dont la hauteur excède souvent quatre-vingts pieds, sur un diamètre proportionné. Ses feuilles, portées sur un long pétiole, sont partagées en sept à neuf lobes très-aigus, bordées en leur partie supérieure de quelques dents grandes, écartées et se terminant en pointe sétacée. Dans les jeunes arbres les feuilles sont beaucoup plus larges que dans les vieux ; les découpures en sont plus profondes, plus étroites et plus droites que dans celles qui sont prises sur les branches du milieu de l'arbre ou sur son sommet. Ces dernières ressemblent assez à celles du *Quercus falcata* ; mais elles sont bien reconnaissables, parce que celles-ci sont toujours très-sensiblement veloutées à leur partie inférieure, au lieu que celles du Chêne rouge sont parfaitement glabres.

Au printems et en été elles sont d'un vert gai, en automne elles deviennent d'un rouge terne, et finissent par jaunir et tomber. Les glands sont assez gros, ovoïdes, arrondis à leur sommet, déprimés à leur base, contenus au tiers de leur longueur dans une cupule très-plate à la base, et dont les écailles sont petites et étroitement appliquées les unes sur les autres.

Cette espece est très-commune dans le Canada et dans la partie du nord des États-Unis, où elle est généralement connue des habitans sous le nom de *Red oak.* Nous l'avons vue dans le jardin de M. Noisette.

57. QUERCUS coccinea.

Q. foliis oblongis, glabris, profundé sinuatis, longé petiolatis; lobis divaricatis, dentatis, setaceo-mucronatis; glandibus breviovatis, sessilibus; cupulá turbinatá.

CHÊNE écarlate.

C. à feuilles oblongues, glabres, longuement pétiolées, profondément sinuées ; à lobes divariqués, chargés de dents mucronées-sétacées ; à glands courtement ovoïdes, sessiles ; à cupule turbinée.

QUERCUS *coccinea.* Wangenheim, Amer. 44. t. 4. f. 9. Willd. Sp. 4. p. 445. Mich. Hist. des Chênes. n. 18. t. 31. 32. Mich. Fil. Arb. Amer 2. p. 116. t. 23.

Ce Chêne est, comme le précédent, un très-grand arbre qui parvient à soixante-quinze et quatre-vingts pieds d'élévation. Ses feuilles sont glabres, longuement pétiolées, partagées en cinq ou sept lobes, dont les dents et le sommet sont rétrécis en pointe très-aiguë ; elles sont d'ailleurs d'une fort belle couleur verte, lisses, luisantes en dessus et en dessous. Dès les premiers froids ces feuilles commencent à s'altérer, et après quelques gelées elles deviennent d'un rouge assez vif, et non d'une teinte terne comme le vrai Chêne rouge. A cette époque de l'année, dit M. Michaux, cette singulière altération de son feuillage forme un contraste très-frappant avec celui des autres arbres, et cette seule propriété devrait engager à le planter, pour contribuer à l'embellissement des parcs et des jardins d'une grande étendue. Les fleurs mâles ont quatre étamines. Les glands sont ovoïdes, arrondis également à leurs deux extrémités, contenus jusqu'à la moitié dans une cupule turbinée, très-écailleuse.

Le Chêne écarlate croît abondamment dans le New-Jersey, la Pensylvanie, la Virginie, les Hautes-Carolines et la Haute-Géorgie ; il est rare dans les parties plus septentrionales des États-Unis.

58. QUERCUS Catesbæi.

Q. *foliis oblongis, glabris, breviter petiolatis, 3-5 lobatis; lobis divaricatis, acutis, dentato-mucronatis; glandibus subglobosis, sessilibus; cupulæ turbinatæ squamulis marginalibus introflexis.*

CHÊNE de Catesby.

C. à feuilles oblongues, glabres, courtement pétiolées, partagées en 3 ou 5 lobes divariqués, aigus, dentés-mucronés; à glands presque globuleux, sessiles; à cupule turbinée, ayant les écailles marginales réfléchies en dedans.

QUERCUS *Catesbæi.* Mich. Hist. des Chênes. n. 17. t. 29 et 30. Mich. Fil. Arb. Amer. 2. p. 101. t. 20.

Cette espèce de Chêne est un arbre qui ne s'élève pas à plus de trente à quarante pieds. Son tronc tortueux se divise très-près de terre en plusieurs branches, et il est revêtu d'une écorce noirâtre, épaisse, profondément crevassée. Ses feuilles, portées sur de courts pétioles, sont glabres, luisantes, assez épaisses et même coriaces, rétrécies en angle aigu par leur base, découpées très-profondément et d'une manière fort irrégulière, le plus souvent cependant en trois à cinq lobes aigus, dentés en leur partie supérieure, et quelquefois recourbés en faulx. Les fleurs mâles ont quatre étamines. Les glands sont assez gros, presque globuleux, noirâtres et couverts en partie d'une poussière fine et de couleur grise, qui se détache aisément en les frottant entre les doigts. Ils sont contenus dans des cupules assez grandes, renflées à leur partie supérieure, et remarquables parce que les écailles du bord se replient sensiblement en dedans.

Cet arbre croît dans les terrains secs et arides du Maryland, de la Virginie et des Carolines, où il est connu sous le nom de *Barren's scrub oak*, Chêne chétif des landes.

59. QUERCUS palustris.

Q. *foliis oblongis, glabris, profundè sinuatis, subquinquè-lobatis; lobis divaricatis, dentatis, acutis, setaceo-mucronatis; axillis venarum subtùs villosis; glandibus sessilibus; cupulâ basi planiusculâ lævi.*

CHÊNE des marais.

C. à feuilles oblongues, glabres, profondément sinuées, souvent à cinq lobes divariqués, aigus, dentés, mucronés-sétacés; à aisselles des nervures velues en dessous; à glands sessiles; à cupule lisse et plane à sa base.

QUERCUS *palustris.* Du Roi, Harbk 2. p. 268. t. 5. f. 4. Wangenh. Amer. 76. t. 5. f. 10. Mich. Hist. des Chênes. n. 19. t. 33. 34. Mich. Fil. Arb. Amer. 2. p. 123. t. 25. Willd. Sp. 4. p. 446.

Le Chêne des marais est un très-grand arbre, dont la hauteur excède souvent soixante-dix à quatre-vingts pieds, sur neuf à douze de circonférence. L'écorce qui couvre son tronc est à peine fendillée, même dans les plus vieux arbres, et composée presqu'entièrement d'un tissu cellulaire très-épais. Ses feuilles sont longuement pétiolées, d'un vert agréable, lisses en dessus et en dessous, profondément découpées en cinq ou sept lobes, à dents aiguës, assez semblables d'ailleurs à celles du Chêne écarlate, dont elles ne diffèrent sensiblement que parce qu'elles sont toujours plus petites dans toutes leurs proportions. Les glands sont assez petits, arrondis, sessiles, contenus dans une cupule très-évasée, peu profonde, presque plane à sa base, et dont les écailles sont étroitement appliquées les unes sur les autres.

Cette espèce croit dans les parties moyennes et septentrionales des États-Unis, où on lui donne le nom de *Pine oak*, Chêne à épingles ou à chevilles, et celui de *Swamp's Spanish oak*, Chêne d'Espagne des Marais

60. QUERCUS acutifolia.

Q. *foliis ovato - lanceolatis , basi inœqualibus, sinuatis ; lobis dentatis, setaceomucronatis ; axillis venarum subtùs villosis ; glandibus racemosis.*

CHÊNE à feuilles aiguës.

C. à feuilles ovales-lancéolées , inégales à leur base , sinuées , partagées en lobes dentés et mucronés-sétacés, et ayant en dessous les aisselles de leurs nervures velues ; à glands disposés en grappe.

QUERCUS *acutifolia.* Née in Annal. Scient. Nat. 3. p. 267. Willd. Sp. 4. p. 446.

Ce Chêne est une des plus grandes espèces de la Nouvelle-Espagne. Son tronc est épais, haut de vingt-cinq pieds, couronné par une cime très-rameuse et très-touffue. Ses feuilles, portées sur des pétioles longs d'un pouce , ont cinq à sept pouces de longueur, sur un pouce et demi à deux pouces de largeur ; elles sont ovales , lancéolées, inégales à leur base , rétrécies insensiblement vers leur sommet , terminées en pointe aiguë , sinuées en leurs bords et garnies de dentelures subulées, vertes et luisantes en dessus , rougeâtres en dessous, et chargées de nervures velues dans leurs aisselles. Les fleurs femelles , au nombre de quatre ensemble , forment de petites grappes axillaires. Les glands ont à peine la grosseur d'un pois et sont presqu'entièrement renfermés dans une cupule couverte d'écailles noirâtres.

Cet arbre croît à la Nouvelle-Espagne , sur la route d'Acapulco à Mexico.

61. QUERCUS candicans.

Q. *foliis ovatis, subtùs tomentosis, sinuatis ; lobis dentatis , setaceo-mucronatis.*

CHÊNE blanchâtre.

C. à feuilles ovales , cotonneuses en dessous , sinuées , partagées en lobes dentés , mucronés-sétacés.

QUERCUS *candicans* Née in Annal. Scient. Natur. 3. p. 277. Willd. Sp. 4. p. 447.

Le Chêne blanchâtre est un arbre de grandeur médiocre , dont la cime est touffue et formée de rameaux redressés. Ses feuilles , portées sur des pétioles longs seulement de quatre lignes, sont longues de neuf pouces, larges de quatre , vertes et glabres en dessus , blanchâtres et cotonneuses en dessous, sinuées en leurs bords et garnies de dents sétacées , mucronées.

Cette espèce croît dans les terrains sablonneux de la Nouvelle-Espagne , près de Tixtala.

62. QUERCUS Banisteri. Tab. 50.

Q. *foliis ovato-cuneiformibus , tri-quinquelobatis, subtùs tomentosis; lobis setaceo-mucronatis ; glandibus globosis, geminatis, breviter pedunculatis.*

CHÊNE de Banister. Pl. 50.

C. à feuilles ovales-cunéiformes , cotonneuses en dessous , partagées en trois ou cinq lobes mucronés-sétacés ; à glands globuleux, géminés , courtement pédonculés.

QUERCUS *Banisteri.* Mich. Hist. des Chênes. n. 15. t. 27. Mich. Fil. Arb. Amer. 2. p. 96. t. 19.

QUERCUS *Ilicifolia.* Wangenh. Amer. 79. t. 6. f. 17 Willd. Sp. 4. p. 447.

Le Chêne de Banister , qui porte le nom d'un botaniste anglais qui le premier l'a fait connaître , n'est, selon M. Michaux fils, qu'un arbrisseau ne s'élevant le plus souvent qu'à trois et quatre pieds , et quelquefois cependant pouvant atteindre à la hauteur de huit à dix pieds quand il croît isolément et dans des veines de terres plus fertiles. Son tronc est très-rameux , recouvert d'une écorce lisse ; il acquiert rarement plus d'un pouce de diamètre. Ses feuilles sont longuement pétiolées, d'un vert sombre à leur partie supérieure , drapées et de couleur cendrée en dessous , assez régulièrement divisées en trois ou cinq lobes formant autant d'angles aigus, terminés par une pointe sétacée. Ses glands sont assez petits, presque globuleux, noirâtres et comme rayés, dans leur longueur, de quelques lignes rougeâtres, portés deux ensemble sur un même pédoncule, et contenus dans des cupules un peu turbinées. La fructification de ce Chêne est en général très-abondante, et M. Michaux dit que, dans certaines années, les glands sont tellement serrés les uns contre les autres, qu'ils couvrent les branches.

Cette espèce croit dans les parties du nord et du milieu des États-Unis ; sa présence est considérée comme un indice certain de la stérilité du sol qui, dans les endroits où elle croît, est presque toujours sec, sablonneux et très-mélangé de gravier. Les individus de cette espèce ne viennent pas en général entremêlés avec d'autres arbrisseaux, mais ils couvrent exclusivement de plus ou moins grandes étendues de terrain, et ils y croissent très-rapprochés les uns des autres. Ce petit Chêne est connu dans les États-Unis sous les différens noms de *Bear oak*, Chêne à glands d'ours, de *Black scrub oak*, Chêne chétif noir, et de *Dwart red oak*, petit Chêne rouge. Nous en avons vu cette année, dans le jardin de M. Noisette, un pied qui nous à paru n'avoir pas plus de douze à quinze ans, qui était chargé de fruits, et qui avait déjà neuf à dix pieds, ce qui est la plus grande hauteur que M. Michaux fils lui suppose atteindre.

63. QUERCUS Pseudo-Suber. Tab. 48. fig. 2.   CHÊNE Faux-Liége. Pl. 48. fig. 2.

Q. *cortice fungoso ; foliis deciduis, lanceolatis, sinuatis, subtùs tomentosis; lobis integerrimis, mucronatis ; glandibus pedunculatis, axillaribus; cupulæ squamis subulatis.*

C. à écorce fongueuse ; à feuilles caduques, lancéolées, sinuées, cotonneuses en dessous, partagées en lobes entiers et mucronés ; à glands pédonculés, axillaires, ayant les écailles de leur cupule subulées.

QUERCUS *Pseudo-Suber.* Desf. Fl. Atl. 2. p. 348. Willd. Sp. 4. p. 448.

Cette espece est un arbre de cinquante à soixante pieds de hauteur, dont l'écorce est fongueuse, moins cependant que dans le Liége, et ses jeunes rameaux striés, cotonneux et blanchâtres. Ses feuilles sont lancéolées, longues de dix-huit à trente lignes, larges de neuf à douze, portées sur des pétioles de trois à cinq lignes de longueur, cotonneuses et de couleur cendrée en dessous, lisses, glabres et luisantes en dessus, sinuées en leurs bords, ou plutôt bordées de dents écartées, assez égales, profondes, mucronées à leur sommet. Les fleurs mâles sont disposées en chatons qui naissent sur les rameaux de l'année précédente et dans leur partie supérieure. Les fleurs femelles, au contraire, naissent sur les jeunes rameaux, solitaires dans les aisselles des feuilles et portées sur un pédoncule cotonneux, long de quelques lignes. Il leur succède des glands ovales-oblongs, à moitié enveloppés dans une cupule hérissée d'écailles subulées et lâches.

Le Chêne Faux-Liége croît sur le Mont-Atlas, en Espagne et en Italie ; on le cultive dans le Jardin royal de Trianon.

64. QUERCUS Ægylopifolia.   CHÊNE à feuilles d'Egylops.

Q. *foliis ovato-oblongis, sinuato-dentatis, subtùs pallidè virentibus, sublanatis ; glandibus pedunculatis.*

C. à feuilles ovales-oblongues, sinuées, dentées, d'un vert pâle en dessous, un peu cotonneuses ; à glands pédonculés.

QUERCUS *Ægylopifolia.* Pers. Synop. 2. p. 570.
QUERCUS *Hispanica* β. Lam. Dict. Enc. 1. p. 723.

Ce Chêne ressemble beaucoup au précédent, avec lequel il a été confondu, mais il en diffère par son écorce gercée et non fongueuse , par ses cupules non hérissées. Il s'élève à vingt ou trente pieds. Ses feuilles sont ovales , sinuées, velues en dessous, bordées de dents rapprochées et presque obtuses. Ses glands sont pédonculés , à moitié renfermés dans leur cupule.

Cette espèce croît naturellement en Espagne , aux environs de Gibraltar ; elle est cultivée à Trianon.

65. QUERCUS Ægylops. Tab. 51.

CHÊNE Vélani. Pl. 51.

Q. *foliis ovatis, subtùs tomentosis, margine sinuatis; lobis integerrimis, mucronatis; glandibus ovatis ; cupulæ maximæ squamis linearibus, laxis.*

C. à feuilles ovales , cotonneuses en dessous , bordées de lobes entiers et mucronés ; à glands ovales, ayant les écailles de leur cupule très-grandes , linéaires et lâches.

QUERCUS *Ægilops.* Lin. Sp. 1414. Willd. Sp. 4. p. 448. Oliv. Voy. 1. p. 254. pl. 13.

QUERCUS *Orientalis, Castaneæ folio , glande reconditâ in cupulâ crassâ et squamosâ.* Tourn. Corol. 40.

QUERCUS *Gallo-Græca Castaneæ folio , glande reconditâ in capulâ crassiore et squamatâ.* Tourn. Herb. Sic.

Le Chêne Vélani a le port et la hauteur de notre Chêne Roure , d'après Tournefort ; il ne s'élève pas si haut, selon Olivier. Ses branches sont touffues , tortueuses , étendues assez horizontalement , revêtues d'une écorce grisâtre et brunâtre par places. Ses feuilles sont longues de trois pouces , sur deux de large , arrondies à leur base , portées sur un pétiole long de neuf à dix lignes , bordées de grosses dents , dont chacune se termine par une pointe sétacée ; ses feuilles sont épaisses , coriaces, d'un vert plus ou moins foncé, selon l'âge ; un peu luisantes en dessus quoique couvertes d'un léger duvet, blanchâtres et cotonneuses en dessous. Les glands sont courts , un peu creusés à leur sommet, plus gros que dans aucune autre espèce d'Europe, enfoncés, environ au tiers ou à moitié, dans une cupule dont les écailles sont libres à leur partie supérieure , larges d'une ligne et demie à deux lignes , longues de plus de six, les unes redressées , les autres à demi étalées, et les plus extérieures enfin un peu réfléchies en arrière.

Cet arbre croît sur la côte occidentale de la Natolie , dans les îles de l'Archipel et dans toute la Grèce.

***** *Feuilles sinuées , à lobes mutiques.*

66. QUERCUS alba.

CHÊNE blanc.

Q. *foliis oblongis, pinnatifido-sinuatis, laciniis oblongis, obtusis, plerumquè integerrimis ; glandibus ovatis , pedunculatis ; cupulæ squamis tuberculatis.*

C. à feuilles oblongues , sinuées-pinnatifides , découpées en lobes oblongs , obtus et le plus souvent très-entiers ; à glands ovales, pédonculés , ayant leur cupule chargée d'écailles tuberculeuses.

QUERCUS *alba.* Lin. Sp. 1414. Willd. Sp. 4. p. 448. Lam. Dict. 1. p. 720. Mich. Fil. Arb. Amer. 2. p. 13. t. 1.

α. QUERCUS *alba pinnatifida.* Mich. Hist. des Chênes. n. 4. t. 5. f. 1.

β. QUERCUS *alba repanda.* Mich. 1. c. t. 5. f. 2.

De toutes les espèces de Chênes qui se trouvent dans l'Amérique septentrionale, il n'en est point, selon MM. Michaux père et fils , qui ait plus de ressemblance avec le Chêne d'Europe , et notamment avec le Chêne à grappe.

Le Chêne blanc de l'Amérique septentrionale s'élève à soixante-dix ou quatre-vingts pieds, sur six à sept pieds de diamètre ; proportions qui d'ailleurs varient selon la nature du sol et la température du climat. Son tronc est revêtu d'une écorce blanchâtre , se levant par bandes longitudinales dans l'arbre adulte , à mesure qu'il prend de l'accroissement. Ses feuilles sont découpées plus ou moins profondément en lobes ou divisions , le plus souvent très-entières , toujours arrondies à leur sommet, et jamais terminées en pointe aiguë : dans leur jeunesse elles sont rougeâtres en dessus, blanches et veloutées en dessous ; mais lorsqu'elles ont acquis tout leur développement, elles deviennent lisses et d'un vert tendre en dessus , glabres et glauques en dessous. Les fleurs mâles ont de cinq à dix étamines Les femelles sont portées , une ou deux ensemble , sur des pédoncules de huit à dix lignes de longueur ; il leur succède des glands assez gros , ovoïdes , d'une saveur douce , contenus dans une cupule peu profonde , relevée d'écailles tuberculeuses et grisâtres.

Cette espèce croît dans l'Amérique septentrionale , depuis le Canada jusqu'à la Floride.

67. QUERCUS Esculus.

Q. *foliis ovato-oblongis , plus minusve pinnatifidis , glabris , petiolatis; laciniis oblongis , obtusis , posticè subangulatis; glandibus ovatis , subsessibus.*

CHÊNE Grec.

C. à feuilles ovales-oblongues , plus ou moins pinnatifides , glabres , pétiolées; à découpures oblongues , obtuses , un peu anguleuses en leur côté postérieur ; à glands ovales, presque sessiles.

QUERCUS *Esculus.* Lin. Sp. 1414. Lin. Mant. 496. Willd. Sp. 4. p. 449. Lam. Dict. Enc. 1. p. 718.

Ce Chêne, selon M. de Lamarck , ne forme qu'un petit arbre. Ses feuilles sont ovales-oblongues , pétiolées , d'un vert gai , et luisantes en dessus , plus pâles en dessous , glabres ou légèrement pubescentes, profondément découpées en leurs bords , et souvent pinnatifides , à découpures oblongues , obtuses , ou terminées par une pointe mousse , munies pour la plupart d'une ou deux grosses dents vers leur partie supérieure et externe. Les glands sont ovoïdes , d'une grosseur moyenne, portés , un ou deux ensemble, sur de très-courts pédoncules , et enveloppés jusqu'au tiers de leur longueur dans une cupule dont les écailles sont étroitement embriquées les unes sur les autres. Ces glands sont bons à manger.

Cette espèce croît en Grèce , en Dalmatie et en Italie.

68. QUERCUS Robur. Tab. 52.

Q. *foliis oblongis , petiolatis , glabris , sinuatis ; lobis rotundatis ; glandibus ovato-oblongis , sessilibus subpedunculatisque.*

CHÊNE Rouvre. Pl. 52.

C. à feuilles oblongues , pétiolées , glabres , sinuées , bordées de lobes arrondis ; à glands ovales - oblongs , sessiles ou à peine pédonculés.

QUERCUS *Robur.* Lin. Sp. 1414. (*Excl. synon. Bauhini.*) Willd. Sp. 4. p. 450.
QUERCUS *sessiliflora.* Smith. Fl. Brit. 3. p. 1026.
QUERCUS *latifolia mas , quæ brevi pediculo est.* 419. Bauh. Pin. 419. Duham. 2. p. 202. n. 1.

Le Chêne Rouvre ou Roure , nommé aussi *Chêne mâle , Durelin* , est un grand arbre qui s'élève à soixante pieds et au delà , et dont le tronc, revêtu dans sa vieillesse d'une écorce brunâtre , crevassée , acquiert six à douze pieds de circonférence. Ses feuilles sont pétiolées , ovales - oblongues , sinuées ou bordées de lobes arrondis , luisantes et d'un beau vert en dessus , en général glabres des deux côtés , quelquefois légèrement pubescentes en dessous. Les fleurs mâles, disposées en chatons

de deux pouces de longueur et plus , sont composées : 1°. d'un calice partagé
jusqu'à moitié en cinq divisions ovales, légèrement ciliées ; 2°. de cinq à neuf étamines. Les fleurs femelles sont sessiles ou portées sur de courts pédoncules ; il
leur succède des glands ovoïdes ou ovales-alongés, contenus jusqu'au tiers dans une
cupule revêtue d'écailles grisâtres , étroitement embriquées ; les inférieures étant
un peu renflées et comme tuberculeuses.

Ce Chêne croît dans les forêts de l'Europe ; il présente un nombre prodigieux
de variétés que l'on peut distinguer par les feuilles découpées plus ou moins
profondément, par la longueur de leur pétiole , par les poils dont elles peuvent
être couvertes en dessous, et enfin par la grosseur et la disposition des glands
sessiles , pédonculés, solitaires , géminés ou agglomérés plusieurs ensemble.

69. QUERCUS pubescens.

CHÊNE pubescent.

Q. *foliis ovato-oblongis, petiolatis, sinuatis, subtùs pubescentibus , basi inæqualibus et subcordatis, lobis obtusis angulatis ; glandibus ovatis , subsessilibus.*

C. à feuilles ovales-oblongues , pétiolées , sinuées, pubescentes en dessous, inégales à leur
base et un peu en cœur , bordées de lobes
obtus et un peu anguleux ; à glands ovales
presque sessiles.

QUERCUS *pubescens.* WILLD. Sp. 4. p. 450.
QUERCUS *Robur lanuginosa.* LAM. Dict. Enc. 1. p. 717.

Le Chêne pubescent diffère du précédent par sa taille moins élevée , par ses
feuilles toujours pubescentes en dessous , en général plus profondément découpées , leurs lobes étant souvent anguleux en leur côté extérieur. Les fleurs mâles, les
fleurs femelles et les glands ne diffèrent pas sensiblement de ceux du Chêne
Rouvre.

Cette espèce croît en France , en Italie , en Suisse et probablement dans une
grande partie de l'Europe , dans les lieux secs et sur les collines.

70. QUERCUS Apennina. Tab. 53.

CHÊNE de l'Apennin. Pl. 53.

Q. *foliis ovato-oblongis, petiolatis, sinuatis, subtùs pubescentibus; lobis obtusis , sub-angulatis ; glandibus ovatis , subracemosis.*

C. à feuilles ovales-oblongues , pétiolées , sinuées , pubescentes en dessous , bordées
de lobes obtus et un peu anguleux ; à
glands ovales, disposés en grappe courte.

QUERCUS *Apennina.* LAM. Dict. Enc. 1. p. 725.

Cette espèce paraît être intermédiaire entre la précédente et la suivante. Elle
diffère de la première par ses fleurs mâles, dont les divisions du calice sont plus
étroites , plus alongées , et par ses fleurs femelles disposées au nombre de quatre
à huit le long d'un pédoncule ayant huit à quinze lignes de longueur. Elle se distingue du Chêne à grappes, par sa taille moins élevée , par ses feuilles plus profondément découpées, pétiolées, pubescentes en dessous et sur leur pétiole ; enfin
parce que la grappe de ses fleurs femelles est beaucoup plus courte.

Ce Chêne croît en France dans les lieux secs , sablonneux et pierreux ; on le
trouve au bois de Boulogne , près de Paris.

71. QUERCUS racemosa. Tab. 54.

CHÊNE à grappes. Pl. 54.

Q. *foliis oblongis, subsessilibus, glabris, sinuatis ; lobis rotundatis ; glandibus ovato-oblongis , longiùs racemosis ; ramis patulis.*

C. à feuilles oblongues, presque sessiles , glabres , sinuées , bordées de lobes arrondis ;
à glands ovales-oblongs , disposés en une
longue grappe ; à rameaux étalés.

QUERCUS *racemosa*. Lam. Dict. Enc. 1. p. 715.
QUERCUS *Robur*. Lin. Sp. 1414. (*cum synon. Bauhini.*) Smith. Fl. Brit. 3. p. 1026.
QUERCUS *pedunculata*. Willd. Sp. 4. p. 450.
QUERCUS *cum longo pediculo*. Bauh. Pin. 420. Duham. Arb. 2. p. 202. n. 3.
CHÊNE *blanc*. Secondat, Mém. sur le Chêne. Pl. 1 et 3.

Le Chêne à grappes, appelé vulgairement *Chêne blanc, Gravelin*, est la plus grande espèce de nos Chênes d'Europe ; il s'élève à soixante-dix et quatre-vingts pieds, sur un diamètre de deux à quatre pieds à sa base. Ses feuilles sont sessiles, ou presque sessiles, ovales-oblongues, sinuées, bordées de lobes obtus et même arrondis, glabres des deux côtés, lisses et luisantes en dessus, un peu glauques en dessous. Ses fleurs mâles sont disposées en chatons qui sortent ordinairement plusieurs ensemble de boutons placés le long des rameaux de l'année précédente : elles ont un calice le plus souvent quinquéfide, à divisions étroites, et environ dix étamines plus longues que les découpures calicinales. Les fleurs femelles sont sessiles, au nombre de quatre à dix, espacées, depuis le milieu jusqu'à l'extrémité, d'un pédoncule long de trois à cinq pouces et qui sort de l'aisselle des feuilles sur les jeunes rameaux. A ces fleurs succèdent des glands ovales-alongés, contenus au tiers ou au quart dans des cupules revêtues d'écailles brunâtres, étroitement embriquées. Il n'y a ordinairement que les deux ou trois glands inférieurs qui parviennent à maturité, les autres germes avortent peu après la fleuraison.

Ce Chêne croît en Europe, dans les forêts.

72. QUERCUS fastigiata. Tab. 55.

CHÊNE pyramidal. Pl. 55.

Q. *foliis oblongis, breviter pedunculatis, glabris, sinuatis ; lobis rotundatis ; glandibus ovato-oblongis, longiùs racemosis; ramis adscendentibus.*

C. à feuilles oblongues, courtement pédonculées, glabres, sinuées, bordées de lobes arrondis ; à glands ovales-oblongs, disposés en une longue grappe ; à rameaux redressés.

QUERCUS *fastigiata*. Lam. Dict. 1. p. 725.

Le Chêne pyramidal, connu encore sous le nom de *Chêne Cyprès, Chêne des Pyrénées*, est un très-bel arbre qui se fait remarquer par son port semblable à celui du Peuplier d'Italie ou du Cyprès pyramidal. La direction de ses branches régulièrement redressées et toutes dirigées vers le sommet, de manière à ce qu'il forme exactement la pyramide, est véritablement la seule chose qui puisse le faire distinguer du Chêne à grappes, dont il a tous les autres caractères dans sa foliation et dans sa fructification ; cependant nous avons remarqué que toutes ses feuilles sont toujours distinctement pétiolées et jamais sessiles comme dans l'espèce précédente.

Ce Chêne doit s'élever à une grande hauteur, puisque M. de Saint-Amans, d'Agen, nous écrivait, il y a trois ans, qu'un arbre de cette espèce, dont il nous envoyait le dessin, avait été semé en 1790, et transplanté deux fois depuis, et que cependant il avait déjà au moins quarante pieds de hauteur. Cet arbre se trouve dans les vallées des Pyrénées occidentales et dans les Landes ; mais toujours épars, en petite quantité et près des habitations, de sorte que M. Decandolle ne croit pas qu'il soit indigène du pays.

73. QUERCUS Pyrenaica. Tab. 56.

CHÊNE des Pyrénées. Pl. 56.

Q. *foliis oblongis, pinnatifidis, petiolatis, subtùs tomentosis ; lobis obtusis, subdentatis ; glandibus ovatis, pedunculatis racemosisve.*

C. à feuilles oblongues-pinnatifides, pétiolées, cotonneuses en dessous, ayant leurs lobes obtus et quelquefois dentés ; à glands ovales, pédonculés ou disposés en grappe.

QUERCUS *Pyrenaica.* Willd. Sp. 4. p. 451.
QUERCUS *Tosa.* Bosc. Journ. Hist. Nat. 2. p. 155. t. 32. f. 3.
QUERCUS *Tauzin.* Pers. Synop. 2. p. 571.
QUERCUS *nigra.* Thore. Chlor. Land. 381.
QUERCUS *Stolonifera* Lapeyr. Pl. Pyr. 582.
α. *Glandibus pedunculatis , majoribus ; pedunculo incrassato , erecto.*
β. *Glandibus minoribus , pedunculatis ; pedunculo erecto.*
γ. *Glandibus racemosis, mediis ; pedunculo elongato , gracili.*
CHÊNE *noir.* Secondat , Mém. sur le Chêne. Pl. 2 et 5.

Le Chêne des Pyrénées s'élève moins que le Chêne à grappes et que le
Rouvre. Il est jusqu'ici le seul de son genre dont on ait remarqué que la racine soit rampante. Son tronc, qui peut acquérir six à neuf pieds de circonférence , est revêtu d'une écorce très-épaisse , noirâtre et gercée. Ses feuilles sont
pétiolées, inégales à leur base , et quelquefois légèrement échancrées en cœur ,
pinnatifides , découpées plus ou moins profondément en lobes arrondis , et souvent munis d'une à deux grosses dents vers leur sommet : dans leur jeunesse
elles sont abondamment couvertes d'un duvet velouté , composé de poils blanchâtres , rayonnans, qui les rendent douces et molles au toucher ; dans l'âge
adulte la surface supérieure se dépouille d'une partie de ce duvet , quelquefois
même tout-à-fait ; mais l'inférieure en reste toujours chargée. Les fleurs mâles
sont disposées en chatons long de trois à quatre pouces, grêles , velus ; leur calice est partagé presque jusqu'à sa base ,en six divisions oblongues , ciliées , et
il contient dix étamines ou environ.

Les fleurs femelles , lors de leur développement , occupent la partie supérieure des jeunes rameaux , où elles sont disposées plusieurs ensemble , de six à
dix, le long d'un pédoncule très-velu et axillaire : elles m'ont paru avoir souvent quatre stigmates. Les glands sont en général ovoïdes , plus ou moins gros ,
selon les variétés ; dans l'une ils sont très-gros , portés ordinairement deux ensemble sur un pédoncule robuste , ligneux , redressé , long de six lignes à un
pouce ; dans la seconde les glands sont moitié plus petits , portés sur un pédoncule également ligneux et redressé ; dans la troisième , les glands sont de grosseur moyenne , portés sur un pédoncule grêle , alongé en grappe et souvent
penché quand les fruits approchent de la maturité, et par l'effet de leur pesanteur.
M. Decandolle en indique une quatrième variété à glands tout à fait sessilles ;
appartient-elle à cette espèce ? Dans les trois premières variétés , qui pourraient
se subdiviser en beaucoup d'autres si l'on avait égard aux feuilles plus ou moins
découpées ou plus ou moins velues, les cupules enveloppent en général le gland dans
la moitié de sa hauteur, ou au moins jusqu'au tiers, et elles sont recouvertes
d'écailles très-nombreuses , ovales-oblongues , embriquées , roussâtres , velues ,
obtuses , étroitement appliquées à leur base , un peu libres à leur sommet.

Cette espèce croît en France , dans les Basses-Pyrénées et dans toute la partie
de l'ouest qui s'étend depuis le pied de ces montagnes jusqu'au Mans et à Nantes.
On la connaît dans les Landes sous les noms de *Chêne noir, Tauzin* ou *Tauza ;*
à Angers et à Nantes, on l'appelle *Chêne doux ;* au Mans, *Chêne brosse ;* chez les
cultivateurs , *Chêne angoumois ;* les Basques la nomment *Amenza* ou *Ametça.* Elle
se plaît de préférence dans les terrains sablonneux.

74. QUERCUS Faginea.   CHÊNE à Feuilles de Hêtre.
Q. *foliis obovatis , petiolatis , basi subcor-*   C. à feuilles ovales-renversées , pétiolées, pres-
   datis , inæqualibus , levissimé æqualiter-   qu'en cœur et inégales à leur base , légère-

que sinuatis , subtùs tomentosis ; lobis brevissimis, obtusis; glandibus sessilibus.

ment et également sinuées, cotonneuses eu dessous , bordées de lobes très-courts et obtus ; à glands sessiles.

QUERCUS *faginea.* Lam. Dict. Euc. 1. p. 725. Willd. Sp. 4. p. 451.

Les feuilles de ce Chêne sont pétiolées, longues d'un pouce et demi , un peu élargies vers leurs sommet , légèrement sinuées en leurs bords ou plutôt grossièrement et régulièrement dentées , minces , lisses et assez luisantes en dessus , chargées en dessous d'un duvet laineux très-court , avec des nervures latérales obliques et parallèles. Les chatons mâles sont lâches , forts courts, et les glands sessiles.

Ce Chêne croît en Espagne et dans le midi de la France , selon Willdenow.

75. QUERCUS dentata,

Q. foliis obovato-oblongis, obtusis , inciso-dentatis , subtùs tomentosis.

CHÊNE denté.

C. à feuilles ovales-renversées , oblongues , obtuses , incisées-dentées , cotonneuses en dessous.

QUERCUS *dentata.* Thund. Fl. Jap. 177 Willd. Sp. 4. p. 452.

Les branches et les rameaux de cet arbre sont épais , cannelés , ponctués , noueux ; les supérieurs redressés et cotonneux. Ses feuilles réunies au sommet des rameaux sont très-courtement pétiolées , longues de deux pouces , ovales-renversées et oblongues , obtuses , incisées et dentées en leurs bords , chargées de nervures parallèles , velues en dessus , cotonneuses en dessous , molles au toucher.

Ce Chêne croît au Japon.

76. QUERCUS lobata.

Q. foliis obovato-cuneatis , sinuatis, glabris ; lobis dentatis.

CHÊNE lobé.

C. à feuilles ovales-renversées , cunéiformes à leur base , glabres , sinuées , bordées de lobes dentés.

QUERCUS *lobata.* Née , in Annal. Scient. Nat. 3. p. 277. Willd. Sp. 4. p. 452.

Les rameaux des ce Chêne sont sillonnés. Ses feuilles , portées sur de minces pétioles , longs de trois à quatre lignes , ont elles-mêmes quatre pouces de longueur , sur deux et demi de largeur ; elles sont arrondies en leur partie supérieure , cunéiformes à leur base , et bordées de lobes arrondis , obtus , dentés.

Cette espèce croit dans la Nouvelle-Espagne.

77. QUERCUS stellata.

Q. foliis oblongis , subtùs pubescentibus , quinquelobatis ; lobis inferioribus integris, superioribus dilatatis bilobisque ; glandibus ovatis , subglomeratis , breviter pedunculatis.

CHÊNE étoilé.

C. à feuilles oblongues , pubescentes en dessous , partagées en cinq lobes , dont les infé-rieurs entiers , les supérieurs dilatés , et à deux lobes ; à glands ovales , presque agglomérés , portés sur un court pédoncule.

QUERCUS *stellata.* Wangenh. Amer. p. 78, t. 6. f. 15. Willd. Sp. 4. p. 452.
QUERCUS *obtusiloba.* Mich. Hist. des Ch. N°. 1. t. 1. Mich. Fil. Arb. Amer. 2. p. 36. t. 4.

La hauteur de ce Chêne excède rarement quarante à cinquante pieds et son diamètre quinze pouces. Son tronc est droit , recouvert d'une écorce grise-blanchâtre , et se partage promptement en plusieurs branches. Ses feuilles sont portées sur de courts pétioles , rétrécies en coin à leur base, longues de quatre à cinq pouces , ordinairement divisées en cinq lobes , dont les deux inférieurs entiers et arrondis, et les trois supérieurs dilatés et un peu échancrés ; leur couleur est d'un vert sombre en dessus et grisâtre en dessous. Les chatons mâles sont quelquefois très-courts , et les fleurs femelles sont réunies trois à quatre ensemble sur un pédoncule assez court. Les glands sont ovoïdes arrondis, de grosseur médiocre, contenus, jusqu'au tiers de leur longueur , dans une cupule grisâtre et légèrement inégale à sa surface ; ils ont une saveur douce qui les fait rechercher avidement par les écureuils et les dindons sauvages.

Cette espèce croit dans les terrains secs et graveleux de l'Amérique septentrionale , depuis le Canada et la Nouvelle-Angleterre jusqu'à la Floride ; on la connaît dans le pays sous les différens noms de *Box White oak* , Chène buis blanc, *Iron oak* , Chêne de fer, *Post oak* , Chêne à poteaux , et encore *Turkey oak* , Chêne à dindons.

78. QUERCUS lyrata.

CHÈNE à feuilles en lyre.

Q. *foliis oblongis, sinuatis, glabris ; lobis inferioribus integris brevioribusque, superioribus dilatatis , truncato - subemarginatis ; terminali tricuspidato ; glandibus depresso-globosis, subtectis in cupula muricatâ.*

C. à feuilles oblongues , sinuées , glabres , ayant leurs lobes inférieurs entiers et plus courts , les supérieurs dilatés , tronqués et souvent échancrés , le terminal à trois pointes ; à glands globuleux, presque cachés dans une cupule muriquée.

QUERCUS *Lyrata*. Walt. Carol. 235. n. 2. Mich. Hist. des Chên. n. 3. t. 4. Mich. Arb. Amer. 2. p. 42. t. 5. Willd. Sp. 4. p. 453.

Le Chêne à feuilles en lyre parvient à une élévation considérable et à un très-grand diamètre, selon M. Michaux fils, qui rapporte en avoir vu des individus qui avaient plus de quatre-vingts pieds de hauteur, sur dix à douze pieds de circonférence; ordinairement il s'élève à cinquante ou soixante pieds , sur un diamètre proportionné. Son tronc est revêtu d'une écorce unie et assez blanche. Ses feuilles sont d'un vert agréable, entièrement glabres, longues de six à huit pouces, assez étroites , portées sur de courts pétioles , ayant leurs bords découpés en lobes de formes très-différentes et comme lyrées dans leur 'ensemble. Les lobes inférieurs, plus courts que les autres, sont entiers, plus ou moins aigus ; les deux supérieurs sont plus grands, carrés ou comme tronqués et un peu échancrés ; enfin le lobe terminal est ordinairement à trois pointes. Les glands sont arrondis, plus larges que longs , comme déprimés à leur sommet, presque complètement renfermés dans une cupule qui est hérissée d'écailles terminées en pointe courte et rude.

Cette espèce croit dans les marais , les lieux inondés et sur les bords des rivières des parties basses et maritimes des deux Carolines , de la Georgie et de la Floride orientale. Les Américains lui donnent les noms d'*Over cup oak* , Chêne à gland renfermé, de *Swamp post oak* , Chêne à poteaux des marais , et encore de *Water white oak* , Chêne blanc aquatique.

79. QUERCUS olivæformis.

CHÈNE oliviforme.

Q. *foliis oblongis , glabris, subtùs glaucis, profundè inæqualiterque lobatis ; glandibus ovatis, subtectis in cupulâ margine crinitâ.*

C. à feuilles oblongues , glabres , glauques en dessous , profondément et inégalement lobées ; à glands ovales, presque cachés dans une cupule chevelue en son bord.

QUERCUS *olivæformis*. Mich. Fil. Arb. Amer. 2. p. 32. t. 2.

Cette espèce s'élève à soixante et soixante-dix pieds. Son tronc est revêtu d'une écorce assez mince et comme lamelleuse ; il est terminé par une tête très-large, d'une belle apparence , et qui se fait remarquer par ses rameaux secondaires , menus , flexibles et toujours inclinés vers la terre. Ses feuilles sont d'un vert tendre en dessus et blanchâtres en dessous, laciniées très-profondément et d'une manière très-irrégulière ; chacun de leurs lobes est ordinairement arrondi à son sommet, mais d'ailleurs ils varient tellement dans chaque feuille, qu'il est rare d'en trouver deux qui se ressemblent un peu exactement. Les glands sont ovales alongés , presque entièrement renfermés dans une cupule qui a sa surface revêtue d'écailles saillantes , dont les pointes se recourbent en arrière , excepté vers le bord supérieur, où elles se terminent en filamens déliés et flexibles.

Le Chêne oliviforme croît et a été découvert sur les bords de la rivière Hudson et dans la portion de l'état de New-York connue sous le nom de *Génessée*.

80. QUERCUS macrocarpa.

Q. *foliis oblongis , subtùs pubescentibus , inæqualiter lobatis ; glandibus ovatis , maximis; cupulâ hemisphæricâ, margine crinitâ.*

CHÊNE à gros fruit.

C. à feuilles oblongues , pubescentes en dessous, inégalement lobées ; à glands ovoïdes , très-gros , dans des cupules hémisphériques , chevelues en leur bord.

QUERCUS *macrocarpa.* Mich. Hist. des Chên. n. 2. t. 2 et 3. Mich. Fil. Arb. Amer. 2. p. 34. t. 3. Willd. Sp. 4. p. 453.

Le Chêne à gros fruit est un très-bel arbre qui s'élève à soixante ou quatre-vingts pieds. Son écorce est lisse et peu gercée, même dans l'âge adulte. Ses feuilles , plus grandes que celles d'aucune autre espèce connue, ont souvent quinze pouces de longueur, sur huit pouces dans leur partie la plus large ; elles sont d'un vert un peu sombre , légèrement pubescentes en dessous, sinuées profondément ou découpées en lobes inégaux, qui pour l'ordinaire deviennent d'autant plus larges qu'ils sont situés près du sommet. Les glands sont ovoïdes, plus gros que ceux d'aucun autre Chêne de l'Amérique septentrionale ou de l'ancien continent, contenus jusqu'à moitié ou jusqu'aux deux tiers dans une cupule épaisse, hémisphérique, revêtue, dans la plus grande partie de son étendue, d'écailles ovales-aiguës , et garnie en son bord de filamens déliés et flexibles. Lorsque les arbres de cette espèce se trouvent au milieu des forêts touffues ou lorsque les étés ne sont pas assez chauds, ces filamens ne paraissent pas , de sorte que le bord de la cupule est tout uni, et paraît comme replié intérieurement.

Cette espèce croît dans l'Amérique septentrionale , dans toutes les contrées qui sont à l'ouest des monts Alléghanis, le Kentucky, le Tenassée, les Illinois, la Haute-Louisiane. Les Américains la connaissent sous le nom d'*Over cup white oak*, Chêne blanc à gland renfermé ; les Français et les Illinois , sous celui de Chêne à gros gland. Nous l'avons vu chez M. Noisette.

81. QUERCUS cerris. Tab. 57.

Q. *foliis oblongis, sinuato-pinnatifidis, subtùs pubescentibus, basi angustatis ; lobis oblongo-lanceolatis , dentatis ; cupulis hemisphæricis , echinatis.*

CHÊNE chevelu. Pl. 57.

C. à feuilles oblongues , pubescentes en dessous, rétrécies à leur base, sinuées-pinnatifides en leurs bords , ou partagées en lobes oblongs-lancéolés, dentés ; à cupules hémisphériques , hérissées.

QUERCUS *cerris.* Lin. Sp. 1415. Willd. Sp. 4. p. 454.
QUERCUS *crinita* v. Lam. Dict. Enc. 1. p. 18.
QUERCUS *calyce hispido , glande minore.* Bauh. Pin. 420.
Cerris Plinii minore glande. Lob. Ic. 2. p. 156.

Le Chêne chevelu est un très-bel arbre qui parvient à une hauteur et à une grosseur égales à celles des plus grandes espèces de ce genre. Ses feuilles sont pétiolées, pubescentes et même cotonneuses en dessus et en dessous quand elles ne sont pas encore parfaitement développées, luisantes, glabres, d'un vert un peu foncé en dessus dans l'âge adulte, et seulement pubescentes en dessous. Ces feuilles sont d'ailleurs très-sujettes à varier selon l'âge des arbres ; dans les jeunes ou sur les nouvelles pousses des individus qu'on a coupés, elles sont courtement pétiolées, ou tout-à-fait pinnatifides ou découpées plus ou moins profondément en lobes inégaux et irréguliers, aigus et même mucronés, chargés de quelques dents également mucronées ; dans des arbres d'un certain âge, au contraire, et surtout sur les rameaux qui portent des fruits, elles sont plus longuement pétiolées, bordées de lobes peu profonds, presque toujours très-entiers et souvent arrondis. Les glands portés, deux à quatre près les uns des autres, sur un pédoncule ligneux, long de quelques lignes, d'un pouce au plus, quelquefois presque sessiles, sont ovoïdes alongés, enfermés jusqu'au tiers inférieur dans une cupule revêtue d'écailles étroites, pointues, subulées, diversement contournées, ce qui la fait paraître comme chevelue.

Le Chêne chevelu croît en Espagne, en Italie, et dans plusieurs provinces de France, en Provence, en Bourgogne, en Franche-Comté, en Poitou, etc.

82. QUERCUS Tournefortii.

Q. *foliis oblongis, pinnatifido-sinuatis, subtùs tomentosis, basi rotundatis, lobis lanceolatis, acutiusculis, integerrimis, distantibus; cupulis hemisphæricis, echinatis, pubescentibus.*

CHÊNE de Tournefort.

C. à feuilles oblongues, sinuées-pinnatifides, cotonneuses en dessous, arrondies par leur base ; à lobes lancéolés, un peu aigus, très-entiers, distans ; à cupules hémisphériques, hérissées, pubescentes.

QUERCUS *Tournefortii.* WILLD. Sp. 4. p. 453.
QUERCUS *cerris.* OLIV. Voy. 1. p. 221. pl. 12.
QUERCUS *Haliphlœos.* BOSC. Mém. sur les Chên.
QUERCUS *Orientalis latifolia, foliis ad costam pulchrè incisis, glande maximâ, cupulâ crinitâ.* TOURNEF. COR. 40.

Cette espèce, selon WILLDENOW, diffère beaucoup de la précédente par ses feuilles profondément pinnatifides, à lobes distans, très-entiers, cotonneuses en dessous, et par ses fruits plus gros.

Elle a été trouvée dans l'Arménie, par TOURNEFORT ; dans l'Asie mineure et la Syrie, par Olivier ; M. Bosc dit qu'elle se trouve dans les montagnes du Jura.

83. QUERCUS Austriaca.

Q. *foliis oblongis, levissimè sinuatis, subtùs pubescentibus, basi angustatis; lobis brevissimis obovatis, acutiusculis, integerrimis; cupulis hemisphæricis sechinatis.*

CHÊNE d'Autriche.

C. à feuilles oblongues, pubescentes en dessous, rétrécies à leur base ; très-légèrement sinuées ou bordées de lobes très-courts, ovales, un peu aigus, très-entiers ; à cupules hémisphériques et hérissées.

QUERCUS *Austriaca.* WILLD. Sp. 4. p. 454.
Cerrus. CLUS. Hist. 20. (*figura bona.*)

Ce Chêne a ses feuilles presque de la même forme que le Rouvre ; mais elles sont pubescentes en dessous. Il se rapproche d'ailleurs beaucoup plus du Chêne chevelu auquel il ressemble par ses fruits ; mais il n'en est point une variété, selon

Willdenow , et il en diffère assez par ses feuilles très-légèrement sinuées, à lobes ovales , très-entiers , et par tout son port.

Il croît en Autriche, en Carniole , en Hongrie.

Recherches historiques , usages , propriétés , culture.

Le Chêne paraît appartenir exclusivement aux climats tempérés; les chaleurs de la Zône torride lui conviennent aussi peu que les froids des contrées glacées du Nord. On ne le trouve point non plus sur les montagnes élevées dont la température est analogue à celle des régions polaires. Il croît naturellement dans les pays du milieu et du midi de l'Europe, dans l'Afrique septentrionale. En Asie il habite la Natolie, la Chine, la Cochinchine, le Japon, et probablement le centre de cette grande partie de l'Ancien Continent. En Amérique on n'a observé jusqu'à présent de Chênes que dans les États-Unis, le Mexique et la Nouvelle-Espagne

Linné n'avait décrit que dix espèces de Chênes. Le nombre de ceux dont les auteurs ont parlé jusqu'à ce jour s'élève maintenant à quatre-vingt-trois, dont trente-huit appartiennent à l'Ancien Continent et quarante-cinq au Nouveau. M. Bosc, dans un excellent mémoire sur les Chênes qui croissent naturellement en France, et sur les Chênes étrangers qu'on y cultive, assure en avoir observé et recueilli cinquante espèces.

Toutes les différentes espèces de Chênes sont ligneuses , et quelque-unes restent toujours parées d'une verdure continuelle. Ce sont celles qui forment les genres *Ilex* et *Suber* de Tournefort, réunis aux *Quercus* par Linné. Quelques espèces, comme le Chêne Prase, le Faux-Liége, etc., dont les feuilles sont coriaces et qui les conservent pendant une partie plus ou moins considérable de l'hiver , semblent former la nuance entre les Chênes verts et ceux dont le feuillage se sèche en automne.

La nature a rapproché dans ce genre les extrêmes de la force et de la grandeur. Quelques espèces élèvent leur cîme oblongue jusqu'à près de cent pieds, et d'autres, comme le Chêne Nain et le Chêne Pygmée, ne sont que de faibles arbustes qui n'acquièrent quelquefois qu'un pied de haut.

Le Chêne domine en roi parmi les arbres de l'Europe, c'est le plus beau comme le plus robuste des habitans de nos forêts. C'est son image qui s'offre d'abord à la poésie quand elle veut peindre la force qui résiste, comme celle du Lion pour exprimer la force qui agit. Le nom latin *Robur* indique cette vigueur qui caractérise le Chêne. C'est par cette qualité plutôt que par sa grosseur que le Chêne l'emporte sur tous les arbres indigènes, et sur un grand nombre de ceux des autres climats. Il ne s'élève jamais aussi haut que quelques espèces de Pins et de Palmiers, et son tronc n'acquiert jamais les dimensions effrayantes de celui du Baobab, le plus gros des enfans de la terre.

Quoique la vie du Chêne ne soit pas non plus comparable à celle de ces colosses des bords du Niger, dont quelques-uns paraissent dater d'aussi loin que les premiers souvenirs des hommes, elle n'en est pas moins très-longue relativement à la nôtre et à celle de la plupart des créatures.

Plot et Ray citent plusieurs Chênes d'une grosseur vraiment étonnante. Les branches de l'un, mesurées depuis le tronc, avaient cinquante-quatre pieds de longueur. Un autre , de trente pieds de diamètre, s'élevait jusqu'à cent trente.

Le trop malheureux Charles Ier., Roi d'Angleterre, fit employer dans la construction d'un vaisseau fameux, un Chêne qui fournit quatre poutres, chacune de quarante-quatre pieds de long, sur quatre pieds neuf pouces de diamètre.

Daléchamp (t. 1, p. 11.) dit qu'on voyait de son tems, dans la forêt de Tronsac, en Berry, un Chêne d'une élévation et d'une grosseur presque incroyable. François Ier. charmé de la beauté de cet arbre, le fit entourer d'une terrasse et d'une barrière, et venait se délasser sous son ombrage quand il avait chassé dans cette forêt.

Pline (lib. 16, cap. 44.) fait mention d'une Yeuse que l'on voyait de son tems près de Tusculum, dans le voisinage d'un bois consacré à Diane. Le tronc de cet arbre merveilleux avait trente-quatre pieds de tour et donnait naissance à dix branches principales qui, par leur grandeur et leur grosseur, valaient chacune un gros arbre, de sorte que cette Yeuse formait à elle seule une petite forêt.

Le Chêne croît lentement. Un Chêne de cent ans n'a souvent pas plus d'un pied de diamètre. C'est jusqu'à quarante ans environ que son accroissement est le plus prompt. Après cette époque, il devient moins sensible et se rallentit progressivement. Le Chêne vit communément deux à trois cents ans, et encore la main de l'homme vient le plus souvent abréger son existence; car si l'on calculait l'âge auquel cet arbre peut atteindre, par la grosseur à laquelle les Chênes dont il vient d'être parlé sont parvenus, on croirait facilement qu'un Chêne peut vivre dix à douze siècles et plus. Pline, dans le chapitre déjà cité, rapporte qu'il y avait sur le Vatican une Yeuse plus ancienne que Rome, et sur laquelle une inscription étrusque, en caractères d'airain, indiquait que, dès ces tems reculés, elle avait été l'objet de la vénération des hommes.

Le Chêne commence tard à donner des fruits. On a remarqué que sa fécondité augmente avec son âge, et que c'est dans la vieillesse qu'il en porte le plus. Ce fruit, d'une forme assez particulière et connu de toute antiquité sous le nom de *Gland*, a donné son nom à plusieurs sortes d'ornemens dont il a fourni la première idée.

C'était dans la Grèce une tradition universellement reçue que les premiers habitans de ce pays, venus des environs de la mer Caspienne, et établis dans la partie montagneuse de l'Épire, appelée Chaonie, y avaient long-tems vécu de Glands. C'est sans doute à cause de cela que Virgile appelle quelque part, ce fruit *Glandem Chaoniam ;* c'est sans doute aussi la véritable origine de la célébrité des Chênes de Dodone, située dans cette partie de la Grèce, et du respect qu'on leur portait.

Les Arcadiens prétendaient avoir appris de Pélasge, fils de Jupiter et de Niobé, à se nourrir de Glands. Ils conservèrent cet usage lors même que les autres Grecs vivaient de Céréales, ce qui leur fit donner le surnom de Balanophages.

Ovide met le Gland au rang des fruits qui faisaient les délices des hommes pendant l'âge d'or.

> *Ipsa quoque immunis, rastroque intacta, nec ullis*
> *Saucia vomeribus, per se dabat omnia tellus,*
> *Contentique cibis nullo cogente creatis,*
> *Arbuteos fœtus montanaque fraga legebant,*
> *Cornaque, et in duris hærentia mora rubetis,*
> *Et quæ deciderant patula Jovis arbore glandes.*
>
> Métamorph. lib. 1. v. 101.

On ne peut entendre par cet âge d'or, que l'époque qui a précédé la civilisation des peuples de l'Europe, et où les hommes sauvages et sans industrie n'avaient encore pour nourriture que les fruits des forêts. Si l'on a plus parlé des Glands que des autres, c'est qu'ils sont les plus abondans dans les forêts de l'Europe, et qu'il paraît d'ailleurs certain que dans ces tems reculés on appelait

Glands la plupart des fruits, ou au moins tous les fruits durs, comme on nommait Chênes la plupart des arbres. *Glandis appellatione omnes fructus continentur*, dit PLINE, liv. 7, chap. 56. Le même auteur appelle ailleurs la Faîne du Hêtre *Glans Fagi*, et l'on donnait au Noyer le nom de *Dios balanos, jovins glans*, dont Juglans est l'abrégé. Ainsi, lorsqu'on lit dans plusieurs auteurs anciens que les Glands furent la principale nourriture des premiers habitans de l'Europe, on voit que ce n'est pas uniquement des fruits du Chêne, mais des fruits des arbres en général qu'il faut l'entendre.

Au reste, les Glands de plusieurs espèces de Chênes sont réellement doux et bons à manger, comme les Noisettes et les Châtaignes. On a mangé de toute antiquité et on mange encore aujourd'hui en Portugal, dans quelques parties de l'Espagne et de l'Italie, les Glands du Chêne Esculus, du Chêne Ballote et autres. Dans toutes les villes de la Morée et de l'Asie mineure, OLIVIER rapporte qu'on vend dans les marchés une espèce de Gland de Chêne bon à manger. Dans la Mésopotamie et dans le Curdistan, les Glands sont gros et longs comme le doigt, et très-bons à manger, selon MICHAUX. Les Barbaresques, d'après M. DESFONTAINES, mangent les Glands du Chêne Ballote crus ou torréfiés. Les habitans de l'Atlas s'en nourrissent une partie de l'année, et en Espagne et en Portugal, les plantations de Ballote sont d'un très-bon produit. Dans l'Amérique septentrionale, M. MICHAUX fils dit que plusieurs espèces de Chênes produisent des Glands doux et bons à manger, et il cite entre autres le Chêne blanc, le Chêne Prinus, le Chêne de montagne, le Chincapin.

PLINE dit que les Glands font, même en tems de paix, la richesse de plusieurs nations, et parle de l'art d'en faire du pain, connu de son tems.

Les habitans des montagnes du Liban recueillent, quand ils manquent d'autres vivres, les Glands des Chênes, et les mangent bouillis ou cuits sous la cendre.

GALIEN raconte que, pendant une longue famine, les habitans de son pays furent obligés de se nourrir de Glands.

Simon PAULLI dit que la même chose arriva de son tems dans le Mecklbourg, sa patrie, après la guerre de Bohème.

En France, dans une année de disette (1709), de pauvres gens firent du pain avec la farine de nos Glands communs. Quoique ce pain fût désagréable, il s'en fit une grande consommation dans quelques provinces.

Ces deux derniers faits prouvent que le Gland, même celui de nos Chênes communs, peut être de quelque ressource dans une grande famine. LINNÉ conseille de les torréfier avant de les moudre, pour rendre moins lourd le pain qu'on en fait, et M. BOSC, dans son mémoire déjà cité, dit qu'on peut ôter à ces Glands un peu de leur âpreté en les faisant cuire dans une lessive alcaline.

Si les hommes peuvent manger certaines espèces de Glands, toutes indifféremment fournissent une nourriture abondante à des animaux sauvages de nature diverse. En Europe, le Cerf, le Chevreuil et le Sanglier vivent pendant tout l'hiver du Gland des Chênes de nos bois; en Asie, les Faisans, les Pigeons ramiers le partagent avec les bêtes fauves; dans l'Amérique septentrionale, l'Ours, l'Ecureuil, le Pigeon et le Dinde sauvage recherchent aussi le Gland des Chênes. Plusieurs espèces de quadrupèdes et d'oiseaux de ce continent, ayant consommé les fruits d'un territoire, émigrent par troupes innombrables dans les pays où ces fruits se trouvent plus abondans.

Parmi nos animaux domestiques, le Cochon est celui qui recherche le plus les Glands pour en faire sa nourriture; mais on peut habituer plusieurs autres animaux à en manger, et en les faisant un peu cuire et légèrement concasser, il est possible d'en nourrir toutes sortes de volailles. Les Dindes principalement en sont en général très-friandes et les avalent tout entiers.

Il n'est point d'arbre aussi généralement employé que le Chêne. Dans le nouveau comme dans l'ancien continent, partout où il croît, son bois est considéré comme le meilleur dont on puisse se servir pour les constructions navales; on lui donne la préférence pour la charpente des maisons et pour la plupart des ouvrages de menuiserie, tonnellerie, charronnage, etc. Nous allons entrer dans quelques détails sur les propriétés particulières aux espèces principales dans les pays où elles croissent.

Le Chêne Saule, considéré sous le rapport de ses propriétés, est d'un faible intérêt, et ne peut mériter d'être cultivé en Europe, qu'à raison de l'agrément et de la singularité de ses feuilles.

L'individu que les curieux admirent dans le Jardin royal de Trianon, a plus de quarante pieds de haut. Le bois du Chêne Saule est rougeâtre; il a le grain grossier et les pores très-ouverts, mais il paraît avoir beaucoup de force et de ténacité. Il est peu employé dans les États-Unis, où il est indigène dans quelques cantons; on ne s'en sert guère que pour faire des jantes de voitures.

Le bois du Chêne verdoyant a une teinte jaunâtre; il est fort pesant et fort compacte; son tissu est très-fin et très-serré, ses couches annuelles ou concentriques étant fort rapprochées, ce qui annonce évidemment qu'il ne croît que très-lentement. On l'estime beaucoup dans les États-Unis pour les constructions navales. On l'emploie aussi à faire les dents d'engrenage des roues de moulin, et les machines à vis. Les charrons s'en servent pour faire les jantes et les moyeux des grosses voitures. Son écorce serait excellente pour le tannage des cuirs, mais on l'emploie fort peu.

M. Michaux fils pense que le Chêne vert serait une acquisition infiniment précieuse pour la partie maritime des départemens méridionaux de la France.

Le Chêne concentrique a le bois d'un grain serré et compacte; il est de longue durée et employé à la Cochinchine pour les grandes constructions.

Le bois du Chêne à lattes n'est que d'une qualité inférieure, quoiqu'il soit pesant et dur, et rien ne le rend recommandable aux curieux d'arbres étrangers en Europe, que la singularité de son feuillage. Dans le nord de l'Amérique septentrionale, les Français du pays des Illinois l'emploient pour faire des essentes ou bardeaux.

L'Yeuse ou Chêne vert, ainsi que les autres espèces qui conservent leur feuillage pendant l'hiver, ne se trouvent en France que dans les parties méridionales; mais cette espèce est celle qui naturellement se rapproche le plus du nord, puisqu'on la trouve jusqu'aux environs de Nantes et d'Angers. Elle se plaît dans les terrains secs, sablonneux, aérés et exposés au nord. Elle croît rarement en forêts, mais le plus souvent on la trouve isolée et dispersée çà et là au milieu des autres arbres. Elle offre un bois pesant, dur et très-compacte, très-utile, à cause de sa longue durée, pour certains ouvrages de mécanique. On s'en sert dans la marine; on l'emploie pour faire des essieux, des poulies, et on le préfère à tout autre pour les parties qui doivent éprouver beaucoup de frottement. On en fait aussi des leviers ou épars pour l'artillerie. Son écorce est employée à tanner les cuirs.

Cet arbre, par sa verdure continuelle, est très-propre à faire dans nos départemens méridionaux la parure des jardins paysagers, mais on le conserve rarement long-tems dans le climat de Paris, où les rigueurs de l'hiver finissent toujours par le faire périr. Les anciens estimaient particulièrement son Gland pour nourrir les Porcs.

En Barbarie, le bois du Chêne Ballote est employé pour plusieurs sortes d'ouvrages ; son bois est compacte et très-dur, comme celui de l'Yeuse.

Le Chêne Liége croît dans les terrains secs et montueux du midi de la France. « On en voit une grande quantité dans les pays de Condom, de Nérac et dans les Landes de Bazas, qui s'étendent jusqu'à Bayonne. On en voit encore en Espagne, en Italie, en Provence et en Languedoc. Dans la plupart de ces provinces, tous les Liéges furent gelés lors du grand hiver de 1709 ; mais peu à peu ce dommage s'est réparé, et les Liéges y sont maintenant aussi communs qu'ils l'étaient avant cet accident.

« Le bois de cet arbre peut être employé aux mêmes usages que celui du Chêne vert; mais la partie la plus utile est, sans contredit, son écorce extérieure : on en fait des bouchons, des talons de souliers, des bouées pour les vaisseaux, des chapelets pour soutenir les filets des pêcheurs à la surface de l'eau, et quantité d'autres choses. On brûle encore cette écorce dans des vaisseaux bien fermés, pour en obtenir une poudre noire qui s'emploie dans les arts : c'est ce qu'on appelle noir d'Espagne. DUHAMEL. »

On emploie aussi, pour nager facilement, une sorte de casaque garnie de Liége, qu'on appelle scaphandre. PLINE (liv. xvi, chap. 8) nous apprend que les femmes de l'antiquité en garnissaient leurs chaussures d'hiver comme c'est encore en usage aujourd'hui. On en fait des toitures dans quelques parties de l'Espagne. Son Gland est, dit-on, le plus recherché des Pourceaux. M. Bosc dit que les hommes pourraient le manger au besoin. On prétend que les Espagnols le mangent grillé comme les Châtaignes, et nous nous sommes effectivement assurés par nous-mêmes qu'il n'avait rien de désagréable au goût.

Voici les procédés employés pour détacher l'écorce des Liéges. « Lorsque ces arbres ont atteint douze à quinze ans, on peut faire la première *tire*, c'est-à-dire, enlever l'écorce pour la première fois ; alors elle n'est propre qu'à brûler. Sept ou huit ans ensuite on fait une seconde *tire* ; mais cette écorce ne peut servir qu'à faire des bouées ou à d'autres usages grossiers. La troisième *tire* se fait encore au bout de huit autres années, ou plutôt, si l'écorce se trouve avoir acquis assez d'épaisseur pour en faire des bouchons ; c'est le tems où elle commence à être de bonne qualité. L'écorce des arbres les plus vieux est la meilleure de toutes.

» Un arbre qu'on écorce ainsi tous les huit, neuf ou dix ans, peut durer cent cinquante ans et plus; ce qui prouve que le retranchement de cette écorce ne lui est nullement préjudiciable.

» La véritable saison pour enlever l'écorce est pendant la seconde sève de juillet et d'août. Alors, avec une petite coignée, dont le manche se termine en coin par le bout, on fend l'écorce des Liéges, à commencer vers les branches jusqu'auprès des racines ; ensuite on termine ces extrémités par une coupe circulaire. Suivant que l'arbre est plus ou moins gros, on fait trois ou quatre incisions longitudinales; ensuite, avec le dos ou la douille de la coignée, on frappe sur l'écorce pour l'aider à se détacher, et l'on achève de l'enlever en introduisant l'extrémité du manche de la coignée entre le bois et l'écorce.

» Il faut surtout prendre garde de ne pas endommager une peau fine qui est adhérente au corps de l'arbre. Les Bayonnais appellent cette peau le *Lard* ; c'est ce qu'on nomme ordinairement *Liber*. Cette peau produit le Liége ; si elle était enlevée, il ne pourrait plus s'en former jusqu'à ce que le *Lard* fût rétabli; mais pour cela il faut attendre plusieurs années.

» On racourcit ces planches de Liége, à la longueur d'environ quatre à cinq pieds ; puis on en coupe les bords avec un couteau propre à cela, et on les gratte ensuite avec une espèce de plane semblable à celle dont se servent les boisseliers, afin d'en rendre la superficie plus unie. Enfin on les flambe avec le mauvais Liége qu'on destine à brûler ; on prétend que cette dernière opération resserre les pores du Liége, et contribue beaucoup à sa bonne qualité. On lave ensuite toutes les planches; on les range de plat les unes sur les autres, puis on les charge avec des pièces de bois, ou avec des pierres pour les redresser.

» On prépare quelquefois le Liége sans le faire passer par le feu; on le met alors simplement tremper dans l'eau pour le redresser ; mais ce Liége, qu'on appelle en cet état *Liége blanc*, est beaucoup moins estimé que celui qu'on nomme *Liége noir*, à cause de la couleur que le feu du charbon a communiquée à sa superficie. Le Liége, pour être de bonne qualité, doit être souple, ployant sous le doigt, élastique, point ligneux ni poreux, et de couleur rougeâtre : celui dont la couleur tire sur le jaune est moins bon ; le blanc est de la plus mauvaise qualité. DUHAMEL. »

Outre la consommation du Liége qui se fait en France, on en expédie beaucoup pour les pays du nord et dans un grand nombre d'autres contrées ; on en fait enfin l'objet d'un commerce considérable.

M. Bosc se plaint, avec raison, du peu de soin que l'on donne à la multiplication du Chêne Liége , et il craint que cet arbre si utile ne finisse par devenir très-rare.

THUNBERG dit, qu'au Japon, on mange les Glands du Chêne cuspidé, soit crus, soit cuits.

C'est sur le *Quercus coccifera*, petit arbrisseau qui croît en buisson dans les terrains pierreux, arides et sablonneux de nos provinces méridionales , que vit le *Coccus Ilicis*, insecte de l'ordre des Hémiptères, employé dans la médecine comme cordial et astringent, sous le nom de Kermès, et dans les arts, pour teindre en rouge, sous celui de Graine d'écarlate.

Rien de plus singulier que l'histoire des Kermès. La femelle, immobile et collée sur les rameaux ou les feuilles, dont elle pompe le suc avec un bec alongé qu'elle y insère, ressemble à une excroissance, à une Galle, bien plus qu'à un être vivant. Le mâle, qui est ailé et beaucoup plus petit, voltige autour, et se promène sur elle avant de la féconder. Après la fécondation, elle s'accroît, s'enfle jusqu'à la grosseur d'un pois, dont elle prend aussi la figure. De blanchâtre qu'elle était, elle devient d'un violet noir. Morte, desséchée, elle sert encore quelque tems d'abri aux œufs qu'elle contient, et même aux petits qui en sortent.

C'est en cet état qu'on la recueille pour l'usage des teinturiers. Des femmes font cette récolte au mois de juin avant le lever du soleil, en détachant les grains avec l'ongle. Elle est plus ou moins abondante suivant que l'hiver a été doux ou rigoureux.

On ne trouve ordinairement le Kermès que sur les jeunes plantes, et surtout dans les endroits les plus chauds et les plus exposés à l'ardeur du soleil. C'est aux bifurcations des branches qu'il est le plus abondant. Pour que les pousses soient toujours nouvelles et donnent du Kermès, on a coutume de couper la plante avant qu'elle soit adulte. C'est probablement ce qui fait qu'on trouve rarement des Glands sur ce petit Chêne.

ÉMÉRIC, dans l'Histoire des plantes des environs d'Aix, par GARIDEL, est entré, depuis la page 247 jusqu'à la page 255, dans de fort longs détails sur la nature et la vie de l'insecte qui produit le Kermès; il en a donné de bonnes figures dans différens états, et il a fait connaître, à l'époque où il écrivait (en 1715), la génération de ce petit animal, beaucoup mieux qu'elle ne l'était avant lui; mais quelques-unes de ses observations, et surtout des explications qu'il donne, manquent d'exactitude.

L'usage du *Coccus Ilicis* dans les teintures est de la plus haute antiquité. Il en est fait mention dans l'Écriture sainte (*Exod.* XXVIII, v. 5. et *Psalm.* XXII v. 7).

Quand Thésée partit pour combattre le Minotaure, Égée lui donna deux voiles; l'une devait annoncer sa victoire et l'autre sa défaite. La dernière était noire, mais l'autre, blanche selon quelques-uns, était, suivant un auteur cité par Plutarque dans la vie de Thésée, teinte en pourpre avec les fleurs de l'Yeuse; ce qui ne peut s'entendre que du Kermès.

Le Kermès faisait un objet de commerce considérable et la richesse des pays où croît le Chêne sur lequel il est produit, avant qu'on lui eût préféré l'usage de la Cochenille, qui n'est autre chose qu'un insecte du même genre (*Coccus Cacti*), qui vit sur le Nopal, et qui forme une des principales richesses du Mexique. Cependant la couleur que fournit le Kermès est plus vive et plus solide que celle qui provient de l'insecte du Nouveau-Monde. Elle n'a contre elle que son peu d'abondance et les difficultés de sa récolte.

Les tiges et les branches du Chêne Kermès ne servent qu'à brûler; on pourrait les employer dans les tanneries.

Le Chêne qui fournit la Galle du commerce n'était point connu des botanistes avant le voyage d'OLIVIER en Perse. C'est à ce naturaliste que nous devons de nous avoir fait connaître cette espèce intéressante, qui est répandue dans toute l'Asie Mineure, depuis le Bosphore jusqu'en Syrie, et depuis les côtes de l'Archipel jusqu'aux frontières de la Perse.

« La Galle, dit OLIVIER, est dure, ligneuse, pesante : elle naît aux bourgeons des jeunes rameaux, et acquiert depuis quatre jusqu'à douze lignes de diamètre. Elle est ordinairement ronde et couverte de tubérosités, dont quelques-unes sont pointues. Cette Galle est beaucoup plus estimée lorsqu'elle est cueillie avant sa maturité, c'est-à-dire avant la sortie de l'insecte qui l'a produite. Les Galles qui sont percées ou celles dont l'insecte s'est échappé sont d'une couleur plus claire : elles sont moins pesantes et moins propres que les autres à la teinture.

« Les Orientaux ont l'attention de faire la récolte des Galles au tems précis que l'expérience leur a prouvé être le plus favorable : c'est celui où cette excroissance a acquis toute sa grosseur et tout son poids. S'ils tardaient à la cueillir, la Larve qui vit dans l'intérieur y subirait sa métamorphose, la percerait et paraîtrait sous la forme d'un petit insecte ailé. La Galle dès-lors ne retirant plus de l'arbre les sucs nécessaires à l'accroissement de l'insecte, se dessécherait, et perdrait une bonne partie des qualités qui la rendent propre à la teinture. Les Agas veillent à ce que les cultivateurs parcourent, vers le commencement de juillet, les collines et les montagnes qui sont couvertes de ces Chênes. Ils sont intéressés à ce que les Galles soient d'une bonne qualité, parce qu'ils prélèvent un droit sur elles. Les premières Galles ramassées sont mises à part : elles sont connues dans l'Orient sous le nom de *Yerli*, et désignées dans le commerce sous le nom de *Galles noires* et de *Galles vertes*. Celles qui ont échappé aux premières recherches et qu'on cueille un peu plus tard, nommées *Galles blanches*, sont d'une qualité très-inférieure; les Galles les plus estimées sont celles des environs d'Alep, de Smyrne, de Kara-Hissar, de Diarbequir et de tout l'intérieur de la Natolie.

» On néglige presque partout de ramasser les Glands ; ils servent de pâture aux Sangliers et aux Chèvres : celles-ci contribuent beaucoup à rendre le Chêne petit et rabougri, en dévorant, avec ses fruits, une partie de son feuillage et de ses jeunes rameaux. »

L'insecte qui produit ces Galles est un Diplolèpe qu'Olivier a nommé *Diplolepis Gallæ tinctoriæ*, et qu'il a fait figurer dans son Voyage, planche 15, fig. c. c. Il a le corps fauve avec les antennes obscures et le dessus de l'abdomen d'un brun luisant. On le trouve quelquefois sous sa dernière forme dans l'intérieur des Galles qui ne sont pas encore percées.

Le Chêne Prinus doit être placé au premier rang des arbres les plus beaux et les plus majestueux de l'Amérique septentrionale ; mais son bois étant inférieur en qualité à celui de beaucoup d'autres espèces, il ne peut mériter d'être répandu dans nos forêts. Son port magnifique le rend très-propre à servir à l'embellissement des parcs et des grands jardins paysagers. Il supporte très-bien les froids qu'on éprouve dans les environs de Paris ; mais sa végétation serait encore plus belle et plus prompte dans nos provinces méridionales. En Amérique il est assez estimé comme bois à brûler, on l'emploie aussi pour les ouvrages de charronage ; il se fend très-bien de droit fil et peut facilement être divisé en lanières très-minces. Ses Glands étant doux sont recherchés par les animaux sauvages et domestiques, tels que les Cerfs les Vaches, les Chevaux et les Cochons.

Le bois du Chêne des Montagnes est rougeâtre, pesant et d'une qualité bien supérieure à celui du précédent. C'est ce qui fait qu'on l'emploie beaucoup en Amérique et principalement pour les constructions navales. Il est aussi très-estimé pour le chauffage, et son écorce est regardée comme une des meilleures qu'on puisse employer au tannage des cuirs. A ces avantages le Chêne des montagnes joint encore une qualité précieuse, c'est qu'il croît dans les terrains les plus pierreux, au milieu des rochers les plus escarpés. M. Michaux pense qu'il mérite d'être propagé en France dans les endroits analogues à ceux où il croît de préférence en Amérique. Il réussit très-bien dans le climat de Paris.

Le Chêne bicolore, originaire de l'Amérique du nord, ainsi que les deux précédens, serait un arbre qui pourrait être utile sous le rapport de ses propriétés, s'il était plus multiplié ; mais il est rare. Son bois est assez pesant ; il a le grain fin et assez serré ; il a de la force, beaucoup d'élasticité et se fend aisément de droit fil. « Sous le rapport de son introduction dans les forêts européennes, dit M. Michaux, je pense que cet arbre offre assez d'intérêt pour y trouver place, soit en le mêlant, soit en le substituant alternativement aux essences qui viennent dans les lieux très-humides, tels que les Frênes, les Aunes, et quelques espèces de Peupliers. C'est d'ailleurs un arbre d'une belle apparence, qui ne peut que contribuer à l'embellissement de nos forêts et des possessions des personnes qui seraient tentées de le cultiver. »

Le Chêne Chincapin et le Chêne de Banister sont des arbrisseaux qui ne pourraient mériter quelque considération que sous le rapport de leur fructification. Peut-être pourrait-on tirer parti de leurs Glands, qui sont toujours très-abondans.

Le Chêne Châtaignier est un arbre d'une belle venue, qui, par son port agréable, le bel effet de son feuillage, peut être planté en Europe pour contribuer à l'embellissement des jardins pittoresques. Comme il est assez rare en Amérique, on ne sait point encore à quoi son bois pourrait être propre. Son grain est peu serré et ses pores sont très nombreux, ce qui n'annonce pas qu'il ait beaucoup de force et qu'il puisse durer long-tems.

Le bois du Chêne aquatique est très-coriace, et cependant il est d'une durée beaucoup moindre que celui de plusieurs autres espèces. Cet arbre, sous le rapport de l'utilité, ne mérite en aucune manière de fixer l'attention des Européens, d'autant plus qu'il est très-sensible au froid et qu'il ne viendrait parfaitement bien que dans les parties les plus méridionales de la France.

Le seul intérêt que peut offrir le Chêne noir, c'est d'attirer, par son feuillage assez singulier, l'attention des amateurs d'arbres étrangers, car, sous le rapport de son utilité, il ne mérite pas plus d'attention que le précédent. Son bois a le grain grossier et les pores très-ouverts. En Amérique il n'est employé à aucune espèce d'ouvrage, parce qu'il est très-susceptible d'être attaqué dans le cœur, et qu'il se pourrit facilement lorsqu'il reste exposé aux différentes intempéries de l'atmosphère. Le seul avantage qu'on en retire, c'est qu'il est bon pour le chauffage.

La principale propriété du Chêne en faucille réside dans son écorce qui est fort bonne pour le tannage des cuirs. Quant à son bois, il est rougeâtre, il a le grain grossier et les pores très-larges, ce qui fait que son emploi dans les arts est assez borné. Cette espèce ne doit pas être mise au nombre de celles qui méritent de venir augmenter les arbres utiles de nos forêts.

Il n'en est pas de même du Chêne Quercitron, que les qualités précieuses de son écorce pour la teinture rendent recommandable. « C'est la partie cellulaire de l'écorce de cette espèce, dit M. Michaux, qui fournit le Quercitron, dont on fait actuellement un très-grand usage pour teindre en jaune la laine, la soie et les papiers de tenture. D'après les auteurs qui en ont parlé, entre autres le Docteur Bancroft, à qui on est redevable de cette découverte, une partie de Quercitron donne autant de substance colorante que huit ou dix parties de Gaude. La décoction du Quercitron est d'une couleur jaune-brunâtre ; les alcalis la rendent plus foncée, et les acides plus claire : la solution d'alun n'en sépare qu'une petite portion de matière colorante, qui forme un précipité d'un jaune foncé. Les dissolutions d'étain y produisent un précipité plus abondant et d'un jaune vif.

» Pour teindre la laine en jaune, il suffit de faire bouillir le Quercitron avec un poids égal d'alun ; on introduit ensuite l'étoffe, en donnant d'abord la nuance la plus foncée, et en finissant par la couleur paille. On peut aviver ces couleurs en faisant passer l'étoffe, au sortir du bain, dans une eau blanchie par un peu de craie lavée. On obtient une couleur plus vive par le moyen de la dissolution d'étain. Le Quercitron peut être substitué à la Gaude pour les différentes nuances qu'on veut donner à la soie, qui doit être d'abord alunée. La dose est d'une à deux parties de Quercitron pour une de soie. »

Le Chêne Quercitron offre encore l'avantage de prendre promptement un grand accroissement, de parvenir à une très-haute élévation, et de pouvoir croître dans un mauvais sol et dans les pays les plus froids. En Amérique on se sert beaucoup de son écorce pour le tannage des cuirs, parce qu'elle est très-riche en principe tannin ; le seul désavantage qu'elle présente, c'est de donner aux cuirs une couleur jaune qu'on est obligé de faire disparaître par un procédé particulier. Au reste, son bois, qui est rougeâtre, n'a que des qualités médiocres, ayant le grain grossier et les pores très-larges ; cependant on l'estime à cause de sa force, et parce qu'il résiste assez longtems à la pourriture, et au défaut de Chêne blanc, on l'emploie pour la charpente des maisons.

Le Chêne rouge, le Chêne écarlate, qui appartiennent aussi à l'Amérique septentrionale, ainsi que le Chêne des Marais et le Chêne de Catesbi, méritent peu notre attention sous le rapport des propriétés. Les deux premiers sont de beaux arbres ; mais leur bois n'est pas de bonne qualité. Leur fructification est bisannuelle de même que celle du Quercitron.

Le Chêne faux Liége a été découvert par M. Desfontaines, sur les montagnes qui séparent le royaume d'Alger de l'empire de Maroc. Cet auteur pense que son écorce fongueuse, très-épaisse, pourrait peut-être remplacer celle du Liége. L'arbre est peu sensible au froid. Il y en avait un individu très-vigoureux dans le jardin de Lemonnier, près de Versailles, qui avait résisté à un grand nombre d'hivers.

Les Grecs modernes nomment, selon Olivier, *Vélani* le Chêne qui fournit la *Vélanide* qui, selon le même auteur, n'est autre chose que la cupule de cet arbre. Les Orientaux, les Italiens et les Anglais emploient cette cupule, ainsi que la noix de Galle, dans les teintures. Les négocians français n'en font passer quelquefois à Marseille, que pour l'envoyer de là à Gênes et à Livourne ; nos teinturiers ont négligé jusqu'à présent de se servir de cette substance.

» On recueille beaucoup de *Velani*, dit Tournefort, dans l'île de Zia (1). Le fruit n'était pas mûr dans le tems que nous y étions. Les Grecs l'appellent *Velani*, et l'arbre *Velanida*. Le commerce du Velani est le plus considérable de l'île ; on y en recueillit, en 1700, plus de cinq mille quintaux. On appelle petit Velani les jeunes fruits cueillis sur l'arbre, beaucoup plus estimés que les gros qui tombent d'eux-mêmes dans leur maturité ; les uns et les autres servent aux teintures et à tanner les cuirs ; les petits se vendent ordinairement un écu le quintal, au lieu que les gros ne valent que trente sols ; mais le plus souvent on les mêle. »

Le bois du Chêne blanc est de toutes les espèces de Chênes qui croissent spontanément dans l'Amérique septentrionale, celui qui est le meilleur et dont l'usage est le plus général. Il a le grain moins serré et il est moins pesant, moins compacte que notre Rouvre et notre Chêne à grappes, mais il est celui qui en approche le plus. On l'emploie principalement pour faire la charpente des maisons ; il n'en est aucun autre qui soit aussi nécessaire dans les constructions navales. On en fait beaucoup d'usage pour les digues, les pilotis. C'est de toutes les espèces de ce genre, presque la seule et certainement la meilleure dont on puisse faire en Amérique des tonneaux propres à contenir les vins et les liqueurs spiritueuses. La quantité de merrain qui s'emploie pour cet objet, est très-considérable, et la consommation en est prodigieusement augmentée par ce qui s'exporte tant en Angleterre que dans les Colonies des Indes occidentales, et aux îles Madère et de Ténériffe.

Le bois des jeunes Chênes blancs est fort élastique et susceptible de se diviser en lames très-minces et très-petites, dont on fabrique des panniers, des seaux, des cercles et autres objets.

On exporte tous les ans une quantité assez considérable de merrain de Chêne blanc en Angleterre et surtout aux Colonies occidentales, et M. Michaux porte à une somme de près de huit cent mille francs, le montant de ce qui fut importé des États-Unis en Angleterre, dans le courant de 1808, sans compter tout ce qui le fut par la voie du Canada.

Le Chêne blanc peut-il être considéré comme une acquisition utile pour les forêts de l'Europe, et conviendrait-il de l'y multiplier au détriment du Chêne à grappes ?

---

(1) Une des îles de l'Archipel, autrefois Ceos.

M. Michaux, de qui nous avons emprunté tout ce que nous avons dit jusqu'à présent sur les Chênes d'Amérique, qu'il nous a si bien fait connaître, dans les moindres détails, M. Michaux se fait cette demande et la résout négativement. Il ne pense pas, d'après les renseignemens qu'il a obtenus de beaucoup de constructeurs de vaisseaux américains, français et anglais, et qui ont été à même de travailler ces deux espèces de bois, que le Chêne d'Amérique égale celui d'Europe, parce que, comme il a déjà été dit plus haut, le dernier a le grain plus serré et plus compacte, et que le seul avantage du premier consisterait dans sa plus grande élasticité. Michaux père dit que ses Glands sont doux et nourrissans, que les Indiens en expriment une huile bonne à manger, et dont ils font usage.

Quoique le Chêne grec soit naturel à l'Europe, cette espèce, jusqu'à présent, n'est encore qu'imparfaitement déterminée, et on ne sait rien de particulier sur ses usages. Ses Glands n'ont pas d'amertume, dit M. Desfontaines : on les mange rôtis ou bouillis ; mais on assure qu'ils occasionnent des pesanteurs de tête et une sorte d'ivresse.

Des quatorze espèces de Chênes que l'on compte en France, les deux plus communes sont le Chêne Rouvre et le Chêne à grappes, que Linné avait confondues sous le nom de *Quercus Robur.* Ce sont elles qui forment le fond et sont le plus bel ornement des forêts européennes. C'est à ces deux espèces que s'applique particulièrement tout ce qu'on dit du Chêne en général. Ce sont celles dont le bois est la base de notre chauffage, et entre dans toutes nos constructions.

Le bois de Chêne l'emporte, pour la solidité et la durée, sur tous les autres bois de l'Europe, ce qui fait qu'on le préfère pour tous les ouvrages qui exigent ces qualités, comme charpentes, navires, moulins, échalas, bardeaux, etc.

On a vu des charpentes de Chêne durer plus de six cents ans, et l'on assure que dans l'eau il peut se conserver deux et presque trois fois autant. Plusieurs anciennes charpentes, qu'une longue suite de siècles n'a point détériorées, et qu'on prétendait être de Châtaignier, ont été reconnues pour être de Chêne. C'est ce qu'a observé Daubenton à l'égard de celle du Louvre. Il est certain que le Châtaignier, outre qu'il est plus rare, est inférieur au Chêne en qualité.

Le bois du Chêne Rouvre est plus dur, plus pesant que celui du Chêne à grappes, ses fibres ont aussi plus de tenacité et offrent une plus grande résistance aux efforts. Les Anglais en faisaient autrefois beaucoup de cas pour la construction de leurs vaisseaux ; ils prétendaient que les boulets pouvaient le percer, mais non le fracasser. Il fournit beaucoup plus de pièces courbes pour les constructions navales que le Chêne à grappes.

On en fait des carênes de vaisseaux, des fûts de pressoir, des portes d'écluses, des pilotis, des poutres, des solives. Les charrons l'emploient pour faire des rayons de roues, des herses, des charrues et plusieurs autres ouvrages. C'est la meilleure espèce de bois pour le chauffage ; c'est celle qui donne le plus de chaleur. Le pied cube pèse soixante-dix à soixante-douze livres.

Le Chêne Osier dont M. Bosc parle dans son mémoire, et qu'il dit être employé, dans les Vosges ainsi que dans le Jura, à faire des haies, et dont on se sert des jeunes pousses pour faire des liens, tisser des paniers, est probablement une variété du Chêne Rouvre.

Le Chêne de l'Apennin et le Chêne pubescent sont peu connus sous le rapport de leurs propriétés particulières. Leurs bois doivent avoir des qualités analogues à celles du Chêne à grappes ou du Rouvre, et surtout de ce dernier.

Le Chêne à grappes est employé, comme le Chêne Rouvre, à grand nombre d'usages ; mais il en est plusieurs auxquels il est plus particulièrement réservé. Il est excellent pour la charpente des maisons. Comme il a très-peu de nœuds et qu'il se fend aisément en douves unies, cela le rend précieux pour la fabrication des tonneaux, des cuves et de tous les vases nécessaires à la confection ou à la conservation du vin. La même cause le fait employer de préférence pour lattes, échalas, bardeaux. Il est plus recherché pour tous les ouvrages de menuiserie, parce qu'il est plus facile à travailler.

Il parvient à une taille colossale dans les bons terrains ; M. Secondat, dans ses Mémoires sur l'Histoire naturelle du Chêne, dit en avoir vu un qui avait trente deux pieds de tour, à la portée des bras des hommes et dont le tronc, de douze pieds de hauteur, se partageait ensuite en trois grosses tiges. Il réussit très-bien d'ailleurs dans un terrain graveleux, pourvu qu'il soit humecté.

On ne connaît point jusqu'à présent les qualités du bois du Chêne pyramidal ; cet arbre est rare en France. On ne le trouve guère que dans quelques cantons des Basses-Pyrénées, et le plus souvent ce sont des individus isolés, ce qui annonce qu'il n'y est point spontanée. M. Corréa assure, selon M. Desfontaines, qu'il est originaire de Portugal. On commence à le cultiver, comme arbre pittoresque, dans les pépinières de Paris. Il pourra servir un jour à la décoration des parcs et des jardins paysagers ; il est propre à faire de belles avenues. Comme il n'est pas encore commun, on le greffe sur le Roure ou sur le Chêne à grappes.

Le Chêne des Pyrénées ou Tauzin, que M. Secondat désigne sous le nom de Chêne noir, et qu'il croit être le vrai *Robur* des anciens, est un arbre qui a beaucoup plus d'aubier que les autres grandes espèces de France ; si lorsqu'on veut le mettre en œuvre on ne prend pas le soin d'enlever entièrement tout cet aubier, les vers ne tardent pas à l'attaquer, ils y pullulent, pénètrent même jusqu'au cœur du bois pour s'en nourrir, et finissent par le détruire. Le bois de ce Chêne est en général rejeté des constructions, parce qu'il a le défaut de se beaucoup tourmenter. La meilleure manière de lui enlever cette mauvaise qualité est de le laisser sécher dans son écorce, pendant cinq ou six ans, avant de l'employer. Quand il est parfaitement sec il acquiert tant de dureté qu'il devient très-difficile à travailler et qu'il fait souvent casser les outils des ouvriers. Comme il a beaucoup de nœuds, il ne se fend qu'avec beaucoup de peine, les douelles qu'on en fait sont peu droites et peu unies, les nœuds y laissent des trous, ce qui l'empêche d'être propre à la fabrication des tonneaux pour le vin ; mais pour le chauffage on ne peut avoir de bois de meilleure qualité, il donne un feu très-ardent et de longue durée.

Il a l'avantage de s'accommoder de terres stériles dans lesquelles le Roure et le Chêne à grappes ne pourraient subsister ; il y pousse de fortes racines rampantes, qui vont chercher au loin la nourriture de tout l'arbre. Ses bourgeons et ses feuilles sont plus rarement attaqués par la dent des bestiaux. Les Vaches et les Brebis les trouvent bien moins de leur goût que ceux du Chêne à grappes.

Le Tauzin développe ses bourgeons, ses feuilles et ses jeunes rameaux plus tard que ce dernier, ce qui fait qu'il est bien moins souvent attaqué par les dernières gelées du printems. Quoique son bois, dans toute sa force, soit plus dur que celui du Chêne à grappes ; il est, dans sa jeunesse, plus flexible, ce qui fait qu'on peut alors l'employer à faire des cercles, tandis que celui de l'autre ne peut servir à cet usage. Son écorce est employée pour le tannage, et ses Glands sont recherchés pour la nourriture des Porcs

Le Chêne étoilé, le Chêne à feuilles en lyre, le Chêne oliviforme et le Chêne à gros fruits, qui tous les quatre appartiennent à l'Amérique septentrionale, méritent plus ou moins notre attention sous le rapport de leurs propriétés. Le bois du premier a le grain assez fin et assez serré ; il a beaucoup de force et dure long-tems : c'est dommage qu'il n'acquière jamais de grandes dimensions, ce qui borne son emploi à certains ouvrages. On s'en sert principalement dans le pays pour faire des pieux, du charronage, du merrain. La disposition oblique de ses branches fait que dans les constructions navales on s'en sert principalement pour les genoux des vaisseaux. L'avantage qu'il a de pouvoir croître dans les terrains secs et maigres, joint à ses autres propriétés, sont des motifs assez puissans pour qu'on cherche à le propager en France; mais il ne paraît pas susceptible de réussir dans le nord.

Le bois de la seconde espèce, quoique inférieur en qualité à celui du Chêne blanc et de plusieurs autres, est néanmoins assez estimé. L'arbre acquiert de très-grandes dimensions et mérite d'être propagé sous ce rapport.

La disposition particulière des branches secondaires de la troisième espèce, qui sont menues, flexibles et toujours inclinées vers la terre, la rend très-propre à être cultivée pour l'embellissement des parcs et des jardins paysagers. Il en est de même de la quatrième espèce, le Chêne à gros fruit; en effet un arbre qui s'élève à quatre-vingts pieds, dont les feuilles sont aussi grandes, et qui porte des Glands plus gros que ceux d'aucune autre espèce, est bien fait pour attirer l'attention des amateurs de cultures étrangères, et pour trouver une place dans les parcs et les grands jardins.

Le bois du Chêne chevelu est d'une excellente qualité. Il est employé par les tourneurs, les ébénistes, les menuisiers, les charrons, les tonneliers ; on s'en sert dans les constructions navales. La chair des Cochons qui ont été nourris avec son Gland est délicieuse, ferme et se conserve long-tems.

Le Chêne de Tournefort, de même qu'il approche beaucoup du précédent par son port et ses caractères botaniques, paraît aussi avoir avec lui une grande ressemblance pour les bonnes qualités de son bois. C'est lui et le Chêne à grappes que les Turcs emploient dans leurs constructions navales. On l'apporte à l'arsenal de Constantinople, des côtes méridionales de la Mer-Noire, et on s'en sert le plus souvent pour la charpente des maisons. L'arbre s'élève à une grande hauteur.

La grande affinité du Chêne d'Autriche avec les deux précédens doit faire croire que son bois peut leur être comparé.

Toutes les parties du Chêne sont en général stiptiques et astringentes ; ce sont ces propriétés, résidant éminemment dans son écorce, qui la rendent la plus propre au tannage des cuirs On n'emploie ordinairement que celle des taillis de quinze à trente ans, quoique celle du bois plus vieux soit au moins aussi bonne.

C'est à la sève du printems qu'on dépouille le Chêne de son écorce, qu'il faut laisser sécher à l'ombre. La meilleure est celle des arbres qui ont crû dans un terrain sec. Celle de certaines espèces, comme le Tauzin ou Chêne des Pyrénées, paraît aussi contenir plus abondamment le tannin, ce principe astringent qui donne de la solidité au cuir en racornissant ses fibres.

Lorsqu'on est obligé d'employer du bois encore vert, il suffit, dit-on, pour lui donner promptement les qualités du bois sec, et pour le garantir des vers, de le laisser dans l'eau pendant quelques mois seulement.

L'aubier du Chêne est très-épais et très-marqué. Il est défendu aux ouvriers, par leurs statuts, de l'employer, parce qu'il pourrit facilement et ne tarde pas a être attaqué par les vers.

Buffon, Duhamel, Varenne de Fenille et Hassenfratz, ont fait des expériences sur le moyen d'augmenter la force, la solidité et la durée du bois, et ce moyen consistait à écorcer et à laisser sécher les arbres sur pied avant de les abattre. BUFFON, surtout, avait été porté à faire ces expériences d'après VITRUVE et EVELIN. Le premier a dit, dans son Traité d'Architecture, qu'avant d'abattre les arbres, il faut les cerner par le pied, jusque dans le cœur du bois; après quoi ils sont bien meilleurs pour le service, auquel on peut même les employer tout de suite. Le second rapporte, dans son Traité des Forêts, que le Docteur PLOT assure, dans son Histoire naturelle, qu'autour de Haffon, en Angleterre, on écorce les gros arbres sur pied dans le tems de la sève ; qu'on les laisse sécher jusqu'à l'hiver suivant ; qu'on les coupe alors ; qu'ils ne laissent pas que de vivre sans écorce ; que le bois en devient plus dur, et qu'on se sert de l'aubier comme du cœur, et que même le dessus de la tige d'un arbre écorcé est plus pesant et plus fort que le bois tiré du cœur d'un autre non écorcé.

Dans les expériences faites par BUFFON et par DUHAMEL, les résultats ayant constamment été que des solives extraites d'arbres écorcés avaient un poids plus considérable et exigeaient plus de force pour être rompues, que d'autres solives d'égales dimensions prises dans des arbres non écorcés, ces deux observateurs avaient cru devoir en conclure qu'effectivement le bois écorcé avant d'être abattu devenait plus dur, plus ferme, plus pesant, plus fort, et qu'il devait aussi être plus durable. Mais plusieurs forestiers recommandables par leurs connaissances, entre autres MM. BECKER, inspecteur des forêts à Rostock, et LAUROP, grandmaître des forêts du duché de Berg, reprochent à BUFFON et à DUHAMEL de s'être trompés dans les conclusions qu'ils ont tirées de leurs expériences, et de n'avoir pas d'ailleurs fait ces dernières avec toute l'exactitude nécessaire. Ils n'attribuent la plus grande pesanteur et la plus grande tenacité des arbres écorcés sur pied par BUFFON et par DUHAMEL, qu'à ce que le bois de ces arbres n'était pas suffisamment desséché, et qu'il l'était, dans toutes les proportions, beaucoup moins que celui des arbres qui avaient été abattus et qui avaient séché pendant deux ans dans leur écorce ; car c'était avec du bois pris dans ces derniers que BUFFON avait fait ses expériences comparatives. Pour que celles-ci eussent été parfaitement exactes, il eût fallu n'employer pour les faire, que des bois étant parvenus au même degré de dessèchement. Et quand bien même les expériences de BUFFON auraient présenté, dans ce cas, les mêmes résultats qu'il a obtenus, il s'ensuivrait seulement que le bois des Chênes coupés en tems de sève, avec leur écorce, n'a pu supporter un poids aussi considérable que celui des Chênes écorcés en tems de sève et desséchés sur pied avant leur abattage.

Il eût fallu que BUFFON eût fait abattre pendant l'hiver les Chênes auxquels il avait laissé leur écorce, parce qu'il est depuis long-tems démontré que les bois abattus en hiver sont plus forts que ceux abattus en été.

Mais en supposant que les expériences de BUFFON ne renfermassent aucune erreur et qu'il fût très-constant que le bois des arbres écorcés fût plus ferme, plus pesant, plus fort et plus durable que celui des arbres abattus en hiver, serait-il avantageux de mettre cette méthode en pratique ? MM. BECKER et LAUROP se prononcent encore contre ce moyen, parce que l'écorcement des arbres sur pied est beaucoup plus dispendieux que celui des arbres abattus, et que le bois de ces arbres devient d'un mauvais emploi, parce qu'il est sillonné de fentes.

M. BAUDRILLART, qui a écrit sur ce même sujet, après nous avoir fait connaître tout ce que MM. BECKER et LAUROP ont dit sur les bois écorcés, conclut par dire que l'écorcement des bois a l'inconvénient de renfermer dans le corps des arbres un amas de sucs indigestes et fermentescibles ; que la facilité avec laquelle ces sucs se dissolvent à l'humidité, donne lieu à la pourriture ; que les mêmes sucs occasionnent les fentes qui se forment dans ces sortes de bois pendant l'été et pendant les gelées ; qu'on peut encore considérer ces bois comme défectueux à cause de leur fragilité, de leur défaut de souplesse et de la difficulté de les travailler ; que ce qui doit encore faire prohiber la méthode de l'écorcement, c'est la cherté de cette opération, la mort des souches qui en est la suite, la perte de l'écorce des branches, enfin l'analogie qui existe entre les arbres morts sur pied par l'effet de l'écorcement, et ceux qui meurent naturellement, et qui sont généralement réputés mauvais par les ouvriers qui font l'emploi de leur bois.

On ne sème pas toujours les arbres pour les multiplier ; les uns peuvent l'être facilement par la voie des boutures, des marcottes ; les autres produisent de leur souche de nombreux rejetons qu'on peut transplanter facilement et qui fournissent un moyen expéditif, que l'on emploie pour leur propagation. Mais pour les grands arbres forestiers, et surtout pour le Chêne, la meilleure manière de les multiplier, et même la seule praticable, est celle des semis. La greffe par approche, la seule qui réussisse pour le Chêne, doit être considérée moins comme un moyen de multiplication que comme une manière de conserver les espèces rares et étrangères qu'on n'a pas la facilité de multiplier autrement, et qui sont seulement destinées à servir à l'ornement des jardins d'agrément.

La récolte des Glands était autrefois de droit pour tout le monde dans les forêts appartenant au Domaine royal et dans celles de beaucoup de particuliers ; on l'a considérablement restreinte dans ces derniers tems, sous prétexte de repeupler les forêts ; a-t-on bien fait ? M. Bosc fait à ce sujet, dans le Mémoire déjà cité, les réflexions suivantes : « Si tous les Glands qui naissent sur les Chênes produisaient des arbres, la terre en serait bientôt couverte, et aucun ne pourrait prospérer. Il est donc évident que le but de la nature, en en donnant une telle quantité, a été de fournir des moyens de subsistance aux animaux. Il est prouvé pour moi, qui ai fréquemment vu ramasser des Glands, que quelque soin qu'on mette à cette opération, il en reste toujours mille fois plus sur la terre qu'il n'en faut pour repeupler les alentours des arbres qui les ont fournis. Ce n'est donc pas la *Glandée* qui a détruit nos forêts. D'ailleurs les Glands qui tombent sous ces Chênes isolés et entourés de gazons, et ce sont ceux qui en fournissent le plus, peuvent-ils germer ? Ceux qui tombent de ces Chênes entourés d'un taillis épais, et qui germent si facilement, peuvent-ils produire des arbres ? Il faut un concours de circonstances rares pour qu'un Gland remplisse sa destination ; or, ces circonstances, l'homme les produit à volonté.

C'est donc par des semis dans des lieux convenables, semis faits à la main, ainsi que je le dirai plus bas, qu'on peut espérer de repeupler nos forêts, et non en privant les habitans des campagnes de la ressource qu'ils trouvent dans la Glandée. Mais, dira-t-on, si les femmes et les enfans, en ramassant les Glands à la main, en laissent certainement beaucoup plus qu'il n'en faut, en est-il ainsi lorsqu'on en charge les Cochons ? C'est là où j'attendais le défenseur des prohibitions. Oui, lui dirai-je avec assurance, car ils sont en Europe, un des instrumens que la sage nature a créés pour favoriser la multiplication des arbres, et en particulier des Chênes. Que devient un Gland qui tombe sur des feuilles, entre des herbes, sur la terre nue ? Il reste exposé à être mangé, ou finit par se dessécher. Que devient celui qui a été caché sous les feuilles, mis dans la terre par l'action du boutoir du Cochon ? Il est mis à l'abri de la voracité des animaux, il est placé dans une situation propre à le faire germer et produire un arbre. Il suffit d'avoir suivi des Cochons à la Glandée pendant quelques heures, dans un terrain qui n'est pas complètement gazonné, pour être convaincu qu'ils enterrent plus de Glands qu'ils n'en mangent. Je le répète donc, loin d'empêcher les Cochons d'aller à la Glandée, je les y appellerais dans mes propriétés. Seulement je voudrais qu'ils n'y fussent que pendant un ou deux mois.

» D'un autre côté, quelque nécessaire qu'il soit d'employer tous les moyens possibles pour repeupler nos forêts, la perte de quelques plants de Chêne peut-elle être mise en comparaison avec la perte immense qui résulte pour la société de la suppression de la Glandée ? Combien de milliers de Cochons, de Dindes, de Poules, auraient pu être nourris avec le superflu d'une récolte de Glands, et qui manquent à la consommation générale. Il n'est personne qui ne se souvienne combien l'abondance ou la rareté des Glands, certaines années, influaient jadis sur le prix du lard, seule nourriture animale du pauvre, dans une grande partie de la France. La suppression de la Glandée doit donc entrer pour beaucoup dans l'énorme augmentation qu'a éprouvée depuis peu cette espèce de nourriture. On donne bien quelquefois des permissions générales et particulières de mettre les Cochons dans les bois ; mais on ne les donne qu'au moment de la chute des Glands ; ne faut-il pas avoir des Cochons au moins six mois d'avance ? Est-on sûr d'avoir une de ces permissions ? En agriculture on n'a que trop de chances d'incertitudes à supporter involontairement, et on doit éviter, autant que possible, celles qui dépendent du caprice des hommes. »

Les Glands que l'on destine à faire des semis doivent être parfaitement mûrs. On ne les cueille point, mais on ramasse ceux qui tombent d'eux-mêmes pendant l'automne : les Glands qui tombent les premiers sont ordinairement piqués de vers ; ils ne valent rien pour semer et ne sont propres qu'à la nourriture des Pourceaux.

« Ces premiers Glands exceptés, on doit les ramasser à mesure qu'ils tombent, c'est-à-dire, tous les deux ou trois jours, et ne pas attendre pour faire cette récolte que tout le Gland soit tombé, parce qu'il survient quelquefois dans cette saison des gelées assez fortes pour les endommager.

» A mesure qu'on ramasse le Gland, on le dépose dans des greniers, si on se propose de le semer avant l'hiver ; mais si l'on doit ne le semer qu'au printems, il faut le mettre, lit par lit avec du sable ou de la terre sèche, dans un lieu frais et sec ; car si ces subtances étaient trop humides, le Gland pousserait trop en racines pendant l'hiver ; il s'épuiserait et il ne serait plus bon à semer au printems suivant.

» On fera bien de visiter de tems en tems le Gland qu'on aura déposé dans le sable, parce que si, dans le mois de janvier, au lieu de germer il se desséchait, il faudrait répandre un peu d'eau sur le sable ; et au contraire, s'il avait poussé des radicules trop longues, il faudrait se préparer à mettre les Glands en terre dès le commencement de février.

» Si l'on sème le Gland en automne, on est dispensé de ces soins ; mais on court d'autres risques : les Sangliers, les Mulots et plusieurs autres animaux qui cherchent à s'en nourrir, en détruisent beaucoup, et la gelée en fait périr une grande partie si l'on n'a pas eu soin de les mettre un peu avant en terre. Il faut savoir cependant qu'un Gland recouvert d'une épaisseur de terre trop considérable, ne réussit pas si bien que celui qui est près de la superficie.

» Quelque parti que l'on prenne, soit qu'on répande les Glands en automne ou au printems, on peut les semer par petits tas, en faisant des fosses à la houe, ou bien par rangées faites à la charrue, et éloignées les unes des autres de trois ou quatre pieds, ou enfin les semer en plein, comme on sème ordinairement le froment. Quand on se propose de faire de grands semis, il faut renoncer à donner au Gland aucune culture, afin d'éviter des frais considérables. Le mieux est de semer le Gland dans toutes les raies qu'on fait avec la charrue, et d'y mettre beaucoup plus de semence qu'il n'en faudrait naturellement, parce que l'abondance du plant qui viendra à croître étouffera plus promptement l'herbe qui retarde beaucoup l'accroissement des Chênes ; d'ailleurs les plus vigoureux pieds étouffent par la suite les plus faibles : c'est-là le moyen le plus simple d'avoir dans le tems une belle futaie. Duhamel ».

On ne doit jamais se servir du plantoir pour semer les Glands, et en général cet instrument, qui paraît très-commode, a de graves inconvéniens en agriculture. D'abord les Glands semés avec le plantoir sont presque toujours trop profondément enterrés et ne germent pas; en second lieu, la terre, souvent trop tassée par l'effet de la pression exercée tout autour du trou pratiqué par ce moyen, ne permet pas aux racines du germe de se développer comme elles le devraient, et enfin la même raison empêche l'eau des pluies de pénétrer la terre et de porter au jeune plant la nourriture dont il a besoin.

Dans quelques provinces on est dans l'usage de planter des Chênes en avenues et en quinconce. Pour faire réussir ces plantations, il est nécessaire d'y apporter les précautions suivantes; elles sont très-importantes. Quand on sème le Gland dans une bonne terre et qui a beaucoup de fond, il commence par produire un pivot qui s'enfonce en terre à une grande profondeur : j'en ai arraché qui n'avaient que cinq à six pouces de tige et qui avaient une racine pivotante de trois pieds et demi de longueur. Si l'on arrache de ces arbres lorsqu'ils sont parvenus à huit ou dix pieds de hauteur, pour les transplanter en quinconce ou en avenues, la plupart ne reprendront pas; c'est ce qui fait que presque tous les Chênes qu'on arrache dans les forêts ont beaucoup de peine à reprendre. Duhamel. »

Le meilleur moyen pour éviter presque tous les inconvéniens qui se rencontrent dans les semis ordinaires, et pour se procurer des Chênes de bonne qualité, de belle forme et dont la réussite soit certaine, est de les élever exprès pour les plantations et de semer dans un bon terrain des Glands choisis. Au bout de deux ans on lève les jeunes Chênes, on leur coupe le pivot : à cet âge ils souffrent très-peu de cette opération; on les replante tout de suite en pépinière à la distance d'un pied l'un de l'autre. Chaque année on les laboure à la bêche en automne, on leur donne un binage à la fin du printems ou au commencement de l'été, pour les débarrasser des mauvaises herbes, et enfin on élague leurs branches surabondantes ou mal placées, afin de les forcer à croître aussi droit que possible. Après qu'ils ont resté ainsi quatre ans en pépinière, on les arrache de nouveau par rangs entiers, en fouillant jusqu'au dessous de leurs plus basses racines, et on les replante à deux pieds de distance, pour les cultiver encore pendant trois à quatre ans. Ils seront alors bons à mettre en place; ils auront fait d'excellentes racines, et on pourra les planter avec la certitude de les voir presque tous bien reprendre.

Les racines des Chênes sont extrêmement sensibles au hâle, elles se dessèchent rapidement lorsque le vent est au nord ou qu'il fait un beau soleil; il est donc à propos de ne laisser ces arbres hors de terre que le moins de tems possible, et de les planter à fur et mesure qu'on les arrache, toutes les fois que la proximité de la pépinière le permet ; il est encore avantageux de choisir un tems couvert. L'époque

que la plus favorable pour la transplantation des Chênes est l'automne , immédiatement après les premières gelées, afin que pendant l'hiver la terre ait le tems de se tasser autour des racines par l'effet des pluies. Une chose dont on doit bien se garder en plantant le Chêne , c'est de lui couper la tête, comme on le fait à certains arbres.

« Le Chêne n'est point délicat sur la nature du terrain : s'il a beaucoup de fond, il formera des arbres énormes qui auront plus de cinquante pieds de tige ; si la bonne terre s'étend à une moindre profondeur, il ne fournira que des poutrelles et du bois de charpente de six à huit pouces d'équarissage ; enfin si le terrain a fort peu de fond, il ne pourra donner que du taillis. La nature du terrain influe encore sur la qualité du bois : il sera de bonne qualité dans une bonne terre et un peu sèche ; il ne deviendra pas si gros, mais il sera fort dur dans le gravier allié de bonne terre ; il sera de belle taille , mais tendre sur la glaise et dans les sables humides. La situation est également à considérer , car on n'obtient que du bois gras dans les vallées , et le bois est beaucoup plus dur sur les hauteurs. Celui des Chênes élevés dans les haies, exposés à l'air de tous les côtés, est plus ferme et plus rustique que celui qui vient en massif. DUHAMEL. »

Tout ce qui vient d'être dit sur la manière de faire des semis de Chêne, a principalement rapport au Rouvre et au Chêne à grappes qui font la masse de nos forêts ; cela peut être aussi applicable au Chêne chevelu, au Chêne pyramidal, au Tauzin et autres espèces indigènes ou parfaitement acclimatées ; mais plusieurs autres qui sont exotiques et encore rares exigeront, jusqu'à ce qu'elles soient plus multipliées, une culture plus soignée. Celles qui appartiennent à des climats plus chauds que celui de Paris, demanderont, dans leur premier âge surtout , a être préservées du froid pendant l'hiver. Leurs semis seront faits avec d'autant plus de soin, que les espèces seront plus rares et qu'on aura moins de leur Gland. Dans ce dernier cas, les semis ne seront faits que dans des pots ou des terrines , et pendant plusieurs hivers on les rentrera dans l'orangerie. Au défaut de Glands pour multiplier les espèces rares , on aura recours aux marcottes et mieux à la greffe par approche, en prenant pour sujets, des plants de trois à quatre ans du Chêne à grappes, pour les espèces qui perdent leurs feuilles pendant l'hiver , et du Chêne Yeuse pour celles qui les conservent.

Un végétal aussi considérable que le Chêne ne peut manquer de nourrir et d'abriter un très-grand nombre d'insectes. On en trouve plus de deux cents espèces, rien que sur les Chênes des environs de Paris.

Il n'est point de partie du Chêne qui ne serve d'aliment ou de retraite à quelque insecte ; une foule de larves , de celles des Coléoptères surtout, perforent son bois malgré sa dureté.

Nous avons parlé du Kermès ou de la Cochenille, qui fournit la graine d'Écarlate, page 189 , et de l'insecte qui produit la Galle du commerce , pages 190 et 191 , nous n'y reviendrons pas.

D'autres Cochenilles vivent sur différentes espèces de Chênes , mais ne servent pas aux mêmes usages.

Plusieurs espèces de Diplolèpes vivent aussi aux dépens du Chêne , et chacune s'attache à une partie différente et déterminée ; aux feuilles , aux pétioles , aux fleurs , aux pédoncules , etc. Les femelles percent l'épiderme à l'aide d'un aiguillon ou tarrière qui est en même tems *l'oviductus* , et déposent un œuf dans cette piqûre. Bientôt l'extravasation des sucs forme à cette place une protubérance qui va toujours en croissant, où l'œuf éclos, où vit la larve , et où la Nymphe est en sûreté jusqu'à sa métamorphose en insecte ailé.

Ces protubérances, qu'on appelle Galles, affectent, suivant l'espèce qui les a pro-
duites, des formes particulières, et diffèrent beaucoup par leur consistance, leur
couleur, leur grosseur.

C'est sur les Chênes qu'on trouve le plus souvent le Cerf-volant (*Lucanus cervus*),
le plus gros des insectes de notre pays.

Le Charançon des Noisettes (*Curculio nucum*) vit aussi dans l'intérieur des Glands,
et les mine pour s'en nourrir, comme les Noisettes.

C'est ordinairement sur le tronc des gros Chênes qu'on voit courir à la chasse des
autres insectes, le superbe Carabe sycophante. M. Bosc a observé, et c'est là une de ces
admirables compensations si communes dans l'économie de la nature, que le Carabe
sycophante est toujours plus commun dans les années où la Chenille du *Bombix
dispar*, l'une des plus nuisibles au Chêne, est aussi plus abondante.

EXPLICATION DES PLANCHES.

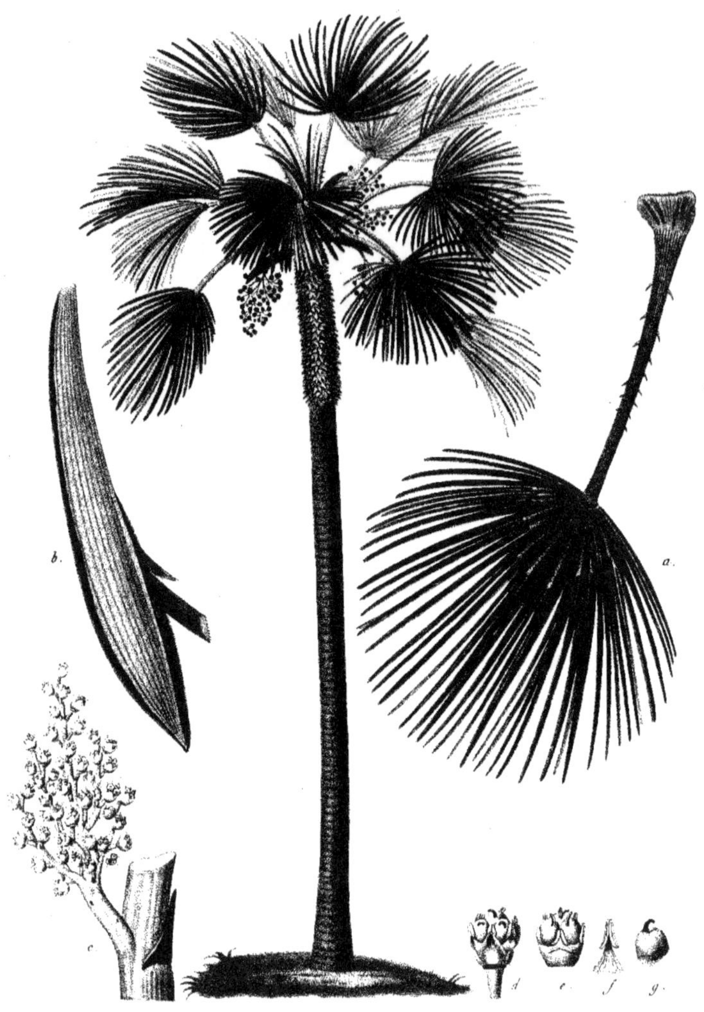

CHAMÆROPS humilis.   PALMISTE éventail.

P. Bessa pinx.   Gabriel sculp.

CHAMÆROPS. PALMISTE.

CHAMÆROPS. Lin. Classe VI. *Hexandrie.* Ordre III. *Trigynie.*
CHAMÆROPS. Juss. Classe III. *Monocotylédones. Étamines périgynes*
Ordre I. Les Palmiers.

GENRE.

Spathe monophylle, s'ouvrant latéralement, renfermant un spadice qui se développe en un grand nombre de rameaux portant des fleurs toutes hermaphrodites sur certains individus, toutes mâles sur d'autres.

Fleurs hermaphrodites.

CALICE. Très-petit, à trois divisions.
COROLLE. De trois pétales ovales, coriaces, redressés, pointus, ayant leur
    sommet réfléchi en dedans.
ÉTAMINES. Au nombre de six, à filamens subulés, comprimés, réunis à
    leur base, portant des anthères linéaires, à deux loges.
PISTIL. Trois ovaires arrondis, surmontés chacun d'un style persistant, à
    stigmate aigu.
PÉRICARPE. Trois petits drupes, presque globuleux, contenant un petit noyau
    arrondi.

CALICE.
COROLLE. *Fleurs mâles.*
ÉTAMINES. Comme dans les fleurs hermaphrodites, pistil nul.

Caractère essentiel. Spathe monophylle, se fendant latéralement. Spadice rameux.
Fleurs hermaphrodites ou mâles sur des individus distincts. Calice à trois divisions. Trois pétales. Six étamines à filamens réunis en godet à leur base. Trois
ovaires munis chacun d'un style et d'un stigmate. Trois petits drupes globuleux, monospermes.

Rapports naturels. Le Palmiste a de l'affinité avec le Sabal; mais celui-ci en
diffère parce que son spadice est dépourvu de spathe, et parce que les filamens de ses étamines sont libres, renflés à leur base.

ESPÈCES.

1. CHAMÆROPS humilis. Tab. 58. PALMISTE éventail. Pl. 58.
C. *frondibus palmatis; petiolis spinosis.* P. à feuilles palmées; à pétioles épineux.

CHAMÆROPS *humilis.* Lin. Sp. 1657. Savigny, in Lam. Dict. Enc. 4. p. 714. Pers. Synop.
1 p. 400.
PHÆNIX *humilis.* Cavan. Ic. n. 124. t 115.
CHAMÆRIPHES. Dod. Pempt. 820. Lob. Icon. 2. p. 235.
CHAMÆRIPHES *tricarpos spinosa, folio flabelliformi,* Ponted. Anth. 147. t. 8.
CHAMÆRIPHES *major.* Gærtn. Fruct. 1. p. 26. t. 9.
PALMA *humilis* vel Chamæriphes. J. Bauh. Hist. 1. p. 369.
PALMA *minor humilis.* Tabern. Icon. 960. Camer. Epit. 125.
PALMA *minor.* Bauh. Pin. 506.
β. CHAMÆRIPHES *minor.* Gærtn. Fruct. 1. p. 26. t. 9. f. 4.

Le Palmiste paraît être la plus petite espèce de sa famille; tandis que plusieurs Palmiers s'élèvent à la hauteur de soixante-dix à quatre-vingts pieds, celui-ci reste souvent d'une petite stature et n'acquiert quelquefois que quatre à cinq pieds de haut. Cependant Cavanilles nous apprend qu'il en a vu plusieurs individus dans le royaume de Valence, en Espagne, dont le tronc avait quatorze pieds de hauteur ; il en a même remarqué un qui avait trente pieds, et au Jardin du Roi, à Paris, on en cultive deux individus qui, avec les années, ont acquis plus de vingt pieds. Le tronc de ces arbres est droit, très-simple, cylindrique, nu à sa base, où il est marqué de cicatrices circulaires et peu profondes, chargé dans le reste de sa longueur de grandes écailles épaisses embriquées, roussâtres, formées par la base des pétioles qui persistent pendant long-tems. Le sommet de cette tige est couronné par un faisceau composé de trente à quarante feuilles portées sur de longs pétioles, dont les bords sont épineux. Ces feuilles sont plissées dans le sens de leur longueur, divisées dans leur partie supérieure en plusieurs lobes linéaires qui dans leur disposition imitent les doigts d'une main, ou mieux encore les rayons d'un éventail. De l'aisselle des feuilles naissent les fleurs enveloppées d'abord dans des spathes comprimées, longues de six à huit pouces, chargées de poils sur les bords et se fendant dans leur partie supérieure et d'un seul côté, pour donner passage chacune à un spadice rameux formant une panicule longue d'un pied ou davantage, et chargée d'un grand nombre de fleurs jaunâtres, petites et peu apparentes. Les fruits qui leur succèdent sont de petits drupes disposés trois ensemble, presque globuleux, d'un brun noirâtre, renfermant sous une pulpe fibreuse, un peu sèche et spongieuse, un petit noyau arrondi, roussâtre, marqué d'une petite papille latérale.

La variété β a ses fruits ovales-cylindriques, très-glabres, d'un jaune fauve, et leur pulpe est molle.

Le Palmiste croît naturellement dans les parties méridionales de l'Europe ; on le trouve en Italie et surtout sur les côtes d'Espagne ; il est aussi indigène en Barbarie. La partie inférieure de ce Palmier contient une substance ferme, blanchâtre, d'une saveur douce et bonne à manger. Ses feuilles servent à faire des corbeilles, des nattes, des balais et autres ustensiles employés dans le ménage. On en fabrique aussi des cordes. Les Arabes mangent ses fruits qui ont une saveur douce et mielleuse. Ils mangent aussi ses jeunes pousses.

EXPLICATION DE LA PLANCHE 58.

Palmiste éventail dessiné d'après l'un des plus grands individus de cette espèce existant maintenant au Jardin du Roi.

Fig. *a*. Une feuille vue séparément et réduite.

Fig. *b*. La spathe vue de même.

Fig. *c*. Une partie du spadice vu de grandeur naturelle.

Fig. *d*. Une fleur vue séparément et à la loupe.

Fig. *e*. La même vue sans le calice.

Fig. *f*. Une étamine vue séparément et encore plus grossie.

Fig. *g*. Un ovaire vu de même.

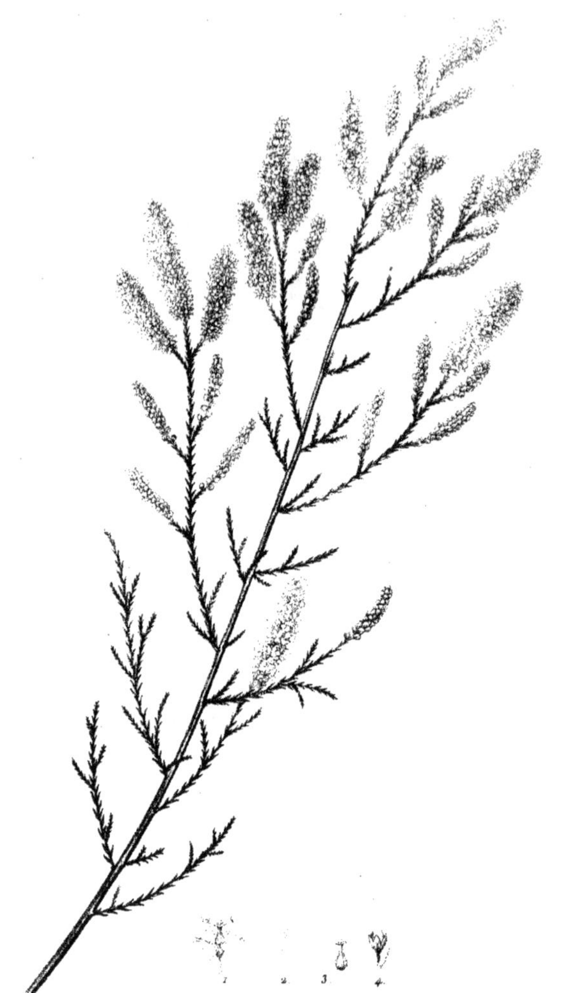

TAMARIX Gallica.   **TAMARISC de France.**

TAMARIX. TAMARISC.

TAMARIX. Lin. Classe **V.** *Pentandrie.* Ordre **III.** *Triginie.*

TAMARIX. Juss. Classe **XIV.** *Dicotylédones polypétales ; étamines périgynes.* Ordre **IV.** Les Portulacées. §. I. Fruit monoloculaire.

GENRE.

CALICE.	Persistant, à cinq divisions étroites, obtuses, redressées, moitié plus courtes que la Corolle.
COROLLE.	Composée de cinq pétales ovales, obtus, concaves, ouverts, alternes avec les divisions calicinales.
ÉTAMINES.	Au nombre de cinq à dix, à filamens capillaires, libres ou monadelphes, portant des anthères arrondies.
PISTIL.	Un ovaire supérieur, triangulaire, acuminé, privé de style et terminé par trois stigmates oblongs, roulés en dehors et plumeux.
PÉRICARPE.	Une capsule oblongue, acuminée, triangulaire, plus longue que le calice, à une seule loge, à trois valves.
SEMENCES.	Plusieurs graines petites, surmontées d'une aigrette de poils, et attachées à des placentas linéaires qui sont adhérens au milieu des valves.

Caractère essentiel. Calice à cinq divisions. Cinq pétales. Cinq à dix étamines. Un style surmonté de trois stigmates sessiles. Une capsule triangulaire, à trois valves, à une seule loge contenant plusieurs graines revêtues d'un duvet laineux.

Rapports naturels. Le Tamarisc n'a que des rapports assez éloignés avec toutes les plantes de la famille des Portulacées. M. Decandolle lui en trouve davantage avec le *Reaumaria*, que M. de Jussieu a rangé parmi les Ficoïdées, et il croit que ces deux genres doivent probablement être placés dans la famille des Hypéricées.

ESPÈCES.

1. TAMARIX Gallica. Tab. 59.

TAMARISC de France. Pl. 59.

T. *foliis lanceolatis, semi-amplexicaulibus, subimbricatis; floribus pentandris, spicatis; spicis lateralibus.*

T. à feuilles lancéolées, semi-amplexicaules, presque imbriquées ; à fleurs pentandriques, disposées en épis latéraux.

TAMARIX *Gallica*. Lin. Sp. 386. Willd. Sp. 1. p. 1498. — Poir. Dict. Enc. 7. p. 563.

TAMARIX *altera, folio tenuiore, seu Gallica*. C. Bauh. Pin. 485.

TAMARIX *major, sive arborea Narbonensis*. J. Bauh. Hist. 1. p. 351.

TAMARISCUS *Narbonensis*. Lob. Icon. 218. Tourn. Inst. 661. Mill. Dict. 262. f. 1. Duham. Arb. 2. p. 300.

TAMARISCUS. Blackw. Herb. t. 331.

Le Tamarisc de France est un arbrisseau qui s'élève à quinze ou vingt pieds et même davantage. Sa tige se divise de bonne heure en plusieurs branches, partagées elles-mêmes en rameaux nombreux, grêles, flexibles, revêtues d'une écorce rougeâtre, glabre. Ses feuilles sont très-menues, courtes, lancéolées, très-entières, aiguës, glabres, d'un vert gai ou quelquefois un peu cendré, éparses sur les rameaux, mais très-rapprochées les unes des autres et paraissant presque imbriquées dans les plus jeunes pousses. Ses fleurs sont blanches ou légèrement purpurines, disposées, dans la partie supérieure et latérale des rameaux, en épis nombreux, alongés, médiocrement serrés ; leurs étamines sont saillantes hors de la corolle.

Cet arbrisseau croît naturellement le long des rivières et principalement au bord de la mer; on le trouve en France depuis Antibes jusques à Perpignan , et depuis l'embouchure de l'Adour jusque sur les côtes de Normandie ; il fleurit depuis le mois de juin, jusques à la fin de l'été.

2. TAMARIX Africana.

TAMARISC d'Afrique.

T. *foliis lato-lanceolatis , semi-amplexi-caulibus , imbricatis ; floribus pentandris, densè spicatis ; spicis lateralibus.*

T. à feuilles largement lancéolées , semi-amplexicaules, imbriquées; à fleurs pentandriques, disposées en épis serrés et latéraux.

TAMARIX *Africana.* Desf. Fl. atl. 1. p. 269. Poir. Voy. en Barb. 2. p. 139. Poir. Dict. Enc. 7. p. 564.

TAMARIX *Gallica.* Var. γ. Willd. Sp. 1. p. 1498.

Cette espèce ressemble beaucoup à la précédente , mais elle en diffère par ses feuilles plus rapprochées , plus décidément imbriquées, et par ses fleurs deux à trois fois plus grandes, disposées en épis plus courts , plus serrés et plus épais. Elle croît en Barbarie et en Provence sur le bord de la mer.

3. TAMARIX Germanica.

TAMARISC d'Allemagne.

T. *foliis linearibus, sessilibus; floribus decandris, spicatis , terminalibus.*

T. à feuilles linéaires , sessiles ; à fleurs décandriques, disposées en épis terminaux.

TAMARIX *Germanica.* Lin. Sp. 387. Willd. Sp. 1. p. 1499. Poir. Dict. Enc. 7. p. 563.

TAMARIX. Fuchs. Hist. 213. Fl. Dan. t. 234.

TAMARIX *Germanica , sive minor, fruticosa.* J. Bauh. Hist. 1. p. 351.

TAMARISCUS *Germanica.* Lob. Icon. 218. Tourn. Inst. 661. Duham. Arb. 2. p. 299.

Le Tamarisc d'Allemagne diffère beaucoup des deux précédens, et il est très-facile de l'en distinguer par ses feuilles plus alongées , plus éloignées les unes des autres, simplement sessiles et non demi-embrassantes; par ses fleurs à dix étamines, dont les filamens sont réunis par leur base, et qui sont disposées en longs épis ordinairement terminaux ; il diffère encore parce qu'il s'élève moitié moins.

Cet arbrisseau croît en France et en Allemagne sur le bord des rivières.

Les Tamariscs ont un port singulier , et un feuillage qui leur donne quelque ressemblance avec le Cyprès et avec les Bruyères. La première et la seconde espèce font un assez joli effet quand elles sont en fleurs. Comme ces arbrisseaux conservent leurs feuilles dans toutes les saisons , ils sont propres à placer dans les bosquets d'hiver. On les multiplie ordinairement de boutures et de marcottes, qu'il faut faire dès la fin de février ou au commencement de mars. Ils se plaisent dans les terres légères qui ont beaucoup de fond , et qui sont un peu fraîches; celui d'Allemagne aime surtout les lieux humides.

Dans quelques pays où les Tamariscs prennent assez d'accroissement pour qu'on puisse employer leur bois, on en fait des tasses et des barils qui communiquent, dit-on, à l'eau qu'on y met, une propriété apéritive et diurétique. Prosper Alpin dit qu'on emploie en Égypte la décoction de l'écorce de Tamarisc comme astringente.

EXPLICATION DE LA PLANCHE 59.

Un rameau du Tamarisc de France, chargé de fleurs.

Fig. 1. Une fleur entière vue à la loupe. Fig. 2. Une étamine vue de même et séparément. Fig. 3. L'ovaire vu de même. Fig. 4. Le calice grossi et séparé des autres parties de la fleur.

HAMAMELIS Virginica.   HAMAMÉLIDE de Virginie.

HAMAMELIS.   HAMAMÉLIDE.

HAMAMELIS. Lin. Classe IV. *Tetrandrie*. Ordre II. Digynie.
HAMAMELIS. Juss. Classe XIII. *Dicotylédones polypétales ; étamines hypogynes*. Ordre XVIII. Les Vinettiers. §. II. Genres qui ont de l'affinité avec les Vinettiers.

GENRE.

CALICE.   Composé de quatre folioles oblongues, obtuses, égales, et muni à sa base de deux écailles courtes, opposées.

COROLLE.   Composée de quatre pétales linéaires, étroits, alongés, obtus, ondulés, égaux : chaque pétale muni à sa base d'une petite écaille oblongue, tronquée.

ÉTAMINES.   Au nombre de quatre, à filamens courts, linéaires, portant des anthères arrondies.

PISTIL.   Un ovaire supérieur, arrondi, velu, terminé par deux styles.

PÉRICARPE.   Une capsule ovale, didyme, enveloppée à sa base par le calice persistant, surmontée de deux cornes formées par les styles persistans, s'ouvrant à son sommet en deux valves, et partagée en deux loges monospermes.

SEMENCES.   Oblongues, luisantes, marquées d'un ombilic à leur sommet, recouvertes d'un arille coriace qui s'ouvre avec élasticité en deux valves. Les fleurs manquent quelquefois de pétales ; quelquefois aussi elles sont monoïques ou dioïques par avortement.

Caractères essentiels. Calice de quatre folioles. Corolle de quatre pétales linéaires, beaucoup plus longs que le calice, munis chacun d'une écaille à leur base. Quatre étamines. Un ovaire chargé de deux styles. Une capsule bicorne, à deux valves, à deux loges monospermes.

Rapports naturels. M. de Jussieu a placé ce genre à la fin des Vinettiers, comme ayant quelque affinité avec les genres qui composent cette famille ; il en diffère par ses étamines alternes avec les pétales, par son style double, et par la structure de son fruit.

Étymologie. Les anciens donnaient le nom *d'Hamamelis* à un arbre dont les fruits avaient une saveur douce et que l'on croit être le *Mespilus Amelanchier*. Lin.

HAMAMELIS Virginica. Tab. 60.   HAMAMÉLIDE de Virginie. Pl. 60.
H. *foliis alternis, ovatis, stipulaceis; floribus glomeratis, lateralibus.*   H. à feuilles alternes, ovales, munies de stipules à leur base ; à fleurs latérales, réunies en groupe.

HAMAMELIS Virginica. Lin. Sp. 180. Willd. Sp. 1. p. 701. Lam. Dict. Enc. 3. p. 68. Pers. Synop. 1. p. 150.
HAMAMELIS. Gron. Virg. 139. Catesb. Carol. 3. p. 2. t 2. Duham. Arb. 1. p. 287 . t. 114. Mill. Dict. n. 1.
TRILOPUS. Mitch. Gen. 22.
PISTACIA *Virginiana nigra, Coryli foliis.* Pluk. Alm. 298.

L'Hamamélide forme un arbrisseau d'une grandeur médiocre, dont la tige se divise en plusieurs rameaux cylindriques, recouverts d'une écorce roussâtre. Ses feuilles sont alternes, courtement pétiolées, ovales, grossièrement et irrégulièrement crénelées en leurs bords, glabres, d'un vert peu foncé, ressemblant beaucoup à celles de l'Aulne, et munies de stipules à leur base. Les fleurs sont d'un blanc jaunâtre, ramassées plusieurs ensemble le long des rameaux. Elles paraissent en automne et les fruits mûrissent au printems suivant.

Cette plante croît dans la Virginie et dans d'autres contrées de l'Amérique septentrionale.

Les espèces de ce genre ne sont pas encore parfaitement connues ; WILLDENOW, d'après WALTER, pense que l'*Hamamelis* comprend trois espèces différentes, que les botanistes ont laissées jusques à présent confondues ensemble, parce qu'on manque de renseignemens pour les caractériser d'une manière positive. Ce que l'on peut soupçonner, c'est que l'une de ces espèces est dioïque, à fleurs axillaires, pédonculées, ramassées, et munies de pétales ; la seconde est monoïque, à fleurs dépourvues de pétales, polyandres, disposées en épis terminaux.

Quoi qu'il en soit, l'arbrisseau cultivé dans les jardins sous le nom d'Hamamélide de Virginie, est connu en Europe depuis 1743, époque à laquelle il fut envoyé en Angleterre par Clayton. Ses fleurs ayant peu d'éclat, il ne produit pas un grand effet, mais il offre l'avantage de fleurir dans un tems où la plupart des autres espèces d'arbres ou d'arbrisseaux ne produisent plus de fleurs. On le multiplie de marcottes qu'on fait en automne dans un terrain humide, et qui seront enracinées et bonnes à relever dans le courant de l'automne suivant. Il n'a pas jusques à présent donné de graines dans notre climat ; pour le propager de cette manière, il faut se procurer des graines du pays. Ces graines ne lèvent que la seconde ou même la troisième année ; il faut les semer en terre de bruyère. L'Hamamélide se plaît dans un terrain léger, frais et ombragé ; il n'est d'ailleurs pas délicat et supporte très-bien le froid de nos hivers.

EXPLICATION DE LA PLANCHE 60.

Un rameau de l'Hamamélide de Virginie, avec des feuilles.

Fig. 1. Sommité d'un jeune rameau avec un groupe de fleurs femelles qui sont dépourvues de pétales.

Fig. 2. Une de ces fleurs vue à la loupe.

Fig. 3. Une fleur entière avec des pétales, et vue de grandeur naturelle.

Fig. 4. La même vue à la loupe.

Fig. 5. Une écaille de la base des pétales, vue séparément et grossie.

Fig. 6. Un pétale vu séparément à la loupe.

Fig. 7. Une étamine vue de même.

Fig. 8. L'ovaire vu séparément et à la loupe.

Fig. 9. Fleur dépourvue de pétales, séparée de son calice et vue un peu grossie.

Fig. 10. Un ovaire stérile vu à la loupe.

VITIS laciniata.

VIGNE laciniée.

P. Bessa pinx.

Amb.ᵗ Legrand sculp.

VITIS vinifera. **VIGNE** cultivée. *var.* *Chasselas doré.*

P. Bessa pinx.   A. Legrand sculp.

VITIS Vinifera. **VIGNE** cultivée. var. *Chasselas panaché.*

VITIS Vinifera .   **VIGNE** cultivée . *var. Franc-Kenthal*.

P. Bessa pinx   Amb.ᵉ Legrand sculp.

VITIS vinifera.   **VIGNE** cultivée. var. *Muscat d'Alexandrie.*

P. Bessa pinx.   Amb.te Legrand sculp.

VITIS vinifera   **VIGNE** cultivée, *var. Chasselas violet.*

P. Bessa pinx.   Legrand fils sculp.

VITIS vinifera.   **VIGNE** cultivée. *var. Muscat rouge.*

P. Bessa pinx.   Dubreuil sculp.

VITIS vinifera .   **VIGNE** cultivée . *var.* *Muscat blanc* .

P. Bessa pinx.   Gabriel sculp

VITIS vinifera. **VIGNE** cultivée. _var._ _Muscat violet._

P. Bessa pinx.

Gabriel sculp.

VITIS vinifera.　　**VIGNE** cultivée. var. *Bourdelas noir.*

P. Bessa pinx.　　　　　　　　　　　　Gabriel sculp.

VITIS vinifera.   **VIGNE** cultivée. *var. Cornichon blanc.*

P. Bessa *pinx.*   Gabriel *sculp.*

VITIS vinifera.

Fig 1. var. *Tokai*

VIGNE cultivée.

Fig. 2. var. *Corinthe blanc*

P. Bessa pinx.

Gabriel sculp.

VITIS.   VIGNE.

VITIS. Linn. Classe V. *Pentandrie.* Ordre I. *Monogynie.*

VITIS. Juss. Classe XIII. *Dicotylédones polypétales. Etamines hypogynes.*
Ordre XII. Les Vignes.

GENRE.

CALICE. Très-petit, à cinq dents.

COROLLE. Composée de cinq petits pétales, se détachant souvent par le bas, et restant réunis, par leur sommet, en forme de coiffe.

ÉTAMINES. Au nombre de cinq, opposées aux pétales, ayant leurs filamens subulés, étalés, redressés, caducs, portant à leur sommet des anthères simples.

PISTIL. Un ovaire surmonté d'un stigmate sessile et en tête.

PÉRICARPE. Une baie arrondie, à une seule loge.

SEMENCES. Une à cinq, dures, presque osseuses, turbinées et un peu en cœur.

Caractère essentiel. Calice très-petit, à cinq dents. Cinq pétales. Cinq étamines à anthères simples. Un ovaire à stigmate sessile. Une baie arrondie, à une loge contenant une à cinq graines.

Rapports naturels. Avec le genre *Cissus.*

Étymologie. *Vitis*, latin radical.

ESPÈCES.

1. VITIS cordifolia.

V. foliis cordatis, acuminatis, subæqua-liter dentatis, utrinquè glabris; racemis laxè multifloris, polycarpiis; baccis parvulis, serotinis.

VIGNE à feuilles en cœur.

V. à feuilles en cœur, acuminées, presque également dentées, glabres des deux côtés; à grappes multiflores; à baies nombreuses, petites et tardives.

VITIS *Cordifolia.* Mich. Fl. Bor. Amer. vol. 2. pag. 231. Poir. Dict. Enc. 8. pag. 609.

Les tiges de cette Vigne se divisent en rameaux nombreux, sarmenteux, plians, glabres et cylindriques. Ses feuilles sont alternes, cordiformes, vertes et glabres sur leurs deux faces, portées sur des pétioles aussi longs que leur limbe, bordées de dents inégales, très-aiguës et même acuminées à leur sommet. Ses fleurs sont disposées un grand nombre ensemble sur des grappes lâches et latérales. Les baies sont très-petites; elles mûrissent tard.

Cet arbrisseau croît naturellement dans l'Amérique septentrionale, depuis la Pensilvanie jusque dans la Floride. On le cultive au Jardin du Roi.

2. VITIS Virginiana.

V. foliis ovato-cordatis, glabris, profundè quinque-lobatis; lobis inæqualiter latèque crenatis; racemis subsimplicibus.

VIGNE de Virginie.

V. à feuilles ovales, en cœur, glabres, profondément divisées en cinq lobes inégalement et largement crenelés; à grappes presque simples.

VITIS *Virginiana.* Desf. Catal. Hort. Reg. Par. ed. 2. p. 164. Poir. Dict. Enc. 8. pag. 608.

Les tiges de cette espèce se divisent en longs rameaux sarmenteux, glabres, un peu rougeâtres. Ses feuilles sont alternes, longuement pétiolées, très-grandes, d'une consistance un peu coriace, assez luisantes, glabres en dessus et en dessous, ovales-en-cœur, divisées profondément en cinq lobes inégaux, larges, presque arrondis, et bordés de crénelures larges et inégales. Les fleurs sont disposées en grappes presque simples et opposées aux feuilles. Les baies sont d'une grosseur médiocre, ovales-arrondies.

Cet arbrisseau est originaire de la Virginie ; il est cultivé depuis un certain nombre d'années au Jardin du Roi.

3. VITIS Hederacea.	VIGNE Vierge.
V. foliis quinatis; foliolis petiolatis, ellipticis, acuminatis, serratis; paniculis terminalibus.	V. à feuilles, composées de cinq folioles, pétiolées, elliptiques, acuminées, dentées en scie; à fleurs disposées en panicules terminales.

VITIS *hederacea.* Willd. Sp. 1. pag. 1182. Poir. Dict. Enc. 8. pag. 610.
VITIS *quinquefolia.* Lam. Illust. vol. 2. pag. 135.
Hedera quinquefolia. Lin. Sp. 292.
Ampelopsis quinquefolia. Mich. Fl. Bor. Amer. 1 pag. 160.
Cissus hederacea. Pers. Synop. 1. p. 143.
Edera quinquefolia Canadensis. Cornut. Canad. pag. 99. tab. 100. Tourn. Inst. 613. Duham.
 Arb. Fruit. 2. pag. 360. n. 4.

Les tiges de cette Vigne sont des sarmens nombreux grimpans, s'élevant à une grande hauteur, et atteignant quelquefois plus de vingt pieds de longueur dans une seule année. Ses feuilles sont alternes, composées de trois, et le plus souvent de cinq folioles pediculées, réunies sur un même pétiole commun, coriaces, glabres luisantes et d'un vert foncé en dessus, plus pâles en dessous, bordées de dents et terminées en pointe aiguë. Les fleurs forment, à l'extrémité des rameaux, des grappes étalées et rameuses ou des espèces de panicules. Ces fleurs sont petites, verdâtres. Il leur succède des baies contenant quatre à cinq graines.

Cet arbrisseau est originaire du Canada ; il est cultivé depuis long-tems en Europe, où il croît aussi bien que dans son pays natal.

4. VITIS arborea.	VIGNE arborescente.
V. foliis suprà decompositis; foliolis lateralibus pinnatis.	V. à feuilles décomposées ; à folioles latérales pinnées.

VITIS *arborea.* Lin. Syst. Veget. 244. Lam. Illust. vol. 2. pag. 135. Willd. Sp. 1. pag. 1183.
Ampelopsis bipinnata. Mich. Fl. Bor. Amer. 1. pag. 160.
Cissus stans. Pers. Synop. 1. pag. 145.
Frutex scandens, Petroselini foliis, Virginianus, clavulis donatus. Pluk. Mantiss. pag. 85.
 tab. 412. fig. 2.

La tige de cette espèce se divise en rameaux cylindriques, alongés, glabres, un peu rougeâtres. Ses feuilles sont deux ou trois fois ailées, alternes, pétiolées, composées de folioles ovales-oblongues, incisées ou grossièrement dentées en leurs bords, glabres en dessus et en dessous, pedicellées et opposées entre elles sur leurs pinnules. Les fleurs sont petites, d'un blanc verdâtre, disposées en grappes ou en espèces de panicules opposées aux feuilles. Les fruits qui leur succèdent sont des baies de la grosseur d'un grain de groseille, et d'un blanc jaunâtre.

Cet arbrisseau est originaire de la Virginie et de la Caroline. On le cultive au Jardin du Roi.

5. VITIS vulpina.

V. foliis cordatis, subtrilobis, dentato-serratis, utrinquè nudis.

VITIS *vulpina.* Lin. Sp. 293. Willd. Sp. 1. pag. 1181. Lam. Illust. vol. 2. pag. 134.

VITIS *Canadensis, Aceri folio.* Tourn. Inst. 613.

VIGNE de renard.

V. à feuilles en cœur, presque à trois lobes, dentées en scie, nues des deux côtés.

Cette espèce est un arbrisseau dont la tige se divise en plusieurs rameaux sarmenteux, grimpans, glabres. Ses feuilles sont alternes, pétiolées, fort grandes, largement échancrées en cœur à leur base, d'un vert luisant en dessus, plus pâles en dessous, glabres sur leurs deux faces, divisées d'une manière très-variable en leurs bords, tantôt incisées ou dentées, et le plus souvent partagées en trois à cinq lobes aigus. Les fleurs sont petites, d'un vert-jaunâtre, disposées en grappes alongées, opposées aux feuilles. Les fruits qui leur succèdent sont de petites baies globuleuses et noirâtres.

Cette Vigne est originaire de la Virginie ; on la cultive au Jardin du Roi.

6. VITIS labrusca.

V. foliis cordatis, subtrilobis, dentatis, subtùs tomentosis ; floribus dioïcis.

VIGNE cotonneuse.

V. à feuilles en cœur, presque à trois lobes, dentées, cotonneuses en dessous ; à fleurs dioïques.

VITIS *labrusca.* Linn. Sp. 293. Willd. Sp. 1 pag. 1181. Poir. Dict. Enc. 8. pag. 606. Mich. Fl. Boreal. Amer. 2. pag. 230.

VITIS *Hederæfolio, serrato.* Tourn. Inst. 613.

VITIS *silvestris Virginiana.* Bauh. Pin. 299.

VITIS *vinifera, silvestris, Americana ; foliis aversâ parte densâ lanugine tectis.* Pluk. Phyt. tab. 249. fig. 1.

Les tiges de cette Vigne sont sarmenteuses, grimpantes, divisées en rameaux grêles, pubescens. Ses feuilles sont alternes, pétiolées, ovales, échancrées en cœur à leur base, divisées en trois lobes peu marqués et dentés en leurs bords. Leur face supérieure est glabre, d'un vert gai ; l'inférieure, au contraire, est revêtue d'un duvet cotonneux, blanchâtre et très-persistant. Les fleurs sont petites, verdâtres, disposées en grappes courtes et opposées aux feuilles. Elles sont mâles et femelles sur des pieds différens. Aux dernières succèdent des fruits assez gros.

Cette Vigne est indigène de l'Amérique septentrionale, et elle est cultivée au Jardin du Roi. Il ne faut pas la confondre avec le *Labrusca* des anciens, qui est la plante sauvage de l'espèce suivante.

7. VITIS vinifera. Tab. 61-72.

V. foliis palmato-lobatis, sinuatis dentatisque, nudis; floribus hermaphroditis.

VIGNE cultivée. Pl. 61-72.

V. à feuilles palmées-lobées, sinuées et dentées, nues ; à fleurs hermaphrodites.

VITIS *vinifera.* Lin. Sp. 293. Blackw. Herb. tab. 154. Willd. Sp. 1. pag. 1180. Bauh. Pin. 299. Fuchs. Hist. 84. J. Bauh. Hist. 2. pag. 67.

α. VITIS *silvestris, labrusca.* C. Bauh. Pin. 299. Tourn. Inst. 613.

β. VITIS *sativa.* Roz. Dict. d'Agr. 10. pag. 175. Tab. 2-27.

La Vigne cultivée (1) est un arbrisseau sarmenteux, dont les branches se divisent

---

(1) Tous les Savans qui, depuis long-tems, se sont occupés, en France, de présenter aux Cultivateurs et aux Vignerons des traités particuliers sur la Vigne, se sont attachés essentiellement aux vignobles qui jouissent de la réputation la plus justement acquise à raison de la perfection des Vins. Le but de cet ouvrage étant moins de présenter à mes Lecteurs la manière de faire les Vins que de décrire les espèces et variétés des Raisins, j'ai cru devoir adopter de préférence la nomenclature des espèces de Provence et lui adapter les noms employés dans le reste de la France.

Peu de fruits varient autant dans leurs dénominations que les Raisins. Dans un espace très-rétréci, le même cépage en rameaux fort longs, souples, munis de nœuds d'espace en espace, s'attachant aux corps qui les environnent, au moyen de vrilles ramifiées, contournées en spirale, et s'élevant par ce moyen jusques à surpasser les plus grands arbres. Ses feuilles sont alternes, pétiolées, échancrées en cœur à leur base, ordinairement partagées en trois à cinq lobes assez profonds, quelquefois à peine ou peu sensiblement divisées dans quelques variétés, et bordées de dents plus ou moins grandes, plus ou moins inégales selon les variétés. Leur surface supérieure est en général d'un beau vert, glabre, ou légèrement velue; l'inférieure est plus constamment cotonneuse en dessous; mais ce duvet s'efface dans plusieurs Vignes en totalité ou en partie, à mesure que les feuilles avancent en âge. Les vrilles sont opposées aux feuilles, une ou plusieurs fois bifides à leur sommet, et elles ne paraissent être que les pédoncules des fleurs avortées, car elles occupent la même place que ceux-ci. Les fleurs sont nombreuses, disposées en grappes latérales, rameuses et toujours opposées aux feuilles. Chaque fleur en particulier est petite, d'un vert jaunâtre. Il leur succède des baies de forme, grosseur, couleur et saveur différentes, suivant les variétés, et contenant un à cinq pepins.

La Vigne sauvage, qui croît aujourd'hui et depuis plusieurs siècles spontanément dans les haies, les buissons et les bois de la Provence, du Languedoc, de la Guyenne, etc., ne diffère de celle qui est cultivée que parce que ses feuilles sont en général moins grandes, plus cotonneuses, et surtout parce que ses fruits sont bien plus petits, d'une saveur moins douce et moins sucrée. Cette Vigne sauvage, à laquelle les anciens avaient donné le nom de *Labrusca*, est encore connue aujourd'hui, dans le midi de la France, sous les noms de *Lambrusco* ou de *Lambresquiero*. Les petits oiseaux, et surtout les Becs-Figues, en sont très-friands; ce qui est en opposition avec ce que dit PLINE, que pour leur donner du dégoût pour les Raisins, il fallait mêler des grains de Lambruche dans leur nourriture ordinaire. Selon cet Auteur, ces mêmes grains et la racine de la plante étaient employés pour le tannage des cuirs.

---

change de nom, et il n'est pas toujours facile d'en fixer l'identité d'une manière invariable, d'autant plus que le climat, le terrain, l'exposition et même la culture modifient de plusieurs façons différentes la qualité des produits.

Personne n'ignore que les premières Vignes qui ont été cultivées en France ont été plantées en Provence, d'où elles se sont répandues dans toutes les parties du royaume où elles ont pu prospérer.

J'ai vu avec peine, je l'avoue, que les Raisins et les Vins de cette province étoient pour bien peu de chose dans cette nomenclature. Comme Provençal, j'ai cru devoir réclamer contre cet oubli et m'occuper des moyens de faire connaître les Raisins de mon pays, en leur conservant leurs noms vulgaires et leur adaptant ensuite les noms des différens vignobles de France, bien persuadé que les espèces et variétés continuent à être les mêmes, quoique sous des dénominations différentes.

GARIDEL, dans son Histoire des Plantes des environs d'Aix, décrit et distingue quarante-six espèces ou variétés de Raisins cultivées dans ce terroir; il ne dit rien de plusieurs autres cultivées dans différens terroirs. Ses phrases latines ont été assez généralement adoptées pour les espèces cultivées aujourd'hui dans les vignobles de France et appliquées à d'autres dénominations que celles qu'il a voulu indiquer. Avec le désir que j'ai toujours eu de réunir dans cette nouvelle Édition de DUHAMEL le plus de connaissances utiles qu'il me serait possible, j'ai cru devoir faire concourir à mon projet des Savans, mes amis, et m'aider de leurs connaissances pour offrir à mes Lecteurs des choses qui ne se trouvent pas ailleurs. J'ai prié MM. GOUFFÉ DE LA COUR, Directeur du Jardin Royal, à Marseille, et CROZE MAGNAN, l'un et l'autre Membres distingués de l'Académie Royale de la même ville, de me donner le tableau des espèces et variétés de Raisins cultivés en Provence, sous leurs noms vulgaires, et surtout de me rédiger des phrases latines caractéristiques tellement exactes que chacun pût appliquer à l'espèce Provençale celle qui est cultivée ailleurs sous une dénomination différente. Ainsi, si cette partie du DUHAMEL est accueillie aussi favorablement que je le désire, les éloges qui pourront lui être donnés doivent rejaillir plus particulièrement sur ces deux amis, auxquels j'exprime ici toute ma reconnaissance.

J'ai été secondé également par M. AUDIBERT, Propriétaire des belles Pépinières de Tonelles, près Tarascon (Bouches-du-Rhône), qui a eu la complaisance de me dessiner lui-même une soixantaine de variétés de Raisins, qui m'ont beaucoup servi pour en faire les descriptions.

Je m'aiderai de deux lettres de feu M. Antoine DAVID sur la culture de la Vigne. Ses instructions à cet égard sont d'autant plus exactes qu'il cultivait lui-même et que ses Vignes se trouvaient situées dans le meilleur quartier du terroir d'Aix.

Au reste, comme la culture de la Vigne est à peu près la même partout, et que celle de Provence peut être adoptée dans les vignobles de France, ce sera à celle-là que je m'arrêterai le plus.

ÉTIENNE MICHEL, *Éditeur.*

Aucun arbre fruitier peut-être n'a fourni autant de variétés que la **Vigne**. Une longue culture a modifié ses fruits à l'infini. Dans chaque pays vignoble on rencontre des variétés de raisin qu'on ne connaît point ailleurs. Forcés de nous borner dans l'énumération des variétés dont nous ferons mention dans cet ouvrage, nous n'indiquerons que les plus connues ; et pour les présenter dans l'ordre le plus commode, nous diviserons les Vignes en deux sections : 1°. celles qui fournissent des Raisins qui se mangent crus, confits et séchés ; 2°. celles dont les fruits sont destinés à faire du vin. Néanmoins nous ne donnons pas cette division comme tellement positive que plusieurs des variétés rangées parmi les raisins de table ne puissent être aussi employés à faire du vin ; et *vice versâ*, que plusieurs de ceux qui sont habituellement consacrés à ce dernier usage ne soient également très-bons à être mangés.

      * *Raisins de table.*

Var. 1. CHASSELAS, Chasselas doré, Bar-sur-Aube blanc. Pl. 62. Duham. Arb. Fr. 2. pag. 265 Tab. 1. Roz. Dict. d'Agric. 10. pag. 181. Tab. 21. Chapt. Traité 1. pag. 182.

VITIS *acino medio, rotundo, ex albido flavescente.* Duham. l. c.

VITIS *uvâ peramplâ, acinis albidis, dulcibus, durioribus.* Tourn. Inst. 613.

La feuille du Chasselas est de grandeur moyenne, découpée assez profondément, bordée de dents larges et peu aiguës. La grappe est grosse, composée de grains arrondis, de différentes grosseurs ; les moyens ont environ huit lignes de diamètre, et un peu moins de hauteur. La peau est dure, d'un vert clair ; dans la parfaite maturité elle tire un peu sur le jaune, et le côté du soleil prend une couleur d'ambre. La chair est très-fondante, d'un blanc un peu verdâtre, abondante en eau très-douce et bien sucrée. Les pepins sont verts, marbrés de gris, au nombre de deux à quatre.

Le Chasselas doré est le plus estimé de tous les Raisins cultivés dans le climat de Paris, à raison de sa bonté et de sa durée. Ses grains étant peu pressés, il mûrit plus facilement. L'exposition du midi, du levant et du couchant lui sont également propres. On le met plus particulièrement en espalier, où la meilleure manière de le conduire est de disposer ses bourgeons sur deux maîtres-brins dont on forme deux cordons qui s'écartent horizontalement l'un de l'autre. Ainsi cultivé, il arrive à sa maturité parfaite du quinze au trente septembre. Celui que l'on cultive en souche ne mûrit que quinze à vingt jours plus tard. Quoique ce Raisin ait une saveur excellente, il ne fournit qu'un vin faible et de peu de durée. Il peut d'ailleurs se conserver en nature jusqu'au mois de mai. Ses sarmens sont d'un jaune clair et plus gros que la plupart de ceux des autres Vignes.

La *Blanquette* ou la *Donne*, sous-variété du Chasselas, est assez commune dans les Vignes de la Gironde, de la Dordogne et de la Charente. C'est un très-bon Raisin à manger ; mais il produit un vin faible et sans corps.

Var. 2. CHASSELAS rouge. Duham. Arb. Fr. 2. pag. 265. Roz. Dict. d'Agric. 10. pag. 181. Chapt. Traité. 1. p. 183.

VITIS *acino medio, rotundo, rubello.* Duham. l. c.

VITIS *uvâ peramplâ ; acinis dulcibus, rubentibus.* Tourn. Inst. 613.

Cette Vigne est une sous-variété du Chasselas doré ; sa grappe est ordinairement moindre, composée de grains un peu moins gros, légèrement teints de rouge sur un côté ; ceux qui ne sont pas exposés au soleil restant souvent d'un vert-clair.

Var. 3. CHASSELAS panaché. Pl. 63. Raisin d'Alep, Raisin Suisse. Roz. Dict. d'Agric. vol. 10.
  pag. 184. Chapt. Traité. 1. pag. 194.
VITIS *acino rotundo, medio, bipartito nigro, bipartito albido.* Roz. l. c.

Les feuilles de cette Vigne sont partagées en lobes assez profonds, et bordées de
dents grosses et inégales. Elles ont, vers le commencement de l'automne, leur
surface supérieure panachée de rouge et de vert, et très-légèrement pubescente ;
l'inférieure est revêtue d'un duvet plus rapproché, qui rend cette partie un peu
blanchâtre. Les grappes sont longues de quatre à six pouces, formées de grains
arrondis, d'une grosseur moyenne. Le même pied produit des grappes dont les
grains sont les uns d'un vert blanchâtre, les autres d'un violet noirâtre. Dans la
plupart des grappes, les grains sont en même tems de deux couleurs, étant moitié
blancs et moitié violets, ou partagés en zônes alternativement blanches et violettes ;
enfin, certaines grappes sont presque entièrement violettes, avec quelques grains
blancs, et les autres presque toutes blanches, avec quelques grains colorés. Les
grappes violettes sont plus douces, plus sucrées, et ont généralement un goût
vineux plus prononcé que les blanches. Ce Raisin mérite d'être cultivé comme
objet de curiosité.

Var. 4. CHASSELAS musqué. Duham. Arb. Fr. 2. pag. 266. Roz. Dict. d'Agric. vol. 10. pag.
  181. Chapt. Traité. 1. pag. 183.
VITIS *acino medio, rotundo, albido, moschato.* Duham. l. c.

La feuille de cette Vigne est moins grande et d'un vert plus foncé que celle du
Chasselas doré ; les lobes dans lesquels elle se divise sont moins profonds ; mais
elle est bordée de dents plus aiguës. La grappe et les grains qui la composent ont à
peu près la même forme et la même grosseur que dans cette variété ; leur peau,
qui reste toujours d'un vert blanc, est ferme comme celle du Chasselas, mais
non croquante comme celle du Muscat. La chair est d'un blanc tirant sur le vert,
pleine d'une eau abondante, sucrée et musquée. Les pepins sont petits, gris, ordinairement au nombre de deux.

Ce Raisin mûrit à la fin de septembre, environ quinze jours après le Chasselas
doré. S'il est inférieur en qualité au Muscat blanc, il a l'avantage de mûrir parfaitement dans le climat de Paris.

Var. 5. CIOTAT, Cioutat, Raisin d'Autriche. Vigne laciniée. Pl. 61. Duham. Arb. Fr. 2.
  pag. 266. tab. 2. Roz. Dict. d'Agric. vol. 10. pag. 181. Tab. 22. Chapt. Traité. 1. pag. 184. tab. 8.
VITIS *folio laciniato, acino medio, rotundo, albido.* Duham. l. c.
VITIS *laciniosa.* Lin. Sp. 293. Willd. Sp. 1. p. 1181. Poir. Dict. Enc. 8. pag. 608.
VITIS *laciniatis foliis.* Cornut. 183. Garid. Aix. 492. Tourn. Inst. 613.
VITIS *folio Apii.* J. Bauh. Hist. 2. pag. 73.

Les feuilles de cette variété sont palmées, découpées en cinq lobes principaux,
eux-mêmes divisés assez profondément en plusieurs découpures, et bordées de dents.
Sa grappe a beaucoup de ressemblance avec celle du Chasselas doré ; elle est seulement un peu plus petite, et ses grains sont moins ronds ; au reste, sa couleur,
sa chair, son goût, sont absolument les mêmes, ainsi que le tems de la maturité.

Var. 6. RAISIN à feuilles d'Ache, Persillade de Bordeaux. Roz. Dict. d'Agricult. vol. 10. pag. 182.
  Chapt. Traité. 1. pag. 184.
VITIS *Apii folio, acino medio, rotundo, rubro.* Roz. l. c.

Ce Raisin est une sous-variété du précédent, dont il ne diffère que par la couleur rouge de ses grains, et parce que sa feuille ressemble bien plus que celle du Ciotat blanc à la feuille d'Ache ou de Persil.

Var. 7. MUSCAT blanc. Pl. 68. Duham. Arb. Fr. 2. pag. 267. tab. 3. Roz. Dict. d'Agric. vol. 10. pag. 182. tab. 23. Chapt. Traité. 1. pag. 184. tab. 9.
VITIS *Apiana* (1), *acino medio, subrotundo, albido, moschato.* Duham. l. c.
VITIS *acinis albis, dulcissimis.* Garid. Aix. 492.
VITIS *Apiana.* Bauh. Pin. 298.

La feuille de cette Vigne n'est pas profondément découpée, mais elle est d'un vert plus foncé et bordée de dents beaucoup plus aiguës que celles du Chasselas. Les cinq lobes qui la divisent sont inégaux, celui du milieu étant beaucoup plus grand que les autres.

La grappe est longue, étroite, presque conique, terminée en pointe. Les grains sont ordinairement très-serrés, un peu alongés, plus renflés vers la tête que vers la queue. Leur peau est croquante, d'un vert clair, un peu fleurie, ambrée du côté du soleil. La chair est moins fondante que celle du Chasselas, d'un blanc un peu bleuâtre, et d'une saveur musquée, relevée et parfaite. Les pepins sont petits, blancs, marbrés de gris et de violet, ordinairement au nombre de trois à quatre.

Ce Raisin est excellent, mais il est rare qu'il parvienne à une maturité parfaite dans le climat de Paris, et ce n'est vraiment que dans nos départemens du Midi qu'il acquiert une saveur exquise.

Le Raisin *Muscat*, qui mûrit très-facilement dans le midi de la France, est déjà bon à manger dès le commencement du mois d'août : il est d'usage à Aix que le six de ce mois, jour de la Transfiguration de N. S., fète patronale de la Métropole, la Messe solennelle est précédée de la bénédiction de plusieurs corbeilles de ce Raisin. Les plus belles grappes sont mises à part; on en exprime le jus dans le Calice, et il est employé à la Consécration. Le reste des corbeilles est distribué aux assistans.

Var. 8. MUSCAT rouge. Pl. 67. Duham. Arb. Fr. 2. pag. 268. tab. 4. Roz. Dict. d'Agric. vol. 10. pag. 182. tab. 24. Chapt. Traité. 1. pag. 185. tab. 10.
VITIS *Apiana, acino medio, rotundo, rubro, moschato.* Duham. l. c.
VITIS *acinis rubris, nigricantibus, dulcissimis.* Garid. Aix. 492.

La feuille de cette Vigne a la même forme que celle de la précédente, mais elle est un peu moins grande, et elle se teint de bonne heure, ainsi que son pétiole, d'un rouge foncé tirant sur le violet.

Sa grappe est alongée de même que celle du Muscat blanc, moins garnie de grains, parce que la fleur est plus sujette à couler, étant plus délicate. La peau de ses grains est plus ferme que celle du Muscat blanc, d'un beau rouge vif, presque pourpre du côté qui a été frappé des rayons du soleil, d'une teinte plus pâle et comme marbrée de jaune et de rouge-clair du côté qui est resté dans l'ombre. La chair est ferme, d'un blanc bleuâtre, pleine d'une eau musquée, relevée et fort agréable. On ne trouve le plus souvent qu'un pepin dans la plupart des grains.

Quoique ce Raisin n'ait pas un goût aussi parfait que le Muscat blanc, il est cependant fort bon, et il a le mérite de parvenir plus aisément à une maturité parfaite dans le climat de Paris.

---

(1) L'épithète d'*Apiana* donnée à plusieurs Raisins, et notamment aux *Muscats*, nous semble devoir désigner plus parti- culièrement des espèces que les mouches à miel attaquent, ce mot nous paraissant dériver d'*Apes, Apium*, Abeilles.

Var. 9. MUSCAT violet. Pl. 69. Duham. Arb. fr. 2. pag. 269. Roz. Dict. d'Agric. 10. pag. 182. Chapt. Traité. 1. pag. 185.

VITIS *Apiana, acino magno, oblongo, violaceo, moschato.* Duham. l. c.

La feuille de cette Vigne diffère à peine de celle du Muscat blanc. La grappe est aussi, à peu de chose près, de la même forme, composée de grains un peu alongés, ayant une peau très-dure, d'un violet assez foncé et fleuri. La chair est un peu verdâtre, pleine d'une eau musquée et très-agréable, quoiqu'elle le soit moins que dans les deux variétés précédentes. Chaque grain contient deux à trois pepins. Ce Raisin est encore connu sous le nom de *Madère.*

Une sous-variété de cette Vigne, dont le grain est petit et rond, porte au Cap le nom de *Raisin noir de Constance.*

Var. 10. MUSCAT noir. Duham. Arb. fr. 2. pag. 269.

VITIS *Apiana, acino medio, subrotundo, nigricante, moschato.* Duham. l. c.

VITIS *Apiana, nigro acino.* Garid. Aix. 496.

Les feuilles de cette Vigne sont beaucoup moins découpées que dans les autres Muscats, et leurs lobes sont quelquefois si courts qu'elles paraissent presque entières. Les grains de la grappe sont moins gros, moins alongés que dans le Muscat violet, ayant une peau noire ou d'un violet très-foncé et fleuri. La chair est très-légèrement teinte de rouge sous la peau, et pleine d'une eau musquée, sucrée et agréable. Chaque grain contient ordinairement quatre petits pepins, pointus, rougeâtres d'un côté.

Ce Raisin est moins bon que le Muscat blanc, mais il offre l'avantage de mûrir beaucoup mieux, et sa Vigne est d'ailleurs d'un bon rapport. On le connaît en Provence sous le nom de *Muscat negré.*

Var. 11. MUSCAT d'Alexandrie, Passe-Longue musquée. Pl. 65. Duham. Arb. Fr. 2. pag. 270, tab. 5. Roz. Dict. d'Agric. vol. 10. pag. 183. tab. 25. Chapt. Traité. 1. pag. 186. tab. 11.

VITIS *Apiana, acino maximo, ovato, è viridi flavescente, moschato, Alexandrina.* Duham. l. c.

VITIS *pergulana* (1), *acinis majoribus, oblongis, duris et acuminatis.* Garid. Aix. 492.

VITIS. *pergulana, uvá serotiná, peramplá, obovatá; acinis fulvo-virescentibus, oblongis, maximis, carnosis, pruinosis et sapidissimis; cute tenui; foliis subquinque lobatis, utrinquè glabris* Gouffé.

Les feuilles de cette Vigne sont découpées plus profondément que celles des autres Muscats, et bordées de dents plus fines et plus aiguës. La grappe est très-grosse et très-alongée, composée de grains fort gros, ovoïdes, un peu plus renflés à leur sommet qu'à leur base. Leur peau est ferme, d'un vert clair du côté de l'ombre, et un peu ambrée, dans la parfaite maturité, du côté exposé au soleil. Leur chair est ferme, croquante, pleine d'une eau musquée, parfumée, excellente quand le fruit est bien mûr. On trouve dans chaque grain un ou deux pepins très-petits.

Ce Raisin mûrit rarement bien dans le climat de Paris, si ce n'est dans les années chaudes, et en le cultivant en espalier à l'exposition du midi. Il est exquis dans les provinces méridionales. On en fait des confitures qui sont excellentes. Il se conserve long-tems. Les Provençaux le connaissent sous le nom de *Muscat de Panse;* ailleurs on l'appèle *Malaga.*

---

(1) L'épithète *Pergulana*, donnée à ce Raisin comme à beaucoup d'autres, et adoptée par Columelle, nous paraît particulierement indiquer une espèce propre à être cultivée en treille ou à faire des berceaux; en effet le mot latin *Pergula*, signifiant tringle, support, c'est évidemment de ce nom qu'on a donné, à une Vigne cultivée en espalier, celui de *Vitis Pergulaná.*

Var. 12. CLAIRETTE.

VITIS *fertilissima; uvâ serotinâ; acinis minutis, acutis, subflavis, carnosis et dulcibus; cute crassâ.* Gouffé.

VITIS *serotina; acinis minoribus, acutis, flavo-albidis, dulcissimis.* Garid. Aix. 194.

Cette variété, nommée en Provence *Clareto*, est très-fertile; sa grappe mûrit tard, se conserve très-long-tems; ses grains sont moyens, un peu pointus, d'un jaune-blanchâtre, très-doux au goût. Elle est meilleure pour conserver que pour faire du vin.

M. Audibert de Tonnelle nous a envoyé le dessin d'une Clairette rouge, qui ne paraît différer de la variété précédente que par la couleur rouge-clair de ses grains.

Var. 13. OLIVETTE blanche.

VITIS *acinis albis, acuminatis.* Garid. Aix. 494.

Ce Raisin est cultivé dans les Vignes, en Provence : comme il se conserve bien, on le cueille pour le suspendre, et on le garde de cette manière jusqu'au commencement de l'été.

Var. 14. OLIVETTE noire.

VITIS *uvâ serotinâ; acinis nigris, ovatis, acuminatis, sub-carnosis, dulcibus; cute tenui sed duriusculâ; foliis quinquelobatis.* Gouffé.

La grappe de cette Vigne est très-large, fort longue et composée de grains longuement pédonculés, assez lâches, gros, presque oliviformes, très-durs, quoiqu'ayant la peau fine. Ce Raisin a une excellente saveur; il est aussi bon pour la table que pour faire du vin, mais on l'emploie peu à ce dernier usage.

Var. 15. RAISIN de Maroc. Duham. Arb. Fr. 2. pag. 270. Roz. Dict. d'Agric. 10. pag. 183. Chapt. Traité. 1. pag. 187.

VITIS *acino maximo, ovato, saturatè violaceo.* Duham. l. c.

VITIS *acino rubro, duriori, sapore dulci.* Garid. Aix. 495.

VITIS *Africana, duracina.* J. Bauh. Hist. 2. pag. 71. Tourn. Inst. 613.

La feuille de cette Vigne est grande, découpée profondément, bordée de dents grandes et aiguës, portée sur un pétiole gros et long. La grappe est très-grosse, composée de grains gros, ovoïdes, un peu plus gros à leur sommet qu'à leur base. Leur peau est dure, épaisse, d'un violet foncé et très-fleuri. La chair est d'un blanc bleuâtre, fondante, pleine d'une eau agréable et relevée quand le fruit est bien mûr. Chaque grain contient deux gros pepins.

Ce Raisin acquiert rarement une maturité parfaite dans le climat de Paris; il n'est bon que dans les départemens méridionaux. On le connaît encore vulgairement sous les noms de *Raisin d'Afrique, Maroquin, Barbarous.*

Var. 16. FRANC-KENTAL. Pl. 64.

VITIS *uvâ mediâ; acinis ovoïdeis, saturatè violaceis, dulcibus.*

Les feuilles de cette Vigne sont presque entièrement glabres en dessous, ou à peine légèrement pubescentes, bordées en leurs bords de dents inégales, et divisées en cinq lobes peu profonds. La grappe est longue de six à huit pouces, formée de grains gros, ovales, un peu arrondis, d'un violet foncé, tirant un peu sur le noirâtre, d'une consistance tendre et d'une saveur douce, sucrée, sans parfum particulier.

Var. 17. CORNICHON blanc. Pl. 71. Duham. Arb. Fr. 2. pag. 271. tab. 6. Roz. Dict. d'Agric. 10. pag. 183. tab. 26. Chapt. Traité. 1. pag. 187.

VITIS *acino longissimo, cucumeriformi, albido.* Duham. l. c.

VITIS *oblongo acino, sesqui pollicem longo et incurvo, colore viridi, albescente, sapore subdulci.* Garid. Aix. 495.

La feuille de cette Vigne est grande, si peu profondément découpée qu'elle paraît presque entière; mais elle est bordée de dents grandes et aiguës. La grappe ne contient pas un grand nombre de grains, et ceux-ci sont longs de quatorze à dix-neuf lignes, sur six lignes de diamètre dans leur plus grand renflement, qui est un peu plus près de leur sommet que de leur base. Ces grains ont une forme bien singulière; ils sont courbés comme un cornichon, diminuent de grosseur vers le pédoncule, et beaucoup plus encore à l'extrémité opposée, sans cependant se terminer en pointe aiguë. Leur peau est dure, bien fleurie, d'un vert très-clair ou blanchâtre, qui jaunit un peu lors de la maturité du fruit. La chair est blanche, fondante, transparente, pleine d'une eau douce, sucrée lors de la parfaite maturité. On trouve dans chaque grain, un ou deux pepins terminés en pointe. Les Provençaux le connaissent sous le nom de *Crochu*; à Marseille sous celui de *Pisutelli*.

La forme singulière de ce Raisin et son goût agréable le feraient rechercher s'il mûrissait mieux; mais ce n'est qu'à une très-bonne exposition et dans les années très-chaudes qu'il acquiert une parfaite maturité : c'est ainsi que nous en avons mangé de très-bon chez M. Descemet, à Saint-Denis, en 1811. On en connaît une sous-variété dont les grains sont d'un rouge tirant sur le violet, et qui mûrit encore plus difficilement.

Var. 18. RAISIN de poche.
VITIS *uvâ amplâ; acino ovato, violaceo, durissimo.*

Cette Vigne a les feuilles peu profondément lobées, bordées de dents grandes et inégales. La grappe est longue de huit à dix pouces, composée de grains ovoïdes, assez gros, d'un violet clair, très-fermes, s'écrasant difficilement, ce qui a fait donner à ce Raisin le nom qu'il porte. M. Audibert le cultive à Tounelle dans ses pépinières.

Var. 19. RAISIN perle. Roz. Dict. d'Agric. 10. pag. 179. tab. 11. Chapt. Traité. 1. p. 177.
VITIS *pergulana; uvâ peramplâ; acino oblongo, duro, majori et subviridi.* Garid. Aix. 493.
VITIS *pergulana fertilissima; uvâ per amplâ obovatâ, acinis oblongis, maximis, viridibus, fulvis, carnosis et dulcibus; cute crassâ; foliis subquinquelobatis, inequaliter dentatis.* Gouffé.

Feuilles divisées en trois lobes, qui en font presque cinq par le partage des lobes latéraux en deux demi-lobes. Grappes alongées, formées de plusieurs grappillons, et composées de grains portés sur des pédoncules particuliers fort longs. *Rognon de Coq* et *Barlantin* sont des noms vulgaires de ce Raisin, que les Provençaux nomment encore *Pendoulaou* ou *Rin de Pansso*.

Var. 20. ROUDEILLAT.
VITIS *acino rotundo, albo, flavescenti, dulci et duro.* Garid. l. c. 493.
VITIS *perampla; uvâ maximâ, preciâ; acinis subflavis, maximis, densis, carnosis et dulcibus; cute tenui.* Gouffé.

Cette variété est très-commune dans toutes les Vignes en Provence. On n'emploie guère ce Raisin à faire du vin. La finesse de sa peau ne permet pas de le conserver long-tems. Garidel le place parmi les Raisins de table les plus délicats.

Var. 21. CORINTHE blanc. Pl. 72. fig. 2. Duham. Arb. fr. 2. pag. 273. tab. 7. Roz. Dict. d'Agric. 10. p. 183. tab. 26. Chapt. Traité. 1. pag. 188.
VITIS *pergulana; uvâ minutâ, acinis albido-flavis, rotundis, enucleatis, dulcissimis, sapidissimis et minutissimis.* Gouffé.

VITIS *acino minimo , rotundo, albido , sine nucleis, Corinthia.* Duham. l. c.
VITIS *Corinthiaca sive Apyrina.* J. Bauh. Hist. 2. p. 72. Tourn. Inst. 613.
Uvæ passæ, minores vel Passulæ Corinthiacæ. Bauh. Pin. 299.
Passulæ. Trag. Hist. 1054.

Les feuilles de cette Vigne sont à cinq lobes, dont les trois moyens très-prononcés, et les deux latéraux peu marqués; elles sont d'ailleurs bordées de dents très-inégales. Leur surface supérieure est d'un vert clair, et leur inférieure, chargée en dessous d'un duvet très-prononcé, paraît presque entièrement blanchâtre. Les grappes ont trois à quatre pouces de longueur, et elles sont composées de grains très-nombreux, très-serrés, très-petits, dont la peau est fleurie, de la même couleur que celle du Chasselas blanc. La chair est très-fondante, pleine d'une eau sucrée et fort agréable.

Ce Raisin est encore connu sous les noms de *Passe*, de *Raisin de Passe*, de *Passerille*. Il a deux sous-variétés; l'une rouge, moins estimée; l'autre violette, dont la fleur est très-sujette à couler. Il y a un Raisin sans pepin qu'on nomme *Gros Corinthe*, parce qu'il est beaucoup plus gros que celui-ci, mais moindre que le Chasselas, dont il paraîtrait plutôt être une sous-variété.

« Les grains du Corinthe blanc, nous écrit M. Audibert de Tonnelle, n'ont point de pepins; cependant (ce qui est très-rare) on en trouve qui en ont; alors ces grains sont quatre à cinq fois plus gros que les autres de la même grappe, ce qui tend à prouver que si tous les grains étaient féconds, les grappes acquerraient un volume bien plus considérable. En effet, cette Vigne est grosse dans toutes ses parties, excepté dans son fruit qui est en miniature, en comparaison de toutes les autres parties. Le tronc devient peut-être le plus gros de toutes les variétés de Vignes. Il croît en grosseur et en longueur le double des autres, dans le même espace de tems. J'ai vu un tronc de vingt-cinq ans, qui avait trente-trois pouces de circonférence, à hauteur d'homme. »

Var. 22. PLANT DE LANGUEDOC.

VITIS *maxima; uvá peramplá; acinis albido-viridibus, rotundis, submagnis, dulcissimis et sapidis; cute tenui.* Gouffé.

Cette Vigne porte de gros raisins dont les grains sont d'un blanc verdâtre, ronds, assez gros et d'une saveur douce; ce Raisin demande à être cueilli aussitôt qu'il est mûr, et pour l'employer à faire des *passerilles*, il ne faut les cueillir qu'après que le soleil a pu en faire évaporer l'humidité, et il est bon de leur tordre la queue quelques jours avant de les cueillir.

Var. 23. LE SALÉ.

VITIS *fertilissima; uvá peramplá; acinis fulvis, oblongis, minutis, punctis rubris et raris notatis; foliis magnis, trilobatis, suprá rugosis, subtùs tomentosis.* Gouffé.

Ce Raisin est cultivé moins pour en faire du vin que pour être conservé. Sa grappe est de couleur d'ambre; ses grains sont petits, oblongs, marqués de menus points rougeâtres. Le fruit qui porte le nom de *Salé*, à Aix, et dont parle Garidel, n'est pas le même que le nôtre, qui est cultivé à Marseille. On y en cultive aussi une variété à fruit blanc.

Var. 24. LE PICOTÉ.

VITIS *uvá amplá; acinis albidis et fulvis, magnis, oblongis, dulcissimis; cute crassá, ex rubro maculatá; foliis palmatis utrinque leviusculis.* Gouffé.

Les nœuds des sarmens de cette variété sont très-rapprochés. Les Raisins qu'elle produit ont leurs grains blanchâtres ; ils sont gros, oblongs et ont un suc très-doux. Sa peau est ferme et parsemée de points rougeâtres. Ce fruit est plus agréable à manger qu'il n'est bon à faire du vin.

Var. 25. LE POOUMESTRÉ.

VITIS *mutabilis, pergulana, fertilissima ; uvâ peramplâ ; acinis nigris, maximis, oblongis et carnosis ; cute crassâ ; petiolis rubris, longioribus.* Gouffé.

Les Raisins que cette Vigne produit ne mûrissent que vers la fin de décembre. Leurs grains passent de la couleur blanche au rouge et au noir lorsqu'ils sont parvenus à leur maturité. Cette Vigne fleurit souvent deux fois et fructifie aussi deux fois dans la même année. Il n'est pas rare d'en cueillir et manger le fruit en mai, tandis que le second n'est bon à cueillir qu'en décembre.

Var. 26. GROS-GUILLAUME.

VITIS *uvâ maximâ et longissimâ ; acinis majoribus et nigricantibus, prunum minus æmulantibus.* Garid. Aix. 495.

VITIS *pergulana, acinis prunorum magnitudine et formâ.* Bauh. Pin. 299.

Cette variété est, selon Garidel, une des plus curieuses ; elle porte des Raisins du poids de douze à quinze livres. On la trouve dans plusieurs Vignes du terroir d'Aix en Provence (1). On la connaît encore vulgairement sous le nom de *Rognon de Coq.* Des Cultivateurs et des Amateurs ont essayé d'en conserver des grappes dans de l'Eau-de-vie, ce qui leur a parfaitement réussi.

Var. 27. BARLANTIN.

VITIS *pergulana ; uvâ maximâ, peramplâ et serotinâ ; acinis nigro-violaceis, rotundis, maximis, subdulcibus, carnosis, pruinosis, pedicellis adherentibus ; cute crassissimâ ; foliis utrinquè glabris.* Gouffé.

Cette variété est encore appelée en Provence *Danugo.* Son fruit se conserve long-tems et pourrit difficilement. Il mûrit vers la fin de septembre. Ses grains sont aussi gros que des Prunes de Damas.

Var. 28. ESPAGNIN.

VITIS *duracina* (2) ; *acino magno, nigro, rotundo et duro, sapore grato, subaustero, levi quasi polline consperso.* Garid. Aix. 494.

VITIS *minuta ; acinis nigris, magnis, rotundis, raris et sapidissimis.* Gouffé.

Cette variété est cultivée en Provence. Son bois s'élève moins que dans la plupart des autres Vignes. Ses fruits, qui mûrissent vers la fin de septembre, sont très-propres à faire du vin.

Var. 29. PASCAOU blanc.

VITIS *fertillissima ; uvâ peramplâ et preciâ ; acinis rotundis, albo-viridibus, densis et dulcissimis ; cute tenui ; foliis maximis, subtùs glabris, infrà tomentosis.* Gouffé.

Cette variété est assez commune dans les Vignes de la Provence ; les nœuds de

---

(1) Les grappes du Gros-Guillaume sont si grosses et les grains si nombreux qu'on en cueille rarement de parfaitement mûres en même-tems. Lorsque ses grains commencent à tourner et à mûrir, la finesse de leur peau permet le butinage des Abeilles et autres insectes, ce qui accélère la décomposition du grain qui est exposé à tomber en pourriture. Ce Raisin, au reste, n'est pas de garde, et le suc contenu dans ses grains est peu relevé, quoiqu'il soit assez doux.

On cultive, depuis quelques années, cette Vigne dans la pépinière royale du Luxembourg, de Crossettes, que j'ai fait venir d'Aix, d'une propriété que j'avais. Je me suis fait un plaisir et un devoir d'enrichir la collection du Luxembourg d'une grande quantité de Crossettes des différentes espèces de Raisins que nous cultivons en Provence. M. Audibert, dont nous avons eu si souvent occasion de parler dans cet ouvrage, a bien voulu en faire le meilleur choix dans ses pépinières et me permettre de les offrir en son nom.

Étienne MICHEL.

(2) Le mot *duracina*, employé comme épithète à certaines variétés de Raisins, n'indique autre chose sinon que le grain en est ferme et cassant, et paraît dériver des mots latins *durum*, *acinum.* Pline donne la même dénomination à des Pêches. (*Persica duracina*), Pêche dure. (*Cerasus duracina*), Cerise cassante, telle que le *Bigarreau.*

son bois sont très-rapprochés ; les fruits les plus exposés au soleil prennent une teinte roussâtre ; ils mûrissent à la fin d'août. Ils sont excellens à employer en vin blanc, et il faut le faire de très-bonne heure, attendu que les grappes, étant très-précoces, sont facilement attaquées par les Abeilles et autres insectes qui en détériorent la qualité et en accélèrent la pourriture. On en cultive une autre variété qui ne diffère que par sa couleur noire, et qui est connue sous le nom de *Pascaou négré*.

Var. 3o. LE COLOMBAL ou COULOUMBAOU en provençal.

VITIS *uberrima ; racemis mediocribus, acinis nigris et albis ; foliis palmatis, subrubris.* Gouffé.

Le bois de cette Vigne est de couleur rouge-noirâtre; les nœuds de ses sarmens sont très-rapprochés. Son Raisin mûrit à la fin d'août comme le *Pascaou*, avec lequel il a beaucoup de rapport, soit par la forme, soit pour le goût de son fruit, qui, s'il n'est pas cueilli à l'époque de sa maturité, pourrit facilement. Cette Vigne charge beaucoup; elle est cultivée dans tous les vignobles en Provence. Elle n'est pas difficile sur la manière d'être taillée, ce qui est consacré par un proverbe provençal, qui dit : *taille-moi bien, taille-moi mal, plante-moi toujours* (1). Son Raisin est admis sur la table, ayant une saveur douce et agréable.

Var. 31. ANGULEUX.

VITIS *acino oblongo, duro, angulari et rufescenti; dulcissimi et exquisitissimi saporis.* Garid. Aix. 496.

Garidel indique cette variété comme très-curieuse à cause de la forme particulière de son grain, qui est oblong ou anguleux, roussâtre, d'un goût sucré et exquis ; mais il dit en même tems qu'elle est très-rare.

Var. 32. VERJUS, Bourdelas, Bordelais. Pl. 70. Duham. Arb. Fr. 2. pag. 272. Roz. Dict. d'Agricult. fol. 10. pag. 184. Chapt. Traité. 1. pag. 193.

VITIS *acino majore, ovato, è viridi flavescente, burdigalensis dicta.* Duham. Arbr. l. c.

VITIS *uvâ peramplâ, acinis ovatis, albidis.* Tourn. Inst. 613.

La feuille de cette Vigne est très-grande et découpée peu profondément. La grappe est très-grosse, formée de plusieurs grapillons, dont les grains sont ovoïdes, un peu plus renflés à leur sommet qu'à l'autre extrémité, peu serrés les uns contre les autres. La peau en est très-ferme, peu fleurie, d'un vert clair qui jaunit un peu lorsque le fruit est bien mûr. La chair est ferme, d'un blanc tirant sur le vert, pleine d'une eau abondante. Chaque grain contient ordinairement quatre pepins de grosseur médiocre.

Ce Raisin ne se cultive que pour en faire usage avant sa maturité. Avant d'avoir acquis toute sa grosseur, il donne par expression le Verjus dont on fait un grand usage dans la cuisine pour divers assaisonnemens. On en fait aussi d'excellentes confitures et un sirop agréable. Lors même qu'il a acquis sa parfaite maturité, ce qui n'arrive pas souvent dans le climat de Paris, il est peu agréable à manger, car il a une saveur assez fade et peu relevée. On le connaît vulgairement, dans quelques cantons, sous le nom de *Grey* et de *Grégeoir*. Duhamel dit qu'il a deux sous-variétés, une à fruit rouge et l'autre à fruit noir, mais qu'on les trouve rarement dans les jardins.

Le bois du Verjus blanc est plus gros et plus vigoureux que celui d'aucune autre Vigne; il pousse vigoureusement et s'emporte de façon que pour lui faire donner beaucoup de fruit, il faut le tailler très-long.

---

(1) *Poudo mi ben, Poudo mi maou, toujou n'en faou.*

*** Raisins plus communément employés à faire du vin.*

Var. 33. MAURILLON hâtif , Raisin précoce , Raisin de la Madeleine. Duham. Arb. Fr. 2.
pag. 264. Chapt. Traité. 1. pag. 169.
VITIS *acino parvo , subrotundo , nigricante , præcoci.* Duham. l. c.
VITIS *præcox Columnæ.* Tourn. Inst. 613.

Les feuilles de cette Vigne sont petites, d'un vert-clair en dessus et en dessous,
bordées de dents larges et peu aiguës. Ses grappes sont petites, composées de grains
petits, arrondis, d'un violet noir, ayant une saveur un peu sucrée, mais peu relevée.
Tout le mérite de cette variété consiste en ce qu'elle mûrit de bonne heure.

Var. 34. MAURILLON (1) ou Pineau de Bourgogne. Chapt. Traité. 1. p. 170. Roz. Dict. d'Agric.
vol. 10. pag. 174. tab. 3. fig. 2.
VITIS *uvá mediocri, sublaxá ; acinis dulcibus , nigricantibus.*

Cette variété a ses feuilles divisées en cinq lobes peu profonds et dentelés très-
régulièrement. Sa grappe est d'une grosseur médiocre, composée de grains peu gros,
peu serrés, assez agréables au goût, de couleur noirâtre. Le Maurillon, dont sont
composées en plus grande partie les Vignes de bons plants en Bourgogne, doit vrai-
semblablement son nom à sa couleur noire ou de maure; car plusieurs autres Raisins
noirs , qui ne sont pas des Pineaux, portent, dans d'autres vignobles de France , le
nom de Maurillons, de Noirs. Quoi qu'il en soit, celui-ci est encore connu sous les
noms de *Maurillon noir*, d'*Auvernat*, de *Bourguignon*, de *Pimbart*, de *Manosquen*,
de *Merille*, de *Noirien*, de *Gribulet noir*, de *Massoutel.*

Var. 35. MAURILLON blanc. Roz. Dict. d'Agric. 10. p. 174. t. 4. et t. 5. fig. 1. Chapt.
Traité. 1. p. 172. pl. 1.
VITIS *præcox ; uvá elongatá ; acino rotundo , albo, flavescenti et dulci.*

La grappe est plus alongée dans cette variété que dans le Morillon noir, et ses
grains sont presque ronds. La feuille , sans être entière, est partagée en lobes peu
profonds , mais les dents dont elle est bordée sont très-prononcées; au reste, elle est
verte en dessus , blanchâtre et cotonneuse en dessous, portée par un pétiole gros ,
long et rouge. Cette variété est encore connue sous les noms de *Mélier*, *Daunerie*,
Daune, *Moruain.*

Var. 36. LE MOURVEGUÉ, MOURVEDÉ ou MOURVEBRÉ.
VITIS *serotina ; acinis nigris , mediocribus , rotundis , dulcibus , succosis et densis ; cute
crassá ; foliis subrotundis , suprà glabris , subtùs tomentosis.* Gouffé.
VITIS *acino nigro , rotundo , molli , minùs suavi.* Garid. l. c.

Cette variété est très-commune au nord-ouest de la France, où elle est connue
sous différentes dénominations. Ce n'est pas celle que préfèrent les cultivateurs qui
aiment mieux la qualité que la quantité du produit.

Var. 37. LE MOURVEDÉ FARINOUS.

VITIS *serotina ; acinis subamplis , nigris , rotundis , dulcibus jutosis , pruinosis et
dënsis.* Gouffé.

---

(1) Les Maurillons nous sont venus d'Italie. Le Maurillon noir est la seule variété qui ait conservé son nom primitif.
Baccius, dans son traité *de Vinis* (in-fol. Romæ, 1596), dit : « *Ex uvis nigris sunt maurillon tres species ; una , cujus*
» *ligni materia exincisura valdè rubescit, vite tamen nigrá, rotundiore folio, ac congestis admodùm in racemulo uvis.* »
C'est l'espèce que nous connaissons sous ce nom, dont la feuille est ronde et le Raisin petit. Les deux autres espèces
ont sans doute changé de nom. « *Altera*, dit-il, *foris quidem cortice, est admodùm rubrá, foliis ficûs instar, tri-*
» *partitis ; tertia, quam et Biccanam vocant, ligno item nigro, quod sarmentis admodùm luxuriat, ac foliis.* »

Cette variété ne diffère de la précédente que par les grains de son fruit, qui sont plus gros et comme couverts de poussière. Ces deux variétés sont des meilleures pour faire du vin; elles ne sont pas moins agréables pour la table. Comme elles entrent très-tard en végétation, elles sont très-rustiques et réussissent aisément dans les terrains exposés au froid et à l'humidité.

Leur jus est très-coloré et sucré. On l'emploie assez souvent à faire un ratafiat domestique, qui est recherché, surtout lorsqu'il est préparé avec soin.

Var. 38. LE BRUN FOURCA.

VITIS *uvá amplá; acinis nigris, magnis, rotundis, densis et sapidis; cute crassá; foliis rotundis, suprà glabris, subtùs hirtis.* Gouffé..
VITIS *acino magno, rotundo, nigro, duriusculo et dulci.*

Ce cépage, appelé en Provence *Brun fourca*, est reconnu pour être le même que le *Plant de Bordeaux*. La maturité de son Raisin a lieu vers la fin de septembre; il est excellent pour faire du vin et agréable à manger.

Le *Brun fourca* est une bonne espèce que l'on trouve cultivée dans toutes les Vignes de Provence. On l'appèle dans quelques endroits *Gros-Taulier*. Il diffère pourtant beaucoup du *Taulier* dont nous parlerons ci-après. Ses pousses ne sont pas rampantes; ses sarmens sont moins rouges; ses feuilles sont plus grandes, d'un vert plus foncé et découpées moins profondément. Quoique moins hâtif que le *Taulier*, il l'est pourtant plus que le *Mourvedé* et craint plus que ce dernier les effets des gelées. On le cultive aux mêmes expositions. Ses fruits sont peu sujets à pourrir.

Var. 39. LE TAULIER ou PLANT DE MANOSQUE.

VITIS *acino nigro, rotundo, duriusculo, suavis, saporis, succo nigro, labia inficienti.* Garid. l. c.

Ce Plant pourrait fort bien être le même que le *Pineau* de Bourgogne, qui forme la plus grande partie des vignobles de cette province, et qui ne doit pas être confondu avec le *Franc-Pineau*. Il est peu de Raisin dont les noms varient autant.

Le *Taulier* ou *Manosquen* a également beaucoup de rapports avec le *Teinturier*, qui n'est cultivé dans le centre de la France que pour donner de la couleur au vin. Il y est également connu sous différens noms.

Les feuilles de cette Vigne sont rondes et dentées, vertes et luisantes en dessus, d'un vert-clair en dessous; leur pédoncule est rouge, et la pousse très-rampante. C'est une des meilleures espèces que l'on puisse cultiver; elle donne un vin extrêmement couvert, moëlleux, suave, très-propre à être transporté; le fruit, quoique la peau soit épaisse, mûrit parfaitement.

Var. 40. LE CATALAN.
VITIS *acino subrotundo, nigro, molli.* Garid. l. c.

Cette variété, très-commune en Provence, donne son fruit à la même époque que le *Mourvedé*, avec lequel on le confond souvent; les feuilles et le bois de l'un et de l'autre sont assez ressemblans, mais il y a une grande différence dans leurs fruits. Le *Catalan* a la queue ligneuse; il a des ailes; ses grains sont ordinairement plus gros et le suc en est très-doux; le *Mourvedé*, au contraire, a la queue herbacée, n'a point de grapillons en aile; les Raisins en sont petits, les grains serrés; son goût n'est pas beaucoup relevé, aussi Garidel l'a-t-il qualifié *minùs suavi*.

M. Ant. David dit, dans une de ses lettres, avoir fait une plantation de ceps qu'il avait reçus directement d'Alicante, et que ce cépage, ainsi que le fruit, avait été reconnu être le même que le *Catalan,* qui abonde dans les Vignes du terroir d'Aix.

Quoique l'on confonde souvent les vins du *Catalan* avec celui du *Mourvedé,* il est à propos d'observer qu'il y a quelque différence entre eux. Celui du *Petit-Mourvedé* renferme une plus grande quantité de suc colorant; il est plus couvert, plus généreux. On préfère dans les plantations le *Catalan,* parce qu'il produit davantage sans que le vin perde sensiblement de sa qualité. Ces variétés méritent toute préférence dans les vignobles d'où l'on veut tirer des vins propres à être conservés et pour être transportés.

Le vin des deux *Mourvedés,* quand même leurs fruits auraient acquis toute leur maturité, est austère tant qu'il est jeune, mais il acquiert en peu de tems son goût moëlleux et sucré. Les cultivateurs, en le considérant comme aliment, le préfèrent à tous les autres vins, parce qu'il est plus nourrissant et plus fortifiant.

Var. 41. MEUNIER, Maurillon-Taconné, Fromenté. Chapt. Traité. 1. pag. 169. Roz. Dict. d'Agric. 10. pag. 173, tab. 2.
VITIS *subhirsuta ; uvâ brevi, crassâ; acino nigro, rotundo.*

Cette variété a beaucoup de rapports avec la précédente. Ses feuilles sont à trois lobes, dont les deux latéraux échancrés ; dans leur jeunesse, elles sont couvertes de toutes parts d'un duvet blanc qui les fait distinguer de très-loin C'est ce caractère particulier qui leur a fait donner le nom de *meûnier* dans beaucoup de cantons. Sa grappe est courte, épaisse, composée de grains noirs, gros et médiocrement serrés. Elle porte encore les noms de *Resseau, Farineux noir, Savagnien noir, Noirin.* Elle est assez commune dans les Vignes, parce qu'elle charge beaucoup et dure long-tems. Elle se plaît surtout dans les terres sablonneuses et légères.

Var. 42. SAVAGNIEN blanc. Chapt. Traité. 1. 170. Roz. Dict. d'Agric. 10. pag. 174. tab. 3. fig. 1.
VITIS *subhirsuta ; uvâ crassâ; acino albo, subovato.*

Cette variété diffère de la précédente, parce que les deux lobes inférieurs de ses feuilles sont plus prononcés, parce que aussi les grains de sa grappe sont blancs, plus gros et un peu ovales. On le connaît vulgairement sous les noms de *Matinié, Uni-blanc.*

Var. 43. ALBILLO Castillan. Rox. Essai. 264.
VITIS *uvâ subcylindricâ ; acinis obovatis, confertis, mollibus, viridibus, succosissimis.*

Les feuilles de cette Vigne sont un peu irrégulières, ordinairement palmées, un peu ridées et nues dans leur partie supérieure, abondamment couvertes en leur partie inférieure d'un duvet très-adhérent et très-blanc. Les grappes sont de grosseur moyenne ainsi que les grains, qui sont si excessivement mous et succulens qu'ils se vident entièrement sous la plus légère pression. Leur saveur est très-douce et très-sucrée, peu relevée. Ce Raisin est très-précoce. Le nom *Albillo* est un mot général sous lequel les Espagnols, et principalement les Vignerons Andalous, rassemblent plusieurs races de Vignes évidemment très-rapprochées les unes des autres, et qu'ils désignent ensuite séparément en ajoutant un second nom, à peu près de la même manière que les Botanistes font l'application des noms spécifiques.

Var. 44. JOUANEN ou Raisin de la Saint-Jean.
VITIS *præcox ; acino acuto, subviridi, dulci et molli.* Garid. Aix. 493.

Cette variété est assez commune dans les vignobles de Provence, où le nom qu'on lui donne vient de ce qu'elle mûrit peu après la Saint-Jean. Elle offre une sous-variété à grains noirs que le vulgaire appelle *Jouanens negrés*. Ses feuilles sont divisées en lobes peu profonds, quelquefois peu ou point du tout sensibles. La grappe est d'une grosseur moyenne, composée de grains ovoïdes.

Var. 45. DOUCEAGNE.

VITIS *præcox ; acino rotundo, subviridi et dulcissimo.* Garid. Aix. 493.

Cette variété est moins précoce que la précédente, mais elle l'est par rapport aux autres espèces de Raisins. On la trouve dans les Vignes en Provence.

Var. 46. DOUCINELLE noire.

VITIS *uvâ mediâ ; acino subrotundo, subcompresso, ex violaceo nigricante, duro.*

La feuille de cette Vigne est grande, partagée en lobes peu prononcés, mais bordée de dents larges et inégales. La grappe a cinq à six pouces de longueur ; elle est composée de grains très-serrés et presque tous comprimés, d'un violet foncé, tirant sur le noirâtre, dont la peau est épaisse et cassante. On cultive ce Raisin en Provence.

Var. 47. JAEN noir. Rox. Essai. 255.

VITIS *uvâ magnâ ; acinis confertis, duris, nigerrimis ; cute crassissimâ.*

Feuilles palmées ou lobées, d'un vert foncé qui se tache de rouge violet à proportion que le Raisin mûrit ; le duvet dont elles sont revêtues en dessous est peu adhérent. Grappes grosses, pesant jusqu'à cinq livres, composées de grains moyens, arrondis, serrés, revêtus d'une peau très-noire, très-épaisse et fort dure. Cette variété a au-dessous d'elle plusieurs sous-variétés qui se distinguent par la couleur moins foncée ; il y en a même une dont les fruits sont blancs. Dans toutes ou presque toutes les provinces d'Espagne, on cultive quelques variétés sous le nom de *Jaen* ou de *Jaen blanc*, et c'est l'unique ou la principale dont on fait du vin dans beaucoup d'endroits.

Var. 48. BOUTEILLAN.

VITIS *acino magno, nigro, rubenti et subaustero.* Garid. l. c. 494.

VITIS *feracissima ; uvâ peramplâ ; acinis nigris, rubescentibus, magnis ; cute tenui ; foliis quinquelobatis, suprà glabris, subtùs tomentosis.* Gouffé.

Cette variété est commune dans les Vignes aux environs d'Aix, en Provence ; à Marseille, on la nomme *Cayan*. Son Raisin est de première qualité pour le vin et pour la table.

Var. 49. UNI-BLANC.

VITIS *fertilissima ; uvâ laxâ, elongatâ, basi ventricosâ ; acinis subrotundis, densis, è viridi rufescentibus, subrubris, dulcibus ; cute subcrassâ ; foliis amplis, sublobatis.* Gouffé.

Entre autres caractères, cette variété diffère de la précédente par ses feuilles assez arrondies, très-rarement lobées, d'un vert peu foncé. La grappe est lâche, très-alongée, composée de grains arrondis, verdâtres, roux du côté du soleil, quelquefois même un peu rougeâtres, revêtus d'une peau épaisse, et ayant une saveur douce, sans fadeur. On cultive ce Raisin en Provence ; il est très-bon pour garder.

Var. 50. UNI-ROUGÉ.

VITIS *uvâ longiori ; acino rufescenti et dulci.* Garid. Aix. 496.

VITIS *sæpè infecunda ; acinis rotundis, albido-rubescentibus, dulcissimis.* Gouffé.

Cette variété de Vigne est cultivée en Provence. Les fleurs sont très-sujettes à couler, ce qui la rend souvent stérile ; mais lorsqu'elles sont fécondes, elles

donnent un Raisin exquis qui produit un excellent vin. Nous croyons qu'on peut regarder comme des sous-variétés qui lui appartiennent les deux Vignes suivantes,
dont GARIDEL fait également mention.

1°. *Vitis uvâ longiori, acino ferè rubro et dulci.* GARID. l. c., vulgairement en
Provence, *Uni rougé de Partus.* Elle ne diffère de la précédente que par la couleur
des grains, qui sont d'un rouge plus foncé.

2°. *Vitis acino rotundo, minori, duro, dilutè rufescenti et dulci.* GARID. l. c. Elle
diffère en ce que ses grains sont plus durs, plus doux, que la grappe est plus petite,
moins alongée, et qu'elle ne rougit que lors de la parfaite maturité.

Var. 51. UNI-NOIR.
VITIS *uvâ longiori ; acinis raris , nigro-rubentibus , subausteris.* GARID. Aix. 495.
VITIS *feracissima ; acinis rotundis , raris , duris , nigris ; foliis utrinquè glabris.* GOUFFÉ.

Cette variété est cultivée dans les Vignes en Provence, où on la connaît sous le
nom d'*Uni-negré.* Elle pousse peu de bois, et ses rameaux sont toujours très-
courts. Son fruit ne donne pas de très-bon vin.

Var. 52. PLANT Estrani.
VITIS *uvâ peramplâ ; acino rotundo, subflavo, punctis nigris notato, dulcissimo et sua-*
vissimo. GARID. Aix. 493.

Cette variété est assez commune dans les Vignes de plusieurs cantons des environs
d'Aix en Provence. Ses Raisins sont ronds, gros; leur couleur est un peu ambrée; ils
sont marqués de petits points noirs, et ils ont une saveur très-douce et très-agréable.

Var. 53. LISTAN commun.
VITIS *uvâ magnâ ; acinis ovato-subglobosis , subconfertis , allis ; cute tenui.* ROX
Essai 225.

Feuilles de grandeur moyenne, irrégulièrement palmées, d'un vert obscur en
dessus, chargées en dessous d'un duvet blanc et très-adhérent. Grappe grande, composée de grains assez petits, presque égaux, un peu aplatis par leur base et à leur
sommet, assez serrés les uns contre les autres, d'un blanc verdâtre quand ils restent
à l'ombre, et d'un gris doré assez foncé quand ils sont exposés au soleil.

Cette variété se trouve dans plusieurs provinces d'Espagne. A San-Lucar , elle
forme les dix-neuf vingtièmes des vignobles, et elle fait la base des excellens vins de
ce pays. A Rota , il y en a aussi des vignobles entiers. C'est une des variétés les plus
estimées à Malaga, pour faire du vin et pour manger. A Grenade, on ne la cultive que
pour en manger les Raisins frais.

Ce Raisin a plusieurs sous-variétés; les deux principales sont une à grains rouges
et l'autre à grains très-noirs.

Var. 54. LE MONASTEL ou Mounasteou.
VITIS *feracissima ; acinis nigris ; cute crassâ; foliis maximis, suprà glabris, subtùs*
tomentosis. GOUFFÉ.

Le fruit de cette Vigne est de médiocre qualité, ainsi que le vin qu'on en
obtient. Il a une variété qui ne diffère que par la petitesse de ses grains. Ce cépage
est très-fertile, mais sa durée n'est pas aussi longue que celle de la plupart des
Vignes en Provence; aussi dit-on proverbialement, dans le pays, que *cette Vigne*
fait rire le père et pleurer le fils.

Var. 55. PLANT D'OOURUEOU, Plant d'Auriol.

VITIS *uvá peramplá; acinis nigris, maximis, densis, maturitate defluentibus; cute subtenui; foliis sub integris, utrinquè glabris.* GOUFFÉ.

Les feuilles de cette Vigne sont presque entièrement glabres en dessus et en dessous. Ses grappes sont grosses; les grains qu'elles portent sont noirs, gros et très-rapprochés. Ce Raisin a besoin d'être employé sitôt qu'il est mûr : la finesse de la peau de ses grains ne permet pas de le conserver.

Var. 56. L'ARAGNAN.

VITIS *uvá magná; acinis oblongis, submagnis, pellucidis, subviridibus, mollissimis et sub insipidis; cute tenuissimá.* GOUFFÉ.

VITIS *acino oblongo, subviridi, dulci et molli.* GARIDEL. Aix. 494.

Le Raisin que ce cépage produit a sa grappe assez grosse. Ses grains sont alongés, luisans, mous, ayant peu de saveur; néanmoins le vin qu'il donne est très-bon. Son nom vulgaire est *Raisin de Chien* (Rin dè Chin), attendu que les chiens le mangent de préférence quand ils passent dans les Vignes.

Var. 57. PLANT DE VENEOU.

VITIS *uvá peramplá; acinis rotundis, carnosis, subalbidis et serotinis; cute crassá.* GOUFFÉ.

Cette variété est assez commune dans les environs d'Aix, surtout dans la partie du nord. Cette Vigne tardive produit des grappes assez grosses, dont les grains sont ronds et blanchâtres, et la peau épaisse.

Var. 58. LE ROUSSELI.

VITIS *precia; uvá amplá; acinis rubris, magnis, rotundis, densis, dulcissimis et succosis; cute tenui.* GOUFFÉ.

Cette Vigne est une des premières à entrer en végétation; le Raisin qu'elle porte est gros, de couleur rougeâtre; ses grains sont ronds, très-serrés sur la grappe, doux et couverts d'une peau mince. Sa maturité a lieu vers la fin de septembre. C'est un des bons Raisins pour la table et pour le vin; mais la finesse de sa peau nécessite de le cueillir promptement, car il pourrirait bientôt.

Var. 59. PLANT DE SAINT-GILLES.

VITIS *maxima; uvá subamplá; acinis nigris, minimis, rotundis et sapidis; cute tenui; foliis incisis, trilobatis.* GOUFFÉ.

Cette Vigne devient très-forte et s'élève beaucoup; ses grappes sont grosses; ses grains noirs, ronds et petits, ont une saveur douce et agréable. Ce cépage, cultivé à Saint-Gilles, en Languedoc, sur le Rhône, donne un vin excellent et qui se garde long-tems.

Var. 60. PALOMINO commun.

VITIS *uvá mediá; acino nigro, molliusculo, subdulci et subpellucido.* Rox. Essai. 240.

Cette Vigne diffère du Listan commun, par ses feuilles d'un vert moins foncé en dessus et moins cotonneuses en dessous; par sa grappe plus petite et composée de grains plus petits, plus écartés. On la cultive dans les Vignes en Espagne, et particulièrement à Xérès, à Rota, à Paxarète.

Var. 61. MANTUO Castillan.

VITIS *acinis raris, subrotundis, intensè viridibus, duris, serotinis.* Rox. Essai. 242.

Cette variété est cultivée en Espagne. Apres le Listan commun , son fruit est le plus estimé à San-Lucar pour le manger ; il se conserve long-tems suspendu. On distingue dans le pays plusieurs sous-variétés de Mantuo ; il en a une violette.

Var. 62. TINTILLA. Rox. Essai. 285.
VITIS *uvâ sublaxâ ; acinis parvis, rotundis , nigris.*

Les feuilles de cette Vigne sont légèrement ridées , d'un vert un peu obscur en dessus , revêtues en dessous d'un coton blanc et très-adhérent; elles se divisent en cinq lobes, bordées de dents moyennes. Les grappes sont composées de grains petits, peu serrés, très-succulens , rendant un jus très-noir, d'une saveur particulière très-douce , insipide et un peu âpre.

C'est cette variété qui donne le fameux vin de Rota, connu sous le nom de *Tintilla de Rota*. Ailleurs , on l'emploie pour donner la couleur à d'autre moût dont on veut faire des vins rouges. Elle entre pour un sixième dans le vin de Malaga.

Var. 63. MOLLAR noir. Rox. Essai. 259.
VITIS *uvâ magnâ; acinis magnis, rotundis, mollissimis, nigris , sapidis.*

Feuilles un peu ridées , rougeâtres lors de leur développement, ensuite d'un vert jaunâtre un peu clair, couvertes en dessous d'un duvet blanc très-abondant. Grappes assez grandes , un peu irrégulières , composées de grains arrondis , très-obtus, noirs, à peau très-fine et très-tendre.

Cette variété, qu'on cultive en Espagne dans les Vignes, présente une sous-variété ne différant que par la couleur du grain qui, dans une même grappe, est noir, rouge, rougeâtre et entièrement blanc. Elle paraît sous ce rapport se rapprocher assez de notre Chasselas panaché.

Var. 64. FRANC-PINEAU. Roz. Dict. d'Ag. 10. pag. 177. tab. 5. fig. 2. CHAPT. 2. Trai. 1. p. 172.
VITIS *acinis minoribus, oblongis , dulcissimis, confertim botri adnascentibus.* GARID. Aix. 494.
VITIS *fecunda ; acinis minoribus , sapidis confertim botri adnascentibus ; foliis sublobatis glabris , viridi-flavis , subtùs tomentosis.* GOUFFÉ.

La grappe de cette variété est petite, d'une forme un peu conique , soutenue par un pédoncule très-court, et formée de grains oblongs, serrés, d'un rouge incarnat. Les feuilles sont d'un vert foncé , plus pâles en dessous, couvertes des deux côtés à leur naissance d'un duvet qu'on n'observe pas dans le Morillon , portées par de longs pétioles , divisées en trois lobes principaux , et délicatement dentelées en leur bord. Cette Vigne ne rapporte pas beaucoup, mais son fruit a un goût excellent et produit les vins les plus délicats de la Bourgogne. On lui donne encore vulgairement les noms suivans : *Bon-plant , Raisin de Bourgogne, Maurillon noir, Pinet, Pignolet, Pinsalé , Pinçaou* , etc. Son bois est rouge; les nœuds en sont rapprochés. Sa souche, quoique fort grosse , ne produit que de petites grappes qui mûrissent tard, et qui sont appelées, en Provence, *Rapugo*.

Var. 65. BOURGUIGNON blanc. Roz. Dict. d'Agric. 10. pag. 180. tab. 16. fig. 2. CHAPT. Traité. 1. pag. 180.
VITIS *uvâ confertâ ; acino ovato , viridi lutescente.*

La feuille est grande, légèrement cotonneuse en dessous, et d'un vert beaucoup plus pâle en cette partie qu'en dessus, dentelée en son bord, mais non sensiblement lobée. Le Raisin se compose de grains un peu oblongs, très-serrés les uns contre les autres, et prenant une belle couleur jaune à l'époque de la maturité. Ses noms vulgaires sont les suivans : *Feuille-ronde, Pineau blanc, Picarneau, Mélé, Gueuche blanc, Menu, Gouche.*

Var. 66. BOURGUIGNON noir. Roz. Dict. d'Agric. 10. pag. 177. tab. 6. Chapt. Traité 178. tab. 2.
VITIS *acino minùs acuto, nigro et dulci.* Roz. l. c.
VITIS *acino oblongo, minus acuto, nigro et dulci.* Garid. Aix. 496.

Le Bourguignon noir a, par son grain, beaucoup d'analogie avec le Franc-Pineau, mais il est moins long en proportion de sa grosseur, et il forme des grappes moins serrées. Ses feuilles sont un peu obtuses à leur sommet, divisées en cinq lobes peu profonds, régulièrement dentées, et portées sur un pétiole court, très-rouge. Cette variété est connue sous beaucoup de noms vulgaires, qui sont les suivans : *Plant d'Arles, Plant de Roi, Damas, Grosse-serine, Pied-rouge, Côte-rouge, Boucarès, Etrange, Gourdoux, Tresseau.* Elle charge beaucoup et réussit très-bien dans les terres fortes.

Var. 67. BENADU.
VITIS *uvâ mediâ ; acino subrotundo, duro, dulci et vix sapido ; è violaceo nigricante.*

Les feuilles de cette Vigne sont assez arrondies, peu, ou sensiblement lobées, d'un vert médiocrement foncé. Les grappes sont de grosseur moyenne, composées de grains arrondis, très-serrés les uns contre les autres.

Le gros Benadu est une sous-variété qui se distingue par ses grains moitié plus gros, à peau plus dure, et parce que leur chair est fade et mollasse.

Ces Raisins sont cultivés en Provence, où on leur donne le nom de *Benadu ;* en Languedoc, on les appelle *Spart.*

Var. 68. MOUSTARDIÉ.
VITIS *uvâ mediâ ; acino subrotundo, saturatè violaceo.*

La feuille de cette Vigne est d'un vert peu foncé, divisée en cinq lobes profonds, dont celui du milieu est beaucoup plus grand et plus saillant que les autres. La grappe est d'une grosseur moyenne, composée de grains arrondis, assez gros, d'un violet très-foncé, un peu noirâtre. Cette Vigne est très-productive et fournit un vin très-coloré. On la nomme *Moustardié* en Provence, et *Saure* en Languedoc.

Var. 69. GRISET blanc. Roz. Dict. d'Agric. 10. pag. 177. tab. 7. Chapt. Traité. 1. p. 174.
VITIS *acinis minoribus, dulcibus et griseis.* Garid. Aix. 494.

La grappe de cette variété est courte, médiocrement grosse, d'une forme inégale, composée de grains ronds, assez serrés, d'une couleur grisâtre, et d'une saveur douce et parfumée. Il y avait autrefois des Vignes entières de ce cépage. Le bon vignoble de Pouilli en est encore formé en grande partie. On en trouve aussi dans les Vignes en Provence. Les noms qu'il porte en divers cantons sont les suivans : *Pineau gris, Rin gris, Malvoisie, Pouilli, le Soli, le Grennelin, Fromenteau, Auvernat gris, Bureau,* etc.

Var. 70. BOURBOULENQUE ou FRAPPADE.
VITIS *uvâ parvâ ; acino subrotundo, rufo, duro et dulci.*

Cette Vigne a des feuilles petites, à trois lobes, bordées de dents nombreuses, ce qui les rend presque crépues. La grappe est petite, composée de grains arrondis, roussâtres, d'une consistance ferme, et d'une saveur très-douce sans fadeur. Cette variété est cultivée en Provence.

Var. 71. SUAVIGNON. Roz. Dict. d'Agric. 10. pag. 178. tab. 8. fig. 1. Chapt. Traité. 1. p. 174.
VITIS *serotina; acinis minoribus , acutis, flavo-albidis , dulcissimis.* Chapt. l. c.

Les feuilles du Sauvignon ne sont presque point lobées, mais leur denteulre est
assez profonde et très-régulière. Sa grappe est courte, formée de grains plutôt petits
que gros, d'un blanc tirant sur le jaune, surtout du côté du soleil où, vers le
tems de la maturité, elle se couvre de petits points couleur de brique et très-remar-
quables. Ce Raisin a été beaucoup plus commun dans les vignobles de France qu'il
ne l'est aujourd'hui. Comme il a beaucoup de parfum, il donnait au vin un caractère
particulier ; mais comme il n'est pas d'un grand rapport, on en a négligé la culture.
Il est connu, dans quelques cantons, sous les noms de *Maurillon blanc , Sauvignen
Servignen, Sucrin , Fié.*

Var. 72. GRÉ rouge.
VITIS *uvâ crassâ ; acinis subparvis et subrotundis , rubescentibus.*
VITIS *folio dilutè viridi; uvâ peramplâ ; acinis rufescentibus , rotundis et dulcissimis.* Garid.
    Aix. 496.

Les feuilles de cette Vigne sont d'un vert tendre, profondément divisées en cinq
lobes, dont celui du milieu beaucoup plus grand. La grappe est épaisse, composée
de grains assez serrés les uns contre les autres, arrondis et rougeâtres. Près
de Cornillon, village du département du Gard, sur les bords de la rivière du Cèze,
non loin de la Chartreuse de Valbonne, à la grange dite la Verune, sur le chemin de
Barjac, auprès d'une fontaine, se trouve une Vigne de cette espèce, dont le tronc a
acquis la grosseur d'un homme, dont les rameaux ont grimpé sur un grand Chêne
et se sont étendus sur toutes ses branches; cette seule Vigne a produit, il y a huit
ans, trois cent cinquante bouteilles d'un vin rosé très-agréable à boire. Cette note
nous a été communiquée par M. Audibert de Tonnelle.

Var. 73. ROCHELLE noire et blanche. Roz. Dict. d'Agric. 10. pag. 178. tab. 8. fig. 2. Chapt.
    Traité. 1. pag. 175.
VITIS *acino nigro (et albo), rotundo, molli.* Chapt. l. c.

Ses feuilles sont longuement pétiolées, d'un beau vert en dessus, cotonneuses et
blanchâtres en dessous, divisées en cinq lobes, dont les supérieurs plus profonds que
les inférieurs, et doublement dentelées en leurs bords. Les grappes sont composées
de grains arrondis, noirs dans une race , blancs dans une sous-variété. La Rochelle
noire est commune dans les Vignes de l'ouest de la France, où elle porte encore les
noms de *Vigane , de Faigneau.*

Var. 74. ROCHELLE verte. Roz. Dict. d'Agric. 10. pag. 179. tab. 14. fig. 1 et 2. Chapt.
    Traité. 1. p. 178.
VITIS *acino rotundo , albido , dulco-acido.* Garid. Aix. 493.
VITIS *fertilissima; uvâ longâ, basi ventricosâ, apice obtusâ; acinis albidis subdilutè
    rubris , rotundis , dulcibus ; foliis amplis, suprà glabris, subtùs tomentosis.* Gouffé.

Les feuilles de cette variété sont d'un vert assez foncé en dessus, recouvertes d'un
duvet cendré en dessous, et divisées en cinq lobes inégaux. La grappe est de grosseur
moyenne, composée de grains serrés, d'une saveur très-douce dans la parfaite maturité,
et ayant la peau molle. Les récoltes de ce Raisin sont en général abondantes, et le vin
qu'il produit est réputé très-avantageux pour fabriquer de l'Eau-de-vie. On le connaît
sous les noms vulgaires de *Sauvignon vert, Folle blanche, Meslier vert, Roumain ,
Enrageat, Blanc-Verdet.* Les Provençaux lui donnent le nom d'*Uni-Blanc.*

La Rochelle blonde ne paraît en être qu'une sous-variété, et elle n'en diffère que parce que sa feuille n'est qu'à trois lobes et d'un vert beaucoup moins foncé, ainsi que le fruit.

Var. 75. TEINTURIER. Roz. Dict. d'Agric. 10. p. 178. tab. 9. CHAPT. Traité. 1. pag. 176. tab. 4.
VITIS *acino nigro, rotundo, duriusculo, suavis saporis; succo nigro, labia inficienti.* GARID. Aix. 494.

Ses feuilles sont divisées en cinq lobes et bordées de dents profondes; long-tems avant la maturité du fruit, elles contractent une couleur presque incarnate. Ses grappes sont inégales, terminées en cône tronqué, et composées de grains ronds, inégaux, donnant par expression un jus d'un rouge très-foncé. On ne cultive ce Raisin que pour donner de la couleur au vin; car, cuvé seul, il fournit une liqueur âpre, austère et de mauvais goût. Il est commun dans les Vignes de l'Orléanois et du Gâtinois. Il porte les noms vulgaires de *Tinteau, Gros-noir, Mouré, Noir-d'Espagne, Teinturin, Noireau, Morieu, Portugal, Alicante,* etc.

Var. 76. NÉGRIER. Roz. Dict. d'Agric. 10. p. 178. tab. 10. fig. 1 et 2.
VITIS *uvá peramplá; acinis nigricantibus, majoribus.* Roz. l. c. CHAPT. Traité. 1. p. 176.

Ce Raisin a de la ressemblance avec le Teinturier, parce que son suc est également rougeâtre, mais il est d'une qualité bien supérieure; c'est lui qui produit le vin d'Oporto. D'ailleurs les grappes et les grains sont plus gros, et les feuilles ont beaucoup plus d'ampleur. Il est connu vulgairement sous les noms de *Ramonat, Gros-noir d'Espagne, Raisin d'Alicante, Raisin de Lombardie,* etc.

Var. 77. VERDAOU ou Verdal.
VITIS *pergulana; uvá peramplá; acino oblongo, duro et viridi.* GARID. l. c. 493.

Cette variété est connue en Languedoc sous le nom d'*Aspiran.* Elle donne un des meilleurs Raisins de table. Ses grains sont très-gros; ils ne contiennent qu'un à deux petits pepins, et ils ont la peau mince, mais dure. Ce Raisin est d'ailleurs peu connu dans le climat de Paris, qui n'est pas assez chaud pour l'amener à une parfaite maturité.

Var. 78. MORNAIN blanc. Roz. Dict. d'Agric. 10. p. 179. tab. 12 et 13. fig. 1 et 2. CHAPT. Traité. 1. p. 177. tab. 5.
VITIS *uvá longiori; acino rufescenti et dulci.* GARID. AIX. 496.

Ce Raisin ressemble beaucoup au Chasselas, et il en porte en effet le nom dans quelques cantons; mais il en diffère d'une manière notable. Ses feuilles sont d'un vert pâle en dessus, blanchâtres en dessous et revêtues d'un léger duvet; elles se divisent en cinq lobes assez profonds et très-échancrés. Ses grappes sont composées de grains ronds, charnus, espacés, d'une saveur douce et agréable; elles mûrissent assez bien, même dans le nord de la France. Il porte vulgairement, dans quelques cantons, les noms de *Morna-Chasselas, Blanc de Bonnelle, Meslier,* etc.

Var. 79. GROS-MUSCADET. Roz. Dict. d'Agric. 10. pag. 180. tab. 15 t 16. fig. 1. CHAPT. Traité. 1. p. 179.
VITIS *apiana; acino rotundo et fumoso.* Roz. l. c.

On trouve deux sortes de Muscadet dans beaucoup de vignobles, le gros et le petit. La feuille du premier est d'un vert foncé en dessus, d'un vert blanchâtre en dessous, mais sans duvet; elle est portée sur un long pétiole, partagé en cinq nervures, et elle est légèrement découpée en son bord, avec une seule échancrure remarquable sur le côté droit. La grappe n'est pas grosse ; et ses grains sont d'une couleur peu prononcée entre le rose tendre et le blanc. On lui donne encore les noms de *Muscat fumé*, *Muscadère*, *Fromenté*, *Muscadet*, *Malvoisie*.

Le petit Muscadet, qu'on appelle aussi *Muscadine* ou *Muscadère*, a ses feuilles moins grandes, lobées dans leur partie supérieure, et bordées de dents plus aiguës.

Var. 80. GOUAIS blanc. Roz. Dict. d'Agric. 10. pag. 180. tab. 17 et 18. fig. 1. Chapt. Traité. 1. pag. 180. fig. 6.
VITIS *uvâ mediâ, sublaxâ ; acino subrotundo, albido.*

Feuille entière ou non divisée en lobes distincts, mais bordée d'un large feston à dents inégales ; son pétiole est un peu menu et grisâtre. Grappe moyenne, composée de grains assez gros, d'un vert blanchâtre, ayant un peu de ressemblance avec ceux du Muscat, mais moins serrés les uns contre les autres. Les noms vulgaires de cette variété sont les suivans : *Gouas, Gros-blanc, Bourgeois, Mouillet, Verdin blanc, Plant madame*, etc.

Var. 81. GAMÉ noir. Roz. Dict. d'Agric. 10. p. 180. tab. 18. fig. 2. Chapt. Traité. 1. p. 181.
VITIS *uvâ mediâ ; acino nigricante.*

Ce Raisin donne presque partout des produits abondans, mais de qualité très-différente. Dans certains cantons, à certaines expositions, il entre pour beaucoup dans la composition des meilleurs vins ; dans d'autres, les cultivateurs l'extirpent de leurs vignes pour conserver la réputation de leurs récoltes. Tout annonce dans cette variété une végétation vigoureuse ; sa feuille est épaisse, d'un vert foncé, bordée de grands festons inégalement dentés, mais non divisée en lobes distincts. En noms vulgaires, elle porte ceux de *Chambonat* et de *Saumorille*.

Var. 82. TOKAI. Pl. 72. fig. 1.
VITIS *uvâ parvâ ; acino rotundo, minimo, rubescenti.*

Les feuilles de cette Vigne sont à cinq lobes assez profonds, bordés de dents grossières ; leur surface supérieure est très-glabre, et l'inférieure est chargée d'un léger duvet blanchâtre. La grappe a trois pouces de longueur ou environ ; elle est formée de grains petits, ovales-arrondis, d'une couleur rougeâtre-claire, comme d'un rouge-grisâtre. Leur saveur est assez douce et sucrée.

Cette variété de Raisin n'est cultivée en France que depuis peu d'années ; elle a été introduite par M. Noisette, qui l'a fait venir de Hongrie, où elle forme la plus grande partie des plants de Vignes du canton si renommé par l'excellent vin qu'il produit.

Var. 83. PETIT-GAMÉ. Roz. Dict. d'Agric. 10. pag. 181. tab. 181. fig. 29. Chapt. Traité. 1. pag. 181. tab. 7.
VITIS *uvâ mediâ, sublaxâ ; acinis vix dulcibus, nigerrimis.*

Ce Raisin, connu dans quelques cantons sous les noms de *Gouai noir*, de *Gueuche noire*, de *Noir*, de *Verreau*, etc., ressemble, par la forme de sa grappe et de ses grains, au Morillon de Bourgogne ; mais il n'en a point la saveur et la douceur, et il est beaucoup plus noir.

Var. 84. MANSARD. Roz. Dict. d'Agric. 10. pag. 181. tab. 20. fig. 1. Chapt. Traité. 1. pag. 182.
VITIS *uvâ amplâ, pyramidatâ ; acino majori, nigricante.*

La feuille de cette variété est grande, épaisse, d'un vert foncé, bordée de dentelures assez légères, en comparaison de son ampleur. Les grappes sont très-grosses et d'une forme pyramidale assez régulière; il n'est pas rare d'en voir de neuf à dix pouces de longueur, sur quatre à cinq de largeur à la base. Les grains en sont gros et médiocrement serrés. Le *Damour*, le *Grand-Noir*, le *Vert-gris*, sont les noms vulgaires de ce Raisin.

Var. 85. MARLEAU. Roz. Dict. d'Agric. 10. pag. 181. tab. 20. fig. 2. Chapt. Traité. 1. pag. 182.
VITIS *uvâ sublaxâ ; acinis nigris , quasi villoso-sericeis.*

Ce Raisin est d'un beau noir velouté, composé de grains médiocrement serrés. Sa feuille est lobée dans sa partie supérieure, remarquable par la délicatesse et l'inégalité des dentelures de ses bords. Ses sarmens annoncent beaucoup de vigueur par la grosseur de leur bois et celle de leurs nœuds. Ses noms vulgaires sont les suivans : le *Languedoc*, le *Coq*, le *Cahors*, le *Troyen*, l'*Ardonnet*, le *Balzac*.

Var. 86. LOUXTENDRÉ PÉCOUÉ ou Raisin à grappes molles.
VITIS *uvâ mediocri et oblongâ ; acinis rotundis , minutis , dulcibus , et punctis rubris*
    notatis ; cute tenui. Gouffé.

Le Raisin de cette Vigne, n'est pas très-gros ; sa forme est oblongue; ses grains sont petits, ronds et ont une saveur agréable. Leur peau est mince et tachetée de points rougeâtres. Le pédoncule de la grappe est plutôt herbacé que ligneux. C'est du moins ce que signifie le nom qu'il porte.

Var. 87. TIBOULEN , TIBOUREN ou Antiboulen.
VITIS *uvâ minutâ; acinis mediocribus , nigris , rotundis et raris ; cute crassâ ; foliis*
    subquinque lobatis. Gouffé.

Ce cépage tire son nom de la partie de Provence où il est essentiellement cultivé, c'est-à-dire d'Antibes à Marseille. Son fruit, un des plus hâtifs parmi les Raisins noirs ou rouges, est très-doux. Il donne un vin faiblement coloré, très-sucré et devenant pétillant étant gardé, mais qui exige beaucoup de soins pour être conservé. Cette espèce produirait beaucoup si les fleurs n'étaient sujettes à couler. Les grains fécondés sont très-espacés sur la grappe et cela rend sa culture peu profitable. Le vin que cette Vigne donne n'entre guère dans le commerce ne pouvant souffrir le transport. Aussi les propriétaires qui le font avec soin le gardent pour leur usage.

Var. 88. PLANT DE RAGUSE.
VITIS *minuta ; uvâ parvâ; acinis albido subfulvis , rotundis , dulcibus et raris ; foliis*
    subquinque lobatis, utrinquè glabris. Gouffé.

Cette Vigne, très-remarquable par ses longues grappes, a été apportée de Raguse à Marseille par M. d'Herculés. On obtient de son fruit un excellent vin paillet qui a de la réputation et est recherché même par les étrangers.

Var. 89. PLANT SARDOU.
VITIS *acinis albidis , magnis , subrotundis et densis ; cute tenui ; foliis subrotundis , incisis ,*
    utrinquè glabris. Gouffé.

Je présume que cette variété nous est venue de Sardaigne. Ses grains sont blanchâtres, ronds et assez gros, très-rapprochés. Le Raisin mûrit du quinze au vingt septembre. La finesse de sa peau le rend sujet à se pourrir.

Var. 90. LE GOMBERT.
VITIS *acinis albidis , subfulvis et dulcibus; cute crassâ ; foliis subquinque lobatis ,*
    utrinquè glabris. Gouffé.

Les rameaux ou sarmens de cette Vigne ont leurs nœuds très-rapprochés. Leur couleur est rougeâtre. Le Raisin en est blanc, ambré du côté du soleil, et d'un goût agréable.

Var. 91. LE BIN-BRUN de Garidel.

VITIS *acino nigro, rotundo, molli.* Garid.

Le cep de cette variété pousse beaucoup de bois, et les nœuds sont très-rapprochés; son Raisin est noir et les grains en sont ronds, mollasses, sujets à se détacher facilement de la grappe à l'approche de leur maturité, ce qui est occasionné par la finesse de leur peau qui tient à peine au pédoncule.

Var. 92. RAISIN BABAROUX ou GREC.

VITIS *uvâ peramplâ; acinis rufescentibus, maximis, rotundis, dulcissimis, sapidis et preciis; foliis utrinquè glabris.* Gouffé.

VITIS *foliis dilutè viridibus; uvâ peramplâ; acinis rufescentibus, rotundis et dulcissimis.* Garid. Aix. 496.

Ce Raisin, qui mûrit à la fin d'août, est aussi bon pour faire du vin que pour la table; mais il ne se conserve pas long-tems et pourrit facilement.

RECHERCHES HISTORIQUES, CULTURE, USAGES ET PROPRIÉTÉS.

La culture de la Vigne et l'art de faire du vin remontent aux siècles les plus reculés. L'Écriture Sainte nous apprend que le patriarche Noé planta la Vigne, exprima le jus de son fruit, dont il fit du vin, et dont il éprouva les effets (1). Noé prit soin de communiquer au genre humain ce qu'il avait connu de meilleur avant le déluge. Ce fut dans cette vue qu'il commença par renouveler l'agriculture. Ses enfans introduisirent de proche en proche dans les différens pays où eux et leurs familles s'établirent, la culture de la Vigne.

Selon la Mythologie ce fut Osyris, que les Grecs nomment Bacchus, qui trouva la Vigne dans l'Arabie heureuse, la cultiva le premier et la fit transporter dans tous les pays qu'il soumit par ses conquêtes, conquêtes qui lui furent d'autant plus faciles qu'elles avaient moins pour but d'imposer des lois aux peuples vaincus, que de leur apprendre la culture de la Vigne.

Quoi qu'il en soit, il paraît hors de doute que la Vigne est originaire de l'Asie, et que ce fut de cette contrée qu'elle se répandit de proche en proche dans les différens pays de l'Europe où elle existe aujourd'ui. Les Phéniciens, qui voyagèrent de bonne heure sur les côtes de la Méditerranée, l'apportèrent dans la plupart des îles et sur le continent. Elle réussit merveilleusement dans les îles de l'Archipel et en Grèce : elle fut portée en Sicile, en Italie et en Provence. Le terroir de Marseille, dans lequel les Phocéens avaient fondé la belle ville de ce nom, fut le premier qui posséda ces plants précieux, et c'est de là qu'après avoir été suffisamment multipliées, furent transportées par des routes diverses toutes les différentes variétés qui couvrent aujourd'hui un grand nombre de celles de nos provinces dans lesquelles la Vigne a pu être cultivée avec succès, et modifiée suivant la nature du sol et du climat.

Il est probable que la culture de la Vigne n'avait fait que peu de progrès en Italie à l'époque où Romulus fonda Rome, puisqu'au rapport de PLINE, Romulus

---

(1) *Cœpitque Noe, vir agricola, exercere terram et plantavit vineam; bibensque vinum inebriatus est.* GENES. Cap. IX, vers. 20-21.

ne permit point les libations de vin usitées chez les Asiatiques ; il les borna à répandre du lait sur les bûchers des morts. Numa maintint cet usage et défendit d'arroser de vin les bûchers des morts : et il ne permit pourtant de faire usage de cette liqueur, dans les libations en l'honneur des dieux, qu'en employant celle provenant d'une Vigne qui aurait été taillée, dans la vue, dit Pline, de faire de la taille de la Vigne un soin forcé pour les laboureurs. Marcus Varron rapporte que Mézence, roi d'Étrurie, donna des secours aux Rutules contre les Latins, à condition qu'on lui abandonnerait la capture du vin qui se trouverait dans le canton de ces derniers. (Pline, lib. 24, cap. 12.)

Les Vignes se propagèrent et se multiplièrent beaucoup dans les siècles suivans. Quelques Gaulois qui en avaient goûté la liqueur, formèrent le dessein de s'établir sur les lieux mêmes où on la récoltait. Pour attirer un plus grand nombre de Gaulois au delà des Alpes, ils ne firent d'autres invitations que de leur envoyer des cruches remplies de leurs vins. Les Alpes ne purent les arrêter, et ils allèrent conquérir les deux rives du Pô, où ils s'occupèrent de la culture de la Vigne, du Figuier et de l'Olivier.

Les habitans de la République Marseilloise et ceux de la Gaule Narbonnaise possédaient déjà une grande quantité de vignobles productifs, lorsque Jules César fit la conquête des Gaules. Domitien en arrêta les progrès, et, par une loi désastreuse, ordonna d'arracher toutes les Vignes. Cette privation, qui remonte à l'an 92 de l'ère chrétienne, s'étendit à deux siècles entiers. Ce fut le sage et vaillant Empereur Probus qui, après avoir donné la paix à l'empire par ses nombreuses victoires, rendit aux Gaulois la liberté de replanter la Vigne. Probus n'ignorait pas que l'agriculture est inséparable d'un bon gouvernement. Dunod, dans son *Histoire des Sequanois*, fait le tableau des soins, de l'émulation et de l'empressement avec lequel les vieillards, les jeunes gens, les femmes même se livrèrent à ce travail.

Ce qui favorisa beaucoup la culture de la Vigne en France, c'est que les grands propriétaires ne dédaignèrent pas de s'en occuper eux-mêmes. Les Souverains n'étaient pas étrangers à cette partie de l'agriculture. Les Capitulaires de Charlemagne fournissent la preuve que cette culture était encouragée et très-multipliée; que les rois de France l'avaient introduite dans leurs domaines. On voit que des vignobles étaient attachés à chacun des palais de nos rois, avec un pressoir et les instrumens nécessaires à la fabrication du vin. L'enclos du Louvre, comme les autres maisons royales, a renfermé des Vignes, et en 1160, Louis, dit le Jeune, assigna annuellement sur leur produit six muids de vin au curé de Saint Nicolas (1). On cite les Vignes du clos du roi, à Coucy, qui étaient formées de Plants retirés de Grèce.

Saint Martin avait fait planter des Vignes dans la Tourraine avant la fin du quatrième siècle ; saint Remi, qui vivait sur la fin du cinquième, laissa par testament, à diverses églises, les Vignes qu'il possédait dans les territoires de Reims et de Laon, avec les esclaves qu'il employait à les façonner.

C'est avec raison, nous dit Pline (lib. 14, cap. 1), que les anciens, considérant la hauteur à laquelle la Vigne s'élevait et la grosseur qu'elle était sus-

---

(1) On lit dans le Tome second des Essais historiques sur Paris, par Saint-Foix, qu'une des deux îles qui formaient l'emplacement sur lequel fut commencée la construction du Pont-Neuf en 1578, portait le nom de *l'Ile aux Treilles*, et qu'en 1160, le Roi Louis le jeune fit don, au chapelain de Saint-Nicolas du Palais, de six muids de vin par an, du crû de *l'Ile aux Treilles*.

C'est à l'extrémité de cette île que fut érigée la statue équestre de Henri Quatre.

ceptible d'acquérir, l'avaient mise au rang des arbres. De son tems on voyait dans la ville de Populonium (1), une statue de Jupiter faite d'un seul cep de Vigne, qui durait depuis plusieurs siècles. A Métapont, les colonnes du temple de Junon étaient de bois de Vigne. On conservait à Marseille, au rapport de PLINE, une *Patere* en bois de Vigne. (Le mot latin *Patera*, qu'il emploie, semblerait indiquer une grande coupe; il est plus vraisemblable que ce mot dut signifier un grand vase.) Le rédacteur des notes, à la suite de ces détails extraits de PLINE, dit que l'on voyait au château d'Écouen, près Paris, une table qu'on assurait avoir été coupée dans un seul cep de vigne.

Dans le tems de sa plus grande prospérité, l'Italie peupla ses vignobles des espèces de cépages les plus remarquables, extraits des meilleurs cantons de la terre, et elle acquit la réputation de fournir les meilleurs vins. Les Romains faisaient grand cas des vins de Scio, de Coz, de Falerne, et autres pays aussi renommés, dont les productions faisaient les délices de leurs banquets. Actuellement les vins de Grèce, la Malvoisie et Candie ne nous sont pas étrangers. Des Vignes entières sont formées de ces cépages qu'on a fait venir des lieux mêmes.

La Vigne, comme nous l'avons dit, est originaire de l'Asie. L'activité industrieuse des habitans de Marseille nous a fourni toutes les espèces diverses que l'on cultive en Provence : son climat leur donne à toutes une maturité parfaite; on ne doit donc pas être surpris de ce qu'on lit dans l'*Histoire de la Ville de Marseille* (tom. 2, pag. 28). « ATHÉNÉE remarque qu'entre les anciens Gaulois, les riches » seuls buvaient du vin, qu'ils recevaient de *Marseille* et *d'Italie*, et que ces vins » étaient pleins et couverts. Aujourd'hui il y en a de toutes sortes, et de si excellens » qu'ils peuvent entrer en comparaison avec les meilleurs vins du monde. »

Les noms que les Romains donnaient à leurs vignes sont si différens des nôtres, qu'il serait difficile de les reconnaître et de leur appliquer ceux de nos espèces et variétés.

Il serait tout aussi difficile d'indiquer la culture que la Vigne exige dans chacun des pays où elle est cultivée. Tant de circonstances concourent à son accroissement, à la bonté des fruits, à l'abondance des récoltes, qu'il faudrait presque un traité particulier pour chaque pays, chaque climat, chaque terroir, chaque exposition. Ayant eu en vue de faire connaître ce qui est pratiqué en Provence, ce sera la culture qu'on lui donne dans ce pays que nous adopterons, avec d'autant plus de confiance, que les fruits y acquièrent une maturité parfaite, et si en général les vins qu'on y récolte ne jouissent pas tous de la même réputation de bonté, la faute doit en être attribuée en grande partie au mélange qui se fait, dans le tems des vendanges, de différentes espèces de raisin pour être foulés et cuvés ensemble, oubliant ou ignorant que chaque espèce de Raisin a un principe constituant qui lui est propre; que les uns sont susceptibles d'entrer bientôt en fermentation, d'autres sont plus retardés; ces deux caractères peuvent nuire sans contredit à la perfection du vin et à sa conservation.

D'après la marche que j'ai adoptée, je vais citer ce que M. DE QUIQUERAN d'Arles, disait dans son ouvrage, *de Laudibus Provinciæ*, (Paris, 1551). *Scio quatuor præsertìm res vinorum generositatem promovere, electio vitium, cultura, terrenum aptissimum, cœlum favens et oportunum.* Le choix des plants, *electio vitium*, est donc le premier objet que le propriétaire qui veut former une plantation de Vignes doit avoir en vue. Comme tous les plants indifféremment ne s'accom-

____

(1) Cette même ville de Toscane est aujord'hui *il Porto-Ferrario.*

modént pas des mêmes terrains, il faut les choisir propres à l'espèce dans laquelle ils doivent végéter le plus avantageusement. M. Antoine David approuvait beaucoup l'usage dans lequel on est de former des pépinières, pour avoir de suite et au moment du besoin des plants enracinés, qui, ayant commencé leur végétation dans le voisinage du terrain dans lequel ils doivent être plantés à demeure, annoncent s'ils trouvent le *terrenum aptissimum* qui est nécessaire pour une bonne et prompte végétation. Ces pépinières vous fournissent tous les sujets dont vous avez besoin pour remplacer de suite ceux qui n'auraient pas réussi ou qui languiraient. Le plant a toujours le même âge et dispense de faire des provins. M. David étaye ce qu'il pratiquait lui-même des observations de Columelle, qu'Olivier de Sèrres appelait son maître, son oracle. « Les plants enra-» cinés et en pépinières doivent servir au besoin pour remplir les places vacantes » dans les vignes nouvelles; ils dispensent de faire des provins. Columelle les » conseillait, *præsidio vitis*, non seulement pour en former des vignobles, mais » même pour remplacer les vignes qui périssaient. *Quorum ex numero pro-» pagare possunt se in locum mortuæ vitis*. Dans les terres fortes où les Crocettes » trouvent tant d'obstacles à leur prompt établissement, on ne doit employer que » des plans enracinés; leur reprise n'est pas douteuse, leurs racines se font bientôt » jour à travers la terre meuble dont on les recouvre; pour peu qu'on y ajoute de » gros fumier, on peut se promettre d'avoir un Vignoble durable et d'un grand » produit. L'expérience le prouve, et Columelle le dit : *cæterium, terra densa » et gravis vivas radices desiderat* ».

Quand on n'a pas de plants enracinés, il y a deux autres manières de planter la Vigne : c'est celle des mailletons ou boutures et des marcottes. On n'emploie guères les mailletons en Provence. COLUMELLE donne la préférence à la marcotte, parce qu'elle est moins sujette à périr; elle a plus de force pour résister au froid, à la chaleur et aux mauvais tems; de plus, elle croît plus promptement, d'où il résulte qu'elle est plutôt en état de donner du fruit. On peut néanmoins planter des mailletons en guise de marcottes dans les terres sablonneuses et légères, au lieu que des terres fortes et dures exigent absolument de la Vigne toute faite : c'est ce que COLUMELLE indique encore. Cette manière d'élever la Vigne a été préconisée par les Anciens (1). Le plus grand nombre des Auteurs qui ont traité de l'Agriculture s'est étayé des préceptes de COLUMELLE ; ils sont assez généralement suivis en Provence, et je puis les adopter sans crainte d'erreur. La Vigne peut être plantée dans toute espèce de terrain ; mais ses productions sont toutes modifiées relativement à la terre dans laquelle elle est cultivée. Il y a une manière de cultiver la Vigne fondée sur la physique de cet Arbre, qui est essentiellement bonne, et qui, sans nuire à sa durée, lui fait produire des récoltes constantes, et ménage aux fruits une maturité parfaite. On ne peut douter que le terrain, selon sa nature, ne modifie différemment les principes alimentaires des Plantes : ainsi il aura en lui-même une influence décidée sur la qualité des Vins; mais cet avantage sera d'autant plus sensible, que le terrain par sa nature influera davantage sur la maturité des Raisins et leur perfectionnement.

Dans un Mémoire de Rozier sur les Vins, année 1770, on lit : « Les bonnes » espèces de Raisins ne donnent des Vins supérieurs, en Bourgogne, à Côte-» Rôtie, etc., que lorsque l'automne et l'été ont été chauds, et que les fruits ont ac-

---

(1) M. Charles Étienne, dans son traité sur la culture de la Vigne, intitulé *Vinetum*, in-8°., Paris 1557, dit qu'il imite Columelle par préférence. *Noster Columella quem potissimum in hâc re imitamur, cujus sermonis proprietatem maxime studemus.*

» quis une maturité parfaite ». La manière de cultiver la Vigne présente en général de grandes différences; mais dans chaque canton, quelle que soit l'exposition et la situation du terrain, les cultivateurs suivent des pratiques constantes. Toutes les méthodes adoptées, malgré les variations, peuvent pourtant être essentiellement bonnes; mais il est impossible qu'elles conviennent en même tems à tous les pays. Aussi n'entreprendrai-je pas de les parcourir et de les fixer. Je me bornerai à dire que le cep de Vigne que l'on met en terre, doit être planté dans une terre bien disposée, à la profondeur de dix-huit à vingt pouces; que les plants doivent être choisis sur les plus féconds, dans tous les tems indifféremment où l'on taille la Vigne; qu'on doit les mettre avec attention dans une terre médiocrement humide, en leur laissant deux ou trois bourgeons hors de terre. Le sarment doit être planté droit : il prend racine bien plutôt, attendu que cette méthode n'empêche pas de pousser par la tête, qui est le côté par lequel il a été coupé. Lorsque le sarment est planté dans une direction droite, il est à propos d'applanir la terre tout autour, en laissant seulement sortir deux de ses yeux en dehors; ensuite, par des labours faits à propos et dans la saison convenable, il faut ameublir le terrain qui a été défoncé et retourné. Les labours se font en Provence dans les mois de novembre, de mai et d'août.

A la fin de novembre, il faut tailler le jeune plant, laisser au sarment gros et fort deux yeux de son mailleton, et labourer; en mai épamprer et labourer. La Vigne est alors formée : il ne faut plus qu'attendre pour la voir produire. Les racines de la Vigne sont pourvoyeuses, et elles lui fournissent une subsistance, suffisante même dans les terres légères et caillouteuses (1).

---

(1) J'ai dit, dans une note ci-devant, que j'avais cherché à réunir dans cet ouvrage le plus d'observations qu'il me serait possible, et dont plusieurs peuvent être nouvelles, aussi je m'empresse de consigner ici les détails que j'ai reçus sur la Vigne greffée entre deux terres.

On n'est guères en usage, dans les pays vignobles, de greffer les Vignes; on en greffe pourtant en fente et par approche. En ayant dit que les racines de la Vigne étaient très-pourvoyeuses, je crois pouvoir attribuer à cette abondance de sucs nourriciers les succès dont M. *Boyer de Fonscolombe*, d'Aix, a la bonté de me faire part dans sa lettre du 19 août 1818. Digne fils d'un père qui a constamment su employer son tems et sa fortune à l'étude approfondie des sciences naturelles, membre distingué lui-même de la société académique d'Aix, il a répondu à la demande que je lui avais faite de m'indiquer le procédé employé pour greffer entre deux terres, dont il avait été parlé avec éloge, dans la séance publique du 2 mai de cette présente année, par M. le docteur *Gibelin*, secrétaire perpétuel de la Société. Voici ce qu'il me marque :

« Vous me faites bien de l'honneur et M. *Gibelin* aussi; je voudrais bien avoir toutes les connaissances de mon père en agriculture; mon frère la connaît bien mieux que moi, et je me vois obligé bien souvent de recourir à ses conseils, ou à des conseils étrangers. Je suis donc un bien petit auteur.

« M. *Gibelin* a bien voulu citer une note que je lui avais fait passer sur la greffe de la Vigne; mais les procédés qu'elle contient ne sont que d'après des observations d'un ami, auquel je dois beaucoup de conseils utiles en agriculture. M. *Michel*, propriétaire de la commune d'Auriol (arrondissement de Marseille), s'est beaucoup appliqué à la greffe des Vignes, déjà connue et pratiquée en Provence; son procédé est de la greffer entre deux terres. Il s'est arrêté à ce procédé comme infiniment préférable pour hâter les produits de la Vigne greffée, et pour préserver des premiers froids, ou des tardifs, la jeune greffe. Il applique cette méthode à toutes les Vignes trop vieilles et qui commencent à ne plus donner que peu de fruits, ou qui languissent par suite de quelques maladies, ou mal conformées, et surtout à celles qui sont sujettes à la défleuraison. Les *Aragnans* de ce pays, et beaucoup de variétés de nos Raisins blancs y sont sujets, et en général à toutes celles dont on veut changer les qualités, en greffant très-profondément sur les parties vives de la racine même; la moindre partie capable de recevoir le sarment qu'on y insère suffit pour redonner une nouvelle vie. On profite de ce qui a encore quelque vie dans une souche dépérie. J'ai vu souvent des sarmens d'une grande vigueur et portant des fruits dès la seconde année de la greffe. Ces sarmens vigoureux et partant de très-bas sont très-susceptibles, dès la troisieme année, de fournir des *courbages* que la vigne vieille ne pouvait plus donner, avantage précieux, parce qu'une vigne vieille est ordinairement entourée de ceps du même âge; il est rare qu'il n'y en ait pas de mortes et qui n'aient laissé des places vides qu'il est important de remplir. Les greffes portent des fruits très-promptement et abondamment, et la greffe perfectionne en général tous les fruits. Quant au procédé, le voici en peu de mots et suivant ma capacité : on déchausse la vigne assez profondément et toujours autant qu'il le faut pour atteindre le vif et la partie la plus saine de la racine; on la scie, on fend la partie restée en terre, on observe de placer les sarmens, en les taillant en forme de coins, de sorte que les yeux soient toujours placés de manière à produire les sarmens qui doivent croitre, sans qu'ils se gênent les uns les autres, et qu'ils soient bien dirigés sur le cep; on met ordinairement deux greffes aux deux extrémités de la

Sous quelque rapport qu'on considère la Vigne, soit comme Arbrisseau, soit comme Arbre fruitier nain, elle doit être formée d'un pied et d'une tête; de sa tête doivent sortir immédiatement les bras de la Vigne, qui sont les branches dans les autres Arbrisseaux, et qu'on alonge un peu chaque année par le moyen de la taille. Les deux yeux de sortie que l'on donne au cep, en le plantant, déterminent son élévation, qui sera fixée définitivement lors de la première taille. Elle doit végéter tranquillement jusqu'à cette époque. Les bourgeons que le cep pousse pendant cette première année se multiplient; ils se subdivisent pendant la seconde, et cette multiplicité de pousses opère son accroissement.

Ce cep, qu'on laisse pendant deux ans sans le tailler, semble devoir être épuisé par le nombre de rameaux qu'il a produits et qu'on l'a forcé de nourrir; néanmoins il reçoit un nouveau degré de force, parce que la sève, à laquelle on ne donne aucune ouverture, se portant plus lentement dans chacun de ses rameaux, est obligée de se subdiviser, et grossit davantage le pied au dedans duquel elle circule avec moins de précipitation.

Lors de la première taille, qui se fait vers la fin du mois de février de la seconde année du plant, on ne donne qu'un courson au cep : c'est ordinairement le plus fort et le plus vigoureux, n'importe par lequel des deux yeux il ait été produit. On le taille à deux yeux s'il est assez fort, ou à un et son ceuilleton s'il est faible, et on supprime tout le reste. Au mois de mai suivant, on ébourgeonne exactement le cep, et on ne conserve que les bourgeons qui ont poussé par les yeux du courson. Vers la fin de juin, on pince les bourgeons qui s'emportent.

Le pied du cep, fixé par les deux yeux qu'on lui donne au dessus de la superficie du terrain lors de la plantation, ne peut être en état de former une tête que lorsqu'il a acquis de la solidité par la réunion de sa partie ligneuse : ce qui ne peut être opéré qu'après sa troisième année, qui est la deuxième de la plantation. Le cep, qui dans sa première année est obligé de pousser des racines et des branches, ne doit pas être troublé dans ses fonctions. Dans ce premier âge plus que dans tous les autres par lesquels il passe successivement, il a besoin de la totalité de sa sève pour fournir à ce double objet : on ne doit donc commencer à le tailler qu'après sa deuxième année. Lors de la deuxième taille, on continue de tailler sur un courson seul les ceps qui sont encore faibles, mais on doit donner deux coursons à ceux qui ont poussé vigoureusement.

L'interruption du canal perpendiculaire de la sève est profitable au cep; la sève qui se divise alors en deux coursons et qui est dirigée par des canaux obliques, circule

---

« fente. Il est bien d'observer que le sarment de la greffe ne soit pas trop en dedans de la fente, mais que son
« écorce coïncide bien avec celle de la racine ou de la souche; et de plus, afin que la terre ne s'insinue pas entre
« la fente et la greffe, on l'enveloppe à l'endroit de l'insertion avec une feuille de vigne, ou autre chose semblable,
« et on recouvre le tout avec de la terre. *M. Michel* a essayé de greffer des Vignes immédiatement après la vendange; à cette époque la faculté de choisir les sarmens rend l'opération plus sûre et plus facile. Il pense d'ailleurs
« que les greffes auront moins à souffrir de la sécheresse du printems et des commencemens de l'été, si commune
« dans nos pays, et qu'elles seront plus avancées que celles qui ne seraient greffées qu'en avril ou en mai, qui ont
« été jusques à présent la seule époque où l'on greffait. *M. Michel* est fort satisfait de ses essais, néanmoins il désire
« qu'ils soient encore confirmés par de nouvelles expériences.

« Mon but et mes désirs seront remplis, si j'ai pu contribuer en quelque chose à la perfection de votre ouvrage,
« si avantageux à l'agriculture. Si vous avez quelqu'un à citer, il est juste, et je vous en prie, que ce soit *M. Michel*,
« qui en a tout le mérite. La greffe de la Vigne était connue, mais peu pratiquée. Il lui a donné toute l'attention et
« le perfectionnement possible. Je n'en suis pas d'autre, et j'en vois les heureux effets. »

Agréez, etc.   Signé *Boyer de Fonscolombe.*

Étienne MICHEL, *Éditeur.*

plus lentement, son activité est diminuée; et cette activité moins impétueuse contribue à faire grossir la souche.

Lors de la troisième taille, on doit donner deux coursons aux ceps qui n'en auront qu'un; et on doit monter sur trois coursons les ceps qui en auront reçu deux à la deuxième taille, en supposant qu'ils auront poussé des bourgeons assez forts et placés de façon que les trois coursons soient triangulairement disposés, et qu'ils concourent à prendre la forme d'un arbre fruitier en buisson, sinon on continuera de les tailler sur le même nombre de coursons, jusqu'à ce qu'il s'en présente trois bien placés

Le Raisin produit après la troisième taille ne touche point à terre, il est exposé à l'air, et par là moins sujet à tomber en pourriture; la chaleur du soleil augmentée par la réflexion que la terre occasionne, accélère sa maturité : la hauteur des ceps est alors uniforme; lorsqu'il est besoin de les provigner, on les incline facilement et sans risque, et le travailleur les cultive avec moins de peine.

Les trois coursons sont le principe de trois bras que la Vigne doit avoir pour être exacte dans sa forme, en état de grand produit, et propre à donner du vin dont la bonne qualité ira toujours en augmentant. Les trois bras se développent insensiblement, car la Vigne ne reçoit qu'environ un pouce d'élévation à chaque taille; ils s'élèvent dans cet ordre pendant quelques années, mais son inclination sinueuse dérange fort souvent cette forme.

La première taille qui fixe l'élévation du pied de la souche, donne en même tems lieu au premier réservoir de distribution de la sève; elle interrompt le canal direct. La sève qui se porte avec précipitation des racines à ce réservoir, et qui n'est point arrêtée dans son cours par aucun ravalement intérieur, ne forme point de colet à fleur de terre qui puisse donner naissance aux racines rampantes qui sont très-nuisibles à la Vigne.

Le pied de la souche grossit en proportion de l'abondance de sève qui effectue un arrêt dans le premier réservoir formé au dessus de la superficie du terrain, où elle est obligée de se diviser pour fournir aux trois bras qu'on doit donner à la Vigne le plutôt qu'il est possible, et d'abord qu'elle a poussé trois bourgeons formant un triangle. Les trois bras formés par un courson unique se divisent insensiblement chacun en deux coursons; ils prennent toujours plus d'évasement : on n'a point alors égard à la figure; on taille le courson dans le sens qu'il se présente, et l'on n'a plus en vue que la multiplicité des coursons, autant que la force du cep peut le supporter : c'est l'époque du grand produit de la Vigne et de la bonne qualité du Vin. Les Raisins ne peuvent plus toucher à la terre, et ils sont mieux exposés à l'aspect du soleil.

Dans les subdivisions et dans les passages divers par des filières toujours nouvelles, la sève reçoit cet affinage qui, en la rendant féconde, communique au Raisin une saveur qu'on ne découvrait point dans ceux qu'elle produisait après la deuxième taille, parce qu'elle se portait encore dans des canaux directs, où ne trouvant point de résistance, elle mettait tous ses efforts à pousser beaucoup de bois et des Raisins sans qualité.

La Vigne qui se multiplie par boutures ne dégénère point; la bouture fixe l'espèce, et ne produit point de variétés; la qualité de la terre, l'exposition, le climat donnent bien une saveur différente, mais le cep du Muscat, par exemple, dans quelques pays qu'on le transplante, portera toujours du Muscat, dans lequel le climat et l'exposition développeront plus ou moins de parfum.

La reprise des ceps est l'ouvrage de la Nature, leur réduction appartient au cultivateur. La Nature se prête, elle obéit à la main qui veut la diriger; mais si cette main s'égare, elle la suit dans ses égaremens, et leurs écarts sont souvent un obstacle au produit et quelquefois destructif de la plante.

Toutes les espèces et variétés de Vigne exigent un sol substantiel, bien amendé, chaud et léger. L'exposition du midi est indispensable pour toutes celles que l'on cultive dans les jardins du nord de la France. Le Chasselas, qui est l'espèce qui mûrit le plus facilement, a encore beaucoup de peine à porter tous les ans ses fruits à une maturité parfaite; il faut que les automnes soient chauds et secs pour que ses Raisins arrivent à leur point de perfection. Les Muscats exigent encore plus de chaleur : aussi mûrissent-ils rarement dans la partie septentrionale de la France. Les Vignes doivent être plantées contre des murs exposés en plein midi et à l'abri, s'il est possible, des vents de l'est et du nord-ouest. Leurs pieds doivent être amendés de tems en tems, soit en changeant la terre autour de leurs racines, soit en y mettant des engrais légers, tels que de la cendre ou du terreau bien consommé.

Il y a des plants plus ou moins productifs, il y en a qui demandent à être plus ou moins espacés, et qui jettent des sarmens très-longs. Les ceps de bon rapport jettent ordinairement moins de bois, portent plus de fruits, et peuvent être plus resserrés.

Les plaines en général sont moins propres à la culture des Vignes que les côteaux qui lui offrent une exposition plus favorable, attendu qu'elles ont besoin d'une forte réflexion de lumière pour mûrir leurs fruits. Les terrains en pente reçoivent directement les rayons du soleil qui ne seraient qu'obliques dans les plaines. La vivacité de la réflexion se trouve unie à la bonté du plein air.

Tous les côteaux ne sont pas également favorables à la culture de la Vigne. On doit donner la préférence à ceux qui sont exposés au midi ou au couchant, surtout si le terrain est de nature à pouvoir produire des fruits, propres à faire de bon Vin.

Après de longs et pénibles travaux, une série non interrompue d'espérances et de craintes, arrive enfin pour le vigneron cette douce compensation si ardemment désirée, l'époque de la vendange. Les tems ne sont pas éloignés, où, dans presque tous les pays vignobles, l'époque des vendanges était annoncée par des fêtes publiques, célébrées avec solennité. Les Magistrats, accompagnés d'agriculteurs intelligens et expérimentés, se transportaient dans les divers cantons vignobles pour juger de la maturité du Raisin; et nul n'avait le droit de le couper que lorsque la permission en était solennellement proclamée : on appelait cela *le ban de vendange*. On ne peut se dissimuler que cette coutume n'ait eu des suites préjudiciables pour certains cantons; mais aussi, lorsque l'on envisage l'intérêt général, on sera forcé de convenir que l'établissement de tels usages a été créé par la nécessité. C'est peut-être à la religieuse observation du ban de vendange que l'on doit d'avoir conservé dans toute son intégrité la réputation des Vins de Bordeaux et de Bourgogne. Mais comme les opinions sont encore partagées sur cet usage qui n'existe plus, on peut lire ce qu'a écrit à ce sujet le célèbre agriculteur Cels dans le 24e. volume des Annales d'Agriculture.

Quelque tems à l'avance, on se prépare à ce grand jour de la vendange par une revue du pressoir, des cuves, des bannes, des tonneaux; on fait enfin tout ce qui est nécessaire pour recevoir la grappe et la liqueur qui doit en être exprimée, afin d'éviter le plus léger retard qui pourrait conduire à la perte totale ou partielle de la récolte.

On ne peut fixer positivement l'époque des vendanges; car le climat, le sol, l'exposition, la culture, un printems et un été chauds et secs, ou froids et humides, influent sur la maturité des grappes que l'on reconnaît à la réunion des signes suivans: 1°. la queue verte de la grappe prend une couleur brunâtre; 2°. la grappe devient pendante; 3°. le grain du Raisin perd sa dureté, la pellicule qui le recouvre éprouve une espèce d'altération, et elle devient translucide et unie; 4°. la grappe se détache aisément, et les pepins n'ont plus d'adhérence avec la pulpe; 5°. le jus du Raisin est doux, savoureux, épais et gluant; 6°. les pepins des grains sont vides de substance glutineuse. La chute des feuilles annonce plutôt le retour de l'hiver que la maturité des Raisins. Il en est de même de la pourriture que mille causes peuvent décider. Lorsqu'on a reconnu la nécessité de vendanger, il faut alors faire choix d'un tems convenable : ce qui n'est pas indifférent pour la qualité et même la couleur du Vin.

En général, il faut que le sol et les Raisins soient secs, le tems assez assuré pour que les travaux ne soient pas interrompus. Lorsque l'on fait la vendange dans les tems pluvieux, la quantité d'eau qui s'attache aux grappes affaiblit d'autant le Vin : c'est encore un abus de vendanger pendant la rosée, lorsqu'on veut avoir du Vin de bonne qualité, puisque la rosée ne diffère pas de la pluie par ses effets. Ce précepte n'est pas cependant d'une application générale ; car en Champagne, on vendange avant le lever du soleil, et l'on suspend les travaux vers les neuf heures du matin. Ce n'est que par ces soins qu'on y obtient des Vins très-blancs et bien mousseux. On ne doit pas faire la vendange par un tems froid, à raison du retard que ce tems apporte à la fermentation de la cuve, retard qui en modifie nécessairement les résultats.

Les instrumens nécessaires pour la vendange sont des ciseaux et une serpette. Celles dont on fait usage en Provence sont de petites faucilles dans la forme de celles dont on se sert pour les blés. Dans le pays de Vaud, on détache la grappe avec l'ongle du pouce droit. On doit avoir soin de ne point ébranler la souche, et de couper très-court les queues des Raisins. Les grains pourris et par trop verts doivent être rejetés avec soin. Il est d'autres préceptes qui se rattachent plus spécialement à la police rurale, et pour lesquels on peut consulter l'Ouvrage de M. CHAPTAL, *Traité de la Culture de la Vigne.*

Après que les grappes sont séparées des ceps, il est très-utile de les laisser deux ou trois jours étalées sur la paille avant de les mettre en œuvre. De nombreuses expériences et en particulier celles de M. SAM-PAILLO, consignées dans un Mémoire inséré dans les Annales de Chimie, constatent la possibilité de doubler par ce moyen la bonté du Vin. Mais en général c'est une pratique peu ou point usitée. Il est de rigueur que les grains soient intacts ; car le grain altéré ne peut plus se perfectionner (1).

C'est un effet à peu près semblable que l'on obtient en laissant dessécher sur le cep les Raisins de Candie, de Chypre, de Tokai. Il serait à souhaiter que la pratique de vendanger à plusieurs époques le même vignoble fût générale : il y aurait, il est vrai, une légère augmentation de dépenses, mais elle serait facilement recouvrée par le prix que le Vin acquerrait, et il en résulterait des qualités supérieures, qui sont inconnues, par le mélange des grappes à divers degrés de maturité. Dans les vignobles de la Champagne on vendange, ainsi qu'à Malaga, à trois reprises différentes ; et les trois qualités de Vin qui en résultent sont toutes fort estimées.

On ne le saurait trop répéter, on perd rarement à retarder, tandis que toujours on s'expose à perdre pour précipiter et hâter la vendange. Dans certains pays, on prend le soin de trier les grappes en les cueillant. Ce procédé est extrêmement minutieux, lorsqu'on l'étend aux grains : il complique l'opération de la vendange.

Après le stage de la grappe sur la paille ou sur le cep pour la formation du principe sucré ou son plus grand développement, objet important dans l'acte de la fermentation, on se dispose à fouler le Raisin. PLINE, dans le quatorzième livre de son Histoire Naturelle, DIOSCORIDES, dans un chapitre de ses Œuvres, donnent d'intéressans détails sur cette opération et sur les subséquentes.

Une grande question a long-tems divisé les agriculteurs : savoir, s'il est avantageux

---

(1) Ce sont les femmes employées à la vendange qui enlèvent, autant que possible, les grains pourris ou gâtés, au moyen de la petite faucille dont elles se servent, et qui, par sa forme, permet son introduction entre tous les grapillons.

d'égrapper ou de ne pas égrapper les Raisins. L'une et l'autre de ces deux méthodes ont des partisans et des écrivains distingués en leur faveur : ce qui prouve que, toutes les fois qu'on veut généraliser, il faut faire une part aux exceptions.

Dans l'Orléanais, après l'égrappage, les Vins tournaient plus facilement au gras, faute de cette légère âpreté de la grappe, avantageuse pour corriger la faiblesse de quelques Vins. Dans les environs de Bordeaux, suivant le degré de maturité, on égrappe plus ou moins scrupuleusement. GENTIL et LABADIE ont constaté par des expé-riences, l'heureuse et la nuisible influence de la grappe, suivant les cas. En général, la présence de la grappe rend le Vin plus fort, tandis que son absence le rend plus doux. Les instrumens qui sont employés à l'égrappage, sont une fourche à trois dents que l'ouvrier tourne et agite circulairement dans la cuve qui renferme les Raisins, ou bien un crible ordinairement formé de brins d'osier, séparés l'un de l'autre de sept à huit lignes, et surmonté d'un rebord d'osier serré, haut d'environ quatre pouces. Mais qu'on égrappe ou n'égrappe pas, revenons au foulage du Raisin. Ce procédé est à peu près le même partout, et s'exécute ordinairement dans une caisse carrée, ouverte par le haut, et d'environ quatre à cinq pieds de largeur. Tous les côtés en sont fermés de planches de bois qui ne laissent pas entre elles assez d'intervalle pour que les grains de Raisin puissent y passer. Cette caisse est placée au dessus de la cuve, et elle est soutenue par deux poutres qui se posent sur le bord de la cuve elle-même. On verse la vendange dans la capacité de la caisse à mesure qu'elle arrive ; et ensuite un ouvrier la foule fortement et également par le moyen de gros sabots qu'il porte à ses pieds. Le suc exprimé coule dans la cuve ; et lorsque tout est passé, le fouleur soulève une planche qui forme une partie d'un des côtés de la caisse, et pousse le marc avec le pied dans la cuve. Ensuite il renouvelle cette première opération autant de fois qu'il est nécessaire, jusqu'à ce que la vendange soit terminée.

Avant de parler de la fermentation qu'il est nécessaire que le moût subisse pour être converti en Vin, nous croyons devoir placer ici quelques détails sur la manière dont se fait la vendange en Provence, et sur quelques procédés qui y ont rapport.

Il est d'usage en Provence de commencer la vendange la veille du jour où l'on doit fouler les Raisins. A deux ou trois heures du matin, le transport commence ; il se fait à dos de mulets ou d'ânes chargés de grands sacs en sparterie qui contiennent deux à trois cents livres pesant de Raisin. On en fait également le transport par charetes, sur lesquelles on met de grands baquets oblongs, appelés *Cournudo*, de deux pieds environ de hauteur, ayant des anses latérales. Dans ces baquets, on égrappe au moyen d'une espèce de masse avec laquelle on écrase le grain ; et avec une fourche à trois dents que l'on fait tourner circulairement dans le baquet, pour enlever les grappes qu'on laisse dans la Vigne. Le fouloir est une caisse longue, évasée, plus étroite dans le bas que dans le haut ; dans le fond est une claie faite en planches de deux pouces de largeur, assez rapprochées les unes des autres, afin que le grain ne passe pas à travers. On égrappe une seconde fois au fouloir par le moyen d'un crible en fil de fer, qu'on fait aller et venir sur des supports placés au haut du fouloir.

Avant d'ôter la claie du fond, on écrase sous les pieds tous les grains qui ont pu échapper au premier foulage : après quoi, on attend le second voyage ou retour de la Vigne. Les fouloirs peuvent contenir la charge de dix à douze mulets, et une plus grande quantité, quand le Raisin apporté dans des cournudos, a été égrappé à la Vigne.

En général les cuves sont en pierre de taille, recouvertes en dedans de grands car-reaux de terre cuite, vernis. Ces cuves sont fermées tous les soirs par une pierre de toute la grandeur de l'ouverture, sur laquelle elle s'enchâsse, et qu'on enlève par le moyen d'un fort boulon en fer. On enveloppe l'ouverture de la trappe avec des linges fort épais, qui empêchent l'accès de l'air extérieur.

Les cuves en pierre sont établies dans plusieurs maisons de la ville, et leur ouverture est dans la rue. Beaucoup de particuliers les établissent dans leur maison de campagne, et y mettent aussi leur pressoir.

Les cuves sont construites de manière à faciliter, par une ouverture pratiquée au haut l'évaporation de l'excès de gaz. On enfonce un fort bouchon de liége dans le robinet qui est au bas de la cuve ; on le scèle avec du mastic de vitrier fait avec de la craie blanche et de la graisse. On met en face dudit bouchon un fagot d'asperges sauvages, appelé *Roumanieou* dans le pays ; et quand le tems de décuver est arrivé, on chasse le bouchon avec une baguette de fer, et les grains de Raisin qui forment le marc sont arrêtés par le fagot d'asperges.

Quand le Vin est retiré de la cuve, on fait venir les conducteurs de pressoirs, qui courent la ville, et on retire le marc qu'on étale dans la caisse qui en forme l'aire ou le plancher. Ces pressoirs sont composés de deux fortes vis, ayant chacune leur écrou également en bois. Cinq hommes suffisent ordinairement à les traîner et à faire le travail, qui consiste à recevoir les cabas ou couffins remplis de marc, qu'on arrange avec beaucoup d'adresse, et que l'on emmaillotte en quelque façon dans des sangles de sparterie jusques à la hauteur des jumelles à vis. Quand cette première opération, appelée *quart*, est faite, on établit, sur le tas du marc, de fortes planches sur lesquelles on fait tomber le mouton ; l'on commence à descendre les écroux dont on augmente la force de pression à l'aide d'un très-gros cerceau de fer attaché à une pièce de bois nerveux et solide, qui fait fonction de levier et force tout le liquide de s'écouler à travers les sangles de sparterie.

Le Vin qui en découle étant destiné aux gens de la campagne, le premier est mis ordinairement en tonneau, assez souvent on le mêle avec de l'eau, alors cette boisson s'appelle *trempo*. Le marc, après avoir été très-pressé, est rejeté dans la cuve, dans laquelle on jette encore une quantité proportionnée d'eau qu'on laisse fermenter, et cette boisson, appelée *piquette*, se conserve bonne assez long-tems ; les gens de la campagne la mettent dans des tonneaux destinés à cet usage, et en font leur boisson ordinaire pendant assez long-tems.

Les pressoirs ambulans sont montés sur trois roues, dont une en avant et deux latérales. Leur caisse ou aire est percée, dans ses coins, de grands trous ronds, dont le vin pressé découle dans des baquets alongés, et mieux encore dans de grandes hottes étalonnées, nommées dans le pays *brindo*, qui font la mesure d'une millerolle contenant quarante-huit pots.

Les transports de Vin d'une ferme à une cave éloignée, se fait par le moyen de ces hottes qui, étant larges, peuvent être facilement placées sur le dos du porteur qui, sans la déranger de dessus son dos, remplit aisément les tonneaux qui doivent recevoir le Vin. Pendant toute l'année le transport d'une cave à une autre se fait de la même manière.

Il est des pays où l'on adopte d'autres procédés pour fouler les raisins que ceux dont il a été parlé ci-dessus, mais, quels qu'ils soient, il faut observer que le Raisin ne saurait éprouver la fermentation spiritueuse, si, par une pression convenable, on n'en extrait pas le suc pour le soumettre à l'action des causes qui déterminent le mouvement de fermentation ; il faut donc, pour qu'elle soit juste, que tous les grains soient écrasés, ce qui se fait rarement.

Le moût est à peine dans la cuve qu'il commence à fermenter. Le premier suc qu'une légère pression fait écouler, était recueilli par les anciens, qui le faisaient fermenter séparément et en obtenaient une boisson délicieuse qu'ils nommaient *protopon*, Vin vierge. En Italie, selon Raccius, on pratique encore un semblable procédé.

On préfère, pour la fermentation, des cuves en pierre aux cuves en bois, qui demandent plus d'entretien et reçoivent avec plus de facilité les variations de la température. Avant le dépôt de la vendange dans la cuve, on la nétoie avec de l'eau tiède, et après l'avoir frottée fortement, on enduit les parois de chaux; enduit qui a la propriété de saturer une partie de l'acide malique abondamment répandu dans le moût.

Il est plusieurs causes importantes qui influent sur la fermentation; elle ne pourrait même avoir lieu ou suivre ses périodes accoutumées, sans leur exacte observation, tels sont : 1°. un certain degré de chaleur; 2°. le contact de l'air; 3°. l'existence d'un principe doux et sucré dans le moût.

D'après l'expérience générale, il paraît que le dixième degré du thermomètre de Réaumur est le plus convenable à la fermentation spiritueuse, qu'elle languit au dessous et devient tumultueuse au dessus. D'après l'autorité de Plutarque (*Quest. nat.* 27), le froid peut empêcher la fermentation, et celle du moût est toujours proportionnée à la température de l'atmosphère. Le chancelier *Bacon* conseille de plonger dans la mer les vases contenant le vin, afin d'en prévenir la décomposition, et *Bayle* (dans son Traité du froid) prescrit de plonger au fond d'un puits ou d'une rivière les tonneaux ermétiquement fermés, dans lesquels la liqueur est déposée, afin qu'étant garantie du contact de l'air, elle reste long-tems en fermentation; état où elle conserve une douceur agréable à certaines personnes.

On peut conclure de ces autorités, et d'un grand nombre d'observations, que la fermentation est d'autant plus lente que la température est plus froide au moment où se font les vendanges; d'où il suit qu'il est très-important de placer les cuves dans des lieux couverts, de les éloigner des endroits humides et froids, de les recouvrir pour tempérer la fraîcheur de l'atmosphère, de réchauffer la masse, en y introduisant du moût bouillant, de faire choix d'un jour chaud pour cueillir les Raisins, de les exposer au soleil.

L'air, long-tems regardé par les uns comme indispensable à la fermentation, et par les autres comme de peu d'importance, sans que l'on appréciât à sa juste valeur le rôle qu'il y remplit, offre des inconvéniens et des avantages de part et d'autre; car sans lui, comme avec son contact, la fermentation a également lieu.

Dans des vases fermés, l'acide carbonique trouve des obstacles insurmontables à sa volatilisation; il est contraint de rester interposé dans le liquide, de s'y résoudre; il ralentit l'acte de la fermentation et souvent expose les vases qui la contiennent, à une rupture par une explosion soudaine. Les anciens appelaient clause cette espèce de fermentation, par laquelle on obtient un Vin plus généreux, plus agréable au goût, et qui conserve une saveur aigrelette. La raison en est qu'il a retenu l'arome, l'alkool et l'acide carbonique qui se perdent en partie par une fermentation à découvert. Lorsqu'au contraire il existe une libre communication entre la masse fermentante et l'air atmosphérique, alors l'acide carbonique qui se dégage est dissout dans l'air qui lui sert de véhicule; il n'entre point comme principe dans le produit, ni comme élément dans la composition. Ce libre contact de l'air pré-

cipite d'ailleurs la fermentation et occasionne une grande déperdition des principes
en alkool et en arome. Le Vin est alors moins généreux et moins chargé d'arome.
Telle est l'influence de l'air dans l'acte de la fermentation; il serait donc à
désirer que l'on pût, comme semblent nous le promettre quelques essais,
combiner ensemble ces deux méthodes : ce serait le complément de l'art de la
vinification.

Le volume de la masse fermentante a sur la fermentation une action qu'il importe de connaître. En général la fermentation est d'autant plus tumultueuse,
plus complète et plus prompte, que la masse est plus considérable. Mais pour
avoir une fermentation complète, il faut craindre de l'avoir trop précipitée. Les
extrêmes sont également à éviter. Il est impossible de déterminer au juste
quel est le volume le plus favorable à la fermentation; il paraît même qu'il
doit varier suivant la nature du vin. Lorsqu'il n'y a qu'une petite masse en fermentation, le Vin est plus spiritueux et plus aromatique. La capacité des cuves
doit varier aussi selon la nature du Raisin : si celui-ci est très-mûr, doux, sucré
et presque desséché, le moût épais et pâteux, la fermentation a besoin pour
s'établir qu'il soit en très-grande masse, pour la décomposition du suc sirupeux;
sans cela le Vin reste liquoreux, douceâtre et nauséabond.

Les principales différences que présente la fermentation sont dues aux proportions très-variables entre les diverses parties constituantes suivantes : le principe
doux et sucré, bien décrit par M. Deyeux, l'eau et le tartre. C'est aux principes
doux et sucrés que les substances qui subissent la fermentation spiritueuse
doivent cette propriété. S'ils sont isolés, la fermentation n'a plus lieu. Le principe
doux est le levain, pour ainsi dire, de la fermentation spiritueuse dont le sucre
est l'agent.

Quatre phénomènes principaux, produits par la fermentation, demandent une
attention particulière: 1°. la chaleur; 2°. le dégagement de gaz; 3°. la fermentation alkoolique; 4°. la coloration de la liqueur.

Après cette espèce de bouillonnement, causé par le dégagement des gaz, il
se fait une élévation de la liqueur plusieurs pouces au dessus de son niveau primitif; tout est trouble, tout est confondu, agité. La croûte, plus ou moins
épaisse, qui la recouvre, s'appele le *chapeau de vendange;* c'est alors que la
chaleur augmente en proportion de l'énergie de la fermentation ; elle n'est
pas toujours égale dans la masse, souvent elle est plus intense dans le milieu; aussi est-il essentiel de l'agiter. La chaleur est aussi plus grande dans
la vendange où le suc du Raisin est mêlé aux pellicules, aux pepins, aux raffes.
Les variations de la chaleur ont pour extrêmes les douzième et vingt-huitième
degrés du thermomètre de Réaumur. En même tems que la chaleur s'élève,
il se dégage une odeur d'esprit de vin qui se répand dans tout le voisinage de
la cuve. C'est : 1°. le gaze acide carbonique qui déverse bientôt par les bords de
la cuve et se précipite par les lieux les plus bas, en raison de sa pesanteur.
Il paraît influer sur la fermentation, en enlevant aux principes stimulans du moût
une portion d'oxigène et de carbone ; 2°. l'arome et une portion d'alkool.
On en doit la première remarque à M. Chaptal qui a fait à ce sujet des
expériences curieuses. Il s'agissait de savoir ensuite si l'alkool était dissous
dans le gaz, ou volatilisé par le seul fait de la chaleur. Il paraît aujourd'hui
assez bien démontré, par les observations de M. Gentil et de M. de Humbolt, que
l'alkool est dissous dans l'acide carbonique. Ce n'est pas le moût le plus sucré
qui fournit le plus d'acide gazeux. Il est des vins dont presque tout l'alkool est

dissous dans l'acide carbonique; celui de Champagne nous en fournit une preuve. La difficulté d'obtenir des vins rouges mousseux tient à ce que la coloration est due au séjour et à la fermentation de la liqueur sur le marc, et que par cela même le gaz acide se dissipe. Les vins les plus propres à devenir mousseux sont ceux à fermentation lente, parce qu'alors on peut les renfermer dans les vases sans craindre leur rupture.

Chaque instant apporte dans la fermentation des changemens évidens; odeur, saveur, tout varie d'un moment à l'autre. D'abord sucrée, la saveur du moût devient piquante; mais bientôt la fermentation est décidée, alors la saveur vineuse se fortifie, enfin le principe sucré n'est plus sensible, et la saveur et l'odeur n'indiquent plus que de l'alkool. Le principe sucré, d'après les expériences de M. Gentil reste encore en partie masqué par l'alkool, et doit se décomposer ultérieurement à l'aide de la fermentation tranquille qui se continue dans les tonneaux.

Ce n'est qu'après cette entière disparution du sucre, que la fermentation a parcouru et terminé toutes ces périodes. La liqueur a acquis de la fluidité et n'offre plus que de l'alkool mêlé d'un peu d'extrait et de principe colorant. A l'occasion de ce dernier principe, il est dû, comme nous l'avons dit un peu plus haut, à la fermentation de la liqueur sur le marc.

Les Raisins rouges dont on exprime le suc par le simple foulage fournissent du vin blanc. Le degré de maturité influe aussi sur la coloration qui est plus intense lorsque la première est plus complète, d'où résulte une plus grande coloration dans les vins du Midi que dans les vins du Nord. Dans la pellicule du Raisin est le principe de la coloration, ainsi qu'il est facile de le conclure, et l'alkool est nécessaire pour le dissoudre et l'extraire.

Dans les pays du Midi on est dans l'usage de faire des vins cuits. On prend à cet effet du suc exprimé de Raisins bien mûrs et bien doux, et l'on fait bouillir ce suc sur le feu jusqu'à ce qu'il n'en reste plus que les deux tiers. Certaines personnes, pour donner plus de goût à leur vin, sont dans l'usage d'y mettre un ou plusieurs coings, selon la quantité, dans lesquels ils ont piqué des clous de gérofle, et lorsque les coings sont cuits, le vin est fait, et ils le retirent du feu. Il faut avoir soin, après l'avoir retiré, de le verser dans un vase de terre ou de bois, et de l'agiter, tant qu'il est chaud, avec une cuill r. On le met ensuite dans des bouteilles ou en tonneau, suivant la quantité qu'on a préparée.

Il nous reste maintenant à donner des préceptes généraux sur le tems et les moyens de décuver et de gouverner les vins dans les tonneaux, sur les usages du vin, son analyse, les produits que l'on peut en extraire, enfin les instrumens qui y sont relatifs; mais la nature de cet ouvrage ne nous permet qu'une légère excursion sur des matières traités *ex professo* dans un ouvrage justement recherché, celui de M. Chaptal, d'où nous avons extrait la plus grande partie de cet article. On peut également avoir dans les écrits de l'abbé ROSIER, de MURAIRE, de BULLION, de MAUPIN, de MACQUER, de GENTIL, de DARCET, de MM. BOSC, THENARD, POITEVIN, les renseignemens les plus positifs, et tous basés sur d'ingénieuses expériences.

Le moment de décuver le vin, sur lequel on a voulu établir des règles générales, est soumis au climat, à la saison, à la qualité des Raisins, à la nature du vin qu'on se propose d'obtenir, et à plusieurs autres circonstances. L'observation a établi les préceptes suivans.

Le moût doit cuver d'autant moins de tems qu'il est moins sucré; qu'on se propose d'obtenir un vin mousseux moins coloré; que la température est plus chaude, et la masse plus volumineuse; que le vin doit être plus agréablement parfumé. Il doit au contraire cuver d'autant plus, que le principe sucré sera plus abondant, le moût plus épais; que l'on veut obtenir plus d'alkool; que la température est plus froide, et qu'on désire un vin plus coloré.

Ainsi, lorsque, par l'observation de l'un de ces deux préceptes, on a résolu de décuver le vin, les tonneaux étant préparés d'avance, on fait couler dans leur intérieur le vin de la cuve; lorsque cette dernière est vide, on retire avec soin le chapeau qui en recouvrait la surface et qui s'est affaissé, et on le presse séparément pour en obtenir un vin acide, très-propre à former du vinaigre d'excellente qualité. Le marc est soumis à la presse, et l'on extrait encore une assez grande quantité de vin. Fortement exprimé, le marc prend quelquefois la dureté de la pierre, et il sert à divers usages.

Dans certains pays, en Champagne par exemple, on en distille de l'eau-de-vie qui porte son nom, eau-de-vie de marc, eau-de-vie d'Aisne; elle a mauvais goût. Aux environs de Montpellier, on s'en sert à la fabrication du vert-de-gris (*Voy.* Annales de chimie et Mém. de l'Institut, et le Mém. de M. *Chaptal* à ce sujet). Ailleurs on en retire du vinaigre, en le faisant aigrir et l'humectant convenablement.

Dans plusieurs cantons on nourrit les bestiaux avec le marc; à cet effet on le garde pour l'hiver, et, lorsque les animaux ne peuvent aller aux champs, on détrempe environ six livres de ce marc dans de l'eau tiède, avec du son, de la paille, des navets, des pommes de terre, et on leur donne de ce mélange deux fois par jour. Les bestiaux aiment beaucoup cela et le mangent avec avidité; mais il est à observer qu'une trop grande quantité fait tourner le lait des vaches. On extrait encore de l'huile des pepins, ou l'on peut en nourrir la volaille. Le marc enfin peut être soumis à la distilation et fournir, sur quatre milliers, cinq cents livres d'alkool.

Déposé dans les tonneaux, le vin est trouble et fermente encore; c'est ce que l'on nomme fermentation insensible. Il faut surveiller les tonneaux pour empêcher la perte du vin qui pourrait avoir lieu par la bonde; à cet effet on n'emplit le tonneau qu'insensiblement. Il y a de nombreux moyens qui constituent des usages dans tels ou tels pays. *Ouiller* est l'opération par laquelle on remplit le tonneau à mesure que la fermentation s'appaise. On appèle *broqueleur*, le petit soupirail que l'on laisse à côté de la bonde pour donner passage au gaz, et *fausset*, la cheville qui en ferme l'orifice.

Lorsque la fermentation s'est appaisée, et que la masse du liquide jouit d'un repos absolu, le vin est fait, mais il acquiert de nouvelles qualités. Par la clarification on le préserve du danger de tourner, ce qui arriverait par l'agitation, le changement de température, etc., puisqu'il repose sur un mélange de tartre, de matière colorante et de principes très-analogues à la fibre, qui constituent la *lie ou fèce.* C'est pour obvier à cela qu'on transvase le vin à diverses époques. On tire les vins blancs du 10 au 20 décembre, les vins rouges à la fin de mars. On choisit un tems sec et froid pour exécuter la clarification du vin, car ce n'est qu'alors qu'il est bien disposé. Les tems humides, les vents du sud le rendent trouble, et il faut se garder de soutirer quand ils règnent.

On a un autre procédé subséquent à ce premier pour enlever les dernières impuretés qui restent suspendues dans le liquide, c'est le *collage*. La colle de poisson délayée dans du vin en est le seul agent. On la jette dans le tonneau, on agite et l'on soutire ensuite la liqueur au fond de laquelle une portion de la colle s'est précipitée avec les impuretés qu'elle a entraînées. Dans les climats chauds, on craint l'usage de la colle, et pendant l'été on y supplée par des blancs d'œufs. Dix à douze suffisent pour un demi-muid.

Il est une autre opération qui, étant le complément de cette première, est indispensable, elle a dû même être faite avant sur le tonneau vide qui doit recevoir la liqueur *soutirée*. C'est le *souffrage* qui consiste à faire brûler dans le tonneau que l'on doit remplir, des mèches soufrées et plus ou moins aromatisées. Cette pratique a le précieux avantage de prévenir la dégénération acéteuse du vin qui, d'abord trouble, revient bientôt à son état ordinaire. Le souffrage est pratiqué de diverses manières.

Telle est la série de manipulations que le vin nécessite depuis l'instant où il sort de la grappe à l'état de moût. Il ne reste plus au vigneron qu'à lui donner des soins pour le conserver en bon état, et remédier aux maladies qui peuvent l'attaquer. Nous allons encore rappeler quelques préceptes à cet égard. Lorsque la vigne commence à pousser, qu'elle est en fleur, ou que le vin se colore, il faut surveiller les tonneaux, parce que la fermentation paraît se réveiller.

Les tonneaux de bois de chêne, quoique généralement préférables aux vases de terre, qui sont toujours plus ou moins poreux, ont l'inconvénient d'offrir au vin des matières solubles qui en altèrent la qualité, et le rendent suceptible de se tourmenter par les variations de l'atmosphère ; ils prêtent souvent des issues faciles à l'air qui sort et à celui qui veut pénétrer. L'exposition de la cave n'est pas indifférente ; elle doit être au nord, à l'abri des secousses étrangères, et ne renfermer aucun liquide à l'état d'acide. Sa température doit toujours être la même. Si le vin devient aigre ou gras, ce qui n'arrive ordinairement qu'aux vins faibles, il faut, dans le dernier cas, exposer les bouteilles à l'air, les agiter long-tems pour laisser échapper le gaz et l'écume, les coller de nouveau avec la colle de poisson et les blancs d'œuf mêlés.

Dans le cas d'acidité, qu'un très-grand nombre de circonstances occasionnent, on la corrige par du moût cuit, du miel ou de la mélasse, et l'on s'empare du peu d'acide qui a pu se former par les alkalis. Les recettes contre cette maladie sont extrêmement nombreuses. Le goût de fût, que contractent certains vins par défaut de précautions antérieures au soutirage, se dissipe au moyen de l'eau de chaux.

Les fleurs de vin (tel est le nom donné à des espèces de végétations byssoïdes, suivant M. Chaptal, qui se forment dans les tonneaux et dans les bouteilles, dont elles occupent surtout le goulot), annoncent et précèdent constamment la dégénération acide du vin. Il faut alors avoir recours aux moyens énoncés ci-dessus contre cette maladie.

Les anciens avaient les idées les plus exactes sur la fabrication et la qualité des vins, comme on peut le voir par ce qu'en disent *Athénée, Dioscorides, Pline, Galien, Martial.* Comme nous ils aimaient les vins vieux et généreux. Le Cécube, le Falerne, le Massique, les vins de Chio, de Lesbos, d'Éphèse, de Clazomène, etc., étaient en grande réputation. C'est dans leur délicieuse saveur que les anciens poëtes grecs et romains puisèrent les intarissables beautés de leurs vers. Anacréon, au milieu des festins, le front couronné de roses, tirait des sons plus harmonieux de sa lyre lorsqu'il avait vidé sa coupe remplie d'un Cécube de cent ans. *Pindare, Horace, Virgile, Ovide*, ont, dans mille endroits de leur immortels écrits, célébré les magiques effets du vin.

Platon, Eschyle, Lycurgue, Aristote, ainsi que tous les autres législateurs ou sages de la Grèce et de Rome en conseillèrent l'usage, tout en s'élevant contre son abus et en donnant des préceptes sur son emploi; mais autant ils vantèrent ses effets à dose modérée, autant ils s'élevèrent contre l'ivresse, suite d'un excès d'intempérance.

Lycurgue offrait à la jeunesse de Lacédémone l'ivresse en spectacle, pour lui en inspirer l'horreur. A Rome on la détestait également, et cependant il y eut, comme de tous tems, quelques hommes, d'ailleurs très-sages, qui perdirent plus d'une fois dans le vin leur sagesse si révérée de nos jours.

> Narratur et prisci Catonis
> Sœpé mero incaluisse virtus.

Le fameux Venceslas, roi de Bohême et des Romains, aimait passionnément le vin, et plus d'une fois en éprouva les vertus excitantes.

En général les vins nouveaux sont très-peu nourrissans, surtout lorsqu'ils sont aqueux et point sucrés. *Corpori alimentum subgerunt paucissimum*, a dit Galien. Ces mêmes vins déterminent aisément l'ivresse, ce qui tient à la quantité d'acide carbonique dont ils sont chargés. Les vins vieux sont en général toniques et très-sains, mais ils nourrissent peu, parce qu'ils ne contiennent presque pas d'autres principes que de l'alkool.

Le climat, la culture, la fabrication, la couleur, influent beaucoup sur la qualité des vins, par la proportion variée qu'ils contiennent de leurs élémens constituant l'acide, l'alkool, le tartre, l'extratif, l'arome et le principe colorant.

Les anciens, qui avaient, comme nous avons eu occasion de le dire, sur la fabrication et la conservation des vins, des idées saines et exactes, paraissent avoir ignoré l'art d'en extraire l'eau-de-vie; c'est à Arnaud de Villeneuve, professeur de médecine à Montpellier, qu'on rapporte les premières notions qu'on a eues sur la distillation des vins.

L'eau-de-vie est le produit spiritueux de la liqueur vineuse; elle s'obtient par la distillation; les instrumens qu'on y emploie sont connus sous le nom d'alambics, de fourneaux, et les endroits où on la pratique, sous celui de brûleries. On peut voir, dans les ouvrages qui traitent de cette liqueur, la description détaillée de ces machines, et de la pratique de la distillation; il nous suffira ici d'indiquer les propriétés de l'eau-de-vie, ses usages et le choix des vins destinés à la distillation.

Il est bien démontré, d'après ce que nous avons dit, que la seule substance sucrée est susceptible de fermenter et de produire un vin quelconque; ainsi tant que cette partie sucrée n'est pas entièrement combinée, tout l'esprit ardent qu'il peut donner n'est pas formé, d'où résulte la nécessité de n'employer à la distillation de l'eau-de-vie, que les vins bien fermentés; aussi la manière de faire les vins pour la brûlerie, ou ceux pour la boisson, est bien différente. Il faut donc en effet ne choisir que les vins blancs qui abondent le plus en alkool, qui n'ont pas un goût de terroir, qui ont fermenté en grande masse dans la cuve, peu de tems, et n'ont point été éventés ou tenus dans des celliers trop chauds. Dans les années pluvieuses et froides, les vins fournissent moins d'eau-de-vie; ceux des années chaudes et sèches sont plus spiritueux. Nous avons dit que les vins blancs étaient préférables pour la fabrication de l'eau-de-vie, parce que, toutes circonstances égales, ils fournissent plus d'alkool que les vins rouges. On fait aussi servir à la distillation le marc et les lies, mais on n'en obtient que des qualités très-inférieures d'eau-de-vie, et qui ont souvent un fort mauvais goût.

Un vin généreux fournit jusqu'à un tiers de son poids d'eau-de-vie : le terme moyen du produit de nos vins, dans le Midi, est d'un quart de la totalité. Les vins vieux en donnent de meilleure qualité que les nouveaux. L'eau-de-vie est en général une liqueur d'un blanc jaunâtre, transparente, volatile, de densité variable suivant la quantité d'eau qu'elle contient, inflammable en raison directe de cette même densité, douée de la propriété de dissoudre les résines et les principes aromatiques, de conserver et préserver de toute décomposition putride les substances végétales et animales. On avait autrefois différens moyens de juger de sa force; mais tous ces moyens étant plus ou moins défectueux, on y a renoncé depuis l'invention de l'aréomètre.

L'aréomètre, connu de tout le monde, et inventé par Baumé, est l'instrument dont on fait généralement usage en France pour connaître le degré de concentration de l'eau-de-vie.

L'alkool diffère de l'eau-de-vie par l'absence d'eau. On distille à cet effet l'eau-de-vie elle-même. On emploie communément le bain-marie, alors la chaleur est plus douce, plus égale, et produit de la distillation de meilleure qualité. L'alkool jouit des mêmes propriétés que l'eau-de-vie, mais à un degré plus marqué.

Un autre produit non moins important que l'eau-de-vie et l'alkool ou esprit-de-vin, c'est le vinaigre, liqueur acide produite par le second degré de la fermentation vineuse.

L'origine du vinaigre remonte à la plus haute antiquité, rien d'étonnant puisqu'il peut être créé par la nature elle-même. Pline, Hist. nat., liv. 14, cap. 20, en parle très-longuement et toujours avec éloge. La théorie de la formation du vinaigre a donné lieu à un grand nombre d'hypothèses et d'expériences très-ingénieuses, avant d'être parfaitement connue, et qui n'eurent lieu que d'après la connaissance de la chimie pneumatique. Le vinaigre n'est autre chose que le vin oxigéné. Il résulte des observations de Guyton Morveau, que le vin passe d'autant plus vite à l'état de vinaigre, que la masse est plus petite, qu'elle est plus en contact avec l'air, et qu'elle éprouve plus de chaleur, pourvu cependant que cette chaleur ne soit pas portée à un degré capable de décomposer et de détruire plutôt que de favoriser le mouvement spontané.

Proyet, Becher, Rosier, Homberg, Cartheuzer, Boherhaave, Sthal, Chaptal, Demachy, ont tour-à-tour porté le flambeau de l'observation dans la confection du vinaigre. On peut consulter leurs ouvrages pour avoir des idées exactes sur sa théorie, les conditions pour en faire de bon, et les manipulations nécessaires pour faire les différens vinaigres. Disons seulement un mot sur l'application de cette liqueur à l'économie domestique et à la médecine. Le vinaigre tient le premier rang parmi les moyens imaginés pour arrêter ou prévenir les altérations des substances animales ou végétales. C'est ce que connaissent parfaitement les personnes chargées de conserver et d'apprêter nos viandes, pour la cuisine. Cette conservation est fondée sur la propriété qu'a la gélatine des fruits et des viandes, d'absorber l'acide acétique. Lorsque le vinaigre sert d'assaisonnement, on l'aromatise avec l'estragon, le sureau, les roses, etc.; pour la parfumerie, au contraire, on emploie les labiées et autres plantes de parfums différens.

La pharmacie a aussi ses vinaigres aromatiques, parmi lesquels le plus fameux est celui des quatre - voleurs, ainsi nommé, à cause du métier que faisaient ceux qui en donnèrent la recette pour avoir leur grâce. Les propriétés médicales du vinaigre ne sont pas d'une moindre importance. On prépare un sirop de vinaigre, fort estimé, avec lequel on forme d'excellentes limonades. Avant que l'on connût les moyens de désinfecter l'air, on employait le vinaigre, que l'on projetait sur des plaques de fer rougies au feu.

Enfin il est encore une foule de circonstances dans lesquelles cette liqueur est extrêmement utile; aussi importe-t-il de connaître les caractères que doit avoir le bon vinaigre. En général sa saveur doit être acide, mais supportable ; il doit avoir une transparence égale à celle du vin, moins de couleur que lui quand il est rouge, un montant, un spiritueux qui affectent agréablement nos organes. Enfin si on l'expose à l'air, et qu'il attire des mouches, appelées mouches à vinaigre, c'est qu'il est de bonne qualité. Cependant ce n'est qu'avec une grande habitude que l'on s'aperçoit des nombreuses falsifications que les marchands cupides lui font subir. Avec la pyrethe, le poivre, le piment, etc., ils relèvent sa saveur; pour augmenter son acidité, ils y mêlent de l'acide sulfurique ou muriatique, etc. L'analyse peut seule convaincre de la fraude, mais ce moyen n'est familier que pour les chimistes, et il serait à souhaiter que l'on en trouvât pour le peuple un plus facile.

On conserve, comme tout le monde sait, les Raisins pendant l'hiver, en les exposant suspendus au plancher d'une chambre : lorsqu'elle est obscure, ils s'y conservent plus long-tems. Ceux qu'on destine à être gardés doivent être cueillis bien mûrs et par un tems très-sec. Mais outre cette manière ordinaire de conserver les Raisins, par laquelle on ne peut guère prolonger leur durée que pendant cinq à six mois, on prépare encore, dans les pays du Midi où les Raisins acquièrent toujours une maturité plus parfaite, ce qu'on appelle ordinairement des Raisins secs, et ce que les Provençaux nomment *Pansos*, et pour lesquels on se sert principalement du Muscat d'Alexandrie. Voici le précédé que Garidel indique pour faire les Raisins secs. On fait les Panses chez nous, dit cet auteur, de la manière suivante : on lie les Raisins avec du filet, ou on les passe dans un filet noué par les deux bouts, et on les plonge dans de la lessive bouillante, où l'on mêle un peu d'huile, jusqu'à ce que les Raisins se rident ; on les expose ensuite au soleil pendant six à sept jours, et on les range après cela dans des caisses, en les pressant doucement. Les Raisins secs sont nourrissans et très-agréables au goût; préparés, comme il vient d'être dit, ils se conservent pendant un an et plus. Outre la consommation générale qui s'en fait pour être mangés, on les emploie en médecine dans les tisannes pectorales.

EXPLICATION DES PLANCHES.

Chaque Planche portant le nom de l'indication de l'espèce de Raisin qu'elle représente, il devient inutile de répéter ici cette explication ; il suffira de donner celle des détails de la Planche 62.

Fig. 1. Partie d'une grappe de Raisin en fleur.
Fig. 2. Une fleur entière avant la chute du calice, et vue à la loupe.
Fig. 3. Le calice vu de même et séparé du reste de la fleur, tel qu'il est après sa chute.
Fig. 4. L'ovaire et les étamines.

TABLE,

PAR ORDRE ALPHABÉTIQUE,

DES ARBRES ET ARBUSTES

DÉCRITS DANS LES SEPT VOLUMES.

Le chiffre romain indique le volume, et le chiffre arabe indique la page.

FIN DE LA TABLE DU SEPTIÈME ET DERNIER VOLUME.

www.ingramcontent.com/pod-product-compliance
Lightning Source LLC
LaVergne TN
LVHW020601180726
843502LV00002B/328